国家科学技术学术著作出版基金资助出版
国家自然科学基金资助（50978210）

建筑气候学

BIOCLIMATIC ARCHITECTURE

杨柳 著

中国建筑工业出版社

图书在版编目（CIP）数据

建筑气候学/杨柳著.—北京：中国建筑工业出版社，2010（2021.3 重印）
ISBN 978 - 7 - 112 - 11674 - 4

I. 建…　II. 杨…　III. ①气候影响 – 建筑设计 – 中国②节能 –
建筑设计 – 中国　IV. TU201.5

中国版本图书馆 CIP 数据核字（2009）第 227019 号

责任编辑：陈　桦
责任设计：郑秋菊　姜小莲
责任校对：关　健

建筑气候学
BIOCLIMATIC ARCHITECTURE
杨　柳　著

*

中国建筑工业出版社出版、发行（北京西郊百万庄）

各地新华书店、建筑书店经销

北京嘉泰利德公司制版

北京圣夫亚美印刷有限公司印刷

*

开本：787×1092 毫米　1/16　印张：19½　字数：474 千字
2010 年 6 月第一版　2021 年 3 月第二次印刷
定价：46.00 元
ISBN 978 - 7 - 112 - 11674 - 4
(18920)

序

　　节约建筑能耗的根本途径在于设计建造低能耗的建筑物。一栋称其为低能耗的建筑物，不仅其在建造过程中消耗的能源相对较少，更重要的是其在运行使用过程中的能耗较低。建筑运行能耗又以冬季采暖能耗、夏季空调与通风能耗以及生活热水能耗为主要部分，其大小与建筑物的形式、色彩、空间布局、构造方式等有着密切的关系，更与所在地区的气候特征和太阳辐射条件直接相关。

　　建筑物运行中需要消耗一定的能耗，源于人们对室内热环境的需求基本上是恒定的，而室外气候随着季节变化，常常会不同程度地偏离人们对热环境的需求区间。一栋设计合理的建筑物可以在很大程度上减弱室外气候变化对室内热环境的影响。但到了严寒和酷热季节，仅依靠建筑物的自身调节，则难以达到人们在不同行为方式下对热环境的需求标准，这就需要开启室内供热或降温设备，采暖与空调能耗便由此而生。因此，建筑设计阶段是决定建筑能耗多寡的关键环节。建筑师在方案创作阶段，如果充分考虑了地域气候条件和太阳辐射资源，巧妙地利用了室外气候要素和辐射要素的季节变化和周期性波动规律，综合地运用了保温隔热、蓄热放热、自然通风、被动采暖、夏季遮阳等建筑气候设计手法，具备了科学的地域气候参数和辐射参数条件，实现低能耗建筑就是必然结果。

　　建筑气候学是低能耗建筑设计的科学基础。适应气候的建筑设计，是《建筑结合自然》（*Design With Nature*）的主要部分。与气候相适应的建筑物，不但可以大幅度降低建筑能耗，创造适宜的室内热环境，而且可以降低城市热岛强度，改善住区物理环境。长期以来，尽管学界一再强调在城市规划、建筑创作和景观设计中要重视与局地气候的相适应，也有不少成功作品相继问世，然而并未能在业界盛行。

　　杨柳教授是我国建筑热环境与节能领域的新秀，《建筑气候学》是其多年学术研究和积累的结晶。自从 20 世纪 90 年代中期硕士研究生阶段开始，作者即倾心于传统居住建筑与气候适应性研究，参与了国家自然科学基金重点项目的研究工作，后在博士研究生阶段又逐步扩展到现代城镇建筑与城市气候的相互作用机理探索领域，作为执行负责人，主持完成了国家自然科学基金重大国际（地区）合作项目《建筑采暖、通风、空调及节能设计基础数据库研究》的研究工作。进入博士后阶段，杨柳教授与香港城市大学、日本大学理工学部及美国华盛顿州立大学进行了密切的合作研究与学术交流。作为负责人，先后主持完成了相关领域两项国家自然科学基金青年基金和面上项目的研究工作；同时，作为负责人之一，主持完成了国家自然科学基金重点项目中《西藏自治区居住建筑建筑节能设计标准》的基础研究和标准起草等工作。所得成果主要体现在建筑与地域气候的适应关系、建筑气候分析方法、人体热舒适需求的地域分布、全国标准气象年数据库、建筑气候分析与设计策略以及建筑创作中的气候设计方法等诸多方面。作为反映作者长期研究成果的学术著作的问世，实乃我国低能耗建筑设计领域一大创造性贡献。

　　笔者有幸作为杨柳教授的硕士和博士研究生导师，目睹了一位年轻学者的成长历程。近年来，杨柳教授作为国家级创新研究群体的学术骨干，与其他年轻教授一起，为我校"西部建筑环境与能耗控制"学术团队的成长和建设作出了杰出的贡献，今著成此大作，实属水到渠成之必然，亦必将成为我国建筑热工与节能学科发展史上的里程碑。

　　值《建筑气候学》专著出版之际，谨表祝贺，以为序。

2009 年岁末于古城西安

前　言

近年来，环境保护与可持续发展已成为人类社会共同关注的重要领域。如果说20世纪70年代和80年代是能源使用和觉醒时期，是建筑设计中的关键因素，那么到了20世纪90年代（特别是1992年的地球峰会以后），环境和生态因素非常醒目地成为人们讨论的焦点。建筑设计需要新的理念和样式，而环境、能源与生态成为引导和规范建筑设计的框架。只有协调考虑三方面的因素，才能够称得上是可持续发展的。其中，能源，特别是城市建筑发展对矿物燃料使用的影响，以及随之而来的对二氧化碳排放量的影响，是建筑设计需要考虑的主要因素。目前，世界各国都已经将建筑节能作为其基本国策之一，相继制定了国家及地区的建筑节能规范和标准。积极有效地运用建筑设计和建筑设备的方法与策略，提高建筑的节能性和舒适性已为业界所共识。而在建筑设计过程中，积极寻求建筑设计的方法应对室外气候的影响，提出适宜的被动式气候调控措施，是建筑节能设计最有效而直接的途径。这种在方案设计阶段，对建筑所处地区微气候环境的主要气候影响参数进行分析，考虑适宜的气候调控措施，并巧妙地将其与建筑的布局、建筑形式和局部构造有机结合的设计过程，称为建筑气候设计，属于建筑气候学的研究范畴。

本书就是以此为背景，以作者近几年来主持完成的国家自然科学基金项目的研究成果为主要内容完成的，内容涉及建筑学、气候学、环境工程学学科交叉领域。在编写过程中，参阅了大量国际文献资料，在评价分析国际建筑气候设计方法的基础上，针对我国实际的气候条件，提出了适于中国国情的建筑气候设计方法。全书的基本框架可以分为三个部分，其中绪论部分介绍了建筑气候学学科的建立和发展过程；第2章和第3章为建筑气候学的理论基础部分，阐述了学科所涉及的基本原理和基本概念，论述了建筑与气候、建筑与人的关系；后续章节分别从建筑气候学在设计中的运用出发，以建筑气候分析为主线，以建筑设计过程为顺序系统论述了针对我国不同气候特点的适宜的气候设计策略，以及建筑形式与地域性气候的关系，给出了具体的建筑设计指导原则和设计措施，并分析了建筑方案阶段应用气候资源的节能效果。

本书由杨柳主稿，其中第1至5章由杨柳撰写；第6.1至6.3节由杨柳、闫海燕（河南理工大学）共同完成；第6.1.3小节由白雪琛完成；第6.4至6.6节由何泉完成；第7章由杨柳、何泉、朱新荣共同完成。

全书的创新性成果主要体现在建立了中国建筑气候设计理论的基本框架；提出了适应中国气候条件的气候分析图；初步给出了地域建筑设计的气候分区，以及各区的建筑设计指导原则与技术措施，因此它的特点是具有地域性、系统性和学术性。

本书面向对象为有志于从事土木、建筑与城市规划方面的教学、科学研究、工程设计人员，以及大学本科生与研究生，通过理解建筑、气候和人的关系，掌握在满足健康与舒适的条件下，反映地域气候特征的建筑气候设计基本原理和方法，从而有效提高居住环境品质，促进建筑的可持续发展。本书也可作为全国建筑学、城市规划专业本科生，建筑学、城市规划及建筑技术科学专业研究生的专业辅导书；同时，又可作为建筑设计师、建筑设备工程师、建筑管理人员节能设计参考书。通过系统学习本书内容，可以使建筑专业人员掌握基本的建筑节能与气候设计方面的基础知识和专业技能，使其在建筑方案设计阶段能够很好地运用室外的可利用气候资源，创作出适应环境、节约能源、富于特色的生态建筑。

在书稿即将完成之际，我要特别感谢我的导师刘加平教授，是他为我打开建筑气候学的兴趣之门。从我初入先生门下，到今日成长为一名有着自己的研究方向和研究团队的专业教师，都离不开先生的辛勤栽培和谆谆教诲。在多年的学习工作中，先生对事业孜孜以求的敬业精神和乐观豁达的人生态度每时每刻都在给我以激励。

由衷感谢中国建筑工业出版社的支持，尤其是陈桦编辑多年的支持和关注，使本书得以顺利出版，并荣获 2008 年度国家科学技术学术著作出版基金资助。

特别感谢西安建筑科技大学建筑技术科学研究所的诸位研究生为本书图表的绘制和校对付出的辛勤工作。

由于著者水平有限，书中难免存在一些问题和不足之处，诚恳地希望读者提出宝贵的意见和建议（联系电话：029－82205390，email：626224056@ qq. com）。

目　录

第6章 建筑设计与气候

第7章 围护结构设计措施与气候

参考文献

Contents

Chapter 6 Architectural design with climate

Chapter 7 Building envelope design with climate

References

BIOCLIMATIC ARCHITECTURE 建筑气候学

第1章 绪论

1.1　什么是建筑气候学

　　建筑在人类文明发展的历史长河中扮演着极其重要的角色，肩负着诸如功能属性、社会属性、象征属性以及美学等多种用途，而遮挡风雨、御寒避暑是所有建筑的基本性能之一。自古以来，建筑都是要考虑太阳辐射等气候因素的影响，这在任何国家、任何地方都是一样的，只是程度和深度不同而已。因此，可以说"如果没有气候的问题，人类就不需要建筑了"。

　　建筑适应气候，无论是空间的创造还是空间的利用，都是首先需要考虑的问题。而一个优秀的建筑作品，其空间形态和环境结构总是能够反映出它所在地区自然地域气候的环境特征，这是因为不同的地理环境与自然气候，让长期栖息于此的人们通过生活、生产不断地沉淀出独特的地域文化，也造就了建筑的地域气候特色。不同气候条件下，不仅建筑的防寒、隔热、采光、通风等基本功能需要采取不同的应对措施；即使在同一气候区，由于气候变化的程度不同，也使得建筑的构造形式或细部处理存在一定的差异，而且，气候特征愈典型，建筑特征反映得愈明显、突出。我国幅员辽阔，气候差异明显。各地区的传统建筑，从我国南方的骑楼（图1-1）、湿热地区的干阑式建筑（图1-2）、北方的窑洞（图1-3），到云南民居"一颗印"（图1-4）等，都是适应气候而衍生出来的特定的建筑形式，是地域气候建筑的历史印证。

　　从南到北的四合院民居的空间形式和尺度的变化（图1-5），也明确地反映了地理纬度的变化（即气候要素上的日照及温度等）对其产生的影响。这种建筑形式与气候的结合，不仅赋予建筑本身浓郁的地方特色，也给建筑节能提供了先决条件。然而，现代建筑在气候的适应性方面却

图1-1　南方的骑楼

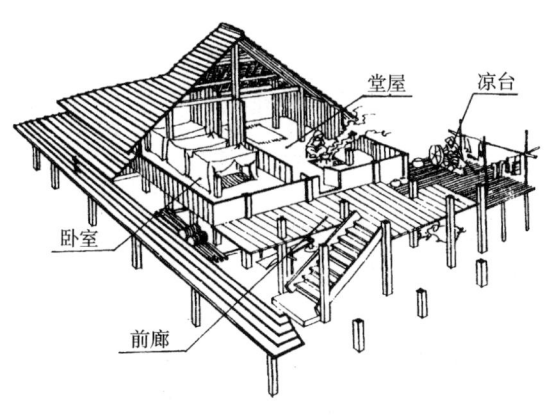

图 1-2　湿热地区的干阑式建筑

图 1-3　北方的窑洞

图 1-4　云南民居"一颗印"

表现得相当薄弱，原因有很多方面。其中最主要的一个原因是：20 世纪中期小型采暖空调设备的出现以及技术的发展与成熟，使得建筑可以完全依赖人工设备调节室内气候与舒适，却忽略了利用建筑设计要素应对室外气候，从而产生了许多高耗能、低生态的"现代化"建筑。在我国，目前用于建筑采暖与空调的能耗已超过国民经济总能耗的 30%，而能源消耗过程又是人类住区的主要污染源之一。资源与环境的危机已使得现代建筑的这种以消耗常规能源为主的模式难以为继。

随着经济的迅速发展和人们生活水平的不断提高，人居环境质量与建筑能源消耗已引起越来越多的关注。目前，世界各

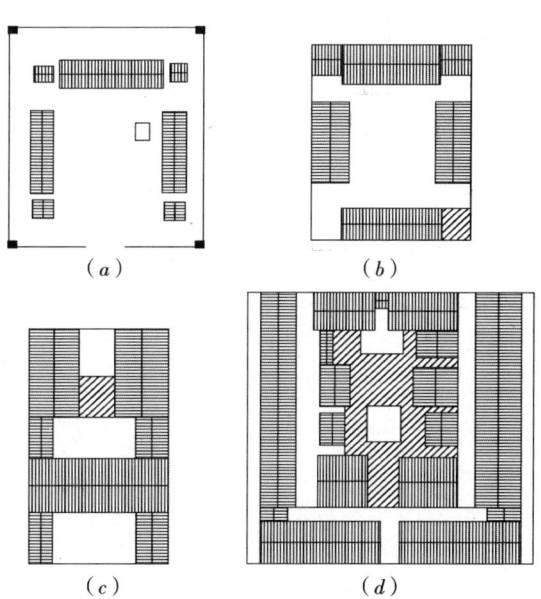

(a)　　　　　　　　(b)

(c)　　　　　　　　(d)

图 1-5　中国四合院格局
(a) 东北；(b) 华北；(c) 华中；(d) 华南

3

国都已经将建筑节能作为其基本的国策之一，相继制定了国家及地区的建筑节能规范和标准。积极有效地运用建筑设计方法提高建筑的节能性和舒适性已为业界所共识。而在建筑设计过程中，以积极的手段在适应自然环境的同时对其气候潜能进行灵活运用，提出适宜的能源利用措施，是建筑节能设计最有效而直接的途径。这种在建筑方案设计阶段，对建筑所处地区气候环境进行有效可靠分析，在考虑选择适宜的气候调节措施后，巧妙地与建筑的布局、形式和局部构造有机结合的设计过程，称为"建筑气候设计"。实现建筑气候设计的学科基础理论与设计方法称为"建筑气候学"，它是研究人、建筑、气候的相互作用关系的学科，是将气候学、环境心理学与生理学引入建筑设计的一门有趣的新兴学科。建筑气候学指导建筑师主动地利用建筑设计的手段和建筑的构成要素，自然地调节和控制室内热环境，使得建筑能够随地方气候的变化做出相应的反应，反映了现代建筑学所倡导的建筑与人类可持续发展的核心思想。

建筑气候学与建筑学、建筑物理环境、环境心理学以及气候学有着密切的关系，它一方面研究气候对建筑、人的影响；另一方面研究人的生理需求对气候和建筑气候提出的要求，从而提出调整、改善、提高居住环境质量的方法。建筑气候学是现代建筑设计理论与建筑环境物理设计理论深入发展的必然产物。由于它的产生和发展，充实、丰富和提高了建筑设计理论，将建筑学引入绿色生态的科学发展领域。

1.2 建筑气候学的发展

1.2.1 建筑气候学的确立

建筑适应气候是建筑与生俱来的功能需求。一般情况下，建筑的室外气候与室内热舒适环境总是存在着或冷或热的差异（图1-6），所谓"气候设计"就是通过"环境"调节的手段缩小这种气候差异的方法。气候调节既可以通过建筑形式的塑造、空间的组织与构造细部的处理等"建筑"的手法来完成，也可以通过环境设备来调节。如果考虑人对气候的主动调节作用，如添减衣物等行为模式，还应包括人对气候的个体适应能力。"建筑设计"、"人的主动调节"通常是不耗能或少耗能的，空气调节系统虽然可以创造全天候的舒适环境，却是以消耗大量的不可再生能源为代价的。因此，本着经济、节约和保护环境的目的，通过建筑自身的被动式方式调节来减少能耗方法是大力提倡的生态手法，并且是建筑师的首要任务。这就需要建筑师在建筑设计过程中考虑气候的影响，采取适宜的气候调控措施，并且与建筑本身协调一致，这也是建筑气候学产生的客观基础。

关于气候设计的哲学思想可以追溯到公元前1世纪。在罗马时代的建筑理论家维特鲁维（Vitruvius）所著的《建筑十书》一书中就能够见到气候与建筑朝向的关系的论述，可以说是最早的、有记录的气候设计观。这种设计思维一直持续到20世纪中叶。建筑师擅长利用自然气候，通过建筑形式、窗户朝向、材料运用等方法解决建筑的冬季防寒和夏季降温问题。至20世纪中叶，随着小型采暖空调设备迅速发展，情况发生了变化，建筑环境可以完全依赖人工设备来创造，建筑的采暖、制冷、通风、空调已由专

门的工程师——环境空调工程师负责，建筑师不再关心气候问题。现代建筑气候适应能力的匮乏随处可见，如图 1-6、图 1-7 的北方某大学学生宿舍楼。该建筑为东西朝向，在这种情况下，建筑东立面的遮阳和隔热设计就显得非常重要；但是，建筑师却采用了通长的温室内廊，封闭的玻璃窗阳台造成了夏季过热的室内热环境，使用者不得不在白天也拉上厚厚的窗帘以遮挡烈日的烘烤，使得原本用作自然采光的窗户失去了采光眺望的功能。

图 1-6 北方某大学宿舍楼东立面

图 1-7 东立面窗口细部

1973 年，世界爆发能源危机，建筑节能的设计思想被重视起来。节约能源、保护环境不再仅仅是环境问题，也变成一个实际的财政问题。目前，我们处在一个新世纪发展的初期，工业文明和消费的加速发展，不仅为人类社会带来了乐观、自信与私欲的极度膨胀，同时也带来了遍布全球的资源枯竭、空气污染、水资源短缺、森林锐减、土壤沙化等环境问题，全球气候的变化及区域经济的衰退成为新的研究课题。斗转星移，弹指一挥间，"气候与设计"这一古老的哲学思想不仅有了新的意义，也成为人们新的需要，而且这种需要变得愈来愈紧迫。大量以能源环境问题为设计核心的气候建筑、节能建筑、绿色建筑研究进行得如火如荼。与建筑气候有关的采暖、通风、空调、自然采光等节能技术在各种类型的建筑中得到广泛应用。

作为建筑环境的设计者和提供者，我们今天生活、工作在一个与以往完全不同的全球文化氛围之中。当今世界，物质和信息不再是工业化链条中最高处单向流动的资源，而是一个多向量的资源矩阵，它具有非线性、非均匀性、非平行性的特征。在这个新的资源矩阵中，除了考虑建筑文化和建筑功能之外，还得考虑人们对地域和传统方法及材料的认识，甚至还要对人们在经济和传统文化系统中所扮演的角色进行深入的理解。适应环境气候这个古老而朴素的地域建筑主义的设计思潮重新被人们重视起来。

建筑气候学作为一门独立学科的确立大约是在 20 世纪 60 年代。1963 年，美国学者维克多·奥尔基亚（Victor Olgyay）编著出版了具有前瞻性的《设计结合气候》（*Design with Climate*）一书。这本书以建筑形式、细部构造与当地气候的相互关系为基础，倡导建筑师在建筑设计中要更多的考虑气候的影响。书中首次提出了"生物气候设计方法"（Bioclimatic Design Method），系统地给出了在建筑创作中定量分析建筑设计要素，如朝向、体形、通风等与室外气候、室内舒适环境关系的方法。在过去的几十年里，它一直是西方建筑学科的一本极其重要的教科书。凯尼格斯伯格（Koenigsberger）在1973年出版的《热带房屋设计手册》（*Manual of Tropical Housing*）一书中提出了适合热带气候的建筑设计与分析方法。这些早期在英美等国发表的气候设计观点是本领域的前沿之见，他们倡导通过气候来丰富建筑设计的内涵，把建筑科学作为实现其目标的动力之源，并且预言由于缺乏可持续发展，目前建筑行业和文化领域的全球工业化将走上绝境。

1981年，以建筑与城市的气候设计为核心的国际被动式建筑协会PLEA（Passive and Low Energy Architcture）在百慕大召开第一次国际会议，成立了一个由研究、应用和教育工作者组成的非官方的全球联盟。旨在使低能耗建筑设计理念，从南半球到北半球，从东方到西方，从高度工业化国家到经济发展中国家广泛传播，达成共识，并付诸实施。

到20世纪90年代中期，"生态建筑"、"绿色建筑"强调整个生命周期的节能效应和对环境的影响，涉及多个研究领域，而建筑适应气候是绿色建筑的重要组成部分，因此，建筑气候学是绿色建筑发展的学科基础。从建筑设计角度讲，奥尔基亚的建筑气候学方法全面而综合地考虑了包括方案设计阶段所有气候因素对它的影响和随之带来的热舒适问题，其提出的"生物气候建筑"的系统设计方法标志着建筑气候学的确立。

1.2.2 建筑气候学的发展历程

1）关于气象参数

气候设计首先需要解决的问题就是气候与建筑的关系，这就需要了解和掌握室外气象参数、室内环境参数与建筑设计的关系。

19世纪以前，建筑行业还没有专门的气象数据，农业和林业使用的气象数据是当时业界唯一的数据来源。19世纪早期，英国的一些温室建筑师开始研究气候对建筑结构的影响。1820年，兰顿（J. C. Loudon）利用这些记录数据，巧妙地结合太阳能采暖、建筑蓄热、遮阳设计以及地板辐射采暖等气候调节技术，成功地设计了很多著名的温室结构建筑。150年以后，这些技术措施成为被动式太阳能设计普遍采用的方法。20世纪早期，美国建筑师埃伯特（Abbott）详细记录了美国首都华盛顿地区40年的太阳辐射值，这是至今最早的且依然有价值的长期的太阳辐射观测数据。

20世纪中期，随着现代气象学的发展，兰德斯伯格（Landsburg）定义了"微气候"（Microclimate）的概念，指出微气候是地面边界层的气候，其温度和湿度受地面植被、土壤和地形影响。建筑气候学属于微气候的研究范畴。

1951年，美国的一家期刊《美丽家园》和美国建筑师学会（AIA 1949－1952）的信息期刊连续发表了与建筑气候设计有关的系列文章，是最早的关于建筑气候设计参数的系统文献。通过建筑师不断的努力，最终提出了美国主要地区不同气候影响下的建筑设计依据和原则，出版了建筑师设计指导手册。此后，该杂志陆续发表了一系列重要文章倡导气候设计理念，如炎热气候区窗户要遮阳，屋面涂刷白色的、高反射的材料；寒冷气候推广地下掩土建筑，充分利用太阳能采暖等等。

2）关于设计实践

20 世纪 30 年代，美国芝加哥建筑师弗雷德（Fred）和凯克（Keck）两人在长达 20 年的时间里进行了住宅建筑南向窗户与太阳能设计的研究，其成果被第一次称作"太阳房"。同一时间，两位著名现代建筑师格罗皮乌斯（Gropius）和马歇尔·布劳耶（Marcel Breure）在自己的住宅设计中，都运用了气候设计方法，如南向窗户考虑适宜的遮阳做法。著名建筑师赖特（Frank Lloyd Wright）的罗宾之家（Robie House）住宅和亚利桑那州的西塔里埃森（Taliesin west）住宅，巧妙地运用气候设计元素抵御不利气候的影响。这些成功的建筑实例证明将气候设计方法娴熟地与建筑设计相结合会创造出独一无二的节能建筑形式。

第二次世界大战后，建筑师考迪尔（W.S Caudill）和普林斯顿建筑实验室的奥尔基亚兄弟建立了建筑的全尺寸实验模型，进行风、自然采光和太阳对建筑的影响的实验研究。至 1960 年前后，"生物气候设计"的观点成为当时文献的流行理论。紧接着，随着采暖空调技术的成熟，"空调时代"来临。1948 年，为降低空调负荷，建筑师贝鲁斯齐（Pietro Belluschi）设计了美国第一个全封闭式的空调办公建筑，使用了双玻 – 涂层玻璃。1952 年，纽约的利华大厦使用了新型吸热玻璃以减少不需要的太阳辐射热。同样的玻璃还用在了位于纽约的联合国大厦，这座建筑在当时没有采用著名建筑师勒·柯布西耶（Le Corbusier）使用遮阳板的建议。这种现代全玻璃建筑成为当时世界建筑的主流形式。1950~1970 年，气候建筑研究和设计实践在发达国家变得很少。而此时，很多重要研究在发展中国家，尤其是热带气候国家展开。其间，两个重要的关于气候设计的论著出版，一个是由吉沃尼（Givoni）撰写的《被动式低能耗建筑设计》，另一个就是凯尼格斯伯格的《热带房屋设计手册》。这两本著作都在不同程度上发展了奥尔基亚兄弟的生态气候学说，将气候设计技术直接应用到设计实践中。他们的研究被称为气候设计的"再发现"。随后，由于 20 世纪 70 年代的能源危机的发生，使生态建筑气候研究工作重新受到重视，并延伸到以节约不可再生能源、保护环境为中心思想的"可持续发展"领域。

1977 年，第一个使用太阳能集热的"主动式"太阳能采暖系统诞生，由霍泰尔和麻省理工学院的多位学者开发而成。紧接着，被动式太阳能的概念被提出来。并且，通过凡·德莱赛和贝尔斯的早期实验研究，一系列利用被动式太阳能采暖的小型国家会议室在美国新墨西哥州试验设计成功。

由于太阳能采暖设计可能带来的过热问题，尤其是在春季和秋季，并且难以应用到所有建筑形式，建筑的热工性能由最初只集中在对采暖的重视逐渐向全年各气候条件下平衡的全年性能分析转移。至此，生态建筑的气候设计方法及其涉及被动式采暖降温方法的所有气候对建筑的影响重新被重视起来。一系列国际重要会议，PLEA、ASES 相继召开，及时发表和总结气候设计的研究成果。1987 年，吉沃尼再一次更新了被动式降温设计图表，包括设计指导方法和原则。

建筑气候设计最初主要集中在住宅类的小型建筑中。近年来，研究者逐步将自然采光等被动式太阳能设计方法延伸到商业办公建筑等以内热源和电能为主的建筑中。随着对地区和全球环境的高度重视，建筑气候已从单纯的建筑节能研究转向以环境和健康为目的、介于建筑与环境之间的系统生态学研究，并扩大到整个环境系统，包括了空气、水资源的环保问题，水资源、植物和植被、建筑被看作环境的一个有机组成部分。西姆·凡·德·莱恩（Van Der Ryn）与卡尔索普（Calthorpe）在1980年的怀斯特贝克会议上提出了倡导自给自足的、可持续发展的"系统化"社区的理念。

如今，倡导低能耗健康建筑成为建筑界推动人类社会可持续发展的努力方向。低能耗健康建筑是指充分利用自然能源的被动式或供热空调建筑，它能够提供人们生活和生产需要的建筑环境，保证人们的卫生和健康，同时具有节约建筑能耗的特点。低能耗健康建筑的研究在欧美国家和日本受到相当的重视。我国人均能耗水平很低，大约是世界平均水平的1/3，但是，随着城市化进程的加速发展，我国建筑能耗迅速增长，降低建筑能耗，发展低能耗健康建筑已成为我国21世纪的重要任务。低能耗健康建筑为气候设计的理念注入了新的生机。

我国对建筑设计和气候的关系研究也取得了很多成果。20世纪70年代，在面对世界能源危机和太阳能设计研究热潮中，我国也进行了太阳能建筑设计的系列研究，如渠箴亮先生在甘肃榆中太阳能基地对冬季太阳能采暖的测试研究；王德芳先生对被动式太阳房的动态热过程解析研究；李元哲先生等提出了我国太阳能设计参数并编著了指导手册等。近年来，随着绿色建筑、可持续发展理论的深入人心，关注地域特点、利用自然气候资源的生态建筑设计理论越来越受到业内人士的关注。清华大学江亿院士对城市住区微气候环境从规划、建筑室内外物理环境和环境控制系统等方面进行了整体研究，提出绿色住区的设计理念和方法。宋晔皓博士提出了关注地域特点，利用适宜技术的生态农宅生物设计方法（图1-8、图1-9）。

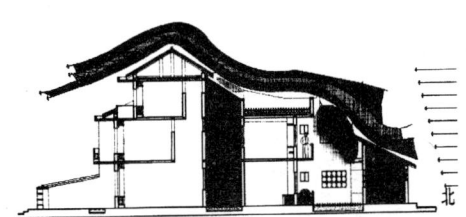

图1-8　生态农宅通风示意图

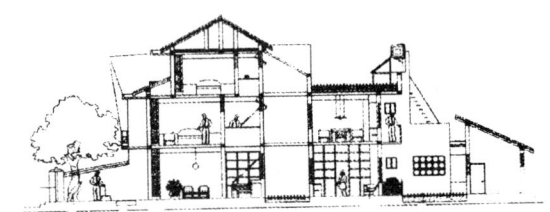

图1-9　生态农宅气候缓冲层细部

西安建筑科技大学绿色建筑研究中心提出适宜黄土高原地区可持续发展的基本聚居建筑形态——新型阳光间式窑居太阳房（图1-10）。刘加平教授等在传统民居生态经验科学化研究中，针对陕南山地气候特点和当地民居基本形态条件提出了新型夯土生态农宅的被动式太阳能设计、生土保温隔热与自然通风相结合的设计思路。这些学者丰富的研究成果成为本书的研究理论基础。

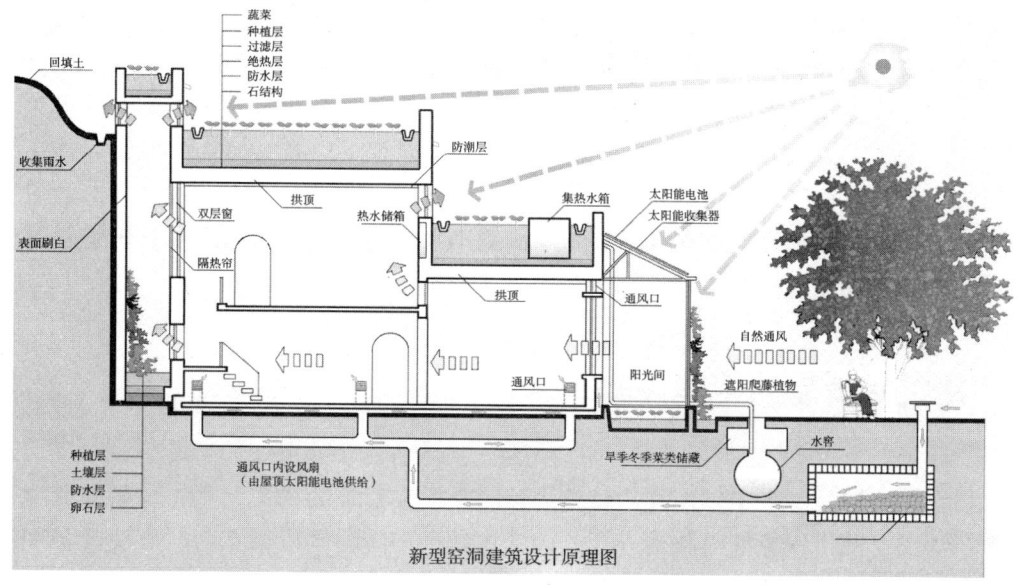

图 1-10 新型阳光间式窑居太阳房

1.2.3 建筑气候学与可持续设计

资源枯竭与生态危机促使人类开始反思建立在工业文明基础之上的行为模式，以寻求人类社会、经济、技术和环境的可持续发展途径。建筑活动是人类改造自然最大的人工活动之一。工业技术的进步使人类实现了对人工环境的决定控制，导致人们能够尽情地利用能源和各种自然资源，不断满足人们对人工环境质量和舒适度的日益提高的需求。这种过度的"人工化"和"人为化"的发展模式是以能源和资源的消耗以及环境污染为代价的。因而，建立在资源无限、环境容量无限的理念之上的现代建筑设计理论和方法受到时代的挑战，"生态建筑学"和"气候建筑学"则应运而生。

建筑气候设计是在适应自然环境的同时利用自然气候的潜能。建筑师在设计中主动合理地利用各种保温隔热措施，通风、采光与遮阳技术以适应地区气候特点，提高建筑与设备环境的性能，利用可再生能源，从而节约能源，保护地球的生态与资源环境，这是可持续发展的核心，也是生态建筑设计理念的主要体现和节能建筑的本质特征。西方将这种气候设计又称为"被动式建筑设计"。"被动式"的提法起源于20世纪70年代备受关注的"主动式太阳能建筑"。

大约在1920年前后，美国芝加哥的一家报纸首先使用了"太阳能住宅"一词，报道了一个与传统民居不同的住宅形式，它的热水系统和采暖设备系统的热源是太阳能。此后，在第一次世界能源危机后，也就是1973年以后，太阳能住宅更加受到人们的关注，这种以太阳能为热源，通过能量交换实现采暖、制冷和热水供应的技术被人们称为"主动式太阳能"。与此同时，人们又创造了一个与之相对的词汇——被动式太阳能。它们的区别在于，主动式是使用太阳能代替以往驱动采暖空调设备的热源，而后者则是以不使用机械设备为前提，完全依靠加强建筑物的保温隔热性能与采光通风性能，也就是通过建筑设计的方法达到室内热环境的设计要求。因而，主动式与被动式的主要区别就在于设计的理念和调节气候的手段不同。前者是采用主动的方法控制并创造人工环境；后者是在积极地适应自然环境的同时，尽可能地开发自然环境的潜能,最大限度地利用自然资源创造与自然和谐统一的环境,这种环境是可以与周边的气候同呼吸、同脉搏的居住环境,因而在本质上是生态的。

气候设计或被动式设计能否成立不仅取决于该地区的自然气候条件,而且还要求建筑师具有一定的被动式设计"素养",掌握被动式设计原理,以及基本的气候设计能力。要求建筑师充分了解地区的环境地理状况(如气候、地形、地貌、风、植被等),学习并继承传统建筑中蕴含的生态信息和技术,采用低成本和低造价的技术组合与材料,学习和掌握气候分析、建筑设计、环境评价方法。

1.3　建筑气候学的主要内容

气候设计,即建筑师主动地利用建筑设计的手段或建筑的构成要素,自然地调节和控制室内热环境,使得建筑能够随地方气候的变化做出相应的响应,它的核心反映了现代建筑学所倡导的建筑与人类住区可持续发展的中心思想。良好适宜的建筑气候设计涉及两个关键问题:第一,需要在设计阶段正确分析气候要素对建筑的影响,掌握室外气候条件和人的生理活动之间的关系;第二,合理运用气候调控手段,并与建筑形式相结合。其中,建筑气候分析是气候设计最基本的关键问题。只有正确分析室外气候条件和人体热舒适环境之间的关系,才能提出合理的节能设计方案和气候调控措施,进而在设计阶段能够恰当地考虑和利用当地的气候资源。

建筑气候学的研究内容主要包括三个方面:

1)建筑气候调节原理

气候设计的目的是在保证热舒适环境的前提下,尽可能地利用地域气候资源,因此,其设计关键在于明确室外气候特点,并掌握一定的气候调节手段。建筑气候调节手段可以借助建筑围护结构与室内外热量交换的相互作用来实现。建筑通过围护结构的传导、对流以及表面辐射换热三种基本传热方式,与外界环境进行热量交换。当我们从建筑的冬季采暖和夏季散热的要求出发,考虑三种基本传热方式,以及自然界的相变调湿过程,即蒸发冷凝过程,可以自然地形成建筑的气候调节原理。比如,从冬季得热角度,建筑的气候调节方式可以包括以传导为主的围护结构保温,或者以辐射得热为主的太阳能采暖。建筑气候的具体调节见表1-1。

建筑气候调节原理　　　　　　　　　　　　　　　　　　　　　　　表1-1

	热量控制途径	传导方式	对流方式	辐射方式	蒸发散热
冬季	增加得热量	—		利用太阳能	
	减少失热量	减少围护结构传导方式散热	减少风的影响	—	—
			减少冷风渗透量		
夏季	减少得热量	减少传导热量	减少热风渗透	减少太阳得热量	
	增加失热量	—	增强通风	增强辐射散热量	增强蒸发散热

　　将这些基本控制原理通过建筑设计手段，以一定形式表现在建筑物上，该建筑就是所谓的"适应气候"的。常用的建筑气候设计手法包括建筑师非常熟悉的几种热工设计方法，如太阳能采暖、自然通风、蓄热通风、蒸发冷却及遮阳等。这些设计方法能够在一定程度上将室内的人体舒适环境扩展到更宽的气候范畴。

2）建筑气候分析方法

　　生物气候学建筑的设计过程不同于传统意义上的建筑设计，它需要建筑师采用合理的分析方法对建筑所处的室外气候做定量分析，以便正确给出适宜的气候调控手段。目前应用最为广泛的建筑气候设计方法有两种：第一种是利用空气温湿图为分析工具的生物气候图法，如奥尔基亚的生物气候分析法及吉沃尼的建筑气候分析法；第二种是迈欧尼（Mahoney）针对热湿气候提出的列表法。不同分析方法适用的条件也是有差异的。

　　温湿气候图法是由美国学者奥尔基亚提出，后经过吉沃尼完善的一种分析方法。它开创性地将室外气象条件、人体热舒适要求和建筑调节手段三方面的联系用一张气候图表示出来，如图1-11所示。

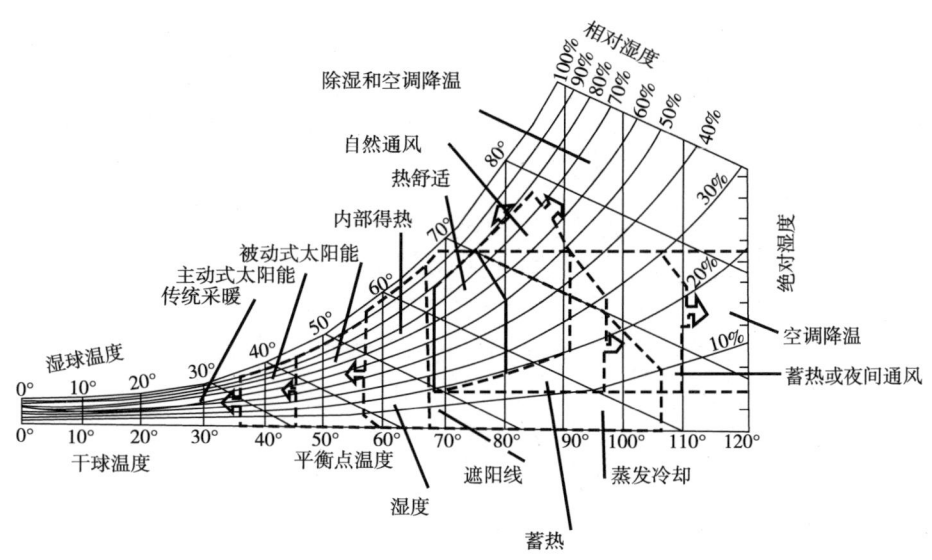

图1-11　建筑气候分析图

　　图中的横坐标表示空气温度，纵坐标表示空气含湿量，曲线表示相对湿度。图中的实线围合区域表示人体热舒适区。用带箭头的虚线表示建筑气候调节手段。图中标有适宜自然通风的气候区域；利用热质（建筑蓄热）与通风结合的降温设计区；适宜用蒸发散热达到舒适要求的范围；以及当环境条件超出了上面这些利用被动式技术达到热舒适的气候范围时，就必须采用空调设备等人工调节手段的空气调节区域。依据温湿气候分析图，可以方便地选择适宜的气候调控方法。

　　迈欧尼列表法是由凯尼格斯伯格等人针对热湿气候特点，通过一系列表格分析得出气候应对策略的一种生物气候学方法。具体分析过程包括气候参数分析、热舒适分析、气候指标分析和设计方法建议四个阶段。

迈欧尼的热舒适基准考虑了不同气候区人们对气候的反应以及人们在白天与夜间的穿衣、活动的差别，按照年平均温度值（AMT）与相对湿度的不同组合给出适宜的舒适温度范围。通过比较室外气温与所建立的舒适温度基准来判断气候的冷热程度。当月平均温度超过舒适区的温度，记为"H"；低于舒适区的温度，表示气候寒冷，记为"C"；在舒适区间内，表示舒适，并记为"N"。最后，统计每个月的 H、C、N 的总数。依据这个分析结果提出适宜的气候应对策略，见表 1-2。设计策略从 H1～A3，包括通风、防雨、蓄热、防寒等 6 种。

设计策略和室外气候条件 表 1-2

应对对策	指标	气候条件		降雨	湿度分组	月平均范围
		白天	夜间			
必须通风	H1	H	—	—	4	—
		H	—	—	2，3	不超过 10
期望通风	H2	N	—	—	4	—
必须防雨	H3	—	—	200mm	—	—
必须有热容量	A1	—	—	—	1，2，3	超过 10
室外平躺休息	—	—	H	—	1，2	—
	A2	H	N	—	1，2	超过 10
防寒	A3	C	—	—	—	—

采用迈欧尼方法可以得出不同气候影响下的建筑设计策略，以下为采用该方法得到的西安地区气候设计策略：

①建筑平面与空间布局：朝向为南北朝向（长轴为东、西向）；空间开敞，但注意防止冬季冷风渗透和夏季热风侵入；

②气流组织：单侧布置房间，以利空气流动；

③房间开口：中度开口，开口面积 20%～40%；

④墙体：厚重墙体；

⑤屋顶：轻质保温屋面；

⑥保温：考虑冬季保温。

3）建立地域气候分析方法

正确分析室外气候条件与室内热舒适环境的关系，提出合理的气候调节手段是建筑气候设计的关键。近年来，多位学者对各地区舒适温度的实际调查表明，人体热舒适温度与该地区的平均温度（气候状况）有密切关系。如美国人的舒适温度比英国人高 3℃；居于热带地区的人们，热舒适的期望温度是最高的，达 25～27℃；而长期生活在寒冷地区的人们比较适应寒冷气候条件，感觉舒适的温度也比较低。

我国由于地理纬度跨度和垂直海拔高度的变化很大，表现在气候上的差异也是相当大的。这种差异性进而使各地区人们的舒适温度范围要求也不一样。通过对我国不同气候区的室内热环境调查表明，我国人体舒适温度与室外平均温度，也就是当前的主导气候有很

强的线性关系。因而，由于气候的差异，在进行建筑气候分析时，需考虑不同地域人群对气候的适应性，提出适于地域气候的分析方法。

从国际范围看，建筑气候学是一门新兴的学科，仅有近半个世纪的历史，不像建筑学那样成熟，却已经形成了独立的学科体系。在我国，作为一个专门的学科进行研究还是刚刚开始的事情。

目前，环境问题已成为人类发展所面临的主要问题之一，生活在这个世界上，深刻地感受到环境变化所带来的种种问题。建筑采暖和降温所消耗的能量是导致环境污染的主要原因之一。将气候学应用于建筑中可以依靠建筑周围微气候的自然调节，设计成为自我调节的建筑模式，即基于当地气候和地理环境进行合理设计，利用自然元素来提供我们需要的——阳光、新鲜空气、舒适度等，而非改变自然环境，可以大大缓解社会对矿物燃料的需要。尤其对于我国人口众多、资源匮乏的现状是极大的缓解。这与我国"坚持可持续发展"的战略方针是相吻合的。建筑气候学的发展及逐渐完善对今后我国乃至整个世界的发展，对环境问题的缓解以及人类居住生活空间的舒适性有很好的助动力。

建筑气候学在我国的起步较晚，目前建筑气候学在建筑设计领域还未普及，但已越来越受到建筑业界人士的广泛关注。传统的建筑设计模式正逐渐被考虑气候影响因素的设计模式所替代，很多建筑院校也已开设了相关的课程加以引导。从长远角度来看，建筑气候学在我国的发展前景将是非常广阔的。

BIOCLIMATIC ARCHITECTURE 建筑气候学

第2章　建筑气候学基础

毋庸赘言，建筑物能量消耗的多寡以及室内舒适环境的优劣，不但与建筑本身的热工性能有关，同时还受到建筑物所处地区气候的影响。对气候问题的透彻了解可以改变并完善建筑形式，并给居者提供适宜的环境空间。许多建筑师都有这样的认识，人们之所以对许多古建筑的多样性、复杂性和文化性表示赞赏，很大程度上是由于这些特性与建筑所处地区及当地气候之间存在着一种既理性又感性的关系，这也正是现在的生态建筑正在谋求且需要重新建立的一种关系。

2.1 气候与建筑气候

2.1.1 气候与气候要素

建筑物外部最为直接的影响系统是室外的气候系统，它通过建筑的开口以及不透明的围护结构对建筑室内环境发生作用；而室内人员周围的微气候则是室外气候向内的延续。全球气候系统变化的主要动力来自太阳辐射热及陆地和水体。大气中空气团在陆地和水体上空的对流，因大气团对流形成的蒸发和降水过程，空气温度和大气压力的变化以及地球的自转形成的大气团的移动，所有这些组成了以空间和时间变化为特征的气候系统。

气候，一般是指一地多年天气的综合表现，包括该地或该地区多年天气的平均状态和极端状态。因此，气候是由两种参量来表征的：一种是表示气候平均状态的"恒量"；另一种是表示气候在极端状态之间波动幅度的"变量"。平均状况的气候变化规律，如气候的周日变化、季节变化以及长期的气候周期性变化是可以预测的；同理，地表上空的气候在空间上的变化也是可预测的，因此，可以根据地区气候的主要季节特征对气候进行分类。气候作为一个描述环境的概念在人类对自然界认识的初期就建立起来了，中国古代以5日为候，3候为气，1年分为24气、72候，各气各候都有其自然特征，合称"气候"。

2.1.1.1 气候要素

某一给定区域的"气候"特征取决于各气候要素的变化以及它们的组合情况。在研究

人的热舒适感和建筑设计时，涉及的主要气候要素有：太阳辐射、空气温度和湿度、风、雨、雪等。这些要素是相互联系的，每一种要素不仅直接与人的热舒适感有关，而且还影响着建筑的设计和节能性能。

在气候要素中，太阳辐射是建筑外部的主要热源。太阳辐射对建筑外墙进行加热，同时通过窗口加热室内空气并使建筑的内墙和地面温度升高。空气温度决定建筑保温隔热设计计算和室内采暖、通风与空调的设计计算结果，同时还影响人的温热感觉。同时空气流速决定着建筑的布局和室内的通风效果。

1）太阳辐射

太阳辐射是大气的最主要热源，是决定气候的主要因素。太阳辐射是来自太阳的电磁波辐射，主要由紫外线、可见光、红外线组成，包括直接辐射和间接辐射两部分。太阳辐射的大小由太阳辐射照度表示，其计量单位为"瓦特/平方米"，表示符号为 W/m^2。具体地区在地面上受到的太阳辐射照度随当地的地理纬度、大气透明度、季节及时间等的不同而变化。

太阳辐射对建筑的影响包括：光效应——太阳辐射中的可见光部分可影响建筑的采光和室内照明；热效应——太阳辐射是建筑物外部的主要热源，太阳辐射通过窗口直射室内和使墙体增温而加热室内空气，从而对人体产生影响；紫外线作用使许多建筑材料，特别是塑料等有机材料老化而损坏。太阳辐射作用一方面是造成夏季室内温度过高的重要原因，另一方面又是冬季改善室内热环境和节省采暖能耗的天然能源，在建筑设计中应给予充分重视。

2）空气温度

空气温度简称"气温"，是衡量热状况最常用的一个量，是热量交换、传输的最终结果，是标志任何一个地区热量条件的重要气候要素。室外气温通常指距地面 1.5 米高，背阴处的空气温度，主要受太阳辐射照度、气流状况以及地形等因素的影响。其中与太阳辐射照度最为密切相关，所以气温随纬度呈带状分布最为明显。研究表明，舒适的气温应适当低于人体温度，以 24 ~ 26℃为宜，不宜低于 17℃且不宜高于 33℃。

气温对建筑物影响甚大，通过热传导影响建筑外围护结构温度和室内温度的变化，直接决定着建筑热工性能计算、采暖和空调负荷计算中使用的各项气候参数，从而也决定着建筑物外围护结构保温或隔热设计，决定着建筑室内通风或空调设计等。

3）大气湿度

大气湿度是指空气中水汽的含量。水汽是水蒸发而进入大气，主要来自潮湿的表面以及植物的蒸发，再经风的携带遍布于空气中。大气湿度主要取决于气温和气压，它有若干种表达方式，如绝对湿度、相对湿度、水蒸气压力等。空气湿度的大小决定了空气的蒸发力。适当的空气湿度也很重要：对人体而言，空气湿度过高会影响皮肤排汗的蒸发散热效率及人的舒适感，并且，湿度过高容易繁殖霉菌等，霉菌一经散布到空气中和物品上，会危害人的健康，促使物质变质；但空气湿度过低又会产生让人不适的静电效应。因此，相对湿度一般以 30% ~ 70% 为宜。此外，对建筑而言，许多建筑材料的性能和材料变质的速率均与相对湿度有关。

4）风

由于地球表面接收的太阳辐射不均匀，造成气压差和温度差，从而引起空气流动而形成风。对一个地区来说，风的变化有一定的规律。通常用风向和风速来描述风的状况，气象台一般以所测距地面 10 米高处的风向和风速作为当地的观测数据。除主导风向之外，由于受到地形、地势、地表覆盖、水陆分布影响而形成的水陆风、山谷风、林源风、巷道风等地方风也不容忽视。

风对建筑的影响表现在：风荷载是建筑设计中的主要荷载之一，直接影响到建筑的经济、安全和适用；室外风速的大小对房间换气量及外围护结构换热能力都有很大影响，从而直接影响室内热环境。因此，风向和风速对建筑物的安全、布局、自然通风效果和舒适性等有至关重要的影响。

5）降水

降水是支配自然景观、影响农业生产与关系人类活动最主要的气候要素之一，也是自然界的一项重要气候资源。降水分布一方面决定于大气中水汽来源——水汽基本依赖于占全球四分之三面积的海洋供给，所以海陆分布是支配降水的重要因子；另一方面，降水分布取决于大气运动，亦即与环流条件密切相关。

对建筑而言，降水量和降水强度关系到屋面、地面和地下排水系统的设计。如果雨水通过墙壁上的缝隙向室内渗透，则会导致墙体内部受潮，从而降低建筑的热工性能，还有可能使屋面油毡鼓泡、变形、裂缝，造成渗漏，甚至使面层剥落，破坏墙面美观。

以上仅是太阳辐射、空气温度、风、降水、大气湿度等气候要素的基本情况及其对建筑物影响的简述。实际上，这些要素之间的关系错综复杂，建筑物所受到的影响往往是它们的综合叠加。在进行结合气候的建筑设计时，应该综合考虑到各气候要素，这样才能设计出高水平、高效益的建筑作品。

2.1.1.2 全球气候分区

1）基本气候带与气候型

地球上的气候是多种多样、千变万化、错综复杂的，几乎找不到任何两个地方的气候是完全相同的，也没有任何一个地方的气候每年的状况都是一样的。然而，气候的分布却具有明显的规律性或地带性，特别是在地势比较平坦的海洋或平原地区，地带性就更为明显。

所谓气候带，就是环绕着地球带状分布的气候区域。在这个地带内，由于辐射、温度、蒸发、降水、气压和风等的综合作用，都表现出一种地带性特征，而且气候的最基本特征是一致的，它们结合起来，就明显地反映出气候的地带性。而引起气候地带性的原动力是太阳辐射，太阳辐射在地表是按地理纬度分布的。因此，古代的希腊学者根据纬度把全球的气候带分为五个：热带、北温带、南温带、北寒带、南寒带（图 2－1）。它们的界线分别是以南、北回归线和南、北极圈划分的。这种划分法使气候带与纬度平行，并呈十分规律的环绕地球的带状分布区域，这就是"天文气候带"。

天文气候带是实际气候带的基础，与实际的气候带基本相符。在地球上，比气候带次一级的气候单位是气候型。气候型是由于自然地理环境差异引起的，在地球上不呈带状分布。在一个气候带内，根据气候的各种特征差异，可以划分出几种气候型，同样的气候型

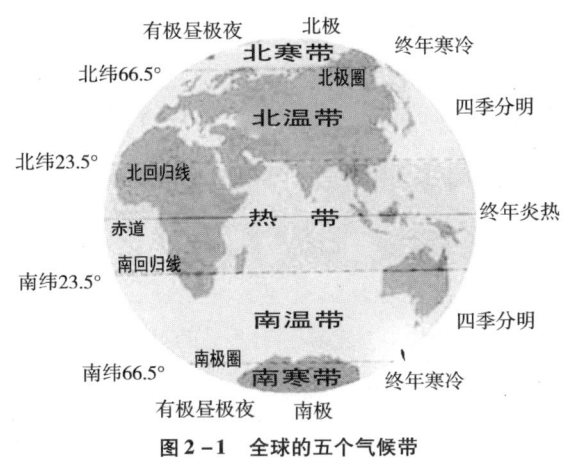

图 2-1 全球的五个气候带

又可以分布在不同的气候带内。例如,海洋性气候就有温带海洋性气候和热带海洋性气候;沙漠气候也同时分布在热带、副热带和温带等不同的气候带内。

气候型有很多种,大陆性气候和海洋性气候是两种最基本的气候型,其他气候型都是从这两种演变而来。例如,海岸气候就是大陆性气候与海洋性气候的过渡型;季风气候则是大陆性气候与海洋性气候的混合型;沙漠气候是大陆性气候的极端情况;草原气候则是从大陆性气候到沙漠气候的过渡情况;山地气候虽然成因和特点都比较特殊,但是它的特点也可以从大陆性气候和海洋性气候的类比中得到。气候型的划分,通常是采用气温、降水量和其他要素的平均值及年变化特征作为指标。在资料缺乏的情况下,也使用自然地理资料,如洋流、地形地貌、土壤、水文和植被资料作为参考。

2)与建筑设计密切相关的基本气候类型

从不同的角度和标准来划分气候,可以提出许多各不相同的气候带与气候类型的区划方案。从建筑设计角度来看,英国学者斯欧克莱(B. V. Szokolay)的气候划分方法值得关注。他经过多年研究,提出一种气候分区原则,即按照空气温度、湿度以及辐射状况,将全球气候分为四种类型——干热气候、湿热气候、温和气候及寒冷气候(图 2-2),这种气候分区也是建筑热工设计应用最多的分区方法。

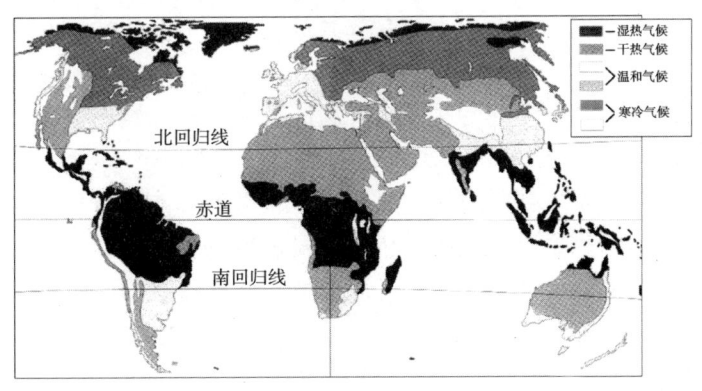

图 2-2 世界气候分区图

（1）干热气候

干热气候区基本上分布在赤道两边南北纬15°~30°之间，以非洲的撒哈拉沙漠、中东的科威特、沙特阿拉伯等地区最为典型。我国新疆的部分沙漠地带以及吐鲁番盆地亦属于干热气候区，四川南部的攀枝花市、西昌市等地，滇西北的大理、丽江等地为次干热气候区。干热气候的主要特征是日照强烈，气温高且气温年较差、日较差均非常大（夏季白天气温通常高于40℃，最高纪录甚至是58℃，夜间温度降至大约20℃；一年中最高气温45℃左右，而最低气温可低达-10℃），雨量少，湿度低，风速较大还常有暴风沙（沙尘暴）。干热气候区中的建筑主要在于解决隔热和降温的问题。因此，干热地区的建筑大多都比较封闭、浑厚。

（2）湿热气候

湿热气候区位于赤道及赤道附近，包括我国的广东、台湾，东南亚部分地区，大洋洲以及南美洲、非洲部分热带雨林地区。这些地区夏季炎热，气温最高可达40℃，温度振幅小，通常在7℃以下，大气中水蒸气气压高，相对湿度大、降水量大。典型的湿热气候区最高气温年平均值为30℃，最低气温年平均值为24℃，年平均相对湿度在75%以上，由于湿度环境常年较高，该地区热舒适性较干热气候区更差。我国的渝、粤、闽、湘、鄂、苏、浙、皖以及四川盆地和黔、桂部分地区虽然有短暂的寒冬，但一年中有相当长的时间内处于湿热的气候状态，也可以视为次湿热气候区或亚湿热气候区。湿热气候区中的建筑需要解决隔热、降温、排雨水、防潮以及减少太阳辐射等问题。

（3）温和气候

温和气候既不是一贯炎热或者干燥，也不是始终温暖或潮湿，而是随着季节而改变。有的地区受季风的影响，在不同的季节分别具有干热和湿热气候特征。其主要气候特点是：温度变化多样、夏季暖热、冬季寒冷、春秋季温和、四季分明。干温气候地区天气干燥、年温差较大，冬季较寒冷，而夏季又较炎热且时有风沙，我国新疆的部分地区，西藏北部，宁夏、内蒙古、甘肃的局部，陕西、山西北部以及北京和天津等地均属于这类气候类型。在冬季需要防寒、采暖、保温，又要在夏季隔热、通风是这一气候类型下的建筑设计中所需要考虑的问题。湿温气候地区的气候特点与干温气候相似，惟有其湿度大、降水量大。我国湿温气候地区主要集中在云、贵、湘、鄂、闽、赣大部和豫、苏、皖、鲁、晋局部以及东北三省局部。通风防潮成为这一气候类型下建筑设计中需考虑的重要因素。

（4）寒冷气候

寒冷气候区一年中大部分时间的月平均气温低于-15℃，最低甚至可达-86℃（1958年南极测定），它基本上分布于北纬45°以上的地区，包括北美、北欧、中国的东北部分地区以及北极等地区。其气候特征是常年寒冷干燥，年温差大，夏季日照丰富，太阳辐射量大，降水多，气候较为舒适，春秋季短，相对湿度在50%~70%，部分地区土壤还常年冻结，如南北极、西伯利亚等地区。在中纬度地区由于地形地貌等原因，也存在着部分寒冷地区，如我国的内蒙古西北和西藏大部。寒冷气候区的建筑需要重点解决冬季的防寒保暖，同时还要兼顾到夏季的通风降温，部分地区要考虑采取防风沙的措施。表2-1说明了气候分区特征和建筑形态的关系。

斯欧克莱气候分区和建筑设计的关系　　　　表 2 – 1

气候区	气候特征及气候因素	建筑气候策略	典型建筑
寒冷气候	大部分时间月平均温度低于 – 15℃ 风 严寒 暴风雪 雪荷载	减少热量流失 最大限度保温	
温和气候	有较寒冷的冬季和较热的夏季 月平均温度波动范围大；最冷月可低于 – 15℃；最热月高达 25℃ 气温年变幅可从 – 30℃到 37℃	夏季：遮阳、通风 冬季：保温	
干热气候	阳光暴晒，眩光 温度高 温度年较差、日较差大 降水稀少、空气干燥、湿度低 多风沙	最大限度遮阳 厚重的蓄热墙体 内向型院落 利用水体调节微气候	
湿热气候	温度高，年平均温度在 18℃以上，温度年较差小 年降雨量大于 750mm 潮湿闷热，相对湿度大于 80% 阳光暴晒，眩光	最大限度通风 遮阳 低热容的围护结构	

2.1.1.3　中国气候分区

我国气候区划工作开始于 20 世纪 30 年代初期，按照用途不同分为综合性气候区划和单项气候区划。综合性气候区划主要为了满足工农业生产的需要；单项气候区划是按照某一个重要气候要素来划分气候的区划，主要是对综合性区划的补充和深化，如干湿气候区划、季风气候区划、沙区气候区划等。此外，还有服务于某一行业的应用气候区划，如农业气候区划、建筑气候区划和服装气候区划等。

由于气候对建筑的影响很大，加之我国幅员辽阔，地形复杂，地区气候差异大，因此适应各地不同气候条件，并在建筑上反映地区气候特点和要求，需要科学、合理的气候区划标准。目前，我国建筑方面的气候区划主要有建筑气候区划和热工设计区划两种。

《建筑气候区划》（GB 50178—93）标准在研究我国建筑与气候关系的基础上，依据气温、相对湿度和降水量三个主要气候参数，将我国划分为 7 个一级区，20 个二级区（图 2 – 3）。一级区以 1 月平均气温、7 月平均气温、7 月平均相对湿度为主要指标；二级区选取了能够反映一级区气候差异性的指标，它们是平均气温、日较差、最大风速等。

《民用建筑热工设计规范》（GB 50176—93）规定的热工设计分区从建筑热工设计角度，主要是针对建筑保温和防热设计问题的气候分区。采用累年 1 月和 7 月的平均气温作为分区主要指标，累年日气温≤5℃和≥25℃的天数作为辅助指标，将我国分为五个区，分别是：严寒、寒冷、夏热冬冷、夏热冬暖和温和地区，并提出相应的设计依据（图2-4）。

图2-3　中国建筑气候区划

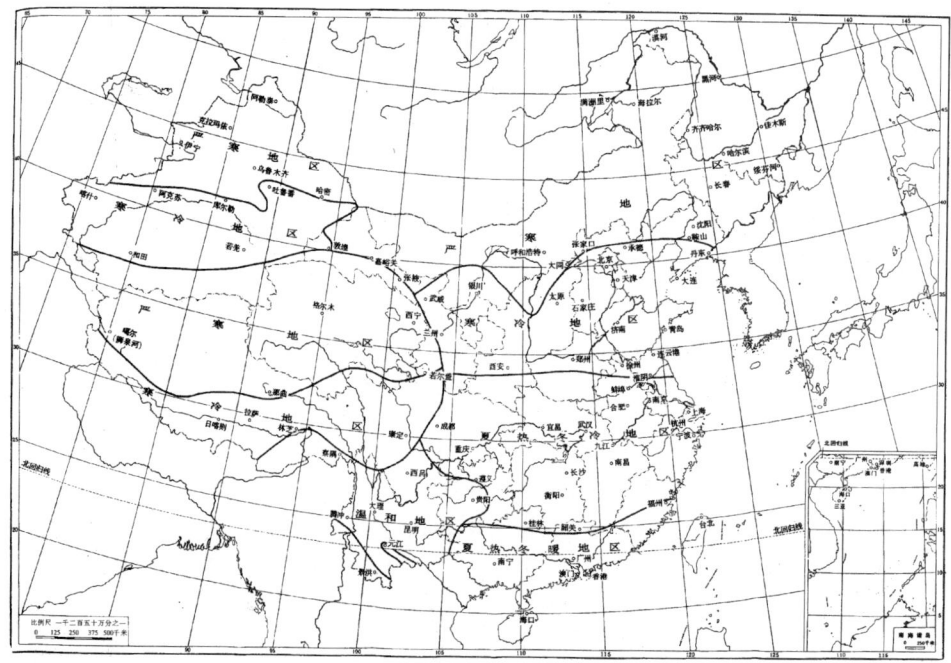

图2-4　建筑热工设计分区

2.1.2　建筑气候

在建筑气候学中，最令人感兴趣的是气候的范围问题。气候范围的区分完全取决于应用的目的。这里采用的气候系统分类是目前被广泛接受的巴里（Barry）的分类方法，将全球气候按照影响范围大小分为全球风带气候、地区气候、局地气候和微气候四类，具体影响尺度见表 2－2。

气候系统分类　　　　　　　　　　　　　　　　　　　　　　　　　　表 2－2

气候系统	气候系统气候特性对建筑影响范围的大致尺度		时间范围
	水平范围（km）	垂直范围（km）	
全球性气候	2000	3 ~ 10	1 ~ 6 个月
地区性大气候	500 ~ 1000	1 ~ 10	1 ~ 6 个月
局地（地形）气候	1 ~ 10	0.01 ~ 1	1 ~ 24 个小时
建筑室外气候	0.1 ~ 1	0.1	24 小时
建筑室内气候	0.01 ~ 0.1	0.01	24 小时

全球气候系统与风带有关，大气温度和气压变化引起空气团漂移而形成风带。温度和压力随太阳辐射量变化。全球气候的性质在大的方面与地表上局部地形及表面覆盖物的变化无关。至于局地气候，即水平方向在 10km 以内，高度在 1km 以内的小气候，陆地的特点和人类的活动则起明显的作用，是造成各种局地气候差异的主要原因。且高度在 100m以下的 1km 水平范围内的微气候是本书的研究范围，也是建筑师最关心的气候范围。

微气候研究的是一个有限区域范围内的气候状况，它有时又被称为"小尺度"气候。小范围地域微气候主要是由场地环境内的太阳辐射、风向等气候要素以及场地的方位、植被、土壤等地理要素共同作用的，因而具有不同的特点。

建筑气候的主要研究对象是建筑内外特定范围内的气候要素特性，它属于微气候的研究范畴，分为室外气候和室内气候。通常研究单一建筑或建筑群体周边范围的环境气候特征，诸如建筑日照的遮挡，墙和树木对风形成的影响，以及室内的气候卫生状况等都是微气候研究的范畴。一般说来，大范围的气候状况人类尚无力改变，但是可以根据不同气候范围的气候特征，结合一定的生态气候设计策略，创造适宜的建筑气候，提供良好的人居环境。

2.1.2.1　室内气候条件对人体舒适感的影响

通常情况下人体感觉舒适的气候环境是：气温在 21℃上下，波幅较小，同时还伴随有不太强的阳光。然而地球上任何一个气候区都不可能每时每刻都提供如此适宜的自然环境，恶劣天气的出现是不可避免的，人们为了获得相对适宜和稳定的气候环境以利于工作和生活，创造出了丰富多彩的建筑形式来抵御天气的变化，因此人类对自然气候的舒适要求转变为对建筑气候的控制。

建筑室内气候是指由室内空气温度、相对湿度、气流速度和平均热辐射温度四大因素组成的综合室内热环境。室内微气候环境直接影响着人们的工作和生活。

人们对不同使用性质房间的室内微气候有不同的要求，人的正常体温保持在 36.5 ~ 37.5℃之间，平均为 37℃，人体体温维持在这种相对恒定的水平，是保证体内正常新陈代谢的必要条件。而人体热平衡的维持，则是由于在中枢神经系统的调节下，体内产热与散热过程之间取得平衡的结果，由室内气候参数和人体自身情况因素支配。据资料显示，正常情况下，人的肌体自调节与增减服装的能动调节的综合作用可使人适应 6 ~ 33℃ 的室内气候。

2.1.2.2 建筑室内气候环境的控制目标

舒适宜人的气候环境能够创造健康、良好的生活和工作氛围，提升生活品质和工作效率。建筑作为人类的庇护所将人类对自然气候的舒适性要求转变为对建筑气候的控制。

建筑室内气候环境控制的目标为：必须保证居住者的健康卫生要求，在一般情况下，满足热舒适要求；在极端情况下，结合其他辅助室内气候调节设备来达到或接近室内气候的热舒适水平。对于建筑的主要使用房间，应满足：室内气温夏季上限为 30 ~ 31℃，冬季下限为 14.5 ~ 17.5℃；壁面平均热辐射温度夏季应小于或等于室内气温上限，冬季应大于或等于气温下限；对于气流速度，在一般情况下，气流速度宜控制在 0.1m/s 到 0.5m/s 之间；最大不宜超过 3m/s。

建筑室内气候环境控制目标的提出，借鉴了被动式太阳房等其他气候建筑在典型天气状况下的实测室内气候环境参数数据，因此具有较强的参考性和可操作性。据此，我们可以确定，在特定的天气状况下，建筑应当采取何种环境控制措施来获得适宜的建筑室内气候环境。

2.2 传统建筑的气候适应性

当我们回顾传统建筑的发展历程，可以看到这样一个现象：它们没有大量能源可以依赖，没有机械设备可以调节，仅是通过建筑设计、构造材料以及建筑细部处理，在极端气候条件下依然可以创造出适宜的甚至是较为舒适的居住环境。当我们剖析传统建筑特点与气候的关系时，可以更加清晰地理解影响建筑设计的基本气候要素及其综合作用。

2.2.1 干热气候区传统民居

第一类建筑实例是处于干热气候区的传统民居，如中东地区古老城市中随处可见的庭院式房屋，新疆的吐鲁番盆地内院式房屋，这些实例表明城市规划、住宅形式与构造技术在适应气候方面已表现出很强的统一性。

干热气候区太阳辐射强烈，空气干燥且风沙较大，昼夜温差大。为减弱太阳暴晒，抵御风沙侵袭，当地的传统民居（图 2-5、图 2-6、图 2-7）往往采用一种内向封闭式的庭院式布局方式来防热，最典型的地区是伊拉克的巴格达和乌尔。这种庭院式建筑历史悠久，住宅坐落在狭窄街道的两边，从大街入口进入一弯曲的小巷，再拐直角进入庭院内。住宅背后以及两侧与邻居毗邻而居，或用狭小的胡同隔开。

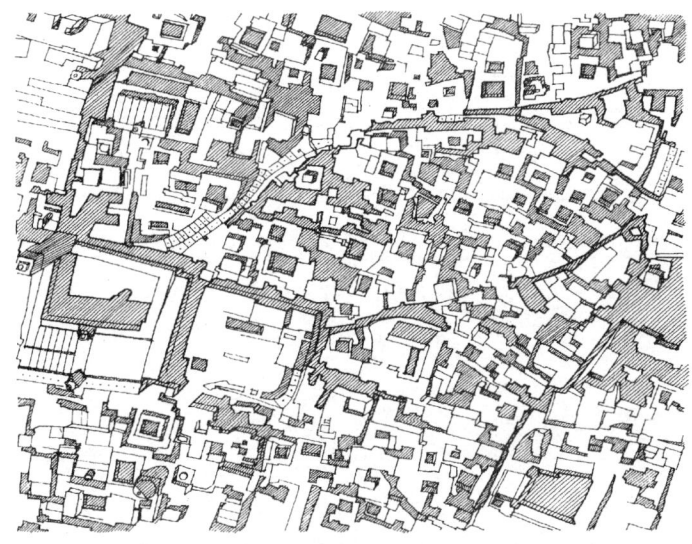

图 2-5　干热地区建筑总体布局

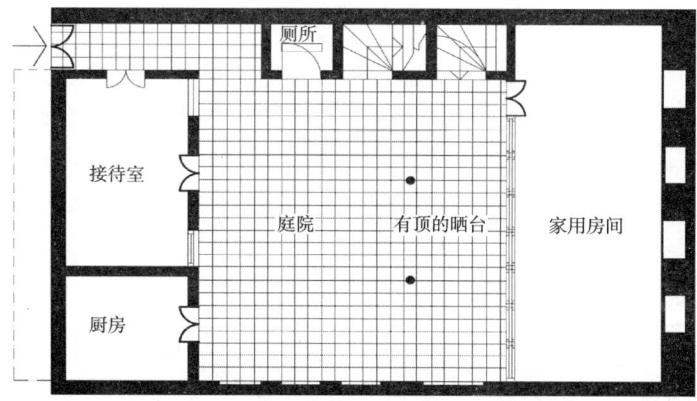

图 2-6　干热地区庭院式布局方式（底层平面图）

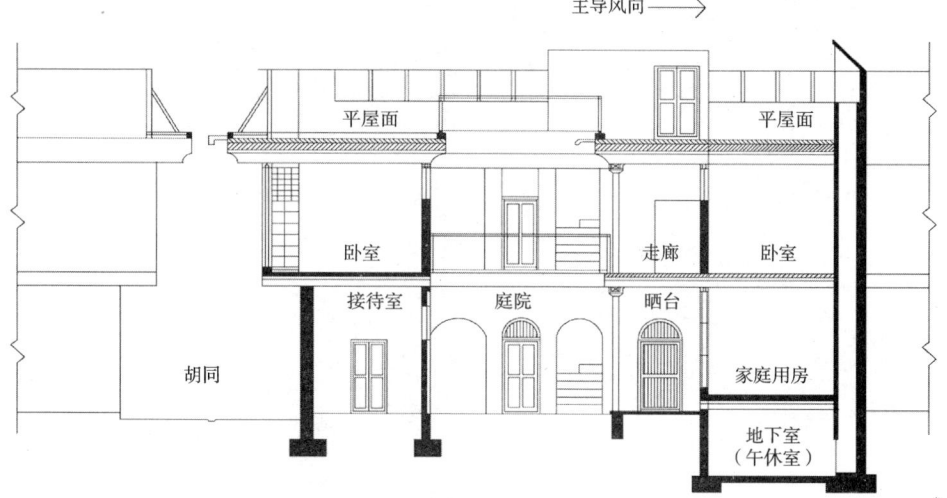

图 2-7　干热地区庭院式布局方式（剖面图）

由于街道狭窄，因此虽然是在北纬33°地区，且不说冬至正午太阳高度角只有33°左右，即使是在夏至日太阳高度角约为80°时，阳光也难以完全直射至墙上。庭院的高度尺寸大于长度尺寸——因为此类房屋一般为两层，另带地下室，平屋顶周围还砌有女儿墙。艾尔－阿扎威（AL-Azzawi）曾对这种房屋之一作过描述：墙体与屋面均用厚实材料建造（墙身厚度340~450mm，屋面厚度约为460mm）。这就向这类住宅提供了需要的时间延迟值使之适应日温较差很大的气候条件。庭院内在白天的大量得热通过夜间的长波辐射可向天空散热。由于街道狭窄、庭院空间的高度大且外墙上不开窗户，所以必须采用其他办法获得风力的降温效应，即所谓的"风口"散热。风口是位于屋面上带有45°斜顶的突出开口；面对西北主导风向的风口将风引入，使通过一进深约为600mm、宽度约为900~1200mm的风道下行进入地下室的"午休室"（"Sirdab"是在午后供家庭成员休憩的场所）。风压以及进入室内后与永不见天日的界墙接触而冷却的对流空气迫使空气下降。在风井内的陶制水罐由于冷气流与水的蒸发作用而冷却，使进入房间的空气（这是一种极干燥的空气，其相对湿度很少能超过20%~30%）湿度有所提高。在中东的一些地区，风井内水罐中的水在滴至水池上空的多孔炭层时，还可进一步蒸发散热。蒸发需要的潜热来自水分和空气，从而使空气冷却。

庇荫的庭院、有覆盖的外廊、凉爽的房间以及面对清朗寒冷夜空的屋面，所有这一切再加上外墙无窗户，于是造成一种有层次的、凉爽的环境；当然，也解决了适合家庭私密性的文化需要。

我国新疆的吐鲁番盆地夏季地表温度常超过70℃，沙面烫得甚至能烤熟鸡蛋。因此该地区的房间围绕一个内院进行布置，所有的门窗都朝向内院采光和通风，建筑外墙非常厚实且很少开窗，常给人一种简洁、浑厚的感觉（图2-8）。

图2-8 南疆民居

干热气候区民居的传统空间形式强调阴影空间。为了躲避强烈的太阳辐射，当地居民尽可能地将生活空间设置在建筑产生的阴影里，由此产生了很多独特的阴影空间，如以夏炕和葡萄架来限定的阴影空间，由幽深的檐廊产生的阴影空间以及由檐廊和炕围合的内院等。

干热地区的村镇也不例外，特别是一些古老的聚居区都有一个共同的特点——街道密集，房屋一间挨着一间，迷宫般的小巷穿梭其间，这种密集的建筑群体关系也是适应干热气候的产物，如新疆喀什的传统街区（图2-9）。因为相互紧靠的房屋使暴露在阳光暴晒下的墙面减少，室内的温度受室外气候影响也相对减小；此外，狭窄的街道和高深的内院可使交通空间和公共活动空间经常处于建筑的阴影遮挡之中。

图2-9 喀什传统街区

2.2.2 湿热气候区传统民居

与沙漠性干热气候形成鲜明对照的湿热气候区，常年高温多雨，闷热而潮湿。湿热气候区传统的民居建筑往往表现出轻盈和通透的特质，这是与高温、高湿的湿热气候相适应的。湿热地区最典型和最普遍的民居建筑形式是干阑（图2-10）。无论是太平洋中部的西萨摩亚的农村房屋，抑或是我国云南西双版纳等地的布朗族人专为过路人修的小屋都可以看到干阑的影子。所谓干阑建筑，是对"人处其上，畜产其下"的居住类型建筑的通称。我国很早在史籍中就有关于干阑的记载，《北史·蛮獠传》中有记载，"依树积木，以居其上，名曰干阑；干阑大小，随家口之数"。

干阑是适应湿热气候的独特的建筑形式，是一种典型的轻质结构建筑，基本上采用木框架、木地板并以棕榈叶为屋面材料。其最显著的特点就是房屋悬空架设在木支柱上；山墙均设有通风孔与屋面及室内顶棚内的空间相通；在边墙上装有各种开敞式的木遮板、百叶板、板条及活动墙板，这种构造特点使得干阑建筑在通风散热和除湿方面有着其他建筑无可比拟的优势。架空的底层空间扩大了建筑通风和散热的面积，不封闭的外墙可以让室外的凉风进入室内，活动的百叶板可以遮挡室外的太阳辐射，以此来降低室内的温度。我

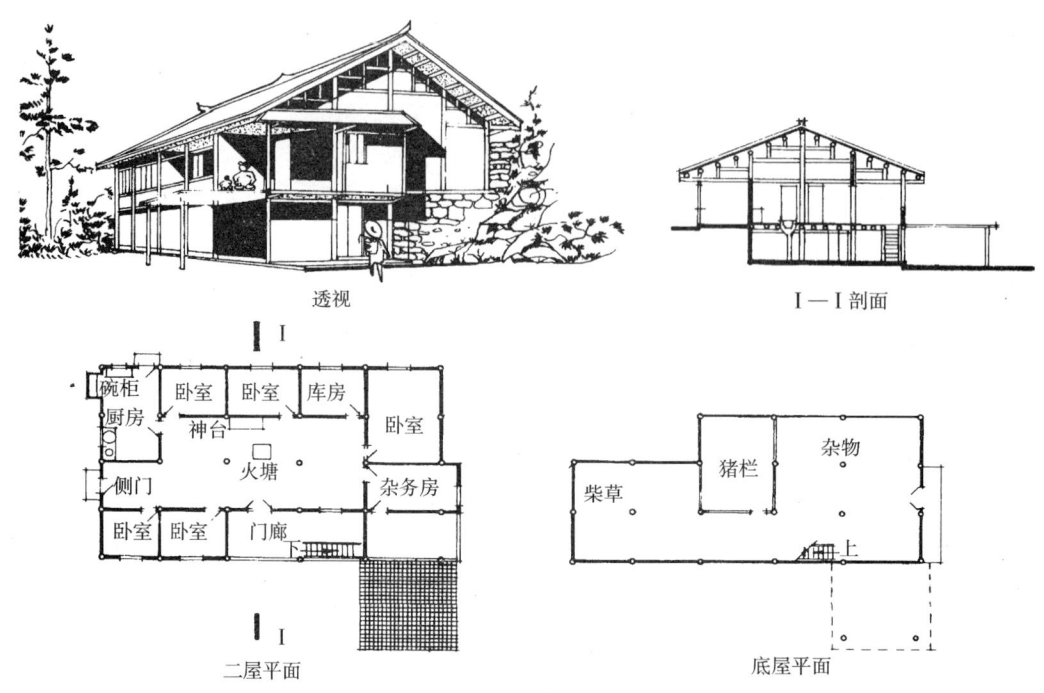

图 2 - 10　传统干阑建筑

国西双版纳傣族地区干阑在室外温度约为 30℃ 的情况下，依靠建筑良好的通风，可以使室内保持 20℃ 左右的宜人温度（图 2 - 11）。

干阑建筑还有一个显著的功效——防洪，湿热气候多雨，每到雨季干阑建筑的架空底层就成了水的通道，当地居民可以安居楼上，不受雨水的打扰。

在湿热地区，主要的防热方法是遮阴和通风，因此，就像干热地区传统建筑的阴影空间一样，湿热气候区的传统建筑强调具有"灰空间"性质的过渡空间。所谓过渡空间是指在居住区与室外之间形成的一个具有保护作用的区域，遮挡下午的阳光，引入自然的凉风，如四川传统街道中的檐下空间（图 2 - 12），利用进深较大的挑檐遮挡直射在外墙上的阳光。

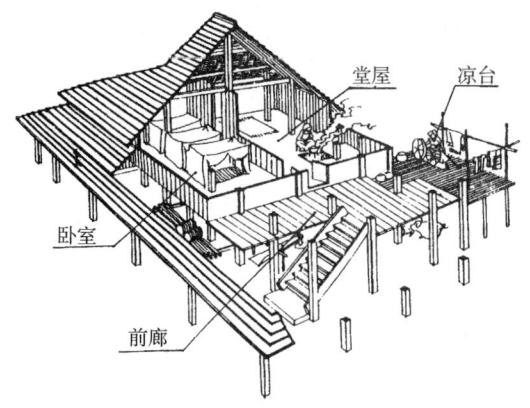

图 2 - 11　西双版纳傣族干阑建筑剖视图

图 2 - 12　四川广安县萧溪镇街道

2.2.3 寒冷气候区传统民居

第三例选自极端寒冷气候区，该地区气候寒冷干燥，冬季常有风雪天气。寒冷气候区民居建筑的主要特点是防风防寒。以我国东北地区为例，每年冬季长达 6～8 个月，最冷月的平均气温在零下 10～25℃，夏季短暂而凉爽。

东北的民居以保温、防寒和采暖为特色，住房外墙很厚（在东北漠河一带的民居中，有的墙厚甚至达 600mm），朝南的窗户开得很大，朝北基本上不开窗或开小窗，与湿热地区轻薄通透的特点形成鲜明对比。寒冷地区的建筑密闭性非常好，有的地区还采用双层玻璃窗以加强窗户的密闭性和保暖性。

寒冷气候区的建筑之间相隔距离较大，其目的是为了在太阳高度较低的冬季，也可使阳光不受建筑物的遮挡。东北民居（图 2－13）室内布置的典型特点是：房间一般两间为一套，内间是卧室，以炕代床。炕一般用砖和泥砌成，上铺炕席，横贯内屋南侧，炕中部有火道，一头通外间的灶，一头通烟囱。每天三餐饭，再加上烧水，就可以把炕烧暖。白天，南向窗又充分接受了丰富的太阳热量，所以即使天天都是零下二三十摄氏度的严寒，也不再需要专门的取暖设备。除了火炕以外，我国北方各地农村冬季还有地炉、火墙等其他多种取暖方式。地炉的炉子是落地的，既用来取暖，也可烧水、做饭。

图 2－13 东北民居

另一个极端寒冷地区的著名建筑实例为爱斯基摩人居住的圆顶小屋。图 2－14 为圆顶小屋室内顶棚、床（睡台）、地面等高度处温度以及室外气温的日变化曲线。

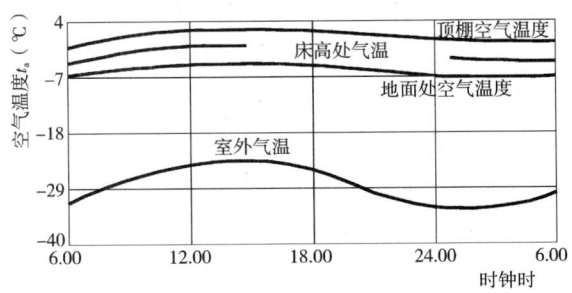

图 2－14 圆顶小屋温度以及室外气温的日变化曲线

图 2-14 为圆顶小屋室内顶棚、床（睡台）、地面等高度处温度日变化曲线及室外气温日变化曲线之比较。小屋内部被人体放热及若干油灯所加热（或照明），在地板高度处，室温超过室外气温达 26℃ 之多。用干雪砌成、厚度为 500mm 的墙体可提供较好的保温性能。在这种气候条件下，圆顶小屋是一种理想的建筑形式，它单位体积的表面积最小且符合动力学要求，对风的阻力小，因此能对热流提供较高的表面阻力。位于房间中心处很小的辐射热源也能使整个室内均匀加热；加上人体放热，便可使墙体内表面融化而形成一层冰玻璃。这层冰玻璃不但可封闭住多空的雪砖，还可在一定程度上起反射作用。球形内表面及地面上通常覆盖动物皮毛，这就增加了一层轻质的、热反应迅速的构造层，它不但增加了房屋的保温性能，还可提供较高的表面温度，因而减少了人体的辐射散热量。靠近圆穹顶处背向主导风的小孔可提供少量通风。当室外气温上升到 -6℃ 左右时，内墙开始融化；温度如继续上升至超过冰点，小房即倒塌。不过，此时爱斯基摩人已做好迁移准备，将要在另一个不同的气候区建造另一种不同类型的夏季住宅。

对以上三个典型气候民居建筑实例的阐述可以说明空气温度、风以及热辐射（直接或间接）等气候要素对建筑室内热环境的重要影响。下一节我们将主要介绍建筑气候控制原理的相关知识。

2.3 建筑气候设计原理

2.3.1 气候调节原理

一般情况下，建筑的室外气候与室内热舒适环境总是存在着不同程度的或冷或热的偏差（图 2-15），我们把试图通过"环境调节"的手段缩小这种环境差异的方法称为"气候调节"，可以用下面的数学关系式形象表示：

室外气候条件 - 热舒适环境 = 气候调节

调节的手段包括通过建筑本身调节的被动式方法和通过环境设备调控的主动式方法。在建筑设计中，通过建筑自身调控的被动式方法获得热舒适是建筑师首要考虑的问题，也是经济、节能的设计手法。在建筑调控的能力以外就需要环境设备调控来获得热舒适了，可以表示为：

需要的气候控制 - 建筑的被动式调控 = 设备的主动式调控

由此可见，在建筑设计过程中考虑气候的影响，采取建筑的被动式调控手段获得热舒适，并且能够和其他的设计因素协调考虑，是建筑气候设计的基本原理所在。因此，气候设计的目标是创造出低能耗高舒适建筑，即在不降低人体热舒适要求的前提下，通过合理利用有利气候资源，消除不利因素影响，从而减少利用建筑设备的人工调节，它属于被动式建筑设计范畴。图 2-15 表示了建筑设计手段调节室外气候并获得热舒适的潜力，波动幅度最大的曲线代表了室外气候，第二条曲线代表通过室外环境规划使室外气候波动程度有一定的降低，第三条曲线代表了建筑的被动式技术控制气候的能力，室外气候的波动程度有了进一步的降低，横坐标轴表示了设备调控下的室内微气候环境，是一条稳定的直

线。可以看出，由于建筑的调控措施而减少了设备部分需要调节的那部分偏差。

2.3.2　气候设计策略

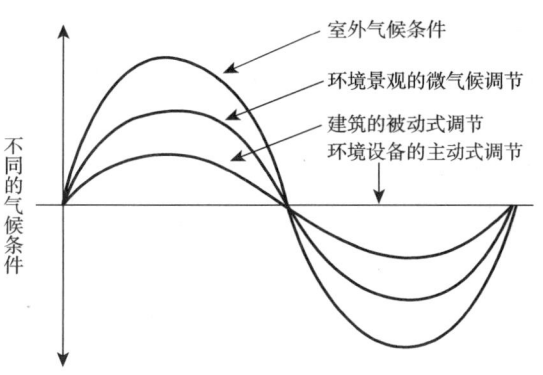

图 2-15　气候控制方式和室外气候的关系

建筑热状况是建筑室内热环境因素和室外气候组成要素之间相互作用的结果。建筑物借助围护结构使其与外部环境隔开，从而创造出房间的微气候。从最简单的建筑物热交换过程来看气候设计基本策略。图 2-16 表示了一个单房间建筑和室外的热量交换过程。气候设计的"可用资源"是该建筑所处地区相对室内气候来说的"宏观气候"要素，它是与室内相互作用的太阳、风、降水、植被以及空气和地面温度组成的自然能量流。房屋围护结构围合成的室内微气候环境随室外气候的变化而作相应的变化，围护结构成为调节室内和室外热量交换的动态调节系统。调节又分"静态调节"和"动态调节"两种。"静态"调节部分指建筑中固定不变的设计做法，如围护结构的保温、隔热设计，建筑朝向等。"动态"调节指利用可改变的调节的设计做法，如可移动遮阳板、保温板，改变门窗的开启引导自然通风等。

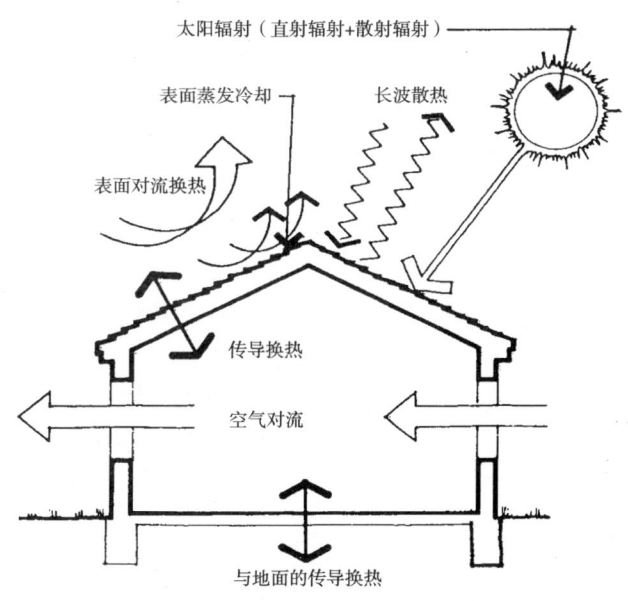

图 2-16　房间与室外环境的热过程示意

建筑通过三种基本传热方式——通过围护结构的传导方式、空气对流方式以及与表面的辐射换热方式，与室外热环境进行热量传入或传出的交换过程，形成四个基本的热量控制途径：

①希望室外热量传入室内；

②拒绝室外热量传入室内；

③尽量保持室内热源热量；

④尽快排出室内热源热量。

将这四个热量传递的控制途径和三种传热方式加上一个绝热（蒸发冷凝相变）过程组合在一起就构成了被动式建筑气候控制的基本策略，见表2-3。

气候控制策略   表2-3

	热量控制途径	传导方式	对流方式	辐射方式	蒸发散热
冬季	增加得热量			利用太阳能	
	减少失热量	减少围护结构传导方式散热	减少风的影响		
			减少冷风渗透量		
夏季	减少得热量	减少传导热量	减少热风渗透	减少太阳得热量	
	增加失热量		增强通风	增强辐射散热量	增强蒸发散热

这些基本控制原理最终通过设计的手段和一定的表现形式体现在建筑物上时，该建筑就是所谓的"气候建筑"了。同时，原理在建筑上的体现需要一定的分析方法、设计方法和技术措施，如气候设计的分析方法、太阳能设计技术、自然通风设计、建筑的开口大小、朝向的考虑、遮阳等非常具体的技术手段。

2.3.3 建筑气候设计过程

建筑气候设计又被称为"被动式"设计方法。"被动式"是英文"Passive"一词的中文直译，英文原意为诱导、顺从，取其顺其自然之意。被动式建筑就是顺应自然界的阳光、气温、风的自然原理，不消耗常规能源的建筑。因此，其设计的关键在于弄清楚室内外气候和建筑的关系，从而提出有效的设计方法。"被动式建筑设计"（Passive building design）是顺应自然界的阳光、风力、气温、湿度的自然原理，尽量不依赖常规能源的消耗，以规划、设计、环境配置的建筑手法来改善和创造舒适的居住环境。

虽然理想的室内气候环境必须依靠环境设备调控方法，但是，建筑的被动式设计调控作用是不容忽略的，甚至在有些气候条件下完全可以创造舒适的室内热环境。

利用被动式方法调节室内气候需要建立室外气候和室内舒适环境之间的关系，确定其偏差程度。这涉及三个方面：第一，设计地区气候状况的分析；第二，居住者热舒适的要求；第三，建筑能耗的大小和能耗标准。

建立室外气候和建筑的室内舒适标准之间的关系是气候设计的第一个关键问题，它涉及气候学、建筑学、生理环境学等多方面。由于被动式调控方法最终是通过一定的建筑形式和具体措施使室外气候向我们期望的热环境方面调整。因此，建筑的气候调控最终体现在建筑的表现上，建筑调节的成功与否取决于最后达到的室内热环境状况，热舒适标准可以衡量控制方法的有效性和合理性。气候设计包括了气候、人、建筑和技术四个方面，且是相互影响、相互作用的。室外气候条件和人们对室内热环境的期望是对建筑设计过程和建筑表达形式的两个制约条件，需要分别确立两者和建筑形式的关系。而建筑的能耗量和

室内的热环境又是评价标准。整个设计过程是一个分析—设计—评价—分析的动态调整和循环过程（图 2 - 17）。

　　整个分析过程是一个动态的调整过程，包括室外气候分析技术、提出应对措施和方案的热工性能评价三个大的方面。气候分析指通过对建筑所在地的气候环境分析，以及对当地主要气候构成因子的简单定性分析，使建筑设计者对场地气候环境有一个初步的认识和评价，且这部分分析工作可以和建筑总体规划和场地分析同时进行，依靠一定的分析方法和工具来实现，如生物气候分析图、遮阳分析图表、热湿指数分析等。通过对场地气候环境的初步分析，掌握了该场地小气候的主要气候特征后，有针对性地提出相应的对策，诸如被动式太阳能、自然通风、蒸发冷却降温、遮阳等，并考虑使用这些措施的可行性。这部分工作要求建筑师对不同气候控制手段要熟悉。最后的工作是将这些技术措施用建筑符号表现出来，形成一个初步的建筑方案。在建筑方案和具体的细部做法确定以后，还需要对建筑方案进行最后的评价分析，对不满意的方案需要重新回到技术措施分析阶段，调整应用措施，直到获得满意的方案。气候设计过程可用流程框图表示（图 2 - 17）。

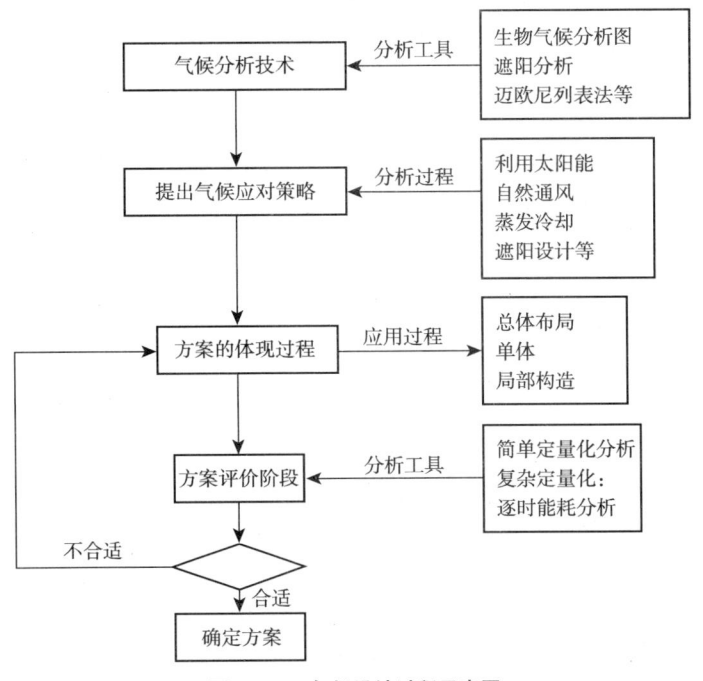

图 2 - 17　气候设计过程示意图

　　气候分析、技术措施和评价分析三个设计过程是有区别的。气候分析是对建筑环境背景和问题的认识过程，弄清楚影响建筑能耗的各种变量、各变量之间的关系以及重要程度。技术策略实施阶段是建筑的"成形"阶段，重点在于体现建筑形式、空间和建筑能耗的关系。方案的评价阶段与气候分析过程的区别在于评价分析过程是在方案提出以后，分析建筑方案的热工性能。评价阶段对建筑方案构思的提示和帮助虽然有一定的影响，但作用很小，它主要与建筑能耗的关系更为密切一些。由于建筑方案是在确切地知道能耗量之前就确定下来，因此，在方案设计阶段需要知道什么样的建筑设计做法是有利于节能的，什么样的做法是不利的。气候分析会帮助设计者解决这些问题,判断当地气候资源的可利用性,包括太阳辐射、风、日照等主要气候因素,以及了解室外气候距离舒适的程度,最终决定是否可以利用建筑设计来提供足够可能的舒适度。因此,设计之前的分析工作非常重要,直接影响到建筑师的构思和方案的形成,甚至是最终的建筑形式。

2.4 建筑气候分析方法

建筑热环境的舒适度和节能效率受室外气候状况、人体热舒适要求的影响,因而设计中需要同时考虑气候、室内热舒适状况与建筑设计三者的关系。在过去几十年中,国外多位学者一直致力于这方面的研究,力图发展一种可以将三者有机结合起来的系统的设计方法。这种方法和设计工具可以让建筑设计者在方案设计初期轻松地理解建筑所在地的气候环境、即将设计的方案和它的能源能耗的关系;这种方法还可以告诉设计者使用什么样的气候调节策略,诸如是否使用被动式太阳能采暖以及使用后的节能效率;最后设计者根据这些分析判断,结合建筑的功能需求,将适宜的技术措施与方案有机结合。这种方法基于低能耗建筑设计原则,以当地典型气候为设计依据,针对不同的温度振幅及水蒸气压力组成的环境条件,把利用自然通风或夜间通风、降低室温、蒸发散热以及太阳能利用或者采暖空调等调节方法的适用范围,同时表示在一个图表上构成建筑 – 气候设计分析图(Building bio-climatic chart)。

最早的设计方法由美国学者奥尔基亚(Olgyay)于 1953 年提出。在他发表的论著《设计结合气候:建筑地方主义的生物气候研究》一书中系统地给出了"生物气候分析"方法,将建筑设计、地域气候与人体热舒适同时考虑在设计过程中。这是一种从人体热舒适的角度分析当地气候特征,并给出具体的建筑设计原则和技术措施的系统分析方法。通过气候调节方法,在不用或少用设备调节的情况下最大限度地获得室内舒适环境,从而达到节约能源、保护环境的目的。奥尔基亚的方法是以"生物气候图"为基础绘制的气候分析图。生物气候图是一个将人体热舒适区表示在空气温湿度图上的分析工具图,如图 2 – 18 的深色区域。

奥尔基亚的生物气候图显示了一个与周围的空气温度、湿度、平均辐射温度、风速、太阳辐射强度及蒸发散热等自然因素有关的舒适区。图的纵坐标是干球温度,横坐标是相对湿度,图的中部分别标有冬季和夏季的舒适区范围,该范围考虑了人对季节的适应性。依照气候分析图可以得知具体的气候条件和舒适区的相对关系,从而确定需要采取的设计策略。如果室外温度处于舒适水平以上的温度范围内,图中标示了可采用自然通风降温,给出了恢复舒适所需要的风速和具体区域。反之,在图的舒适区低限给出了通过辐射采暖获得舒适的条件和气候区。

此后多位学者在奥尔基亚的生物气候图的基础上,逐渐发展完善了气候设计方法。目前,比较成熟的,也是迄今为止应用最为广泛的气候设计方法有:

①奥尔基亚生物气候图;

②吉沃尼建筑气候图；

③艾伦斯新生物气候图法；

④迈欧尼列表；

⑤瓦特逊（Watson）建筑气候图法；

⑥伊文斯（J. Evans）热舒适三角图。

本书将这两个方法和其他由这两种方法衍生的气候设计方法一起，统称作"建筑气候设计方法"，他们的具体应用方法和适用性将在下节中详细说明。

2.4.1　建筑气候分析图

1）奥尔基亚分析图

奥尔基亚提出了依照人体热舒适要求和室外气候条件进行建筑设计的系统方法，并将这种分析方法用图表的形式表现出来，他将其称为"生物 - 气候分析图"（Bio-climatic Chart），见图 2 - 18。

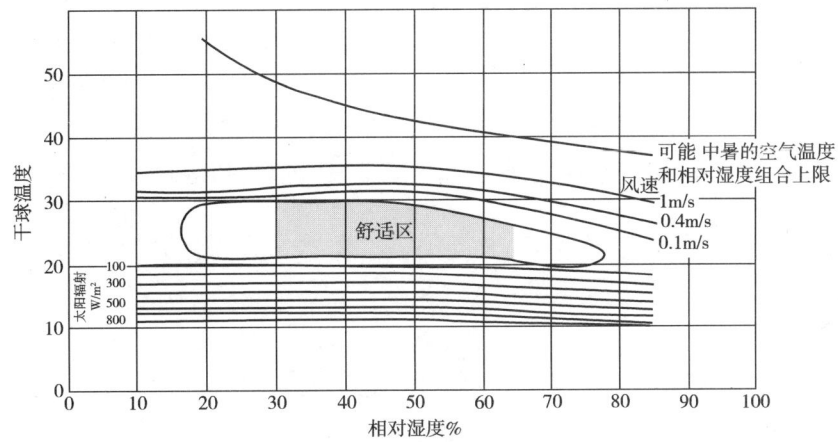

图 2 - 18　奥尔基亚生物 - 气候分析图

图中表明了人体热舒适区（阴影部分）与四个环境变量——空气温度、平均辐射温度、风速、太阳辐射之间的关系。横坐标表示相对湿度，纵坐标表示干球温度。热舒适区域指在静风情况下，平均辐射温度和空气温度相等时，轻体力活动下，穿惯常衣服的办公人员的舒适温度。奥尔基亚将舒适区的温度下线（21℃）确定为需要遮阳的温度界限，即当干球温度高于21℃时则需要遮阳。舒适区的上边界线是需要通风的界限，当室外空气温度和相对湿度的组合超过舒适区上界限时，需要组织一定速度的气流获得热舒适。风速的大小不同，热舒适向上扩展的区域也不同。当室外空气温度和相对湿度处在舒适区下边界限以下时，表明室外气候寒冷，需要采用太阳辐射采暖。不同辐射量可获得舒适区的范围也在图中表示出来。

和常用的热舒适指标，如 PMV、有效温度等指标不同，为了判断室外各气候要素对人体热舒适的影响，奥尔基亚采用了用图表示四个环境量和热舒适的关系。常用的热舒适指标关注的是人的主观热感觉，为了方便地判别，都用一个指标。而气候设计则需要了解气候对热舒适的影响程度以及每个气候要素的影响大小。单一指标只能够告诉热舒适感觉是否一样，但不能告诉每个环境参数对热舒适感觉的影响。比如说，有效温度都是25℃，人体热感觉是一样的，但是环境因素却可能有多种情况。可能是干球温度32℃，湿球温度28℃，风速为7m/s；也可能是干球温度32℃，湿球温度19℃，风速0.1m/s。因此，奥尔基亚提出将影响热舒适的环境因素分别表示在一张综合的图表中，既能够同时反映温度、湿度、空气流速及辐射对人体舒适的影响，又能够看到每个环境因素的影响程度。

奥尔基亚建筑气候分析方法分为四个步骤：

①收集当地气候资料。气候参数必须反映年变化特点，包括温度、相对湿度、太阳辐射和风速与风向等。

②统计整理气象参数，将各气候要素按月平均值排列，制成表格。

③将列表的数据绘制在生物-气候分析图上。

④提出设计对策。提出各种设计要素如建筑形式，朝向、开口的位置和尺寸，遮阳设施，以及玻璃面积等的具体措施，使其能够在室外环境条件不利时给予一定的补偿，例如，在寒潮期取得最大可能的得热量，而在酷热期将得热量减少到最低程度。

奥尔基亚第一次将建筑设计方法和室外气候分析、室内人体舒适三者系统地结合起来，提出了从人体热舒适的角度谈建筑设计和室外气候的分析方法。尽管很多学者认为方法本身存在很大的推测性，但是因为其开创性地提出了"生物-气候设计学"的思想，曾对欧美建筑师产生过深刻的影响，因此，在建筑学向科学性和技术性发展的今天，依然有着非同一般的意义。

奥尔基亚生物-气候分析方法最大的局限性在于：它对于人体热舒适需要的分析是以室外气候条件为基准的，而不是根据建筑内部的预期气候条件。而室内外气候条件的关系随着建筑构造和设计细部的不同会有很大的变化。因而此方法只适用于室内与室外气候状况差别不大的房间，这种状况只有在轻质围护结构自然通风房间才成立。因此，奥尔基亚方法主要适用于湿热气候区以自然通风为主的轻型建筑形式。

对于干热地区，建筑物多为厚重型围护结构，在采用夜间通风时，白天室内最高温度可能远远低于室外最大温度值，夜间室内温度又高于室外。对于这种情况，基于室外气候条件推出的设计方法不能得到理想的室内气候状况。同时，对于大型商业建筑这种自身内热源和湿热源非常大、室内气候完全有别于室外气候的情况，奥尔基亚方法显得无能为力。

2）吉沃尼分析图

吉沃尼（Givoni）发展了早期的奥尔基亚的"生物-气候设计"方法。鉴于通过对室外典型气候分析可以预测室内热环境状况，为了便于应用，吉沃尼针对不同的温度振幅和水蒸气压力组合成的环境状况，将自然通风、蓄热降温、蒸发散热等调节方式的适用范围均表示在一幅焓湿图上（Psychrometric Chart），构成了一种称为"建筑气候设计分析图"（Building Bioclimatic Design Chart）的图表，见图2-19。

图2-19用通风（Ventilation）表示的区域表示了用通风的方法达到舒适的范围；在图中用热质蒸发冷却（Thermal mass）表示了在无通风情况下，凭借改变室内温度获得舒适的条件范围；用（Evaporative cooling）表示了适宜用蒸发散热达到舒适要求的范围；当

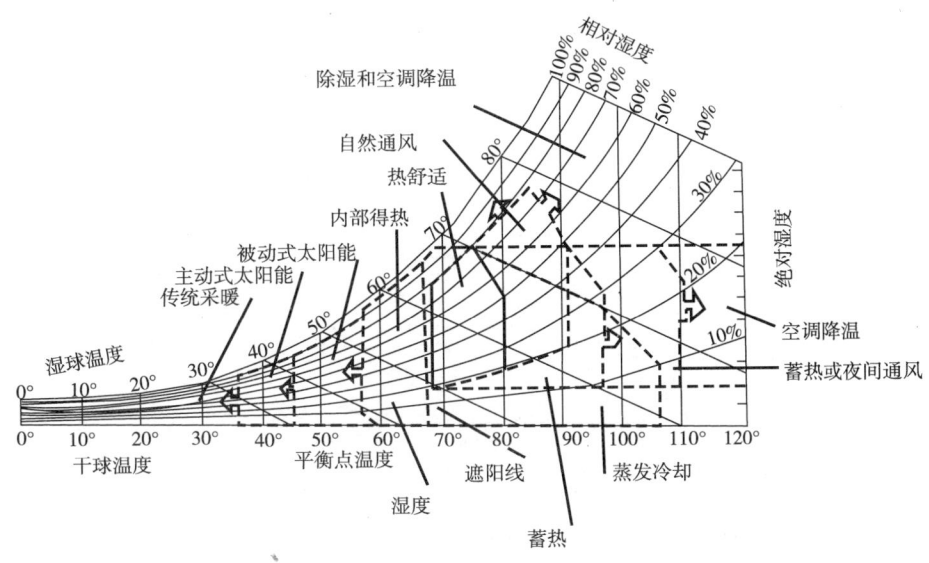

图 2-19 吉沃尼建筑气候设计分析图

环境条件超出了上面所有这些可用通风、建筑构造、蒸发冷却的办法达到热舒适范围时，就必须采用空调设备等人工调节手段。依据吉沃尼建筑气候设计分析图，所有可供选择的适宜方法，在图表上一目了然。

吉沃尼的建筑气候设计分析方法存在一些局限性：只适于内热源很少的住宅类建筑。

自然通风上限的假设条件是基于室内平均辐射温度、水蒸气压力和室外环境相同。这种情况也只有对建筑外围护结构热阻较小且外表面浅色处理过的轻质建筑才成立。利用围护结构蓄热性获得室内热舒适的条件是：白天关闭门窗，室内风速近于零的情况下，且室内水蒸气压大于室外 2mmHg。

3）瓦特逊分析图

瓦特逊建筑气候分析方法的基本原理和吉沃尼相同，只是在考虑气候控制手段时，将设备调控的主动式手段和通过建筑的被动式调节手段表示在一张分析图上（图2-20），便于设计者分析比较和决策。瓦特逊的气候分析图由 17 个区组成，每一个区代表一种气候控制方法，见表 2-4。瓦特逊方法综合性强，比吉沃尼方法详细。

瓦特逊气候控制区和调控手段　　　　　　　　　　表 2-4

1 区	太阳能设计或传统采暖方式	7 区	舒适通风
2, 2a, 2b, 2c 区	被动式太阳能采暖	8 区	高热质
3 区	增湿、机械蒸发冷却	8a 区	除湿—空调降温
3a 区	机械增湿	9 区	高热质
4 区	机械除湿	9a 区	高热质—机械蒸发冷却
5 区	热舒适区	10 区	空调降温
6 区	舒适通风—高热	10a 区	机械蒸发冷却
6a 区	舒适通风—高热质—蒸发冷却		

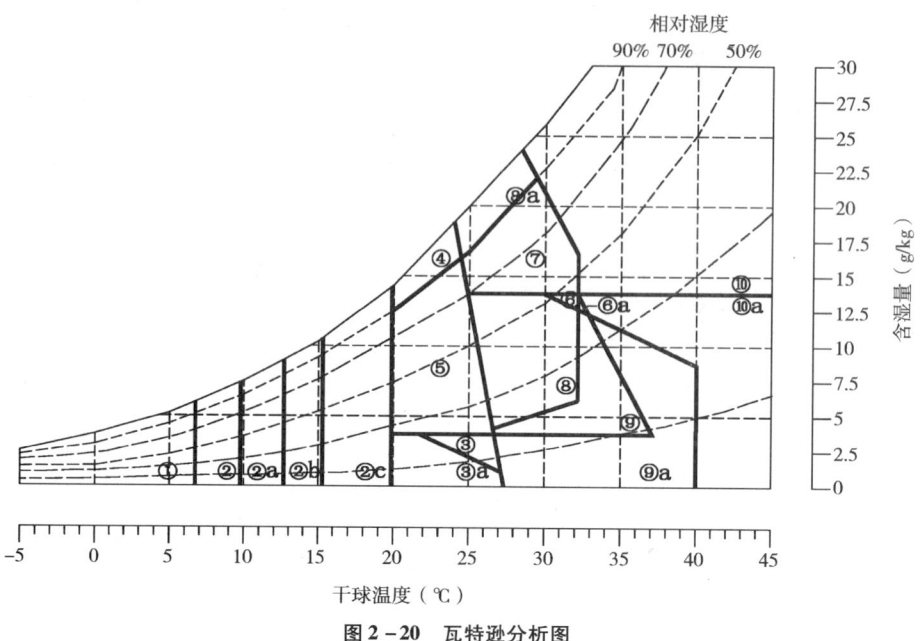

图 2-20 瓦特逊分析图

2.4.2 建筑气候分析表（迈欧尼列表）

迈欧尼列表是由凯尼格斯伯格等人在进行热带地区建筑研究时提出的一种建筑气候设计方法。在考虑人体热舒适时，采用了有效温度法。迈欧尼方法是通过一系列表格分析，最后得出针对热带地区的建筑设计的气候应对对策，因此被称为"迈欧尼列表法"。其分析过程包括四个阶段：气候参数分析、热舒适分析、气候指标分析和设计方法建议。

1）室外气候条件

首先分析建筑所在地区的室外气候条件。分析参数包括月均最高温度、最低温度、温度波动、相对湿度和降雨，将结果制成表格。以西安为例，其气候分析结果见表 2-5。

西安迈欧尼气候参数分析结果　　　　　　　　　　　　　　　　表 2-5

空气温度（℃）	一月	二月	三月	四月	五月	六月	七月	八月	九月	十月	十一月	十二月	最大值	AMT
月均最高温度	4.8	7.7	14	20.4	25.8	31.6	32	31.1	24.7	19.3	12.1	6.1	32	14.9
月均最低温度	-4.2	-0.8	3.2	8.9	13.8	18.8	21.6	20.8	15.5	9.8	2.8	2.9	-4.2	36.2
月均温度波动	9	8.5	10.8	11.5	12	12.8	10.4	10.3	9.2	9.5	9.3	3.2	最小值	AMR
相对湿度（%）	66	64	67	69	68	61	70	74	76	75	74	69		
湿度类别	3	3	3	3	3	4	4	4	4	4	4	3	总量	
降雨（mm）	39	59	81	102	115	152	128	133	156	61	51	35	1112	

注：AMT 为年平均温度；AMR 为年温度波动。

2）热舒适分析

迈欧尼方法在确定热舒适范围时，考虑了不同气候区人们对气候的适应性，将舒适区按照年平均温度值（AMT）的高低分为三个温度范围：分别为≥20 ℃、15 ～20 ℃ 和 <15℃。并将相对湿度分为四个范围，即 0% ～30%、30% ～50%、50% ～70% 和 70% ～

100%。考虑到人们在白天和夜里的穿衣习惯和活动存在差别，分别对白天和夜间两个时间段限定了热舒适范围，见表 2-6。

不同 AMT 和相对湿度条件下热舒适区间的温度值　　　　表 2-6

相对湿度平均值	相对湿度分类	年平均温度 AMT 大于 20℃		年平均温度 AMT15~20℃		年平均温度 AMT 小于 15℃	
		白天	夜间	白天	夜间	白天	夜间
0%~30%	1	26~34	27~34	23~32	14~23	21~30	12~21
30%~50%	2	25~31	17~24	22~30	14~22	20~27	12~20
50%~70%	3	23~29	17~23	21~28	14~21	19~26	12~19
70%	4	22~27	17~21	20~25	14~20	18~24	12~18

3）气候指标分析

根据气候分析结果和热舒适范围的规定判断每个月的冷热情况。月平均温度超过舒适区的温度范围，表示该月过热，记为"H"；月平均温度低于舒适区的温度范围，表示气候寒冷，记为"C"；月平均温度在舒适区间内，表示舒适，记为"N"。如西安的各月的室外气候和舒适的关系见表 2-7。

西安各月室外气候与热舒适的关系　　　　表 2-7

分析判断	一月	二月	三月	四月	五月	六月	七月	八月	九月	十月	十一月	十二月
月温度波动（℃）	9.0	8.5	10.8	11.5	12.0	12.8	10.4	10.3	9.2	9.5	9.3	3.2
湿度类别	3	3	3	3	3	3	4	4	4	4	4	3
白天：舒适情况	C	C	C	N	N	H	H	H	H	N	C	C
夜间：舒适情况	C	C	C	C	N	N	H	H	N	C	C	C

为了提出气候设计策略，迈欧尼方法专门建立了设计策略和室外气候条件之间的关系，见表 2-8。通过表 2-8 的判断依据和表 2-8 的气候分析结果，统计每个月的指标（H、C、N）的总数，制成表 2-9。

设计策略和室外气候条件　　　　表 2-8

应对对策	指标	气候条件		降雨	湿度分组	月平均范围
		白天	夜间			
必须通风	H1	H			4	
		H			2，3	不超过 10
期望通风	H2	N			4	
必须防雨	H3			200mm		
必须有热容量	A1				1，2，3	超过 10
室外平躺休息			H		1，2	
	A2	H	N		1，2	超过 10
防寒	A3	C				

西安气候分析指标总数　　　　　　　　　　　表2-9

指标	H1	H2	H3	A1	A2	A3
总和	3	1	0	4	0	5

4）提出建筑气候设计具体措施

迈欧尼建立了气候指标和建筑具体措施之间的关系，见表2-10。利用表2-9的分析结果查表2-10可以直接得到被分析地区的建筑设计措施。

迈欧尼指标数与设计策略　　　　　　　　　　表2-10

H1	H2	H3	A1	A2	A3			
平面布局、空间布局								
			0 ~ 10			+	1	朝向为南北朝向（长轴为东、西向）
			11, 12		5 ~ 12			
					0 ~ 4		2	紧凑型、庭院式
11, 12							3	空间开敞，利于通风
2 ~ 10						+	4	空间开敞，但注意防止冬季冷风渗透和夏季热风侵入
0, 1							5	紧凑型建筑区
空气流动（通风）								
3 ~ 12						+	6	单侧布置房间，以利空气流动
1, 2				0 ~ 5				
				6 ~ 12			7	双面布置房间，需要时组织空气流动
0	2 ~ 12							
	0, 1						8	不需要组织空气流动
房间开口								
			0, 1		0		9	大开口，开口面积40% ~ 80%
			11, 12		0, 1		10	小开口，开口面积10% ~ 20%
	其他情况					+	11	中度开口，开口面积20% ~ 40%
墙体								
			0 ~ 2				12	轻质墙体，时间延迟短
			3 ~ 12			+	13	厚重墙体
屋顶								
			0 ~ 5			+	14	轻质保温屋面
			6 ~ 12				15	厚重型屋面，时间延迟超过8小时
				2 ~ 12			16	需要考虑夜间在室外睡觉

续表

保温								
					1，2		17	不必考虑冬季保温
					3~5	+	18	考虑冬季保温
					6~12		19	极寒冷情况，必需保温设计
防雨								
							20	防止大雨侵袭

表 2-10 中标有"+"的部分为由迈欧尼方法分析得出的西安地区建筑气候设计策略。

迈欧尼列表法分析实用性强，对建筑设计有很强的指导性。分析步骤清晰，设计者只需按照表格的规定一步一步地计算分析，最后就能够直接得出考虑地区气候条件对方案构思影响的指导原则和设计策略。这种清晰的分析步骤易于实现程序化，一方面减轻设计者的分析工作量；一方面易于推广应用。同时它在分析气候对人体热舒适的影响时，考虑了地区气候的差异和人们对气候的适应性。

迈欧尼列表法的局限性在于：主要是针对热气候地区的分析方法，而对寒冷地区的气候分析过于粗略，提出的相应的设计对策也很少。比如西安地区从 4℃ 到 20℃ 都划为寒冷范围，而实际情况下，对舒适的影响程度并不相同。同时，过高估计了人们对炎热情况的耐受力。据此，迈欧尼方法应该改进其舒适程度的适用范围，并且增加对寒冷气候的应对措施。

迈欧尼直接给出了室外气候分析指标和建筑设计具体措施之间的关系，却没有说明建立这种关系的依据，其中间过程类似于黑箱。因此，建筑师往往不能够判断所得出的建议和措施是否正确，以及如何有针对地更正或改进，这是该方法最大的不足之处。

此外，此方法也没有考虑太阳辐射对建筑的热作用的影响。

2.4.3　建筑气候三角图

由于对热舒适进行分析并提出相应的建筑气候设计对策涉及很多参数，所以很多学者致力于发展不同的图表来使这种分析变得简单明了，并能够清楚地表达这些变量对环境设计的影响，这些变量通常是空气温度和相对（或绝对）湿度。例如前面所述的奥尔基亚方法，吉沃尼方法等。

伊文斯认为上述方法都侧重于对处于稳定环境下静坐的人的舒适范围研究，因此不适于温度周期波动较大的气候条件。比如说干热气候或大陆性气候，温度波动常常成为影响热舒适的主要因素。由于被动式建筑及自然通风房间温度波动与舒适性空调房间的最大区别在于其具有较大的温度变动，因此温度波动的变化大小和舒适感的关系成为建筑气候设计的重要问题。据此，伊文斯提出针对被动式建筑设计的温度波动与人体舒适的关系的分析方法——"热舒适三角图"法，见图 2-21。横坐标为平均温度（等于月最高温度与最低温度的平均值），纵坐标为平均温度波动值。

"热舒适三角"用于分析温度变化和人体热舒适的关系，强调典型日的温度变化，用

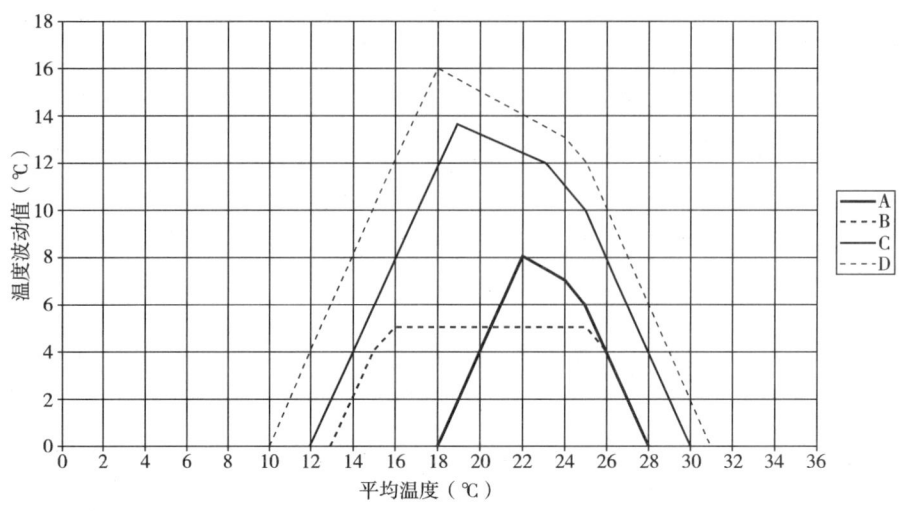

图 2 – 21 伊文斯热舒适三角分析图

月平均最高、最低温度代表。热舒适区域的确定考虑了不同活动情况，如睡觉、休息、静坐、行走等。针对室外典型气候变化，利用图 2 – 21 可以得出为获得室内舒适气候而需采取的建筑气候设计手法。

1）"热舒适三角"

伊文斯建立了室外温度变化和被动式建筑设计的关系，如下所述：

利用自然通风——如果平均温度超过舒适区高限，温度波动值低于 10℃，可凭借自然通风获得热舒适。

利用建筑蓄热——如果平均温度处于热舒适区，但温度波动值超过热舒适范围，可使用蓄热性材料，如砖、石、混凝土等，与良好遮阳设计相结合的做法，使室内温度波动值比室外的温度波动降低 1/4。

室内得热——如果平均温度低于热舒适区下限，增加建筑的保温和气密性，室内人为的热量，如设备、人、照明等的散热，可使室内温度提高 4 ~ 10℃。

利用太阳能 ——通过南向透明玻璃窗获得太阳能可提高室内平均温度，但是也同时提高了室内温度波动值，因为白天获得太阳能的同时，室外空气温度也较高。因此利用太阳能的同时需要选择蓄热性好的材料和良好保温设计相结合。合理利用太阳能采暖可提高室温达 10℃。

选择性通风降温——指利用自然通风与建筑的蓄热性相结合，即"夜间通风"设计，可使室温降低约 3℃，温度波动值降低 50% ~ 65%。当日温度波动范围大于 14℃时，选择夜间通风的降温措施。

蒸发冷却——最适于低湿高温气候条件。由于低湿度与高温度波动值伴随发生，因此，当日温度波动范围大于 14℃时，可利用蒸发冷却降温。

增湿——在两种情况下，需要增加湿度来获得舒适。对温度波动较大的大陆性或沙漠性气候，尽管平均温度处于舒适范围，但绝对湿度很低；或者对寒冷地区的冬季采暖建筑来说，室外温度和绝对湿度非常低，当这种干燥的冷空气进入较暖的房间内，在绝对湿度

不变的情况下，相对湿度常会降低到 15% 甚至以下。因此，这两种情况下都需要增加湿度来达到舒适。

2）"热舒适三角"的优缺点

"热舒适三角"分析方法所用气象数据最少，在具有典型日的月平均最高和最低温度的情况下就可以利用图表进行分析。分析方法比较简单，适合于建筑师设计初期对气候的定性分析。但是由于其气候设计策略和数据的分析结果不能在图中直观地显示出来，因此建筑师必须有一定的建筑热物理基础知识，掌握室外典型日气候变化和相应的气候设计策略的关系，对建筑师的技术素养要求较高。

BIOCLIMATIC ARCHITECTURE 建筑气候学

第3章 建筑气候与人体热舒适

从生理的角度讲，人对室内气候环境有一个明确而持续的要求：室内热环境需要维持在一个相对稳定的热舒适范围。国际标准组织 ISO7730 对热舒适定义为："人对热环境感觉满意的一种心理状态"。美国 ASHRAE55—2004 标准规定热舒适是指 80％ 的人群感觉满意的物理环境。当我们用空调工程的焓湿图表示时，热舒适就变成一个由空气温度、相对湿度物理参数限定的特定区域（如图 3－1 所示的灰色区域）。所以从热舒适定义中看，它没有任何物理量的限定，因为人的热舒适是受到外界环境、个人的活动状况、生理、心理等主观感觉的多种变量影响的复杂问题。

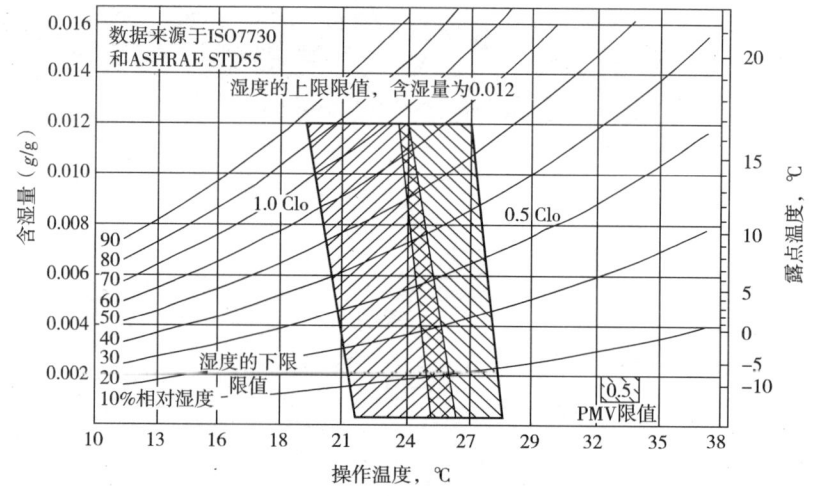

图 3－1　ASHRAE55—2004 标准的热舒适区

虽然在建筑环境控制领域，凭借目前的建筑技术水平实现恒温恒湿的人工气候环境已完全没有技术障碍，但随着全球能源与环境问题的突现，如何通过合理的自然能源利用，使用低能耗技术创造和维持舒适、健康的居住环境，已经成了建筑设计中很重要的一个问题。在实际建筑设计应用中，人们需要对一定的气候环境进行评价，判断环境是否满足人的热舒适要求，因此，需要逐步建立热环境评价的量化指标，对热舒适问题有系统的

认识。

　　建筑气候学是通过建筑的被动式设计技术调节建筑气候环境至人们满意的一门新兴学科，是实现建筑节能、建筑可持续发展的基础环节。因此，了解和掌握建筑与气候的关系、建筑室外气候条件（温度、湿度）对人体热舒适的影响是建筑气候学首先需要考虑的问题。

　　本章介绍了人的热感觉与热舒适的基本概念，重点阐述了热舒适的评价方法；然后从环境调节的目的论述了自然气候调节方法和人体热舒适的关系，给出了不同气候调节方式的气候适应范围和相应的调节能力。全章是建筑气候设计的基础。

3.1　人体热感觉

3.1.1　人体体温调节系统

　　人体作为一个复杂的有机整体，与外界环境之间不断地进行着物质和能量的交换，这是人类生命赖以生存的根本因素。人体保持核心温度的相对稳定是进行新陈代谢和正常生命活动的基础条件。正常体温的维持，则是人体产热和散热达到动态平衡的结果，这一过程在热舒适的范围内是由体温调节系统来实现的。人的体温调节系统根据其调节机制的不同分为生理性体温调节（physiological temperature regulation）和行为性体温调节（behavior temperature regulation）两大类。

　　体温的生理性调节是指人的体温在下丘脑调节中枢的控制下，通过增减皮肤的血流量、出汗、寒战等生理调节反应来维持体温稳定的模式。下丘脑是体温调节的中枢系统，是大脑的一部分。它在食物摄入、水分平衡、体温调节等一些自主功能中起主要作用。生理性调节是由人体自身调节系统，即生物控制系统来完成的。该系统通过分布于人体全身的冷热感受器将感受到的信号最终集中到体温调节中枢进行整合，然后驱动人体血管、汗腺及肌肉运动，产生生理性体温调节反应。并将所有信号同步反馈至中枢系统最终产生冷、热感觉及行为性调节的要求，建立人体热平衡，稳定体温。当气温较高时，由散热中枢发出指令，汗腺分泌、血管扩张以增强散热，从而使机体达到热平衡。此时人体的散热中枢就会处于温度应激之下，如果温度应激超过人体的生理代偿功能，即可引起机体的一系列生理变化，称为热紧张（thermal stress）。体温的调节类似于恒温器的调节，调定点的水平受皮肤温度感受器及其他因素的影响而变动，其调节中枢在下丘脑。图 3-2 描述了体温调节的过程。

　　行为性体温调节是通过体外调节以改变人体与周围环境的换热系数，如穿衣或有目的地利用外界能量以减轻外界环境温度对机体的生理热应激（physiological heat strain）作用，从而使体温保持在正常范围以内。体温的行为性调节是以生理性调节为基础的，以弥补机体自身调节的不足。最原始和简单的行为性调节是姿态改变和场所迁移。服装是人类行为性温度调节的重要工具，借此大大增强了人类对大自然的适应能力，如在不同环境条件中，增减衣物，创建人工气候环境，以达到体温调节的目的。随着科学技术的发展，行为

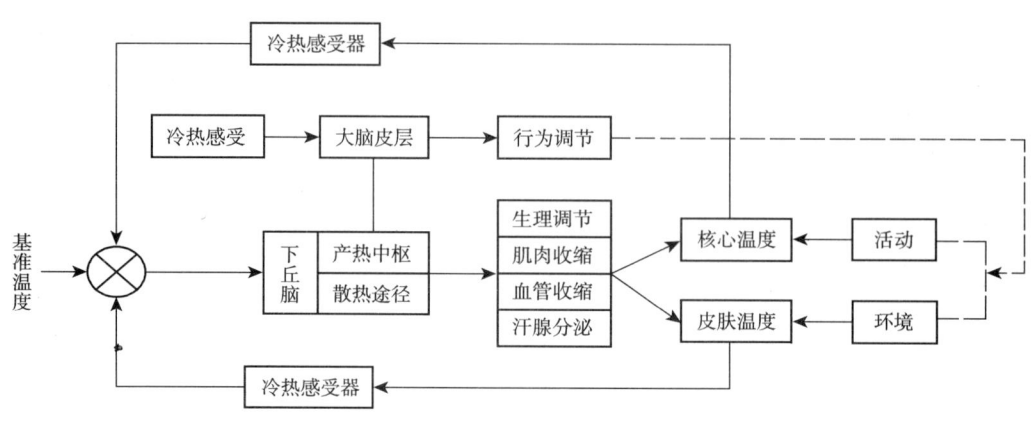

图 3 - 2   人体体温调节控制系统示意图

性体温调节的作用显得更为重要。人类利用科技成就制造许多装备（如航天服、极地服装等），使得能在特殊环境下从事工作。生理性调节是最基本的调节，是我们进行热舒适研究的内在规律。体温的行为性调节可看成比生理性调节更复杂的调节，它是生理性调节的补充和保证，二者紧密相连。

当人从炎热环境进入一个较为舒适的环境时，通过皮肤、汗腺、呼吸散失大量热量后，人体在新的热环境下重新获得热平衡，消除了热紧张及温度应激状态，神经系统由紧张变为放松，这时会在人的心理上引起愉悦的感受。由此可见，热舒适实质上是由人的神经系统的一系列活动在心理上引起的愉快感受，温度变化是影响热舒适的一个重要原因。热舒适的产生是神经系统由紧张变为放松的过程在心理上引起的感受，舒适的过程是一个动态的过程，长期处于"舒适"状态也就很难感到舒适了。

3.1.2   热感觉

热感觉是人对周围环境是"冷"还是"热"的主观描述。尽管人们常评价房间的"冷"和"暖"，但实际上人是不能直接感觉到环境的温度的，只能感觉到位于他自己皮肤表面下的神经末梢的温度。

裸身人体安静时在29℃的气温中，代谢率最低；如适当着衣，则在气温为 18～25℃的情况下代谢率低而平稳。在这些情况下，人体不发汗，也无寒意，仅靠皮肤血管口径的轻度改变即可使人体产热量和散热量平衡，从而维持体温稳定。此时，人体用于体温调节所消耗的能量最少，人感到不冷不热，这种热感觉称之为"中性"状态。

热感觉并不仅仅是由冷热刺激的存在造成的，而与刺激的延续时间以及人体原有的热状态都有关。人体的冷、热感受器均对环境有显著的适应性。例如把一只手放在温水盆里，另一只手放在凉水盆里，经过一段时间后，再把两只手同时放在具有中间温度的第三个水盆里，那么第一只手会感到凉，另一只手会感到暖和，尽管它们是处于同一温度的。当皮肤局部已经适应某一温度后，改变皮肤温度，如果温度的变化率和变化量在一定范围内是不会引起皮肤有任何热感觉的变化的。图 3 - 3 和图 3 - 4 是肯沙罗（Kenshalo）在1970 年发表的人的前臂皮肤对温度变化的响应试验结果。图中两条曲线中间的区域是皮肤

没有热感觉变化的阈。其中图 3 - 3 说明皮肤对温度的快速变化更为敏感。如果温度变化率低，适应过程会跟上温度的变化，从而完全感觉不到这种变化，除非皮肤温度落到中性区以外。图 3 - 4 反映了前臂皮肤温度改变引起的感觉与适应温度以及温度变化量之间的关系，可以看到中性区在 31~36℃ 之间。在 31℃ 以下，即便经过 40 分钟的适应期，仍然还感到凉。在 30℃ 时，当温度升高 0.3K 也不会产生感觉上的变化，升高 0.8K 皮肤就会感到温暖。但是当皮肤处于 36℃ 适应温度时，冷却 0.5K 就会感到凉。也就是说，同一块皮肤，30.8℃ 时有可能会感到暖，35.5℃ 时却有可能会感到凉，这是由于皮肤热感觉的适应性决定的。

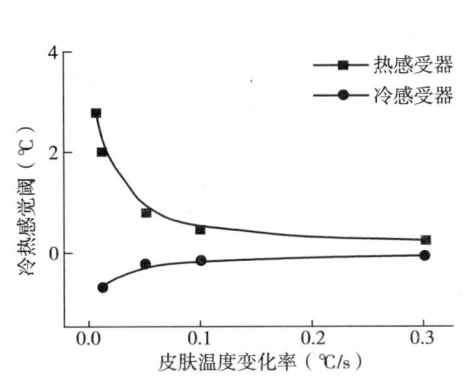

图 3 - 3 皮肤温度变化率对冷阈和暖阈的作用

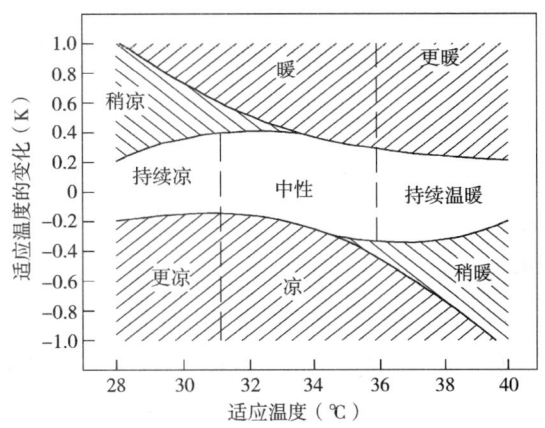

图 3 - 4 皮肤温度改变引起的感觉与
适应温度以及变化量之间的关系

除皮肤温度以外，人体的核心温度对热感觉也有影响。例如一个坐在 37℃ 浴盆中的人可以维持恒定的皮肤温度，但核心温度却不断上升，因为他身体的产热散不出去。如果他的初始体温比较低，开始他感受的是中性温度。随着核心温度的上升，他将感到暖和，最后感到燥热。因此热感觉最初取决于皮肤温度，而后取决于核心温度。

当环境温度迅速变化时，热感觉的变化比体温的变化要快得多。盖吉（Gagge）等（1967年）所作的一系列突变温度环境的实验发现，人处于突变的环境空气温度时，尽管皮肤温度和核心体温的变化需要好几分钟，但热感觉却会随空气温度的变化马上发生变化。因此在瞬变状况下，用空气温度来预测热感觉比根据皮肤温度和核心温度来确定可能更为准确。

由于无法测量热感觉，因此只能采用问卷的方式了解受试者对环境的热感觉，即要求受试者按某种等级标度来描述其热感。表 3 - 1 是两种目前最广泛使用的标度。其中贝氏标度是由英国的托马斯·贝德福德（Thomas Bedford）于 1936 年提出，其特点是把热感觉和热舒适合二为一。1966 年 ASHRAE 开始使用七级热感觉标度（ASHRAE thermal sensation scale）。与贝氏标度相比，它的优点在于精确地指出了热感觉。通过对受试者的调查得出定量化的热感觉评价，就可以把描述环境热状况的各种参数与人体的热感觉定量地联系在一起。

由于心理学研究的结果表明一般人可以不混淆地区分感觉的量级不超过 7 个，因此对热感觉的评价指标往往采用 7 个分级，见表 3 - 1。在进行热感觉实验的时候，设置一些投票选择方式来让受试者说出自己的热感觉，这种投票选择的方式叫热感觉投票 TSV（Thermal Sensation Vote），其内容也是一个与 ASHRAE 热感觉标度内容一致的 7 级分度指标，但分级范围往往为 -3 ~ +3。

贝德福德和 ASHRAE 的 7 点标度   表 3-1

贝氏标度		ASHRAE 热感觉标度		贝氏标度		ASHRAE 热感觉标度	
7	过分暖和	+3	热	3	令人舒适的凉快	-1	稍凉
6	太暖和	+2	暖	2	太凉快	-2	凉
5	令人舒适的暖和	+1	稍暖	1	过分凉快	-3	冷
4	舒适（不冷不热）	0	正常				

3.1.3 人体热舒适方程

人体为了保持恒定的体内温度，必须使体内的产热量和散热量保持平衡。然而在可以保持热平衡的环境变动范围内，仅有一个狭窄的热舒适范围。与之相应的是一个狭窄的平均皮肤温度和汗分泌范围，在这一范围内人体按不同途径的散热比例恰当（对流散热约 25% ~ 30%，辐射散热约 45% ~ 50%，蒸发散热约 25% ~ 30%）。

房格尔（Fanger）教授指出人体要达到热舒适状态要满足三个条件：①人体要处于能量平衡状态；②满足一定要求的皮肤表面温度；③除了在静止等活动量很小的状态下，为了达到舒适状态，应该有一定的排汗率。在一定的能量代谢率 M 时，若人体热平衡与热中性相差不远，平均皮肤温度 t_{sk} 和排汗率 E_{sw} 是影响人体热平衡唯一的生理因素。建立在罗勒斯（Rohles）和尼文思（Nevins）所收集的数据之上的线性回归方程得出了满足热舒适性要求的平均皮肤温度 t_{sk} 和排汗率 E_{sw} 关系式：

$$t_{sk} = 35.7 - 0.0275(M - W) \qquad (3-1)$$

$$E_{sw} = 0.42(M - W - 58.15) \qquad (3-2)$$

将上述方程式代入人体热平衡方程式中得出人体热舒适性方程如下：

$$M(1 - \eta) - 0.35[43 - 0.061M(1 - \eta) - P_a] - 0.42[M(1 - \eta) - 50]$$
$$- 0.0023M(44 - P_a) - 0.0014M(34 - t_a)$$
$$= 3.4 \times 10^{-8} f_{cl}[(t_{cl} + 273)^4 - (t_{mrt} + 273)^4] + f_{cl}h_c(t_{cl} - t_a) \qquad (3-3)$$

其中，$t_{cl} = 35.7 - 0.032M(1 - \eta) - 0.18I_{clo}[3.4 \times 10^{-8} f_{cl}(t_{cl} + 273)^4 - (t_{mrt} + 273)^4$
$$+ f_{cl}h_c(t_{cl} - t_a)]$$

h_c 取 $2.05(t_{cl} - t_a)^{0.25}$ 与 $10.4\sqrt{v}$ 二式中较大者。

式中 P_a——蒸汽分压力，mmHg；

      t_a——空气温度，℃；

      t_{cl}——衣服表面的平均温度，℃；

      t_{mrt}——平均辐射温度，℃；

      h_c——对流换热系数，W/(m² · ℃)；

f_{cl}——服装面积系数，$f_{cl} = 1 + 0.3I_{clo}$。

从舒适方程中可看到，影响热舒适的因素可概括为两个方面：

（1）人体因素：①衣服的函数，包括：I_{clo}衣服热阻（单位为 clo），f_{cl}服装面积系数，即人体穿衣服的表面积和裸露的体表面积的比值；②人体活动量的函数，包括：M新陈代谢自由能产热量（W/m^2）。

（2）环境变量：包括 t_a 空气温度（℃）；t_{mrt}平均辐射温度（℃）；v 相对空气流速（m/s）；P_a 蒸汽分压力（mmHg）。

房格尔的热舒适理论是迄今为止为界内普遍接受的关于热舒适的研究成果，并由它产生了一系列国家和地方标准，如欧洲 EN – ISO 7730 标准。热舒适方程比较全面、客观地描述了影响人体热舒适的各环境因素、活动量水平和穿衣量之间的关系。但舒适方程比较复杂，不便于实践应用。

3.2　热舒适评价

3.2.1　热舒适评价指标

由于人体热舒适受各种因素的综合影响，因此有必要把环境参数中的若干变量综合成一个变量来评价室内热环境。热环境要素对人体的热平衡均有影响，且很大程度上各要素间的影响是可以互换的，某一要素的变化可为另一要素相应的变化所补偿，这就是综合环境指标和舒适度指标的理论基础。

对热环境的评价可根据三类不同的标准进行：

（1）生存标准：由于人的体温影响体内化学反应速度，尤其是酶系统的最佳工作状态的维持只允许体温在很窄的范围内波动，因此，机体内热调节系统的首要任务是使人在休息时能保持体温恒定在 37 ± 0.5℃左右，超过或低于标准体温 2℃时，在短期内还可以忍受，但如持续时间太长时，就会损害健康，甚至危及生命。

（2）舒适标准：人可生存、适应的热环境往往并不一定使人感到舒适，在人类赖以生存的热环境范围内，只有一个较小的范围可定义为热舒适区域，使人体热感感觉愉快状态，且人体的热调节机能处于最低活动状态时的那个条件范围。

（3）工作效率标准：热环境会影响人的敏感、警觉、疲乏、专注和厌烦程度，通过上述作用对体力劳动和脑力劳动的效率产生影响。为了更好地完成工作所需的热条件不一定会和舒适条件一致。工作需要的条件有更明确的规定，而且这种条件范围可能与舒适条件部分有关，或者完全没有关系。

目前用于综合评价室内热环境的指标按前述不同标准可分为三类：

第一类是根据环境物理因素测定而制订的，如湿球温度、黑球温度等。湿球温度表示气温和湿度综合作用的结果；黑球温度表示气温、辐射和气流速度综合作用的结果。这类指标简单易行，但没有考虑到机体的反应，目前已较少单独使用，而常作为其他综合指标的组成部分。

第二类是基于热平衡的指标，如新有效温度 ET*、标准有效温度 SET、预测平均投票数 PMV 等。

第三类是根据机体生理反应与环境之间热交换的指标，如风冷却指数 WCI、不快指数 DI、热应激指数等。

目前用于评价热舒适的主要指标见表 3-2。

热环境评价指标 表 3-2

	指标	提出者	适用范围
物理测试指标	卡它冷却力	希尔（Hill）	风速不大，且风向不重要时
	当量温度 t_{eq}	迪夫东（Dufton）	供暖的房间，$8℃ < t_{eq} < 24℃$，$v < 0.5m/s$
经验指标	风冷指数 WCI	赛普尔（Siple）	$v < 20m/s$
	有效温度 ET	霍顿（Houghton），亚格洛（Yaglou）	$1℃ < ET < 43℃$，$0.1m/s < v < 3.5m/s$
	不快指数 DI	美国气象局	由气温和湿度的组合评价闷热的环境
基于热平衡的指标	新有效温度 ET*	盖吉，斯托尔韦克（Stolwijk）尼施（Nishi）	坐姿工作，轻装的情况
	标准有效温度 SET	盖吉，斯托尔韦克，尼施	适用于未发生寒颤的温度范围
	热应力指标 HSI	贝德林·哈茨（Bedling Hatch）	$21℃ < t_a < 60℃$，$0.25m/s < v < 10m/s$
	预测投票 PMV	房格尔	主要预测接近热中性时的冷热感

3.2.1.1 *PMV-PPD* 指标

在以上几种指标中，应用最广泛的是被编入国际标准 ISO7730 的预测平均投票数 *PMV*（Predicted Mean Vote）和预测不满意百分数 *PPD*（Predicted Percentege of Dissatisfied）评价指标，它是在大量实验数据的统计分析基础上，并结合人体的热舒适方程提出的表征人体热舒适的一个较为客观的指标。该指标综合考虑了人体活动程度、衣服热阻、空气温度、平均辐射温度、空气湿度和空气流动速度等六个因素，并从心理、生理学主观热感觉的等级为出发点，是迄今为止，考虑人体热舒适感诸多因素中最全面的评价指标，其计算见公式 3-4：

$$PMV = \left[0.303e^{-0.036M} + 0.028\right]L \tag{3-4}$$

式中　L——人体热负荷。

$$\begin{aligned} L = &(M - W) - 3.05\left[5.733 - 0.007(M - W) - P_a\right] \\ &- 0.42(M - W - 58.15) - 0.0173M(5.87 - P_a) - 0.0014(34 - t_a) \\ &- 3.96 \times 10^{-8}f_{cl}\left[(t_{cl} + 273)^4 - (t_{mrt} + 273)^4\right] - f_{cl}h_c(t_{cl} - t_a) \end{aligned} \tag{3-5}$$

PMV 指标采用了七级分度，见表 3-3：

PMV 指标分度级别表 表 3-3

热感觉	冷	凉	微凉	适中	微暖	暖	热
PMV 值	-3	-2	-1	0	+1	+2	+3

    PMV 指标代表了同一环境下绝大多数人的感觉，但是人与人之间存在生理差别，因此 *PMV* 指标并不一定能够代表所有个人的感觉。因此房格尔（Fanger）又提出了预测不满意百分比 *PPD*（Predicted Percent Dissatisfied）指标来表示人群对热环境不满意的百分数，并给出了它与 *PMV* 的定量关系：

$$PPD = 100 - 95\exp\left[-(0.03353PMV^4 + 0.2179PMV^2) \right] \tag{3-6}$$

    图 3-5 表示了 *PMV* 和不满意百分比 *PPD* 之间的定量关系。使用 *PMV – PPD* 曲线，可以获得人对环境的评价。从图中可以看出，由于每个人的生理差异和对环境的喜好，即使是 *PMV* 等于 0（舒适温度）时，仍然有 5% 的人感觉不满意。ISO 规定 *PMV* 在 -0.5 ~ +0.5 之间为室内热舒适指标，即不满意程度在 10% 以内认为是舒适的。这一指标，只有舒适性空调建筑才可以达到。有学者推荐，对于我国大量的自然通风房间，*PMV* 范围在 -1 ~ +1 之间认为是较合适的。

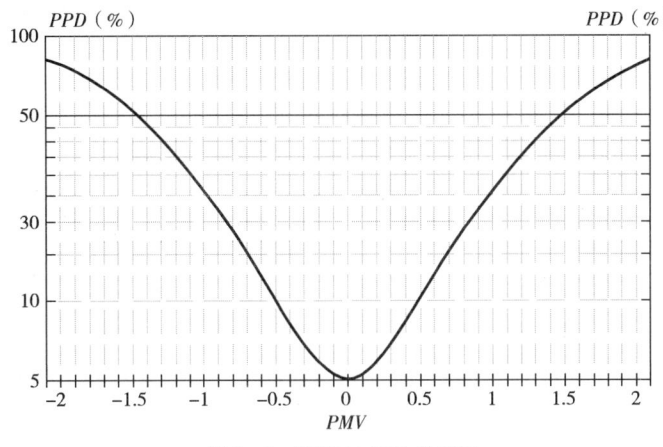

图 3-5　*PMV* 与 *PPD* 关系图

3.2.1.2　有效温度指标

    此外，与 *PMV* 模型相似的还有盖吉教授提出的新有效温度指标（ET^*）和标准有效温度指标（*SET*）。所谓有效温度，是将空气的干球温度、湿度及流速对人体的热感觉效应综合成一个单一空气温度表示的热感觉指标，它在数值上等于产生相同感觉的、静止的、饱和空气的温度。它意味着在实际环境中与具有和饱和空气环境中相同的人的衣着和活动强度，且假定平均辐射温度等于空气干球温度的环境热感觉相同。有效温度通过人体实验获得。由于有效温度过高地估计了湿度在低温下对凉爽和舒适状态的影响，因此被新有效温度 ET^* 所代替。盖吉等把皮肤湿润度的概念引进 ET^*，将室内气候因素（干球温度、湿球温度、风速）对身着薄服的人所产生的热感效应（反映为皮肤温度和皮肤湿润度）用相对湿度为 50% 的、基本静止的空气温度表示，并假定空气温度与室内平均辐射温度相等。该标准提供了一个适用于穿标准服装（0.5clo）和坐着工作的人（1.2met）的舒适标准（clo 是衣着绝热值的单位；met 为人体坐着时单位体表面积的新陈代谢率，为活动量的单位）。ASHRAE55-74 舒适标准是以新有效温度为基准建立的。在新有效温度的基础上综合考虑了不同的活动水平和衣服热阻，形成了通用的舒适指标——标准有效温度

（SET）。

表 3 – 4 给出了与 SET 指标值相应的热感觉。

3.2.1.3 操作温度指标

此外，热舒适指标还有空气温度 t_a、操作温度 t_{op}（Operative Temperature）、热中性温度等。

操作温度 t_{op} 是综合考虑了空气温度和平均辐射温度对人体热感觉的影响而得出的合成温度，综合考虑了环境与人体的对流换热与辐射换热。操作温度 t_{op} 可由公式计算得出：

$$t_{op} = \frac{h_c t_a + h_r t_{mrt}}{h_c + h_r} \tag{3-7}$$

式中　h_r——辐射换热系数，W/（$m^2 \cdot ℃$）。

SET 与热感觉及生理反应　　　　　　　　　　　表 3 – 4

SET（℃）	热感觉	坐态人的生理反应
>37.5	很热，极不舒适	热调节功能失效
34.5~37.5	热，很不舒适	过度出汗
30.0~34.5	暖和，不舒适	出汗
25.6~30.0	稍暖，稍不舒适	轻度出汗，血管舒张
22.2~25.6	舒适，最可接受	中性
17.5~22.2	稍凉，稍不舒适	血管收缩
14.5~17.5	冷，不能接受	体温稍有下降
10.0~14.5	很冷，极不舒适	发抖

操作温度的定义表明，用它来描述寒地居民的热感觉更加准确，其物理意义也十分明确。米森纳尔德曾证明了人在静止空气中辐射与对流换热系数之比为 1:0.9，将这一结果代入上一公式中，可得出式：

$$t_{op} = 0.47 t_a + 0.53 t_{mrt} \tag{3-8}$$

上式说明当空气静止时，辐射换热对人体的影响要大于对流换热对人体的影响。当空气流动时，对流换热系数增加，对流换热对人体的影响加剧。当空气流速加大时，对流换热系数可能大于辐射换热系数，此时空气温度对人体热感觉的影响要大于辐射温度对人体的影响。

3.2.2 热舒适标准与热舒适区域

3.2.2.1 ASHRAE 舒适标准

美国采暖与制冷、空调工程师协会标准 ASHRAE90.1—1989 认为人的热舒适满意程度和空气温度、辐射温度、空气流速、衣着、活动量等多种因素有关，所以它没有用单一指标量定义舒适度，而是考虑了所有环境变量情况下，利用空调工程常用的温湿图，对于静坐情况下的成年人，定义了有 80% 的人感觉满意的热舒适区。考虑到冬、夏两季人们的着装习惯，分别规定了冬季和夏季的热舒适区。

ASHRAE55 标准是将室内环境变量与人体个体参数相结合，创造一个令 80% 或更多的人可接受的室内热环境。然而，该标准没有明确定义"可接受性（acceptability）"。在热舒适的研究领域，通常将"可接受的（acceptable）"等同理解为"满意的（satisfied）"，而又将"满意的"同热感觉的"稍暖的（slightly warm）"，"中性的（neutral）"和"稍凉的（slightly cool）"联系起来。也就是说，在热感觉投票中，投票值为以上三项时，都认为室内热环境状况是令人满意的。

该标准适用于以坐姿为主的轻体力活动（新陈代谢率 $M \leqslant 1.2$met），所穿着服装的热阻夏季为 0.5clo，冬季为 0.9clo，在此情况下 ASHRAE 55—1992 给出了它的舒适区指标：

①冬季：当湿球温度为 18℃时，舒适区 $t_o = 20 \sim 23.5$℃；当露点温度 $t_{dp} = 2$℃时，舒适区 $t_o = 20.5 \sim 24.5$℃。如果采用新有效温度来表示，则冬季舒适区温度范围为：$ET^* = 20 \sim 23.5$℃；平均风速 $\nu \leqslant 0.15$m/s。

②夏季：当湿球温度为 20℃时，舒适区 $t_o = 22.5 \sim 26$℃；当露点温度 $t_{dp} = 2$℃时，舒适区 $t_o = 23.5 \sim 27$℃。如果采用新有效温度来表示，则夏季舒适区温度范围为：$ET^* = 23 \sim 26$℃；平均风速 $\nu \leqslant 0.25$m/s。

③由于人体的颈部和脚踝对温度比较敏感，较大的垂直温差可引起人体对环境的不舒适感。因此，标准规定垂直温差 $t_{1.1} - t_{0.1} \leqslant 3$℃。

④垂直方向不对称辐射温差应不超过 5℃，水平方向不对称辐射温差不超过 10℃。

⑤地板的表面温度应控制在 18 ~ 29℃。

ASHRAE 55—2004 是对标准 ASHRAE 55—1992 的一个修正，该标准明确规定了在何种具体条件下受试者感觉到的热环境是可以接受。此次修订是经过了公众和 ASHRAE 的审核而达成的一致标准，它融合了 ASHRAE 55—1992 标准以后的相关研究和经验，这些变化包括了 PMV/PPD 计算方面的补充和"热适应"的概念。

ASHRAE 标准用于评价非空调房间时，会带来一些问题，这是因为非空调房间人们可接受的舒适区域和空调房间存在很大不同；另一个问题是湿热地区的湿度和空气流速对人的热舒适的影响，以及由于该地区人们对气候的适应能力和对高风速的忍耐性都要高，使得 ASHRAE 舒适标准不能直接用来评价非空调房间的室内气候。

对非空调房间，居住者可接受的温度范围比空调房间宽。例如，夏季，非空调房间室温可从早晨的 20℃升高到下午的 26℃；通风良好的房间，室内风速常在 2m/s 左右。居住者对这种变化是接受的。而 ASHRAE 标准对室内风速限制在 0.8m/s 以内。由于这两种房间居住者可接受的舒适范围的差异，在建立利用被动式气候调控方法调节室内微气候环境的评价标准时，不能直接运用 ASHRAE 舒适标准。

3.2.2.2　ISO7730 舒适标准

ISO（International Organization for Standardization）为世界标准组织，对三种区域的热舒适作了研究：炎热区、温和区、寒冷区。ISO7730 舒适标准的适用条件是：人员为坐姿，从事轻体力活动（新陈代谢率 $M \leqslant 1.2$met），所穿着服装的热阻夏季为 0.5clo，冬季为 1.0clo。

ISO7730 标准和 ASHRAE 舒适标准非常类似，只是在 ISO7730 标准中未规定湿度的界限。ISO7730 标准以操作温度给出了热舒适区域：

①冬季：操作温度在 20 ~ 24℃ 之间，颈部和脚踝处的垂直温差 $t_{1.1} - t_{0.1} \leq 3℃$，地板表面温度通常控制在 19 ~ 26℃，但是地板供暖系统可以将值升至 29℃，垂直方向不对称辐射温差应不超过 5℃，水平方向不对称辐射温差不超过 10℃，同时，相对湿度应该介于 30% ~ 70%，平均风速 $v \leq 0.15 m/s$；

②夏季：操作温度在 23 ~ 26℃ 之间，颈部和脚踝处的垂直温差 $t_{1.1} - t_{0.1} \leq 3℃$，相对湿度应该介于 30% ~ 70%，平均风速 $v \leq 0.25 m/s$。相当于 ASHRAE 舒适标准中相对湿度为 50% 时的操作温度。

除了 ISO – 7730 外，还有 ISO – 7726 针对热环境的物理量测量方法及仪器；ISO – 8996 人类工程学新陈代谢量的确定；ISO – 9920 针对衣着的热特性估计等。

3.2.2.3 我国室内热舒适设计标准及综合评价

（1）空气调节室内热环境设计标准

我国现行《采暖通风与空气调节设计规范》（GB 50019—2003）对舒适性空调房间的设计参数提出了如表 3 – 5 所示的选用范围，其中温度对热舒适性、空调能耗等影响最大，一般高级建筑和长时间停留的建筑夏季取低值，冬季取高值，相对湿度的选取方法则反之。

（2）自然通风气候条件下热舒适综合评价

当前我国城乡大量的公共建筑（如学校、医院、幼儿园）与住宅夏季仍广泛采用自然通风，仅在防止房间过热的情况下才采用空气调节。因此，建筑设计仍然要求防止太阳辐射、争取自然通风，并采取综合的防热措施。

舒适性空调室内设计参数 表 3 – 5

参数	冬季	夏季
温度（℃）	18 ~ 24	22 ~ 28
风速（m/s）	≤0.2	≤0.3
相对湿度（%）	30 ~ 60	40 ~ 65

自然通风房间与空调房间的室内热环境的变化是有差异的，空调房间室内气候各因素的变化较为稳定，而自然通风房间室内气候各要素受室外气候各因素变化的影响和制约较大。自然通风房间热环境评价的基本准则：

①夏季室内气候应保证人体处于正常的热平衡和温热感。

②夏季通风条件下室内气候是气温、气湿、气流和辐射等因素的综合影响。根据调查资料分析，夏季室内气候要素是按一定规律相互结合的。某种气温与一定范围的气流、气湿和辐射相结合后，仍有可能以气温为代表来表示按一定规律组合的种种气象因素，因此，气温仍是一项重要的评价指标。

③各地室内气候评价标准的确定，应充分考虑当地气候的特征及不同地区居民对气候的适应性问题。

从建筑发展的趋势来看，创造舒适的热环境无疑是建筑师与工程师的一项重要任务。舒适是实现无负荷的热平衡，且这种热平衡是在正常散热条件下实现的，也就是休息中的典型人体的热反应处于热中性区。但是，一方面由于经济原因，在一定时期内大量的建筑标准还不能太高；另一方面，在实践中自然通风房间很难保持室内气候稳定，保证长时间处于舒适的热环境中。同时，从生理上说，长期处于某种恒定的舒适环境中，将使人体降低对气候变化的适应能力，反而不利于健康。

为此，在考虑室内气候的评价指标时以争取"舒适"的热环境，允许"可忍受"的热环境作为确定的意向。因此，一方面应当找出最适宜的气温指标（下限），另一方面也应提出比较适宜的气温指标（上限）。

室内气候与人体感应关系很大。在室内气温的卫生指标中，考虑确定下限时，"凉爽"、"舒适"感应占主要部分，"稍热"感亦可占一部分；确定上限时，可以"舒适"和"稍热"感占主要部分，而"较热"感基本上不允许，但在"上限"中可容许占一小部分，而"很热"或"过热"则不应出现在指标范围中。

根据上述原理，利用华南理工大学亚热带建筑研究室的研究成果，提出了自然通风房间室内气候评价指标，见表 3 – 6。

室内气候条件对人体舒适感影响的评价　　　　　　　　　表 3 – 6

空气温度（℃）	25.1~27.0	27.1~29.0	29.1~31.0	31.1~32.0	32.1~33.0
黑球温度（℃）	25.6~27.8	27.8~29.7	29.7~32.0	32.5~32.7	33.4~33.5
相对湿度（%）	85~92	84~90	76~80	74~79	74~76
气流速度（m/s）	0.05~0.1	0.05~0.2	0.1~0.2	0.2~0.3	0.2~0.4
人体温度（℃）	36.0~36.4	36.0~36.5	36.2~36.4	36.3~36.6	36.4~36.8
皮肤温度（℃）	29.7~29.9	29.7~32.1	33.1~33.9	33.8~34.6	34.5~35.0
出汗情况	无	无	无	微少	较多
表现特征	工作愉快，可穿衬衣；有微风时清凉；无微风时仍适宜；吃饭不出汗；夜间睡眠舒适	可穿衬衣；有微风时舒适；无微风时微热，但不出汗；夜间睡眠舒适	感到稍热；有微风时工作尚可；无微风时出微汗；夜间不易入睡；蒸发散热增加	有风时勉强工作，但较干燥；有微风时出微汗；夜间难睡眠，主要靠蒸发散热	皮肤出汗，家具表面发热；感觉闷热，工作困难；虽有风，工作仍费劲
生理感觉	凉爽	舒适	稍热	较热	过热
主观评价	愉快	合适	尚可	勉强	难受

由表可见：当辐射温度为 27.8~29.7℃，相对湿度处于 84%~90%，气流速度为 0.05~0.2m/s，而气温在 27.1~29.0℃时感到舒适，且工作合适。当辐射温度为 32.5~32.7℃，相对湿度处于 74%~79%，气流速度是 0.2~0.3m/s，而气温在 31.1~32.0℃时感到较热，有微小出汗，工作勉强。

根据上述的居室气候评价的基本准则以及调查研究与试验验证资料，可确定我国南方亚热带、热带湿热气候区（例如广州、汕头、湛江、韶关、海口等地区），当居室在辐射温度 30~32℃，相对湿度 80%~90%，室内风速 0.2~0.3m/s 时，以气温为代表作为评价的主要指标，具体数值是：气温的"下限"为28~29℃（以"舒适"为主）；气温的上限为30~31℃（以"稍热"为限）。

3.3 热舒适的影响因素

热舒适可以从正面定义为：一种促成人体愉悦状态的热环境条件，即人体既不感觉冷也不感觉热的中性状态；也可以从反面定义理解为：不因环境的冷或热的刺激而感觉不舒适。虽然该定义反映为人体对环境的主观感觉，但是热舒适区的界限是以生理反应为依据的。在生理学上认为人处于舒适状态时，人体的热调节机能处于最低的活动状态。人体热舒适是一个复杂的不确定因子，它受到许多不可测量和随机因素的影响，但主要的影响因素有：

①物理因素：空气温度、平均辐射温度、湿度以及空气流速。

②个人因素：服装和活动水平。

除此之外，还有其他一些能引起人体局部不舒适的环境参数，如吹风，头部和脚踝之间较大的温度梯度以及辐射温度的不对称，瞬时热的影响、非热因素的影响等。

3.3.1 物理因素

（1）空气温度

房间内空气温度是由房间内的得热和失热、围护结构内表面的温度及通风等因素构成的热平衡所决定的，它也直接决定人体与周围环境的热平衡。空气温度和平均辐射温度影响着人体通过对流及辐射的干热交换。在水蒸气压力及气流速度为恒定不变的条件下，人体对环境温度升高的反应主要表现为皮肤温度的升高与排汗率的增加。周围温度的变化改变着主观的温热感（热感觉）。因而，空气温度是影响热舒适的主要因素，它直接影响人体通过对流及辐射的显热交换。人体对温度的感觉是相当灵敏的，通过机体的冷热感受器可以敏锐的对冷热环境作出判断。反复实验表明，人判断冷热感觉的重现能力，并不比机体生理反应的重现能力低。在某些情况下，这种主观温热感觉往往较某些客观的生理量度具有意义。故人们根据个人温热感，结合生理出汗反应将冷热环境反应分为7级：热、较热、暖、舒适、凉、较凉、冷。

空气温度几乎可用任何一个温度计来测得，但是要得到一个精确的读数却需要采取一定的措施。因为这些仪器实际上测出来的温度并不是室内空气温度，而是介于空气温度与平均辐射温度之间的一个值。为了减少辐射所造成的误差，把传感器做得尽可能的小，或者提高空气的相对流速，使对流换热系数增大；或者把传感器屏蔽在低发射率金属制成的防辐射罩内，以减小辐射换热的影响。

（2）平均辐射温度

温度在绝对零度以上的一切物体都发出热辐射。人处于室内，室内各物体表面跟人体之间存在辐射热交换，平均辐射温度即室内与人体辐射换热有影响的各表面温度的平

均值。

平均辐射温度取决于周围表面温度。在实际的生产、生活环境中，空气温度和平均辐射温度并不总是均匀的、相等的，人们常常会遇到机体某一部分受冷和受热，比如室内上下温度明显不对称，人体一侧有辐射热源等等，所以研究平均辐射温度相对于空气温度的偏差以及不对称受热或散热对人体生理或感觉反应的影响，确定其允许限值是很重要的。苏联学者研究表明，为保持工作者热舒适状态，周围空气温度与围墙温度的差值不得超过±7℃。房格尔通过对热天花板舒适限值的研究[36]，发现即使在热舒适条件下，无不对称热辐射时，有 3.5％的人感到不适。如果按不适人数以不超过 5％为标准，则对称热辐射限值小于 4℃。

平均辐射温度可用黑球温度计测量并换算求得。霍顿等人进行的研究发现，平均辐射温度每改变 1℃，平均相当于有效温度改变 0.5℃，或相当于气温的变化 0.75℃。

平均辐射温度与黑球温度之间的换算关系为：

$$t_{mrt} = t_g + 2.4v^{0.5}(t_g - t_a) \qquad (3-9)$$

式中　t_g——室内黑球温度，℃。

由上式可以看出，平均辐射温度不仅与空气温度和黑球温度有关，还与空气流速有关。

（3）气流速度

气流速度从两个不同的方面对人体产生影响。首先，它决定着人体的对流换热。有研究表明：空气的流动在环境温度即使达到 28℃时仍能补偿温度的升高；其次，它影响着空气的蒸发力从而影响着排汗的散热效率。当空气温度高于皮肤温度时，增加气流速度会由于对流传热系数的增大而增加人从环境的得热量。因此，在高气温时，气流速度有一个最佳流速值，低于此值，由于排汗率的降低而产生不舒适及造成增热；高于此值，对流得热量又会抵消蒸发散热量而有余，从而增热。在寒冷环境中，增加气流速度会增加人体向环境的散热量，此结论不适用于有高温辐射源的情况。同时，空气的流动速度过大也可能导致有吹风感的危险。

（4）环境湿度

湿度直接和间接影响人体的热舒适，它在人体能量平衡、热感觉皮肤潮湿度、室内材料的触觉、人体健康以及室内空气品质的可接受方面是一重要的影响因素。

环境湿度对于人体热舒适的影响，主要表现在影响人体皮肤到环境的蒸发热损失方面。当相对湿度保持在 40％～70％范围内时，人体可以保证蒸发过程的稳定，而且此时空气流速的作用非常重要。如果空气处于静止状态，则会造成靠近皮肤的空气层水蒸气分压力较大，人体表面蒸发受阻，从而导致不适。在高温环境中，如果相对湿度高于 70％，常常会引起人体的不适，而且这种不适感随空气湿度的增加而增加。

由于湿度主要影响人体汗液的分泌，从而影响人体表面皮肤的平均湿度，而皮肤的平均湿度是预测人体是否热舒适的一项重要判断指标，因此衣服作为一种传质的阻力对湿度的感觉也有比较重要的影响。服装纤维结构的粗糙度与湿度感觉有关。当皮肤平均湿度达到 25％的情况时，皮肤表面与服装的摩擦显著增大，而且在皮肤平均湿度高于 25％的情况下，没有人会感到舒适。在湿度较低的情况下，热感觉是热舒适的重要衡量指标，但在高湿度的情况下，热感觉并不能很好地预测人体的热舒适。

另外，湿度不仅影响人体的热感觉，同时也影响着室内空气品质。

3.3.2　个人因素

（1）新陈代谢率

人体进行一定的活动就会在体内产生热量，因此人体的能量代谢率直接影响人体与周围环境的热交换。人体的能量代谢率受多种因素的影响，如肌肉活动强度、环境温度高低、进食后时间长短、神经紧张程度、性别、年龄等。将新陈代谢量表示为单位面积的量，且以 $58W/m^2$，定义为 1met，作为测量人体活动量的基本单位，任何活动量都可除以 $58W/m^2$ 换算为 met 单位，由表 3 – 7 可查得测试者的活动量。

人体单位皮肤表面积上新陈代谢产热率（ISO—7730）　　　　表 3 – 7

活动强度	新陈代谢产热率	
	W/m^2	met
躺着	46	0.8
坐着休息	58	1.0
站着休息	70	1.2
坐着活动（在办公室、住房、学校、实验室等）	70	1.2
站着活动（买东西、实验室内轻劳动）	93	1.6
站着活动（商店营业员、家务劳动、轻机械加工）	116	2.0
中等活动（重机械加工、修理、洗车）	185	2.8

（2）服装参数

人体用来维持舒适温度的生理手段是有限的，一个裸体者借其生理体温调节所能维持的舒适范围是很小的。用新有效温度（ET^*）作为环境条件的综合热指标，发现单纯靠生理性体温调节起作用的 ET^* 范围只在 25～40℃ 之间。事实上，在大多数情况下，人体体内的热是通过皮肤经服装散发到环境中的，反之亦然。所以评价热环境对人体热舒适的影响时，考虑服装在热交换方面的作用是必要的。

服装的穿着相当于人体表面散热热阻的增加，影响人体与环境之间的换热的服装参数主要有：服装热阻和蒸发阻力。

在皮肤和人体最外层表面着装之间的热传递是很复杂的，它包括介于纺织品本身的热传递阻力和纺织品层次之间的空气层的内部对流和辐射过程，以及通过衣服本身的热传递，衣服的缝纫和合体对传递阻力的影响。宽松的衣服，可以出现"烟囱效应"。而如果衣服变湿了，其热传递阻力则将会大大下降。因此衣服热阻也是影响人体热舒适性的重要因素。

衣着能提供保温，因此它对可接受的温度有着重要的影响。衣物的选择可能改变 2～3℃ 的舒适温度值。表达衣着绝热值的单位是"clo"，1clo 相当于 $0.155(m^2 \cdot K)/W$。

表 3-8 列出了一些衣着的绝热值，表 3-9 列出了典型衣着搭配的绝热值。

衣着绝热值（衣着搭配绝热值估算公式 $I_{cl} = \sum$ 衣着 I_{clu} 值） 表 3-8

衣着情况 a	I_{clu}（clo）	衣着情况	I_{clu}（clo）
内衣		套装及裙子 b	
胸衣	0.01	裙子（薄）	0.14
女士短内裤	0.03	裙子（厚）	0.23
男式短内裤	0.04	无袖、低 V 领口上衣（薄）	0.23
T 恤	0.08	无袖、低 V 领口（厚），如套头外衣	0.27
衬裙	0.14	短袖衬衣式连衣裙（薄）	0.29
长内裤	0.15	长袖衬衣式连衣裙（薄）	0.33
女用内衬衣	0.16	长袖衬衣式连衣裙（厚）	0.47
鞋袜类		羊毛衫	
短运动袜	0.02	无袖汗衫（薄）	0.13
连裤袜/长筒袜	0.02	无袖汗衫（厚）	0.22
凉鞋/皮带	0.02	长袖羊毛衫（薄）	0.25
普通鞋	0.02	长袖羊毛衫（厚）	0.36
拖鞋（棉鞋、毛织鞋）	0.03	套装夹克和衬里马甲 c	
中长袜	0.03	无袖衬里马甲（薄）	0.10
齐膝长袜（厚）	0.06	无袖衬里马甲（厚）	0.17
靴子	0.10	单排扣夹克（薄）	0.36
衬衫和罩衫		单排扣夹克（厚）	0.42
无袖/圆领罩衫	0.13	双排扣夹克（薄）	0.44
短袖编织运动衫	0.17	双排扣夹克（厚）	0.48
短袖女式衬衫	0.19	睡衣裤和睡袍	
长袖女士衬衫	0.25	无袖短式睡袍（薄）	0.18
长袖法兰绒衬衫	0.34	无袖长式睡袍（厚）	0.20
长袖运动衫	0.34	短袖医院罩衣	0.31
裤子和工作服		短袖罩衣（薄）	0.34
超短裤	0.06	短袖睡衣（薄）	0.42
运动短裤	0.08	长袖长睡袍（厚）	0.46
直筒裤（薄）	0.15	长袖短围袍（厚）	0.48
直筒裤（厚）	0.24	长袖睡衣（厚）	0.57
运动长裤	0.28	长袖长围袍（厚）	0.69
背带裤	0.30		
衣裤相连的工作服	0.49		

注：a "薄"指轻质材料制成，一般夏季穿着；
　　"厚"指厚质材料制成，一般冬季穿着。
　b 长及膝盖的女装或裙子。
　c 线纹马甲。

典型衣着搭配绝热值（资料来源：ASHRAE） 表 3－9

衣着搭配	I_{cl} （clo）
1. 男式内裤；短袖编织运动衫；运动短裤；皮带；中长袖；硬底鞋	0.4
2. 女士内裤；细棉短袖衬衫；斜裙；连裤袜；皮带；凉鞋	0.5
3. 男式内裤；细棉长袖衬衫；合身长裤；皮带；中长袜；硬底鞋	0.6
4. 女士内裤；衬衣衬裙；细棉短袖衬衫；束带斜裙；长袖开襟羊毛衫；连裤袜；硬底鞋	0.7
5. 女士内裤；细棉长袖衬衫；无袖圆领羊毛衫；厚运动短裤；皮带；厚长袜；硬底鞋	0.7
6. 女士内裤；衬裙；细棉长袖宽松上衣；单排扣套装短上衣；斜裙；连裤袜；皮带/凉鞋	1.0
7. 男式内裤；保暖内衣裤；法兰绒长袖衬衫；工作裤；中长袜；硬底鞋	1.0
8. 男式内裤；细棉长袖衬衫；单排扣套装短上衣；领带；合身直筒裤；中长袜；硬底鞋	1.0
9. 男式内裤；T恤；细棉长袖衬衫；长袖圆领羊毛衫；长、厚、宽松直筒裤；皮带；中长袜；硬底鞋	1.0
10. 女士内裤；细棉长袖衬衫；厚马甲；单排扣厚套装上衣；厚斜裙；连裤袜；硬底鞋	1.0
11. 女士内裤；T恤；细棉长袖衬衫；厚马甲；单排扣厚套装上衣；长、厚、宽松直筒裤；皮带；中长袜；硬底鞋	1.2
12. 男式内裤；T恤；法兰绒长袖衬衫；工作外套；皮带；背带裤；中长袜；硬底鞋	1.3
13. 法兰绒长袖女式长睡衣；长袖；长围袍；拖鞋	1.7

注：1. "薄"指轻质材料制成，一般夏季穿着；
　　　"厚"指厚质材料制成，一般冬季穿着。
　　2. "裙"指长及膝盖的女装或裙子。
　　3. "马甲"指线纹马甲。

3.3.3　其他因素

（1）瞬态热的影响关系

人从室外进入室内或从一个房间进入另一房间，就是瞬态热感觉问题。麦金泰尔指出，当人体把最初的热不舒适或冷不舒适的环境调整为舒适环境时，最初的调整量往往超过中性点的位置，但经反复调整，每次的调整幅度越来越小，最终会达到稳定的、接近中性点的调整量。当环境温度迅速变化时，热感觉的变化比体温的变化要快得多。盖吉指出，瞬时热在由中性点向冷环境或热环境改变时，正像稳态条件下一样，热感觉变化与实际皮肤温度和出汗率有关。如果按相反的方向进行改变，即由冷环境或热环境向中性点进行改变时，热感觉的变化更快些，即在必须的生理改变充分完成以前，已感觉到舒适了，在这种情况下，热感觉先于体温变化。人从热的室外环境进入空调房间时的突然变化有时被认为会对人体产生有害健康的热冲击，但是最近研究证明，必要的调节是放松的、有益

健康的。人体长期处于中性稳态的热环境中并非对人体健康有利，人体接受适当的刺激是有益于健康的。

（2）局部不舒适

环境影响舒适的最重要性质就是它的总体温暖感，而利用室内热环境的综合评价指标即可对其加以预测。但是，还有一些其他的环境特性也会影响人体舒适，特别是像吹风、温度梯度、不对称热辐射等均可能造成局部的不舒适。

①辐射吹风感：当人体附近有诸如窗一类的冷表面时，不对称的辐射可能造成不舒适感。如果某个人靠近该冷表面的身体一侧所增加的辐射热损失足以引起局部冷感和不舒适，这种感觉称为"辐射吹风感"。

②辐射的不均匀性：大多数辐射采暖系统所造成的辐射环境的温度或多或少都有些不均匀，不均匀度太高会使室内的人感到很不舒服。在居住建筑、办公室、餐馆等建筑物内引起辐射吹风感的主要原因是安装辐射采暖系统造成的。研究发现，人体对于头顶上的热表面所引起的不对称辐射的敏感程度要比由于垂直冷表面引起的不对称辐射的敏感程度大。而且如果位于头顶上的是冷表面或垂直的是热表面的话，那么它们对人体的影响就小多了。

③地板温度：由于脚部与地板直接接触，所以过热或过冷的地板有可能引起脚部的局部不舒适，而且地板的温度对房间的不均辐射温度的影响很大。冷的地板是热不舒适的潜在根源，尤其对坐着工作的人，由于缺少活动，脚的温度将逐渐降低至空气温度从而感觉不舒适，这样人们就有可能通过提高室内空气温度来补偿，这在采暖季节无疑会增加能耗。通过辐射直接加热地板是解决脚部冷的有效方法。

④垂直空气温度差：在大多数的建筑空间里，空气温度随着离地板高度的增加而增大，如果温度梯度足够大的话就有可能引起头热或脚凉，造成人体的局部不舒适。实验发现如果头部的空气温度比脚踝处的空气温度低的话，对受试者的热舒适影响并不大。

⑤局部强吹风感（draft）：一个人虽然在整体上可能感觉身体处于热中性，但是由于空气流动而引起的局部冷却也会使人感到不舒服。如果当人体感觉到有局部强吹风感时，势必会提高室内温度或停止运行自然通风系统，从而使建筑物的能耗增加。

（3）非热因素

人们对现实生活环境的热感觉受许多复杂的非热因素的影响，这一些非热因素的影响在稳态热平衡模型中并没有被考虑。这些非热因素包括有人口统计学方面的（如性别、年龄、文化、经济等因素）、研究的背景（建筑设计、建筑功能、季节、气候等）、环境的交互感觉（如声、光、房间的色彩、室内空气的质量等）。

研究表明，色彩对人的热损失虽然没有影响，但其从心理上影响了人的热感觉；有实验表明，不同性别之间在中性温度方面并无显著差异，但女性对温度的变化通常更为敏感；麦金太尔曾研究发现，受试者对由中性温度的温度下降比温度上升变化更为敏感。

3.3.4　热舒适区域的扩展方法

影响热舒适的温湿度等物理环境参数对人体的生理和心理反应产生综合影响，各参数之间的变化对热舒适的影响会有一定的相互补偿作用。例如，当室内风速提高时，可以抵消因为温度升高引起的不快感觉，即人体热舒适的上限温度可以有一定程度的提高。也就是说，可通过建筑的设计手段，如太阳能采暖、自然通风等改变影响热舒适感觉的环境变量，从而达到热舒适区域的扩展，这就是建筑气候调节的基本科学原理和依据。环境变量的改变对室内空气温度变化的补偿作用的定量关系见表 3－10。

环境参数的变化与空气温度的补偿关系　　　　　　　　　　表 3－10

环境变量		空气温度	备注
气流速度	气流速度（大于 0.15m/s）每增加 0.005m/s	相当于室温可增加 0.6℃	
活动量	活动量（3met 以上）每增加 1met	可减少 2.5℃	环境温度在 15℃ 以上成立
衣着	热阻每增加 0.1clo	可减少 0.6℃	
辐射量	辐射温度每增加 1℃	可减少 1.0℃	辐射温度与气温差值不超过 5℃

3.4　建筑气候调节与热舒适

　　如前所述，人感觉舒适的热环境是有一定范围的，为人们的日常生活创造舒适的热环境是建筑所要具备的基本功能。随着以消耗不可再生能源为基础的空调技术的不断进步，热环境设计已从传统建筑的保温隔热技术转向依赖于消耗更多能源的机械方式，而不是从气候调节的本质上去解决问题。针对这种倾向，建筑气候设计就是要求在建筑设计过程中，通过尽可能利用自然条件解决建筑的热环境问题，提出相应的自然式的建筑技术手段和控制方法达到对气候的尊重，以营造符合现代社会要求的更舒适、更健康的空间环境，从而成为真正人性化的好建筑。

　　可为建筑师常用的自然气候要素有太阳辐射、空气温度、风和水。

3.4.1　热舒适与辐射得热

　　太阳辐射是建筑的一个主要热源，合理利用太阳能是创造热舒适环境的主要途径，同时对于节约不可再生的矿物能源，实现社会的可持续发展具有重要的意义。

　　自然的利用太阳能加热建筑的过程又称为"被动式太阳能采暖"，是一种吸收太阳辐射热的自然加温作用，同时也是建筑物内部结构的蓄热过程。它引起的构件升温，会导致热量从被照射物体表面流向其他表面和室内空气。构件的蓄热在昼夜循环时可被用于调整室内的温差，是设计时要考虑的关键一步。

　　被动式太阳能采暖的室外关键设计参数取决于室外空气温度和太阳辐射量，温度太低或辐射量太小，被动式太阳能设计都不能够实现。当采用气候分析图分析太阳能采暖的可能性时，太阳能采暖区域是指室外气温低于舒适区的左边区域。如果采用 ASHRAE 55—94 标准，太阳能采暖的温度为 20℃。考虑到住宅建筑室内得热量和围护结构的保温作用，当室外温度为 17℃，室内可以维持 20℃ 的舒适水平，因为自然

状态下室内的人为得热量基本上可以使房间的温度维持在高于室外3℃以上的水平。

　　确定需要太阳能采暖的温度条件后，同时需要确定太阳能的可利用程度，因为太阳能的有效利用与否既和室外温度有关系，同时也和太阳辐射量有关，太阳辐射量受地理纬度和天空云量的影响而不同。我国被动式太阳能采暖的有效性区域如图 3 – 6所示。

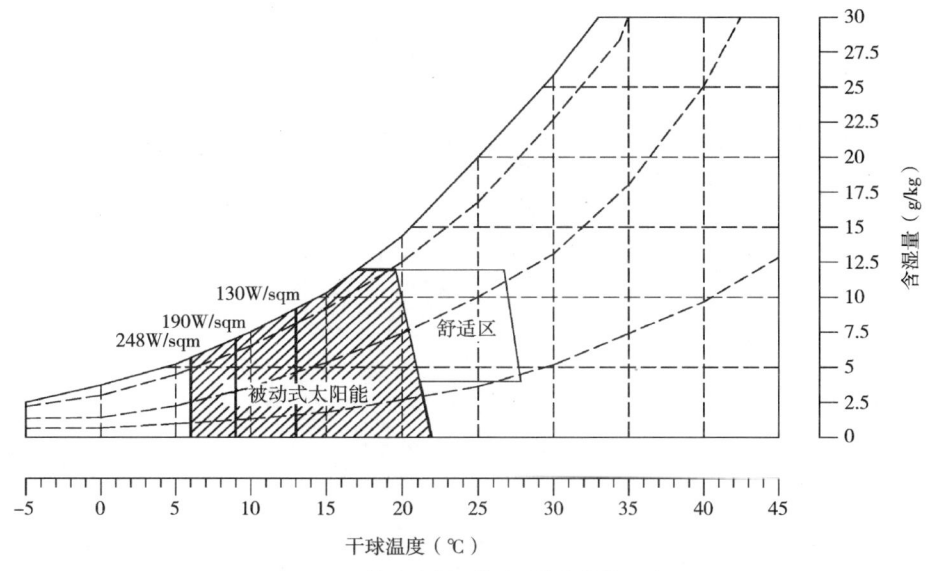

图 3 – 6　被动式太阳能采暖的有效性区域

3.4.2　热舒适与自然通风

　　空气流动增加了人体与周围空气的对流换热量以及人体的汗液蒸发量，从而使人体在热的环境下感觉舒适。前者的有效性取决于空气的温度，只有在空气温度低于皮肤表面温度范围（32～34℃），提高空气流动的速度才有达到增加人体与周围空气的对流换热量。人体的蒸发散热率取决于气流速度和空气的水蒸气压力的大小。而提高空气流速总是能够增加蒸发散热量，只是在高的水蒸气压下，散热率相对减少。同时，通过自然通风获得舒适的程度取决于在通风情况下人们能够接受的最高温度和最大空气流速。艾伦斯研究了不同风速下人们的舒适感觉（图 3 – 7）。实验研究针对夏季静坐情况下，穿着轻薄服装的人们（1.3met，0.4clo）。结果表明，对于 1.0m/s 风速，相对湿度 50% 时，室内气温达29℃，人们仍然会感觉舒适。对于 2.0m/s 风速，舒适气温可以提高到30℃，相对湿度仍然为50%。当空气流动速度提高到 6.0m/s 时，舒适温度可上升到34℃。

　　分析利用自然通风在热环境条件下获得舒适的有效性时，可采用艾伦斯的研究成果，将它作为判断自然通风和热舒适关系的基准。结合自然状态下房间风速限制在 2.0m/s 内，并表示在常用的温湿度图上，如图 3 – 8 所示。图中阴影部分表示了在 1.5m/s 和 2.0m/s风速下，将舒适区扩展到更宽的温湿度范围内。

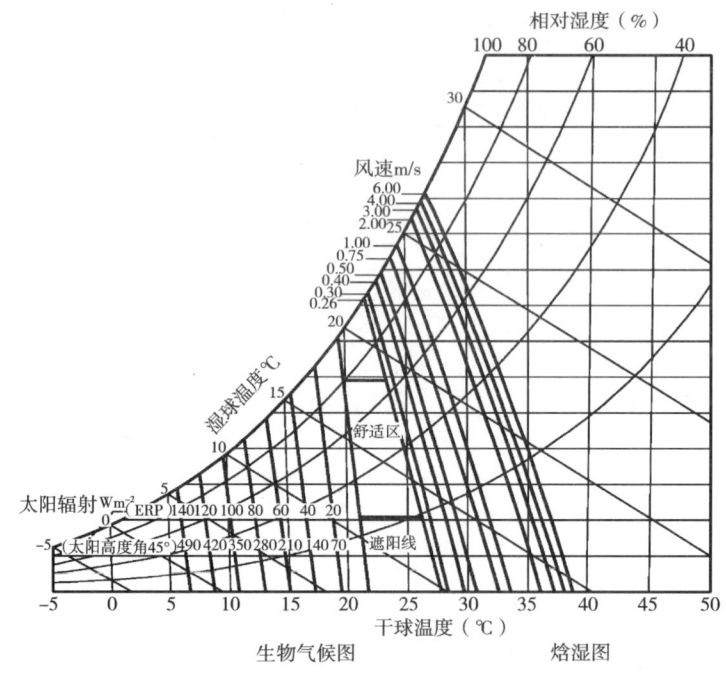

图 3-7 空气流速和热舒适的关系

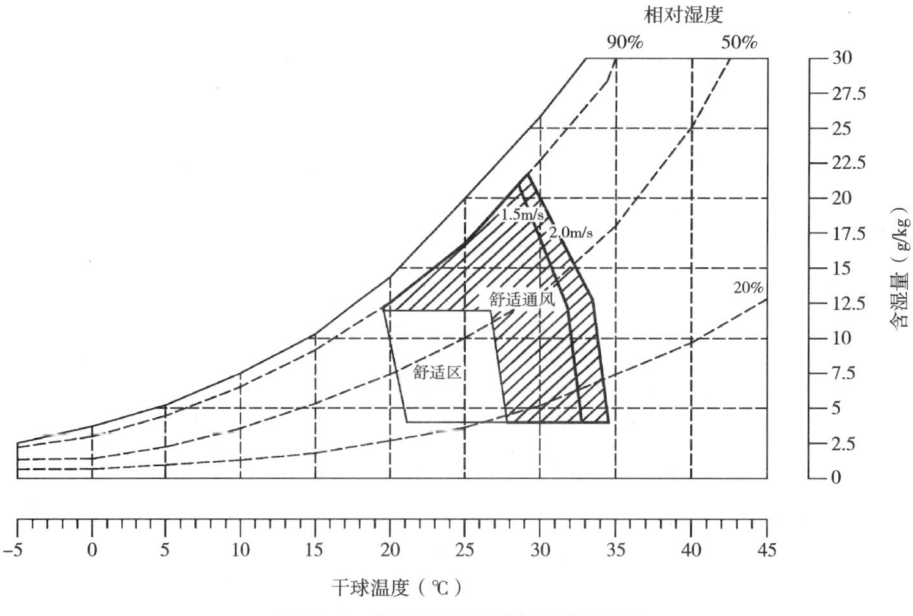

图 3-8 自然通风与热舒适区的关系

3.4.3 热舒适与围护结构的蓄热

夏季白天，建筑关闭门窗（室内为静风情况下），利用其墙面、屋面、地面等实体结构层的隔热性能和蓄热性，阻止热量进入室内并降低室外温度波动对室内温度的影响，使

建筑围护结构内表面温度接近室外平均温度；夜间利用长波辐射散热和自然通风将白天围护结构吸收的热量散发出去，降低其温度，使它在第二天日间又可以作为吸热体吸收室外的热量。这种利用围护结构的蓄热性的被动式降温方式适合夏季室外温差大的气候区。白天室外温度高于自然通风的温度上限，建筑不宜通风，即关闭门窗，利用结构层阻挡热量的传入。夜间，当温度降到舒适温度时，打开门窗通风降温。

确定结构蓄热降温的室外气温范围与当地的水蒸气压力大小有关系。吉沃尼的实验研究表明，室外温度波动大小和当地平均水蒸气压力有如下关系：

$$\Delta T = 26 - 0.83 P_a \qquad\qquad (3-10)$$

式中　ΔT——室外平均温度波动。

研究表明，人体在静风情况下感觉热舒适的最大水蒸气压力为 14mmHg。相关文献提出舒适区间的最小水蒸气压力为 4mmHg，对应的露点温度为 2℃。当露点温度低于 2℃，人体会因为鼻子、皮肤等感觉干燥而有不舒适感。在关闭门窗情况下，室内水蒸气压力一般比室外高 2mmHg（由于人为蒸发作用）。因此，对应于室内舒适水蒸气压力的室外水蒸气压力大小在 12～2mmHg 之间。

根据吉沃尼室外温度波动和水蒸气压力的关系式（见上式）得到，对应于 12mmHg 和 2mmHg 水蒸气压力的温度波动大小分别为 16℃、24℃。而人体在 14mmHg 和 4mmHg 水蒸气压力水平的舒适温度分别为 26℃、27℃。

将舒适温度加上室外温度波动值的一半，得到围护结构蓄热降温的室外温度范围。即：26℃ +（16/2）℃ ＝34℃；27℃ +（24/2）℃ ＝39℃，具体见图 3-9。

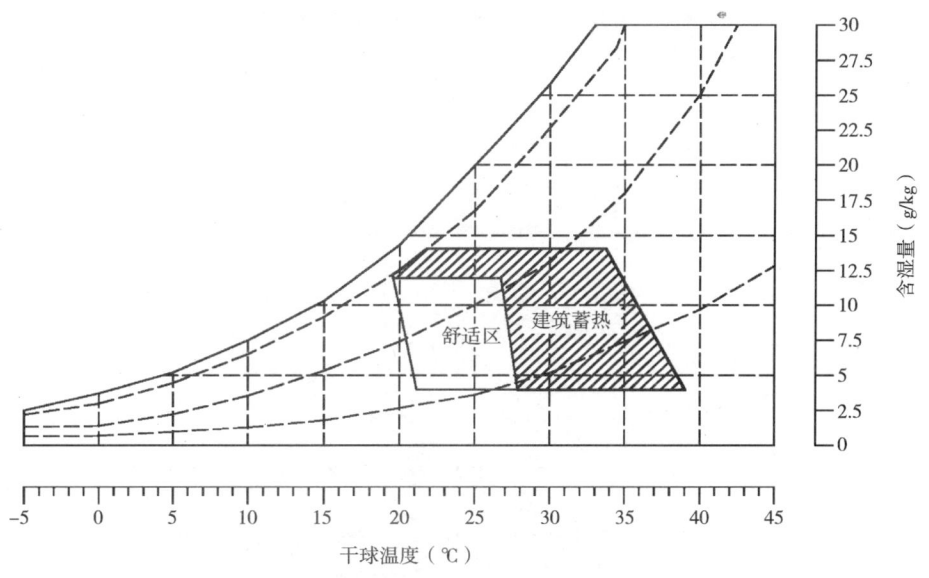

图 3-9　围护结构的蓄热与热舒适区的关系

利用建筑围护结构的蓄热性维持室内舒适时，必须注意建筑外表面的做法和建筑的遮阳措施。建筑外表面最好使用对太阳辐射反射高的浅色材料，建筑开口必须有足够的遮阳设施，以减少室外强烈的太阳辐射的影响。如果建筑没有考虑外表面和遮阳设计时，室外温度须用综合温度来代替空气温度进行有效性分析。综合考虑太阳辐射和室外空气温度，以及建筑的长波辐射对室内热作用影响的温度称作综合温度。

3.4.4　热舒适与蒸发降温

蒸发降温是利用水的汽化潜热降温作用，分为直接蒸发降温和间接蒸发降温两种。

直接蒸发降温指室外的干燥高温的空气流经水体构件后，由于水的蒸发吸热过程，使空气温度降低后流入室内。这种方式主要用于在干热地区。间接蒸发降温指在建筑的表面利用太阳辐射使水蒸发而获得自然冷却的方法，如淋水屋面、蓄水屋面等。建筑表面间接蒸发降温过程由于不会增加室内的湿度，所以适合湿热地区。针对我国南方夏季房屋在强烈日照和较高气温共同作用下，自然通风房间内表面高温辐射造成房间过热现象。我国多位学者从实验研究到理论分析对利用蓄水屋面被动降温做了系统的研究工作。更有专著研究了建筑表面流动水膜和屋面铺设多孔含湿材料层蓄水蒸发冷却问题。表明利用含湿层中水分的蒸发散热消耗太阳辐射能，可控制屋面升温，达到降温节能的目的。理论和实测证明，多孔含湿材料被动蒸发冷却降温能够使外表面温度降低 25℃，内表面降低 5℃。

关于我国北方夏季干热地区利用被动蒸发冷却降温的论述较少，相关文献也提出了适合干热气候的直接蒸发降温。整个蒸发冷却过程是一个绝热的相变过程，因此空气湿球温度保持不变。蒸发冷却能够降低的最大温度界限取决于人体感觉舒适的最大湿球温度界限和空气的降温能力。兰兹贝格（Landsberg）提出人体感觉舒适的最大湿球温度为 21.9℃；米尔恩（Milne）和吉沃尼经过实验得出空气蒸发冷却降温的能力在 15℃ 范围内，因此可以得出通过蒸发冷却降温的边界线为由干球温度 47.1℃ 与湿球温度 21.9℃ 的围合区域（其中 47.1℃ =26.6℃ +15℃），26.6℃ 为夏季热舒适温度的上限值，15℃ 为蒸发冷却降温可调节的温度范围，见图 3 – 10。

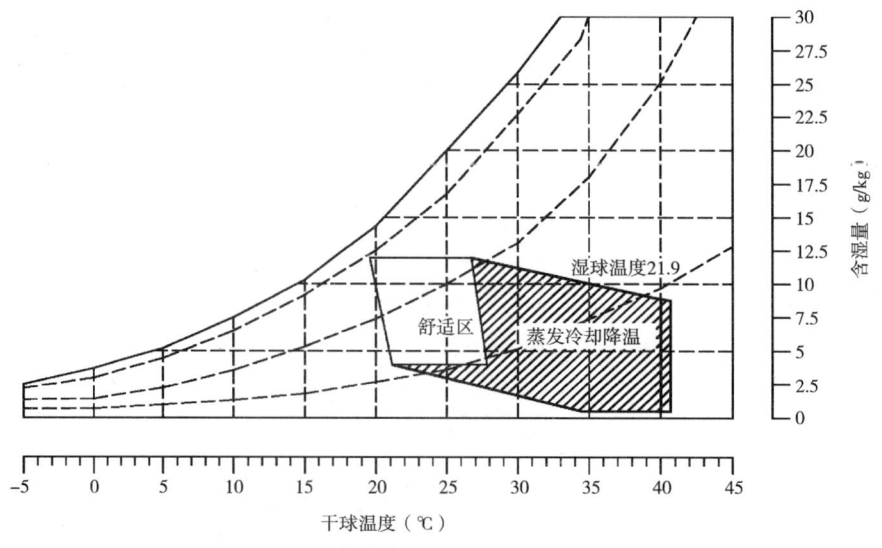

图 3 – 10　蒸发冷却降温与热舒适区的关系

3.4.5　热舒适与围护结构的保温隔热

围护结构对室内热环境的影响主要是通过内表面温度体现的，内表面的温度太低不仅对人产生冷辐射，影响人的舒适度，而且在室温低于室内露点温度时，还会在内表面产生结露，使围护结构受潮，严重影响室内热环境并降低围护结构的耐久性，所以建筑的围护结构一定要注意保温隔热设计。隔热的目的是使围护结构吸收太阳辐射的得热量在围护结构外层消耗或者散失，减少向围护结构内表面或者室内传递，根据气候特点和建筑使用特点，合理选择轻质材料和重质材料，利用各种材料的特性，发挥隔热作用。

围护结构的保温隔热，不仅对于提高室内环境舒适度有重要作用，也是建筑节能设计的关键所在，是长久以来建筑师在建筑设计时要解决的基本问题，也因此积累了大量的设计经验。比如良好的朝向、防西晒、南向大面积开窗、提高门窗保温性能等等都是重要途径。一方面，随着材料和构造技术的进步，提高了传统围护结构的保温隔热性能，出现了保温屋顶、保温墙体等，既提高了舒适性，又满足了节能要求；另一方面，围护结构被赋予更多更新的内容，现代意义的围护结构不仅满足传统的功能要求，更成为采集利用自然可再生资源的有利场所。例如，为了满足太阳能收集、储存和分配的要求，而在屋顶、墙体、门窗内部形成间层或者布设管道，进行能源的传输、蓄积、再分配和利用。

围护结构采用新材料、构造和技术，对降低建筑能耗的意义越来越大，成为建筑设计不可忽视的环节。使围护结构从单纯的被动适应气候到主动利用气候中的有益资源，是围护结构未来发展的方向。

3.4.6　热舒适与建筑遮阳

建筑遮阳与气候和日照状况密不可分，日照变化和日温差变化的存在，使建筑室内在午间需要遮阳，而早晚需要接受阳光照射。来自太阳的热辐射作用主要通过两个途径进入室内影响热舒适：一是透过窗户进入室内并被室内表面所吸收，二是被建筑的外围护结构表面吸收，其中又有一部分热量通过建筑围护结构的导热逐渐进入室内。即使建筑外墙、屋顶和门窗的隔热和蓄热作用在一定程度上稳定了室内温度变化，但透过窗户进入室内的日照还是对室温有直接而重要的影响。

所以，遮阳的目的在于阻止直射阳光透过玻璃进入室内，防止阳光过分照射和加热围护结构，防止直射阳光造成的强烈眩光。在节能方面，建筑遮阳是最为立竿见影的有效方法，而且遮阳构件是影响建筑形体和美感的重要因素。

建筑围护结构的许多部位在夏季都暴露在太阳辐射之下，因此，建筑的屋顶、外墙、门窗都需要进行遮阳处理。特别是现代玻璃建筑，如果遮阳不当，导致内部出现明显的温室效应，将会使空调能耗居高不下。建筑遮阳构件多种多样，不同部位的遮阳设计也是有针对性的。遮阳构件既可以是建筑的一部分，例如壁柱、阳台、柱廊、锯齿形立面等，也可以是附加的遮阳构件，把水平的或垂直的遮阳构件结合在建筑本身的造型处理之中，例如，对于侧窗遮阳来说，可以采用平板式遮阳板（木质、布帘、百叶等），也可以采用水平、垂直或格栅式遮阳构件；对于屋顶天窗和玻璃顶来说，布幔和格栅能够充分发挥遮阳作用。

建筑遮阳分为外遮阳、夹层中的窗格遮阳（或者自遮阳，例如双层玻璃幕墙中间密封的夹层）和内遮阳。就遮阳效率来说，外遮阳优于夹层中的窗格遮阳，夹层中的窗格遮阳优于内遮阳，内遮阳热几乎全部留在室内空间其效率比外遮阳要低得多，但是在建筑外部的遮阳构件日晒雨淋，不易维护，而内遮阳则具有易于控制，不易损坏的优点。

尽管遮阳样式千变万化，但是对于不同的朝向，则有着几条基本规律。对于南向墙面，水平板的遮阳效果最后。在东面和西面，适宜采用垂直遮阳构件，例如壁柱、单独的垂直板乃至垂直百叶板等。具体遮阳方式有以下几种：①水平遮阳；②垂直遮阳；③格栅式遮阳；④平板式和帘式遮阳；⑤植物遮阳；⑥建筑互遮阳和自遮阳。

BIOCLIMATIC ARCHITECTURE 建筑气候学

第4章　建筑气候分析与设计策略

　　建筑气候设计以特定地区气象数据分析为基础。发达国家对建筑气象参数的系统研究始于 20 世纪 50 年代。美国自 20 世纪 50 年代初期奥戈亚兄弟提出"生物气候设计"的概念和建筑气候设计的系统分析方法后，美国建筑师协会（AIA）与"美化家园"协会合作开展了一系列相关的研究工作，包括气象资料的分析整理、各城市气候分析，以及提出适宜的气候调节策略。这些研究成果汇编在《被动式节能住宅地区性建设导则》一书中，用来指导当地的建筑设计。

　　我国在这方面的研究工作始于 20 世纪 50 年代初期。目前，建筑行业共同依据的基础数据标准是《建筑气候区划标准》，其气象数据统计是依据全国 203 个台站 1985 年以前的气象资料整编而成的。随着城市化进程的加快和全球气候的变暖，这些已有的气象数据已远远不能满足目前建筑节能设计的需要。其主要原因是：依据的数据资料皆来源于 1985 年以前，而我国大部分台站是建国后陆续建立起来的，致使相当一部分数据不能满足世界气象组织关于 30 年为得出气象特征的最短统计年限的标准。加之 20 世纪 80 年代以后，由于我国经济的快速发展而导致大气成分和地表性质发生了很大的变化，致使地区气候因子发生变异。因此，从指导建筑设计和建筑节能角度来说，重新整理、分析和完善我国的气象数据具有非常重要的意义。

　　气象数据的可靠性是建筑气候设计的关键性科学基础，有鉴于此，本文的气象数据均来自国家气象中心实测数据，时间周期为 1970～2000 年。依据建筑气候学原理，建立了我国大中型城市的气候分析图。使用气候分析的方法对我国典型城市的室外气候进行了系统分析，得出了有效调节室外气候的建筑控制手段的时间利用率，包括太阳能设计、自然通风、建筑蓄热降温等。根据分析结果可以给出各城市的建筑气候设计策略。

4.1　气象数据

　　气象参数的统计分析工作是一个地区气候设计过程的第一步，也是非常关键的一步。而原始气象资料的质量和对气象资料的理解是设计者需要注意的一个问题。我国自建国以

来，逐步建立了一系列的气象观测站。按照规模大小和气象纪录的模式分为三种基本类型：基本站、基础站和标准站。这些原始数据，由国家气象中心整理，以年报的形式，即中国地面气象纪录年报，逐年公开发表。我国热工设计规范所界定的各地室外设计参数，亦是以此为依据的。本书所用气候数据均来自国家气象中心提供的原始观测数据，时间周期从 1970～2000 年，跨度 30 年的四次定时纪录。

4.1.1　与建筑设计相关的气象参数

与建筑设计相关联的气象数据随设计需求的复杂程度一般分为四个级别：

（1）定性分析所需数据（一般是在方案设计的前期和初期阶段）；

（2）方案设计阶段的初步分析所需数据；

（3）方案设计后期以及施工图阶段的稳态分析所需数据；

（4）建筑热环境及能耗的动态模拟分析数据。

不同设计阶段对数据的要求程度不一样。如设计前期的定性分析仅需要常用气象数据的月平均或年平均值；建筑能耗动态分析却需要相应的专业计算软件和"气象数据库"支持，它有自己专门的数据格式要求，且数据量极其庞大，如 DOE－2.1，EnergypPlus 或 BLAST 等各种热性能分析软件。

本书涉及的建筑气候设计乃是方案前期及方案初期的气候分析，解决与建筑节能有关的气候设计问题，对数据的要求属于第一级和第二级，不需要像能耗分析那样的大型数据库，但也不能过于简单。过于详细的数据资料，如逐时典型气象年（TMY）数据库中的单一气象参数就有 8760 个数据，而一次完整的数据分析往往需要 10～12 个气象参数，设计者很难从这么庞大的数据中立即找到有用的信息；相反，太简单的数据常常不能给予足够的有用的信息。比如，年平均气温为 15℃的地区，季节性温度可能是在 10℃到 20℃之间波动，属于温和气候的地区；也可能是在零下 15℃到 40℃之间波动的地区。这时该地区的季节性变化就非常剧烈，表现为冬季寒冷，夏季炎热的气候特点了。而这两种气候条件在设计分析过程中，考虑的对策将会截然不同。因此，过于简单的数据，常常忽略了很多有用的信息。

从建筑热环境和气候设计的角度考虑，可以反映一个地区最基本的气候特征所需的最少气象参数，一般包括以下四种参数：

（1）空气温度：月平均最高、最低空气温度，标准偏差；

（2）相对湿度：月平均最高、最低相对湿度；

（3）降雨：月平均总降雨量；

（4）太阳辐射：月平均日总辐射。

若需要全面反映一个地区的气候特征，所需气象参数包括：月平均极端气温；日最高和最低气温；月采暖和空调度日数；月平均与月最大风速和风向；日平均风速；月均最低、最高相对湿度；日照率；天空云量；降雨、降雪天数；日均降水量；土温度；年平均气温和温度波幅（季节性变化）。

这些气象数据在不同程度上给建筑师提供了有用的设计信息，如平均空气温度、最高、最低空气温度是反映当地舒适度的一个最基本的指标。度日数的大小宏观地反映出气候的冷热程度，其中采暖度日数可用于全年供暖设备能耗的估算，空调度日数可以估算空调能耗的大小。有效温度能够反映地区的舒适程度。日平均温度和波幅给出了白天与夜间温度变化的强烈程度，它决定建筑结构的蓄热性和是否需要夜间通风。如果日温度波幅不超过8℃，一般来说，不用考虑选择蓄热性材料。而日温度波幅大于此值时，则建筑材料的蓄热性对热环境的调节将会起很大作用，而且，温度波动幅度越大，其调节作用越明显。温度波动幅度大于15℃时，可以利用夜间通风来获取室内舒适。最大或最小相对湿度值表示空气的相对湿度是否会对热环境造成影响。最大风速对建筑结构产生影响，同时也会影响建筑表面的对流换热系数和冷风渗透量。太阳辐射强度是被动式太阳能建筑设计需要考虑的一个关键参数。对于大型商业建筑，在其朝向、材料和负荷决定以后，通常还需要考虑一天当中具体有多少时间可利用自然采光。

4.1.2 定性分析

设计前期需要对建筑场地的气候环境有一个概括的认识，初步的定性分析是很有必要的。定性分析阶段的一切数据分析和设计指导说明以简单易懂为原则，不需要花费设计者太多的时间。基本气候图表对前期设计分析非常有帮助。分析结果多为图形或表格两种基本形式。分析参数主要包括以月为单位的日（时）平均温度，日（时）水平面太阳总辐射量，年温度波动振幅，年相对湿度振幅等。利用这些气象参数做成图表，如图4-1所示的上海地区的年平均温度和湿度分析图。这种定性分析可以对当地的气候特征有一个概括的说明，得出初步的设计思路。

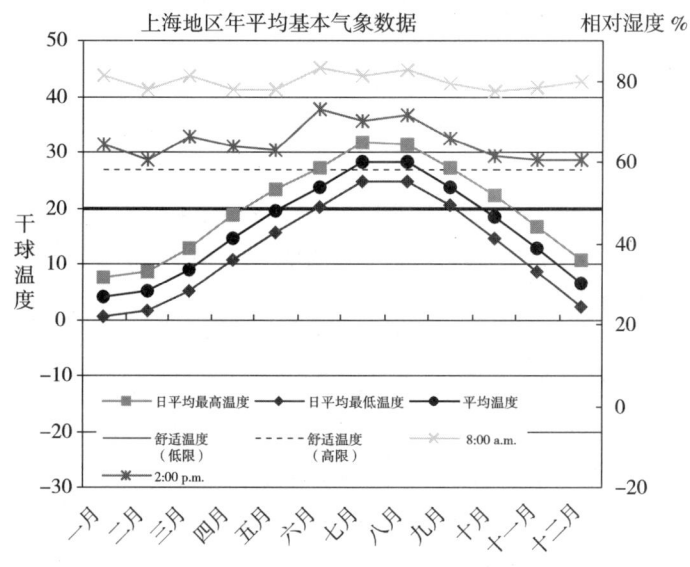

图4-1 上海地区平均温度和相对湿度分布图

图4-1说明了上海年平均气温为16.2℃，最高气温33.8℃，最低气温-4.0℃。1月份平均气温为3~4℃左右，表明冬季不太冷；夏季虽热，但气温也不算很高，7月份的平均气温为27~28℃。相对湿度高值出现在夏季7、8月份，且超过80%，需要注重夏季温

度和湿度都较高的炎热期设计。总体来说，上海气候相对温和，应该推荐使用被动式采暖和降温的设计方法。

4.2　气候分析

在第三章中我们介绍了人的热舒适要求和室外气候的关系，提出了建筑的气候调节策略的有效气候边界，并且建立了用于气候分析的建筑气候分析图（Bio-climatic Building Design Chart）。所以本章利用第三章提出的建筑气候分析图对我国各省会城市以及直辖市的气象参数逐个进行了统计分析。将分析结果整理归纳成各地区的气候设计图表。该图表可为建筑师提供适宜的气候调节策略，使它在建筑方案开始阶段起就能够对其所处环境气候考虑其自调节作用，从而达到室内舒适并节约能源的目的。

4.2.1　分析步骤

各城市的气候分析工作按照下面的步骤进行：

（1）收集整理当地气象台站的资料：包括温度、相对湿度、风速和风向、太阳辐射强度及降水。数据可以有两种形式：一种为各城市气象台站的逐时数据（如典型气象年），可用来作逐时分析；一种是代表地区气候特点的典型日值和月均值资料。

（2）逐个建立每个城市的气候分析图。

（3）将第一步整理好的气象数据绘制在气候分析图上。

（4）根据绘制好的气候分析图，计算各个气候调节策略的有效时间和年（季、月）的百分比数，得到各种气候调节策略的有效时间比。

（5）根据有效时间比判断各设计策略的有效性和重要性，选择适宜的设计方法。如果单一的气候调节方法不能满足热舒适要求时，可考虑方法的组合。如自然通风与建筑蓄热性相结合的方法，或利用建筑形式、朝向、窗口的位置和尺寸、遮阳设施及玻璃面积等构造措施来协助调节室外的不利气候。

这些气候调节措施是对室外不利气候条件的一种补偿，如在寒冷时期应争取最大的得热量，而在炎热时期则应将得热量减少到最小。当被动的建筑设计手法不能满足舒适需求时，则考虑借助机械的调节方法。

4.2.2　数据处理方法

对于我国大多数城市来说，从各气象台站得到气象参数的日平均值是比较容易的。考虑到建筑设计初期阶段平均值数据可以满足分析的需要，因此本书的气象数据均采用各城市30年月均值作为基本数据库。数据分析方法采用"两点一线"的方法，两点就是每月平均最高温度与对应的相对湿度确定为第一点，每月平均最低温度与相应的相对湿度确定为第二点，将两点在气候分析图上连接起来，这条线段的长度反映了被分析地区当月的气候状况。

对于不同的气象数据源，具体的数据处理步骤也不同。利用多年气象平均值的数据处理有三种方法：

第一种方法：在已知月平均最大温度、最小温度和平均相对湿度情况下，将逐月气象数据绘制在气候分析图上，可按以下步骤进行：

①计算月平均温度 T_{ave}，其值等于最高温度和最低温度的算术平均，

$$T_{ave} = (T_{min} + T_{max})/2$$

其中：T_{min}——每月最低温度的平均值；

T_{max}——每月最高温度的平均值。

②确定平均温度值 T_{ave} 和平均相对湿度值的交点"a"。与 a 点相对应的绝对湿度值定义为月平均绝对湿度 AH_{ave}（每千克干空气中所含湿空气多少克，g/kg）。

③根据兰伯特（Lamberts）等人的研究结果，平均绝对湿度的变化范围为3g/kg（每千克干空气有3克水蒸气），如图 4-2 所示。因此，根据下面的两个算式求出最小绝对湿度值 AH_{min} 和最大绝对湿度值：

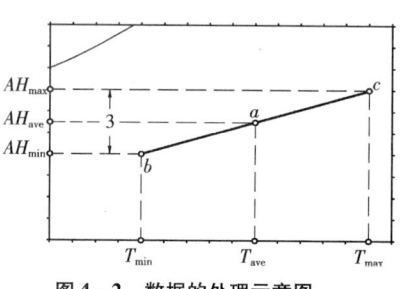

图 4-2 数据的处理示意图

最小绝对湿度：$AH_{min} = AH_{ave} - 1.5$（g/kg）

最大绝对湿度：$AH_{max} = AH_{ave} + 1.5$（g/kg）

④分别通过绝对湿度和平均温度的最大值和最小值的交点定义点"b""c"——"b"为最低温度和对应相对湿度确定的点，"c"为最高温度和对应的相对湿度确定的点。连接 b、c 两点得到该月的"气候线"（图 4-2）。

第二种方法：知道月平均最高、最低温度和最大、最小相对湿度。

数据处理最简单，只需将最高温度和对应的相对湿度确定为"c"点，最低温度和对应的相对湿度确定为"b"点，连接 b、c 两点连线就得到月平均典型气象日的气候线段，该线段总长度代表 24 小时，计算出现在气候控制区内的线段长度与总长度的比值为该气候控制策略的有效百分时数。按照这个方法重复计算每个月不同气候控制策略的百分时数。

第三种方法：是作者采用的数据处理方法。由国家气象中心得到的原始数据为逐年平均温度、最高及最低温度，平均相对湿度和最小相对湿度。

①首先利用算术加权平均得到该地区的日平均值。

②通过月平均相对湿度和最小相对湿度计算该月最大相对湿度值。

③通过最高温度和最小相对湿度确定点 c，最低温度和最大相对湿度确定 b 点。

④连接 b、c 两点得到的线段为该月的气候线图。

⑤最后计算 b、c 线段处于各气候控制区的长度，并确定其时间利用率。用时间利用率初步确定各气候调节方法的有效性。

现以图 4-3 为例说明如何确定气候调节方法的时间利用率。

图中直线是由一个月的最高温度（对应的相对湿度）和最低温度（对应的相对湿度）确定的两点连接的线段，表明了该月的气候条件。这条线段的长度可以看作是该月的总时间。该线段在气候分析图中处于四个控制区内，分别为太阳能采暖区、热舒适区、蓄热区和自然通风区，表明该月有一部分时间需要采用太阳能采暖，还有一部分时间需要利用自

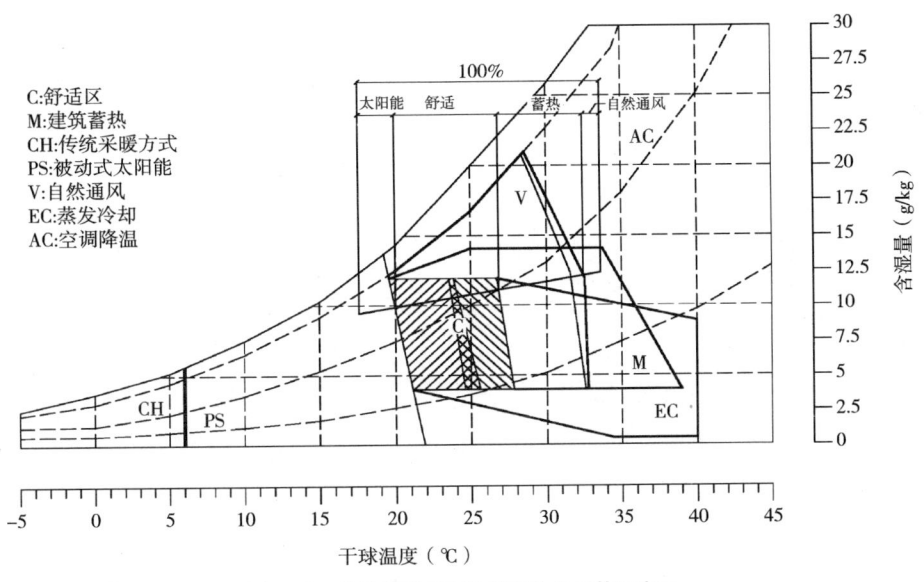

图 4 – 3 设计策略的有效时间比的计算示意图

然通风或建筑的蓄热性，其余时间为热舒适的时间。每个气候调节方法对应的线段长度与该月气候线的总长度的比值即为该气候调节方法的时间利用率。比值越大，该气候调节方法越需要重点考虑。

4.3 气候分析与设计策略

利用作者统计分析得到的各典型城市气象参数的分析结果（见附录 A），采用多年气象平均值的数据处理方法对我国典型城市进行了分析，绘制出气候控制分析图，并得出每个城市的建筑气候设计策略。

4.3.1 北京

北京是我国的首都，中央四个直辖市之一，全国政治、经济、文化、科研、教育和国际交往的中心，是世界历史文化名城和古都之一。北京位于华北平原西北边缘，市中心位于北纬 39°54′，东经 116°23′。

北京为暖温带半湿润大陆性季风气候，属于我国建筑气候区划的第Ⅱ建筑气候区，建筑热工气候分区的寒冷气候区。年平均气温 12.2℃，最热月平均气温为 26.1℃，最冷月平均气温为 – 3.5℃。该地区冬季较长且寒冷干燥，夏季较炎热湿润，降水量相对集中；气温年较差较大，日照较丰富；春、秋季短促，气温变化剧烈；春季雨雪稀少，多大风、风沙天气；夏秋多冰雹和雷暴。

该地区气候分析结果和各月适宜的气候调节策略及其调节时间百分比如图 4 – 4 所示。

北京市气候调节策略各月有效时间比 　　　　　　　　　表 4－1

控制方式	一月	二月	三月	四月	五月	六月	七月	八月	九月	十月	十一月	十二月	时间（时数）
传统采暖（Ⅰ）	100%	100%	95%								61%	100%	38%
太阳能采暖（Ⅱ）			5%	100%	57%	15%			53%	100%	39%		32%
自然通风（Ⅲ）						27%	100%	100%					18%
建筑蓄热（Ⅳ）						27%	83%	90%					16%
蒸发冷却（Ⅴ）						27%							2%
传统空调（Ⅵ）													
热舒适					43%	58%			47%				12%

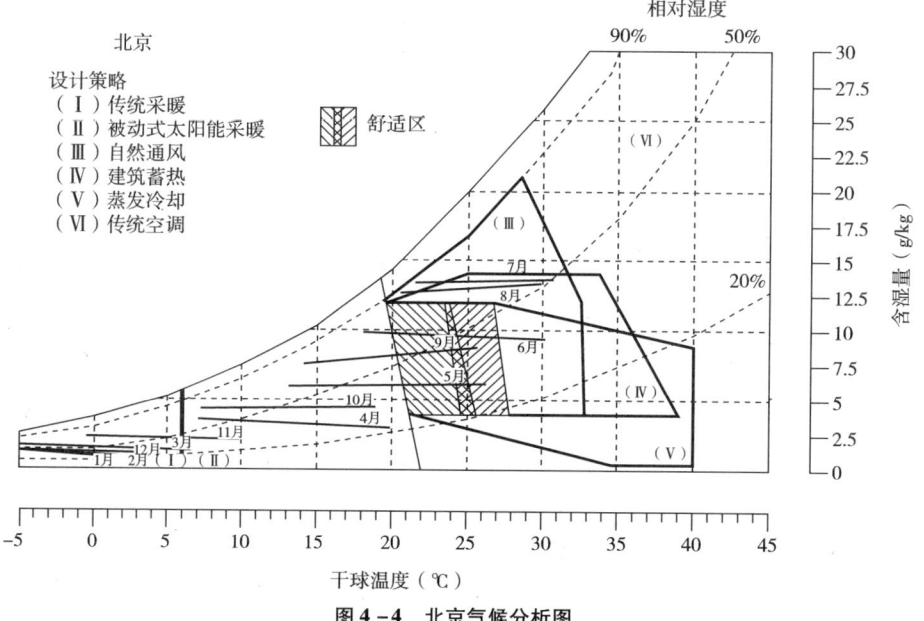

图 4－4　北京气候分析图

由气候控制分析图计算得到的气候设计策略的有效时间百分比（图 4－5）结果表明，北京冬季时间较长，需要采暖的时间达到全年的 70%。冬季的 12、1、2 月仅仅依靠被动式太阳能采暖是不能解决室内的热舒适问题的，因此需要和常规的采暖设计或主动式太阳能结合。可以利用被动式太阳能的时间主要集中在 4、5 月份和 9、10 月份，占全年时间的 32%。

一年有 12% 的时间是舒适的。

夏季有 18% 的时间处于舒适区外。气候分析结果表明，北京夏季存在热、湿共存现象，但时间不长，因此，采用自然通风是夏季建筑设计最佳对策，也可以利用建筑材料的蓄热性附加夜间通风来解决夏季的热问题。如果设计方法得当，可以不用空调降温。

因此，当地建筑物在考虑气候的设计时，应满足冬季日照、防寒、保温、防冻等基本要求，夏季应兼顾防热，主要房间宜避西晒。此外还应注意防暴雨；建筑物应采取减少外露面积，加强冬季密闭性且兼顾夏季通风和利用太阳能等节能措施。总体设计对策可概括为：

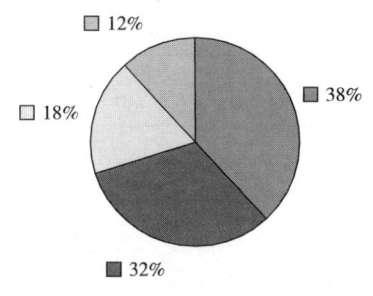

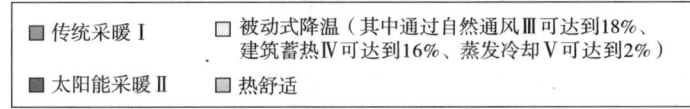

图 4 – 5　北京建筑气候设计策略的有效时间比

传统采暖（主动式太阳能）＋被动式太阳能设计＋自然通风（建筑蓄热、蒸发冷却）

4.3.2　上海

上海是中国第一大城市，中央四个直辖市之一，中国重要的科技、贸易、金融和信息中心，位于我国大陆海岸线中部的长江口，市中心位于北纬31°14′，东经 121°28′。

上海为北亚热带季风性气候，属于我国建筑气候区划的第Ⅲ建筑气候区，建筑热工气候分区的夏热冬冷气候区。年平均气温 16.0℃，最热月平均气温为 27.8℃，最冷月平均气温为 4.0℃。该地区夏季闷热，冬季湿冷，气温日较差小；年降水量大；日照偏少；春末夏初多阴雨天气，常有大雨和暴雨出现；夏秋常受热带风暴和台风袭击，常有暴雨、大风天气。

该地区气候控制分析结果和各月适宜的气候调节策略及其调节时间百分比如图4 – 6 所示。

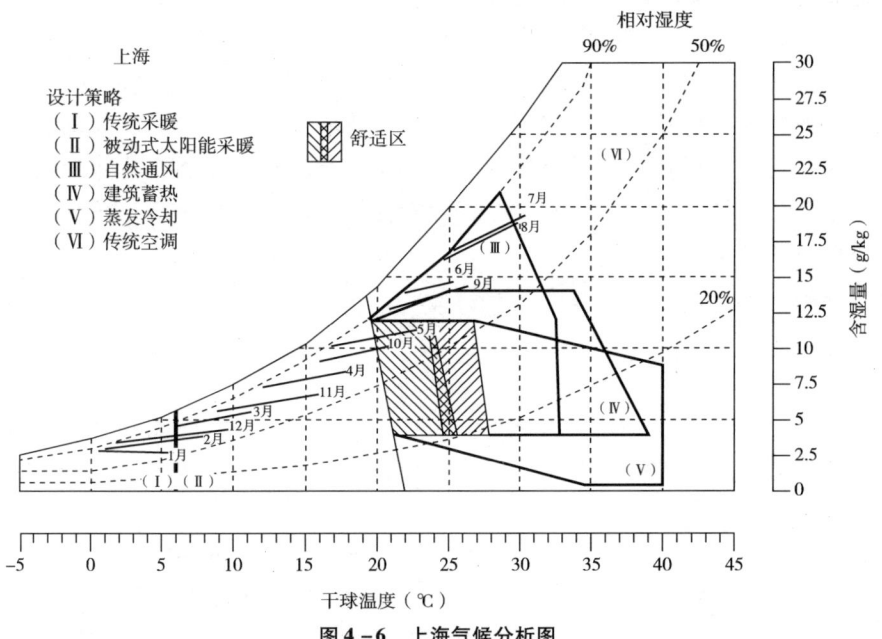

图 4 – 6　上海气候分析图

上海市气候调节策略各月有效时间比 表 4 - 2

控制方式	一月	二月	三月	四月	五月	六月	七月	八月	九月	十月	十一月	十二月	时间（时数）
传统采暖（Ⅰ）	100%	69%										58%	19%
太阳能采暖（Ⅱ）		31%	100%	100%	50%					83%	100%	42%	42%
自然通风（Ⅲ）						100%	82%	94%	100%				31%
建筑蓄热（Ⅳ）								34%					3%
蒸发冷却（Ⅴ）													
传统空调（Ⅵ）							18%	6%					2%
热舒适					50%					17%			6%

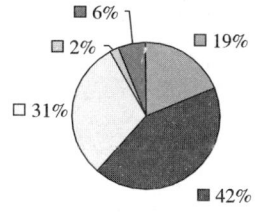

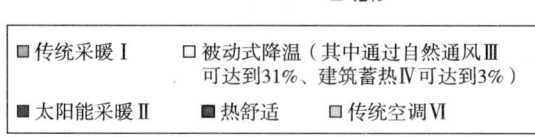

图 4 - 7 上海建筑气候设计的有效时间比

由气候控制分析图计算得到的气候设计策略的有效时间百分比（图 4 - 7）结果表明，上海冬季较北京温和，需要采暖的时间为全年的 61%。其中被动式太阳能设计能解决 42% 的采暖需要。夏季热、湿问题严重，利用自然通风和建筑蓄热的时间为 31%，且夏季有 2% 的时间必须依靠空调降温，主要集中在 7~8 月。

一年当中有 6% 的时间处于舒适区。

因此，当地建筑物在考虑气候的设计时，必须满足夏季防热、通风降温要求，冬季应适当兼顾防寒，还应注意防热带风暴和台风、暴雨袭击及盐雾侵蚀。总体规划、单体设计和构造处理应有利于良好的自然通风，建筑物应避西晒，并满足防雨、防潮、防洪、防雷击要求。总体设计对策可概括为：

被动式太阳能 + 空调 + 自然通风（建筑蓄热）

4.3.3 天津

天津，是中央四个直辖市之一和十四个沿海开放城市之一，中国北方的经济中心，国际港口城市，生态城市。天津地处华北平原东北部，渤海之滨，市中心位于北纬 39°10′，东经 117°10′。

天津为温带季风气候，与北京同处我国建筑气候区划的第Ⅱ建筑气候区，建筑热工气候分区的寒冷气候区。年平均气温 12.6℃，最热月平均气温为 26.5℃，最冷月平均气温为 - 3.4℃。该地区冬季较长且寒冷干燥，夏季较炎热，雨水集中；气温年较差较大，日

照较丰富；春、秋季短促，气温变化剧烈；春季雨雪稀少，多大风、风沙天气；夏秋多冰雹和雷暴。

该地区气候分析结果和各月适宜的气候调节策略及其调节时间百分比如图4-8所示。

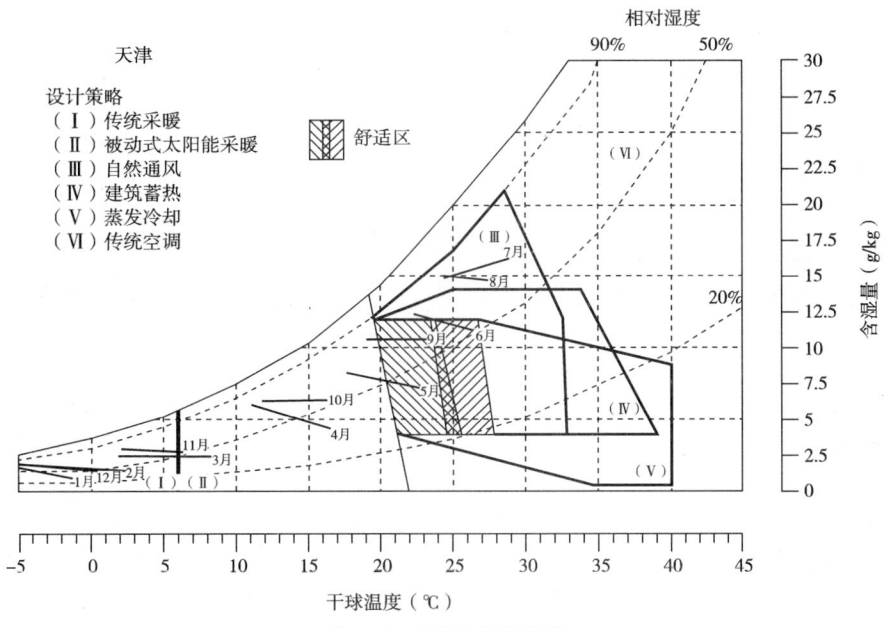

图4-8　天津气候分析图

天津市气候调节策略各月有效时间比　　　　　　　　表4-3

控制方式	一月	二月	三月	四月	五月	六月	七月	八月	九月	十月	十一月	十二月	时间（时数）
传统采暖（Ⅰ）	100%	100%	66%								68%	100%	36%
太阳能采暖（Ⅱ）			34%	100%	59%				22%	100%	32%		29%
自然通风（Ⅲ）						35%	100%	100%					20%
建筑蓄热（Ⅳ）						35%							3%
蒸发冷却（Ⅴ）													
传统空调（Ⅵ）													
热舒适					41%	65%			78%				15%

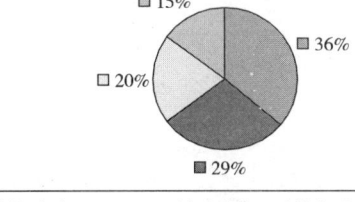

图4-9　天津建筑气候设计策略的有效时间比

81

由气候控制分析图计算得到的气候设计策略的有效时间百分比（图4-9）结果表明，天津冬季时间较长，需要采暖的时间达到全年的65%。冬季的12、1、2月仅仅依靠被动式太阳能是不能解决室内的热舒适问题的，因此需要和常规的采暖设计或主动式太阳能结合。可以利用被动式太阳能的时间主要集中在4、5月份和10月份，占全年时间的29%。

一年有15%的时间是舒适的。

夏季有20%的时间处于舒适区外。气候分析图表明，采用自然通风是夏季建筑设计最佳对策，利用建筑材料的蓄热性附加夜间通风也可以解决夏季的热问题。如果设计方法得当，可以不设空调降温。

因此，当地建筑物在考虑气候的设计时，应满足冬季日照、防寒、保温、防冻等要求，夏季应兼顾防热，主要房间宜避西晒。此外应注意防暴雨、防冰雹和防雷；建筑物应采取减少外露面积，加强冬季密闭性且兼顾夏季通风和利用太阳能等节能措施。总体设计对策可概括为：

传统采暖（主动式太阳能）＋被动式太阳能设计＋自然通风（建筑蓄热）

4.3.4　重庆

重庆是中央四个直辖市之一、中国重要的中心城市、国家历史文化名城，长江上游地区的经济中心，国家重要的现代制造业基地，西南地区综合交通枢纽、城乡统筹的特大型城市。重庆地处我国西南地区东部，长江上游，位于东经105°17′至110°11′、北纬28°10′至32°13′之间。

重庆为亚热带季风性湿润气候，属于我国建筑气候区划的第Ⅲ建筑气候区，建筑热工气候分区的夏热冬冷气候区。年平均气温18.1℃，最热月平均气温为28.3℃，最冷月平均气温为7.7℃。该地区夏季温高湿重，冬季湿冷，气温日较差小；雨量充沛；日照偏少、多雾。

该地区气候分析结果和各月适宜的气候调节策略及其调节时间百分比如图4-10所示。

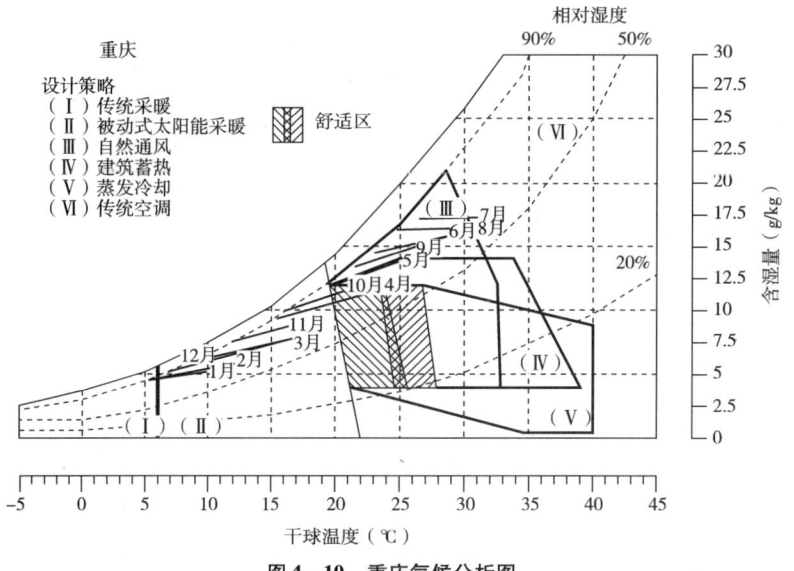

图4-10　重庆气候分析图

重庆市气候调节策略各月有效时间比　　　　　　　表 4 – 4

控制方式	一月	二月	三月	四月	五月	六月	七月	八月	九月	十月	十一月	十二月	时间（时数）
传统采暖（Ⅰ）	18%												2%
太阳能采暖（Ⅱ）	82%	100%	100%	58%							100%	100%	45%
自然通风（Ⅲ）					100%	100%	83%	95%	100%	80%			46%
建筑蓄热（Ⅳ）					100%								8%
蒸发冷却（Ⅴ）													
传统空调（Ⅵ）							17%	5%					2%
热舒适				42%						20%			5%

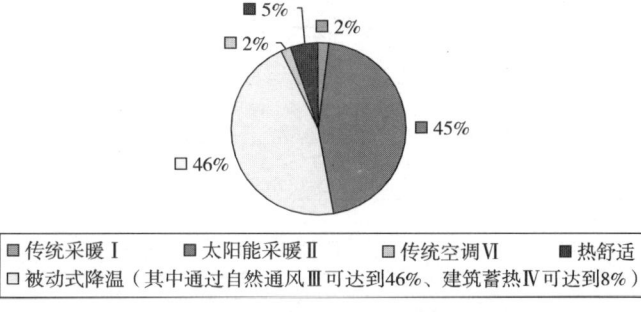

图 4 – 11　重庆建筑气候设计策略的有效时间比

　　由气候分析图和设计策略百分比图（图 4 – 11）的分析可知，重庆冬季不太寒冷，一年中只有 2% 的时间不能完全依赖被动式太阳能解决其采暖需要。冬季大部分时间采用被动式太阳能设计是理想的获得热舒适的手段，占一年的 45%。夏季热、湿问题比较突出，利用自然通风和建筑蓄热的时间占到 46%，夏季有 2% 的时间必须依靠空调降温调湿。

　　一年当中有 5% 的时间处于舒适区。

　　可见，重庆地区冬季充分利用太阳能和夏季的自然通风是解决室内热舒适问题和节约能源的关键。

　　因此，当地建筑物在考虑气候的设计时，应满足夏季防热、通风降温要求，冬季应适当兼顾防寒。建筑物应避西晒且有利于自然通风，并满足防雨、防潮、防洪、防雷击要求。总体设计对策可概括为：

　　被动式太阳能设计 + 自然通风（建筑蓄热）+ 空调

4.3.5　哈尔滨

　　哈尔滨是黑龙江省省会，东北北部的政治，经济，文化和交通中心，东北地区四大中心城市之一。哈尔滨地处黑龙江省西南部，市中心位于东经 126°38′，北纬 45°45′。

　　哈尔滨的气候属中温带大陆性季风气候，属于我国建筑气候区划的第Ⅰ建筑气候区，建筑热工气候分区的严寒气候区。年平均气温 4.2℃，最热月平均气温为 22.9℃，最冷月

平均气温为 -18.2℃。该地区冬季漫长严寒，夏季短促凉爽；相对较湿润；气温年较差很大；冰冻期长，冻土深，积雪厚；太阳辐射量大，日照丰富；冬季多大风。

该地区气候分析结果和各月适宜的气候调节策略及其调节时间百分比如图4-12所示。

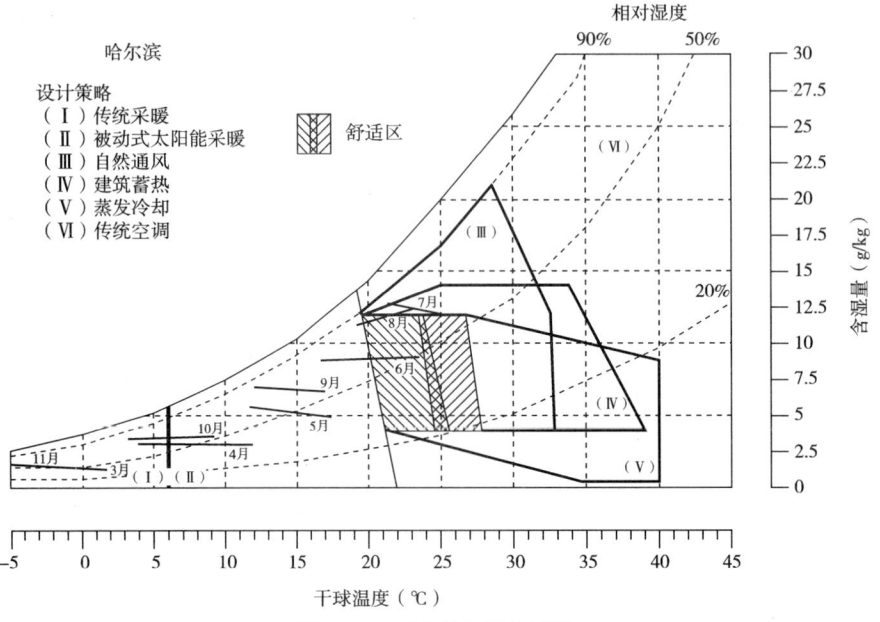

图4-12　哈尔滨气候分析图

哈尔滨市气候调节策略各月有效时间比　　　　　　　表4-5

控制方式	一月	二月	三月	四月	五月	六月	七月	八月	九月	十月	十一月	十二月	时间(时数)
传统采暖（Ⅰ）	100%	100%	100%	28%						49%	100%	100%	48%
太阳能采暖（Ⅱ）				72%	100%	51%		15%	100%	51%			32%
自然通风（Ⅲ）							100%	41%					12%
建筑蓄热（Ⅳ）							89%	41%					11%
蒸发冷却（Ⅴ）													
传统空调（Ⅵ）													
热舒适						49%		44%					8%

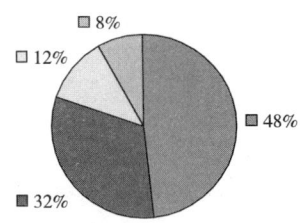

■传统采暖Ⅰ　　　■太阳能采暖Ⅱ　　　■热舒适
□被动式降温（其中通过自然通风Ⅲ可达到12%、建筑蓄热Ⅳ可达到11%）

图4-13　哈尔滨建筑气候设计策略的有效时间比

由气候分析图和设计策略百分比图（图 4 - 13）的分析可知，哈尔滨冬季室外温度过低，需要采暖的时间达到全年的 80%。从 11 月至来年 3 月，不能完全依赖被动式太阳能设计解决采暖的需要，占全年的 48%。可以利用被动式太阳能的时间主要在 4、5、6 月和 9、10 月，占全年的 32%。

一年中有 8% 的时间是舒适的。

夏季有 12% 的时间处于舒适区外，可凭借自然通风和建筑蓄热降温，如果设计方法得当，不需要空调降温。

因此，当地建筑物在考虑气候的设计时，必须充分满足冬季日照、防寒、保温、防冻等要求，夏季可不考虑防热。应采取减少外露面积，加强冬季密闭性，合理利用太阳能等节能措施。总体设计对策可概括为：

传统采暖（主动式太阳能）＋被动式太阳能设计＋自然通风（热质）

4.3.6　长春

长春是吉林省省会，中国最大的汽车工业城市，东北地区中部最大的中心城市，地处东北平原中央，市中心坐落在东经 125°19′，北纬 43°43′。

长春属温带大陆性半湿润季风气候，与哈尔滨同处我国建筑气候区划的第Ⅰ建筑气候区，建筑热工气候分区的严寒气候区。年平均气温 5.6℃，最热月平均气温为 23.0℃，最冷月平均气温为 -15.0℃。该区冬季漫长严寒，夏季短促凉爽，雨热同期；气温年较差很大；冰冻期长，冻土深，积雪厚；太阳辐射量大，日照丰富；冬季多大风。

该地区气候分析结果和各月适宜的气候调节策略及其调节时间百分比如图 4 - 14 所示。

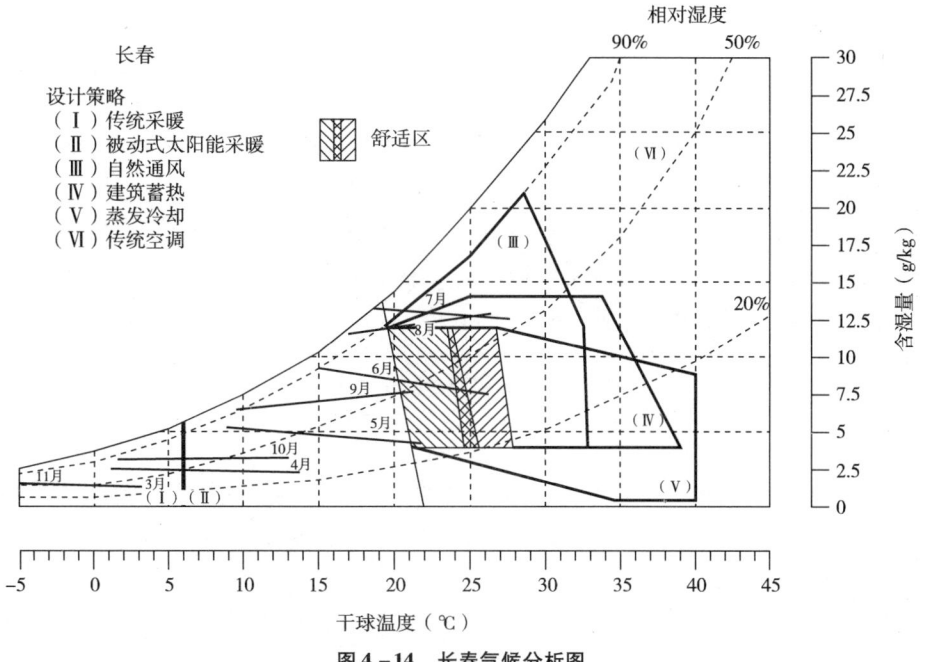

图 4 - 14　长春气候分析图

长春市气候调节策略各月有效时间比 表 4 - 6

控制方式	一月	二月	三月	四月	五月	六月	七月	八月	九月	十月	十一月	十二月	时间（时数）
传统采暖（Ⅰ）	100%	100%	100%	39%						39%	100%	100%	48%
太阳能采暖（Ⅱ）				61%	94%	48%			93%	61%			30%
自然通风（Ⅲ）							77%	70%					12%
建筑蓄热（Ⅳ）							60%	70%					11%
蒸发冷却（Ⅴ）													
传统空调（Ⅵ）							23%	28%					4%
热舒适					6%	52%		2%	7%				6%

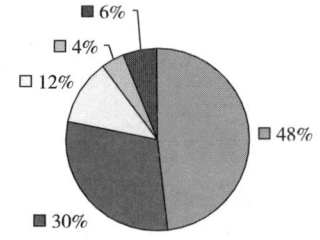

图 4 - 15　长春建筑气候设计策略的有效时间比

　　由气候分析图和设计策略百分比图（图 4 - 15）的分析可知，长春冬季室外温度过低，需要采暖的时间达到全年的 78%。从 11 月至来年 3 月，不能完全依赖被动式太阳能设计解决采暖的需要，占全年的 48%。可以利用被动式太阳能的时间主要在 4、5 月和 9、10 月，占全年的 30%。

　　一年中有 6% 的时间是舒适的。

　　夏季有 16% 的时间处于舒适区外，可凭借自然通风和建筑蓄热降温，其中有 4% 的时间需要空调降温降湿。

　　因此，当地建筑物在考虑气候的设计时，应满足冬季日照、防寒、保温、防冻等要求，夏季可不考虑防热。建筑物应采取减少外露面积，加强冬季密闭性，合理利用太阳能等节能措施。总体设计对策可概括为：

　　传统采暖（主动式太阳能）+ 被动式太阳能设计 + 自然通风（热质）

4.3.7　沈阳

　　沈阳是辽宁省的省会，东北地区的经济、文化、交通和商贸中心，是东北地区第一大城市和我国最重要的重工业基地。沈阳位于我国东北地区南部，辽宁省中部，市中心坐落在北纬 41.8°，东经 123.4°。

　　沈阳属于北温带受季风影响的半湿润大陆性气候，也处于我国建筑气候区划的第Ⅰ建

筑气候区，建筑热工气候分区的严寒气候区。年平均气温 8.3℃，最热月平均气温为 24.5℃，最冷月平均气温为 -10.9℃。该区冬季漫长严寒，夏季短促凉爽；相对较湿润；气温年较差很大；冰冻期长，冻土深，积雪厚；太阳辐射量大，日照丰富；冬季多大风。

该地区气候分析结果和各月适宜的气候调节策略及其调节时间百分比如图 4-16 所示。

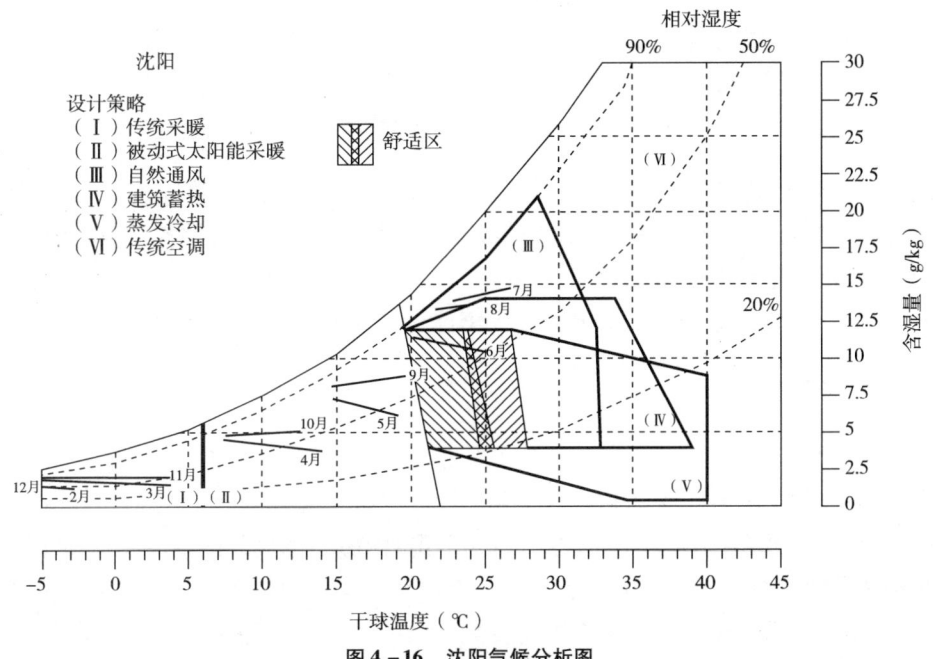

图 4-16　沈阳气候分析图

沈阳市气候调节策略各月有效时间比　　　　　　　　表 4-7

控制方式	一月	二月	三月	四月	五月	六月	七月	八月	九月	十月	十一月	十二月	时间 (时数)
传统采暖（Ⅰ）	100%	100%	100%								100%	100%	42%
太阳能采暖（Ⅱ）				100%	100%				100%	100%			33%
自然通风（Ⅲ）							100%	100%					17%
建筑蓄热（Ⅳ）								37%					3%
蒸发冷却（Ⅴ）													
传统空调（Ⅵ）													
热舒适						100%							8%

由气候分析图和设计策略百分比图（图 4-17）的分析可知，沈阳冬季较长，室外温度过低，需要采暖的时间达到全年的 75%。从 11 月至来年 3 月，不能完全依赖被动式太阳能设计解决采暖的需要，占全年的 42%。可以利用被动式太阳能的时间主要在 4、5 月和 9、10 月，占全年的 33%。

一年中有 8% 的时间是舒适的。

夏季有 17% 的时间处于舒适区外，可凭借自然通风和建筑蓄热降温。

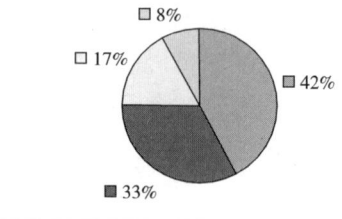

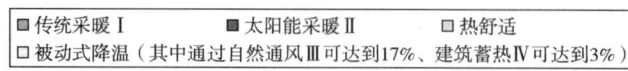

图 4 – 17　沈阳建筑气候设计策略的有效时间比

因此，当地建筑物在考虑气候的设计时，应满足冬季日照、防寒、保温、防冻等要求，夏季可不考虑防热。建筑物应采取减少外露面积，加强冬季密闭性，合理利用太阳能等节能措施。总体设计对策可概括为：

传统采暖（主动式太阳能）＋被动式太阳能设计＋自然通风（热质）

4.3.8　呼和浩特

呼和浩特市是内蒙古自治区首府，是我国重要的毛纺织工业中心之一。呼和浩特地处内蒙古自治区中部山脚下，位于东经110°46′至112°10′，北纬40°51′至41°8′之间。

呼和浩特属半干湿的中温带季风气候，也处于我国建筑气候区划的第I建筑气候区，建筑热工气候分区的严寒气候区。年平均气温6.7℃，最热月平均气温为22.5℃，最冷月平均气温为-11.5℃。该地区冬季漫长严寒，夏季短暂炎热，春秋两季气候变化剧烈；降水量少而不均；气温年较差很大；冰冻期长，冻土深，积雪厚；太阳辐射量大，日照丰富；冬季多大风。

该地区气候分析结果和各月适宜的气候调节策略及其调节时间百分比如图4–18所示。

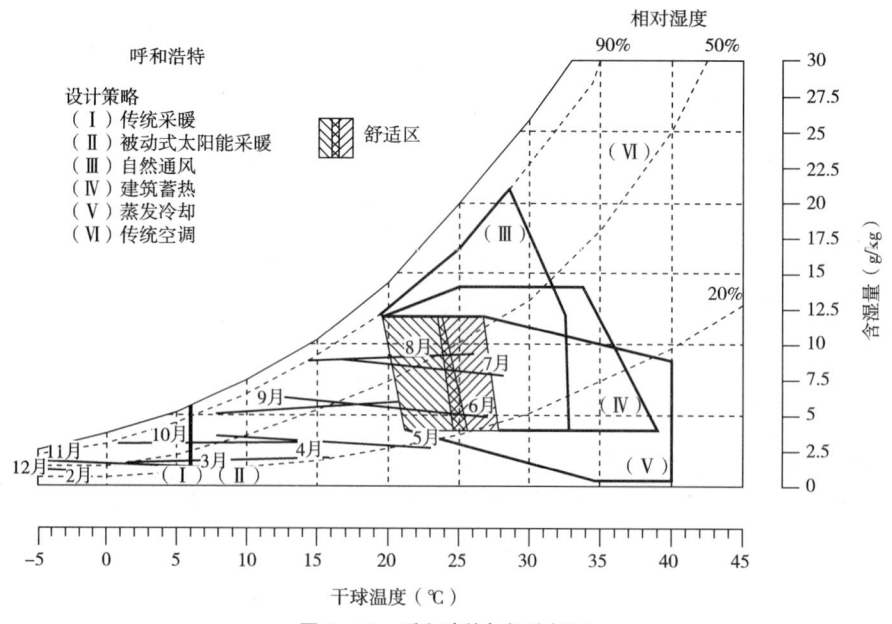

图 4 – 18　呼和浩特气候分析图

呼和浩特市气候调节策略各月有效时间比　　　　　　表4-8

控制方式	一月	二月	三月	四月	五月	六月	七月	八月	九月	十月	十一月	十二月	时间（时数）
传统采暖（Ⅰ）	100%	100%	95%	33%						39%	100%	100%	47%
太阳能采暖（Ⅱ）			5%	67%	89%	57%	36%	49%	99%	61%			38%
自然通风（Ⅲ）							7%						1%
建筑蓄热（Ⅳ）							7%						1%
蒸发冷却（Ⅴ）							7%						1%
传统空调（Ⅵ）					11%								1%
热舒适						43%	57%	51%	1%				13%

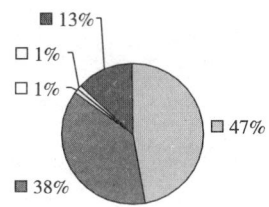

图4-19　呼和浩特建筑气候设计策略的有效时间比

由气候控制分析图计算得到的气候设计策略的有效时间百分比（图4-19）结果表明，呼和浩特冬季寒冷而漫长，一年中需要采暖的时间占全年的85%，从10月到翌年4月的采暖设计需要被动式太阳能和设备供暖或主动式太阳能设计相结合，这部分时间占全年的47%，剩余的38%的时间可以利用被动式太阳能设计，主要集中在4、5月份和9、10月份。

一年中有13%的时间是舒适的。

夏季有2%的时间处于舒适区外，可以通过自然通风或利用建筑的蓄热降温解决夏季过热问题，仅有1%的时间需要空调降温。

因此，当地建筑物在考虑气候的设计时，应满足冬季日照、防寒、保温、防冻等要求，夏季可不考虑防热。建筑物应采取减少外露面积，加强冬季密闭性，合理利用太阳能等节能措施；还应注意防冰雹和防风沙。总体设计对策可概括为：

传统采暖（主动式太阳能）+被动式太阳能设计+夏季自然通风（建筑蓄热）

4.3.9　石家庄

石家庄市是河北省省会，地处河北省中南部，环渤海湾经济区，距首都北京283km，地理位置十分优越。该市位于广袤辽阔的华北平原中南部，市中心坐落在东经114°29′，北纬38°04′。

石家庄属温带大陆性季风气候，属于我国建筑气候区划的第Ⅱ建筑气候区，建筑热工气候分区的寒冷气候区。年平均气温13.3℃，最热月平均气温为26.7℃，最冷月平均气温为-2.2℃。该地区冬季寒冷干燥，多东北风，夏季炎热干燥，多东南风，春秋温和；

日照较丰富，春夏日照充足，秋冬日照偏少；雨量分布不均，集中于夏秋季节。

该地区气候分析结果和各月适宜的气候调节策略及其调节时间百分比如图4-20所示。

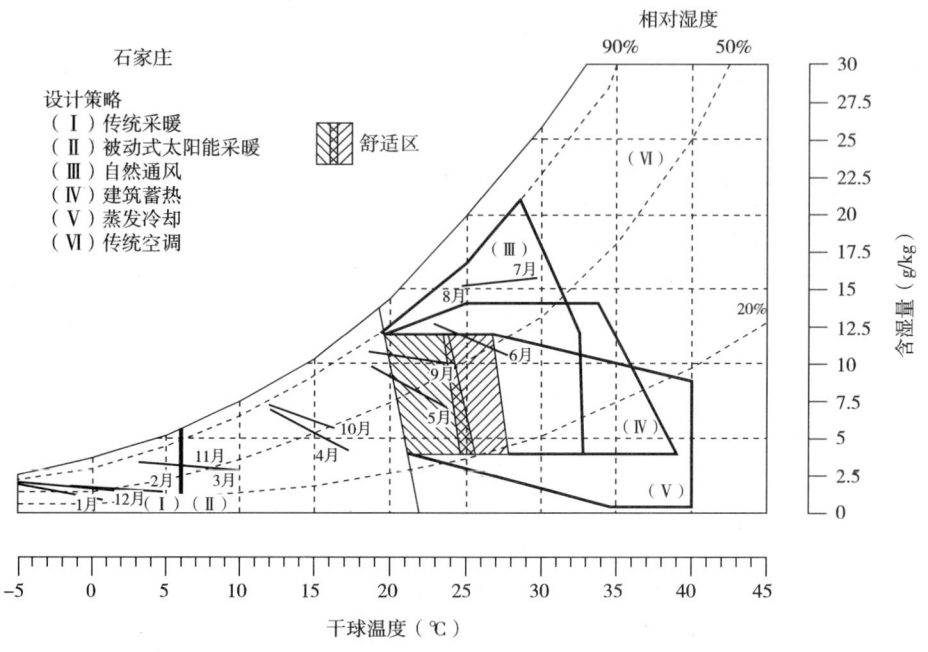

图4-20 石家庄气候分析图

石家庄市气候调节策略各月有效时间比   表4-9

控制方式	一月	二月	三月	四月	五月	六月	七月	八月	九月	十月	十一月	十二月	时间（时数）
传统采暖（Ⅰ）	100%	100%	38%								50%	100%	32%
太阳能采暖（Ⅱ）			62%	100%	27%				23%	100%	50%		30%
自然通风（Ⅲ）						48%	100%	100%					21%
建筑蓄热（Ⅳ）						32%							3%
蒸发冷却（Ⅴ）						16%							1%
传统空调（Ⅵ）													
热舒适					73%	52%			77%				17%

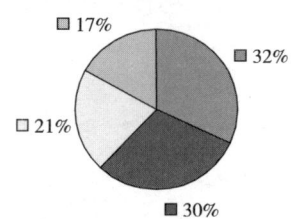

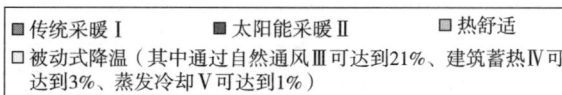

图4-21 石家庄建筑气候设计策略的有效时间比

由气候分析图和设计策略百分比图（图 4-21）的分析可知，石家庄冬季时间较长，需要采暖的时间达到全年的 62%。冬季的 11、12、1、2 月仅仅依靠被动式太阳能是不能解决室内的热舒适问题的，因此需要和常规的采暖设计或主动式太阳能结合。可以利用被动式太阳能的时间主要集中在 3、4 月份和 10、11 月份，占全年时间的 30%。

一年有 17% 的时间是舒适的。

夏季有 21% 的时间处于舒适区外。气候分析图表明，石家庄在夏季采用自然通风是建筑设计的最佳对策，也可以利用建筑材料的蓄热性附加夜间通风来解决夏季的热问题。如果设计方法得当，可以不设空调降温。

因此，当地建筑物在考虑气候的设计时，应满足冬季日照、防寒、保温、防冻等要求，夏季应兼顾防热，主要房间宜避西晒。应注意防暴雨，建筑物应采取减少外露面积，加强冬季密闭性且兼顾夏季通风和利用太阳能等节能措施。总体设计对策可概括为：

传统采暖（主动式太阳能）+ 被动式太阳能设计 + 自然通风（建筑蓄热）、（蒸发冷却）

4.3.10　乌鲁木齐

乌鲁木齐是中国新疆维吾尔自治区的首府，西部对外开放的重要门户，我国西北内陆地区的代表城市。乌鲁木齐市位于新疆中部，地处天山北麓、准噶尔盆地南缘，城市位于北纬 42°45′ 至 44°08′，东经 86°37′ 至 88°58′。

乌鲁木齐深处大陆腹地，属于中温带大陆干旱气候区，处于我国建筑气候区划的第Ⅶ建筑气候区，建筑热工气候分区的严寒气候区。年平均气温 6.9℃，最热月平均气温为 23.9℃，最冷月平均气温为 -12.6℃。该地区冬季漫长严寒，夏季干热，气温年较差和日较差均大；雨量稀少，气候干燥，风沙大；日照丰富，太阳辐射强烈。

该地区气候分析结果和各月适宜的气候调节策略及其调节时间百分比如图 4-22 所示。

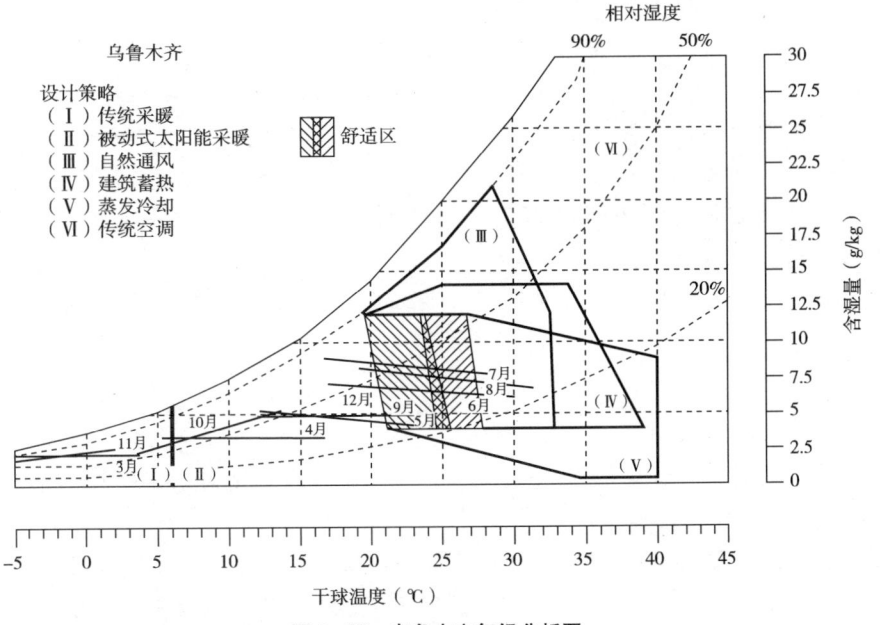

图 4-22　乌鲁木齐气候分析图

乌鲁木齐市气候调节策略各月有效时间比 表 4 – 10

控制方式	一月	二月	三月	四月	五月	六月	七月	八月	九月	十月	十一月	十二月	时间（时数）
传统采暖（Ⅰ）	100%	100%	100%	7%						25%	100%	100%	44%
太阳能采暖（Ⅱ）				93%	73%	31%	10%	23%	77%	75%			32%
自然通风（Ⅲ）						11%	32%	21%					5%
建筑蓄热（Ⅳ）						11%	32%	21%					5%
蒸发冷却（Ⅴ）						11%	32%	21%					5%
传统空调（Ⅵ）													
热舒适					27%	58%	58%	56%	23%				19%

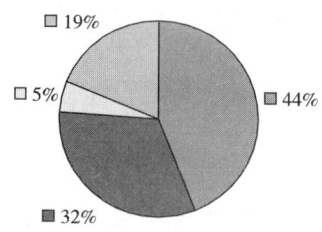

传统采暖Ⅰ　　太阳能采暖Ⅱ　　热舒适
被动式降温（其中通过自然通风Ⅲ可达到5%、建筑蓄热Ⅳ可达到5%、蒸发冷却Ⅴ可达到5%）

图 4 – 23　乌鲁木齐设计策略的有效时间比

由气候分析图和设计策略百分比图（图 4 – 23）的分析可知，乌鲁木齐冬季寒冷，需要采暖的时间占全年的76%，从11月到翌年3月。一年中约有44%的时间需要传统采暖，剩余32%的时间可以使用被动式太阳能采暖，主要集中在4、5月份和9、10月份。

一年中从5月到9月是舒适的，大约占全年的19%。

夏季需要降温的时间占全年的5%，可以利用自然通风、建筑蓄热或蒸发冷却降温，不需要空调降温。

因此，当地建筑物在考虑气候的设计时，应以防寒风与风沙，争取冬季日照为主，必须充分满足防寒、保温、防冻要求，夏季应兼顾防热。建筑物应采取减少外露面积，加强密闭性，充分利用太阳能等节能措施，房屋外围护结构宜厚重，还应注意预防积雪的危害。总体设计对策可概括为：

传统采暖（主动式太阳能）+ 被动式太阳能设计 + 夏季自然通风（热质）、（蒸发冷却）

4.3.11　兰州

兰州是甘肃省省会，地处我国西北地区的东部，甘肃省中部。兰州市处在中国版图的几何中心，即北纬34°，东经103°40′。

兰州深居内陆，属中温带大陆性气候，处于我国建筑气候区划的第Ⅱ建筑气候区，建筑热工气候分区的寒冷气候区。年平均气温9.6℃，最热月平均气温为22.3℃，最冷月平

均气温为 −5.2℃。该地区冬季漫长且较寒冷，雨雪少；夏季短促，气温较高，但无酷暑；春、秋季时间短；降水量不多，日照较丰富，光能潜力大。

该地区气候分析结果和各月适宜的气候调节策略及其调节时间百分比如图 4 − 24 所示。

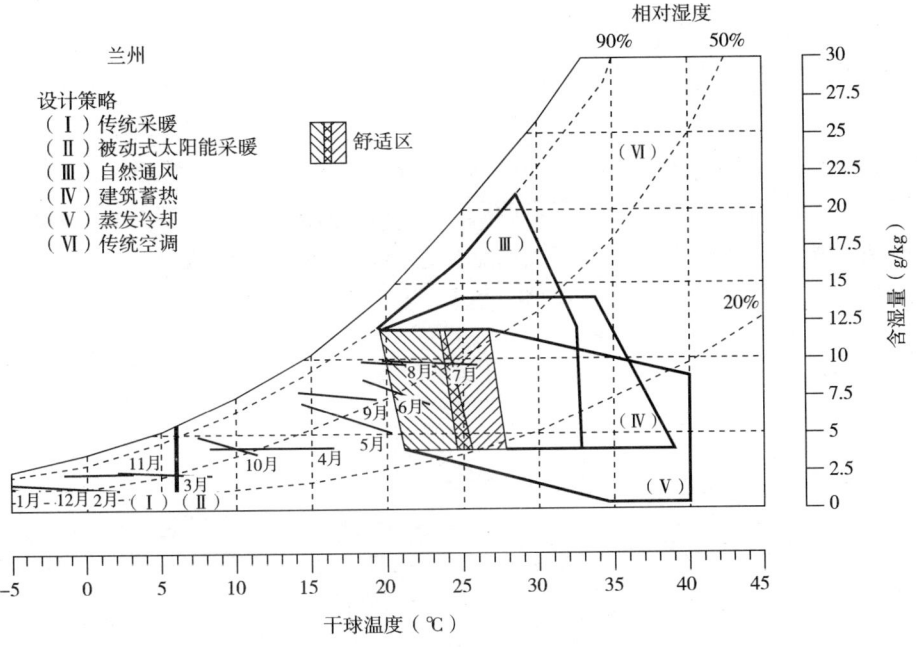

图 4 − 24　兰州气候分析图

兰州市气候调节策略各月有效时间比　　　　　　　　　　　　表 4 − 11

控制方式	一月	二月	三月	四月	五月	六月	七月	八月	九月	十月	十一月	十二月	时间（时数）
传统采暖（Ⅰ）	100%	100%	63%								100%	100%	39%
太阳能采暖（Ⅱ）			37%	100%	100%	47%	5%	35%	100%	100%			44%
自然通风（Ⅲ）													
建筑蓄热（Ⅳ）													
蒸发冷却（Ⅴ）													
传统空调（Ⅵ）													
热舒适						53%	95%	65%					17%

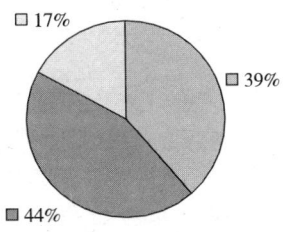

图 4 − 25　兰州建筑气候设计策略的有效时间比

由气候分析图和设计策略百分比图（图 4 – 25）的分析可知，兰州冬季 12、1 月寒冷，被动式太阳能设计不能解决采暖问题，约占全年的 39%，冬季其余时间，采用太阳能设计是理想的获得热舒适的手段，约有 44% 的时间可以利用被动式太阳能设计方式解决室内热舒适问题。夏季不需要考虑降温设计。

一年当中有 17% 的时间处于舒适区。

由此可见，兰州地区冬季充分利用太阳能是解决室内热舒适问题和节约能源的关键设计对策。

因此，当地建筑物在考虑气候的设计时，应满足冬季日照、防寒、保温、防冻等要求，夏季可不考虑防热。主要房间宜避西晒；建筑物应采取减少外露面积，加强冬季密闭性且兼顾夏季通风和利用太阳能等节能措施。总体设计对策可概括为：

传统采暖（主动式太阳能）＋被动式太阳能

4.3.12　西宁

西宁市是青海省的省会，青藏高原的东方门户，地处青海东部，黄河支流湟水上游，市区平均海拔 2275 米，地理坐标为东经 101°49′，北纬 36°34′。

西宁属于大陆高原半干旱气候，处于我国建筑气候区划的第Ⅵ建筑气候区，建筑热工气候分区的严寒气候区。年平均气温 6.0℃，最热月平均气温为 17.1℃，最冷月平均气温为 –7.3℃。该地区冬无严寒，夏无酷暑，气候寒冷干燥，气温年较差小而日较差大；雨水少，蒸发量大；日照丰富，太阳辐射强烈。

该地区气候分析结果和各月适宜的气候调节策略及其调节时间百分比如图 4 – 26 所示。

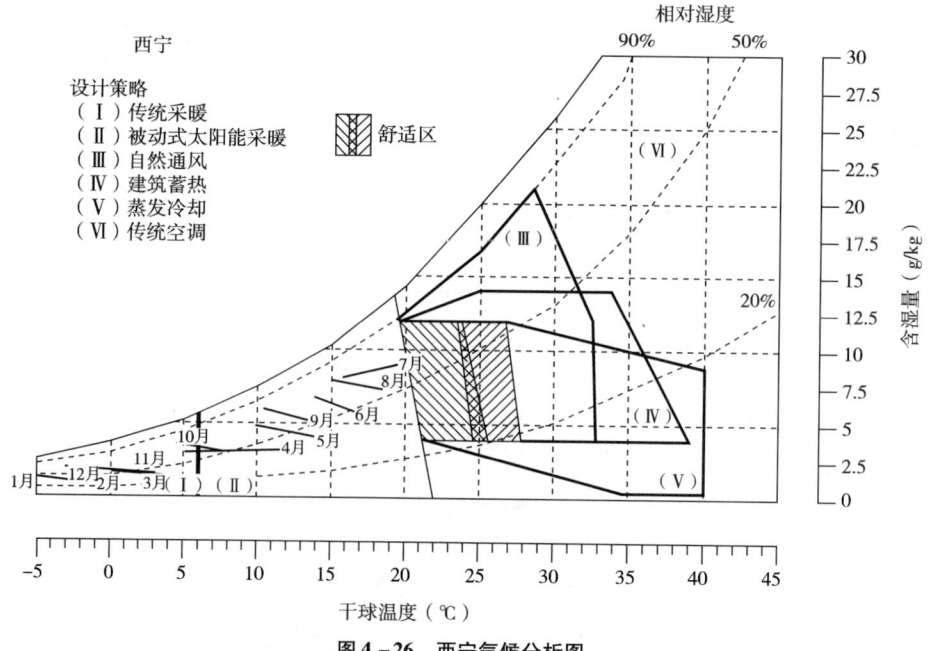

图 4 – 26　西宁气候分析图

西宁市气候调节策略各月有效时间比　　　　　　　　表 4 – 12

控制方式	一月	二月	三月	四月	五月	六月	七月	八月	九月	十月	十一月	十二月	时间（时数）
传统采暖（Ⅰ）	100%	100%	100%	13%						39%	100%	100%	46%
太阳能采暖（Ⅱ）				87%	100%	100%	100%	100%	100%	61%			54%
自然通风（Ⅲ）													
建筑蓄热（Ⅳ）													
蒸发冷却（Ⅴ）													
传统空调（Ⅵ）													
热舒适													

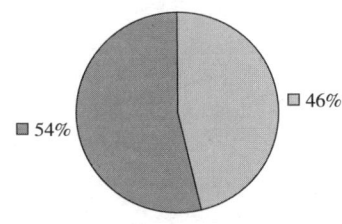

图 4 – 27　西宁建筑气候设计策略的有效时间比

由气候分析图和设计策略百分比图（图 4 – 27）的分析可知，西宁气候寒冷，需重点考虑冬季采暖问题，夏季不存在热问题。全年的时间都需要考虑采暖设计。从 11 月至来年 3 月，不能完全依赖被动式太阳能设计解决采暖的需要，占全年的 46%。可以利用被动式太阳能的时间主要在 4~10 月，占全年的 54%。

因此，当地建筑物在考虑气候的设计时，应充分满足防寒、防风沙、保温、防冻的要求，夏天不需考虑防热。建筑物应采取减少外露面积，加强密闭性，充分利用太阳能等节能措施。总体设计对策可概括为：

传统采暖(主动式太阳能) + 被动式太阳能设计

4.3.13　西安

西安是陕西省的省会，世界四大文明古都之一，是我国中西部地区科技实力最强、工业门类最齐全的特大型中心城市之一，它位于中国内陆腹地、黄河流域中部的关中盆地，东经 107°40′ 至 109°49′ 和北纬 33°39′ 至 34°45′ 之间。

西安属暖温带半湿润大陆性季风气候，属于我国建筑气候区划的第Ⅱ建筑气候区，建筑热工气候分区的寒冷气候区。年平均气温 13.5℃，最热月平均气温为 26.5℃，最冷月平均气温为 –0.1℃。该地区冬季较长且寒冷干燥，夏季较炎热湿润，降水量相对集中；春、秋季短促，气温变化剧烈；气温年较差较大，日照较丰富；春季雨雪稀少，多大风风沙天气；夏秋多冰雹和雷暴。

该地区气候分析结果和各月适宜的气候调节策略及其调节时间百分比如图4-28所示。

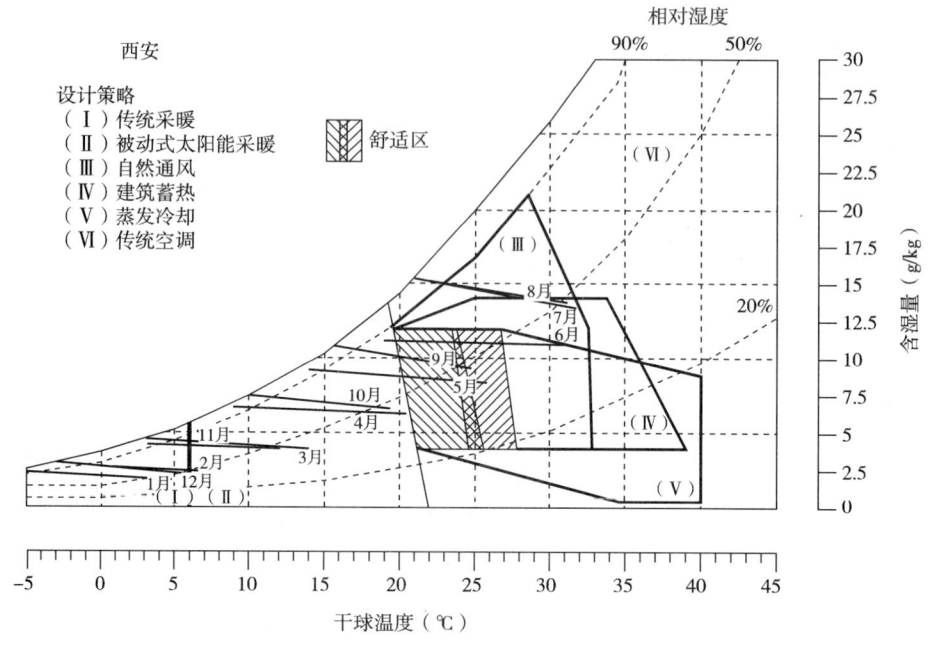

图4-28 西安气候分析图

西安市气候调节策略各月有效时间比 表4-13

控制方式	一月	二月	三月	四月	五月	六月	七月	八月	九月	十月	十一月	十二月	时间（时数）
传统采暖（Ⅰ）	100%	82%	26%								34%	99%	28%
太阳能采暖（Ⅱ）		18%	74%	100%	54%	7%			48%	100%	66%	1%	39%
自然通风（Ⅲ）						37%	89%	81%					17%
建筑蓄热（Ⅳ）						37%	46%	30%					9%
蒸发冷却（Ⅴ）						37%							3%
传统空调（Ⅵ）							11%	19%					3%
热舒适					46%	56%			52%				13%

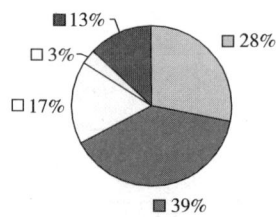

图4-29 西安建筑气候设计策略的有效时间比

由气候分析图和设计策略百分比图（图 4 - 29）的分析可知，西安冬季 12、1 月寒冷干燥，被动式太阳能设计不能解决采暖问题，约占全年的 28%，冬季其余时间主要集中在 10、11 月和 3 月份，采用太阳能设计是理想的获得热舒适的手段，约有 39% 的时间可以利用被动式太阳能设计方式解决室内热舒适问题。夏季 7、8 月热、湿问题比较突出，利用自然通风可解决夏季 2/3 时间的过热问题，一年中大概有 17% 的时间可以通过自然通风、建筑蓄热或蒸发降温获得室内热舒适，有 3% 的时间需要空调降温。

一年当中有 13% 的时间处于舒适区。

由此可见，西安地区冬季充分利用太阳能是解决室内热舒适问题和节约能源的关键；夏季通过自然通风以及必要的遮阳设施达到降温的目的，可以减少空调的使用时间，甚至不用空调。

当地建筑物在考虑气候的设计时，应满足冬季日照、防寒、保温、防冻等要求，夏季应兼顾防热，主要房间宜避西晒。此外还应注意防暴雨、防冰雹和防雷，建筑物应采取减少外露面积，加强冬季密闭性且兼顾夏季通风和利用太阳能等节能措施。总体设计对策可概括为：

传统采暖（主动式太阳能）＋被动式太阳能＋自然通风（建筑蓄热）、（蒸发降温）

4.3.14 银川

银川是宁夏回族自治区首府，是一座历史悠久的塞上古城和发展中的区域性中心城市。该市坐落在黄河上游、宁夏平原中部，市中心位于东经 105°51′，北纬 38°25′。

银川深居西北内陆高原，属中温带干旱气候区，处于我国建筑气候区划的第Ⅱ建筑气候区，建筑热工气候分区的寒冷气候区。年平均气温 8.9℃，最热月平均气温为 23.3℃，最冷月平均气温为 -7.8℃。该地区冬寒漫长但不奇冷，夏暑较短但无酷热，春暖快，秋凉早；雨雪稀少，气候干燥；日照时间长，太阳辐射强，风大沙多。

该地区气候分析结果和各月适宜的气候调节策略及其调节时间百分比如图 4 - 30 所示。

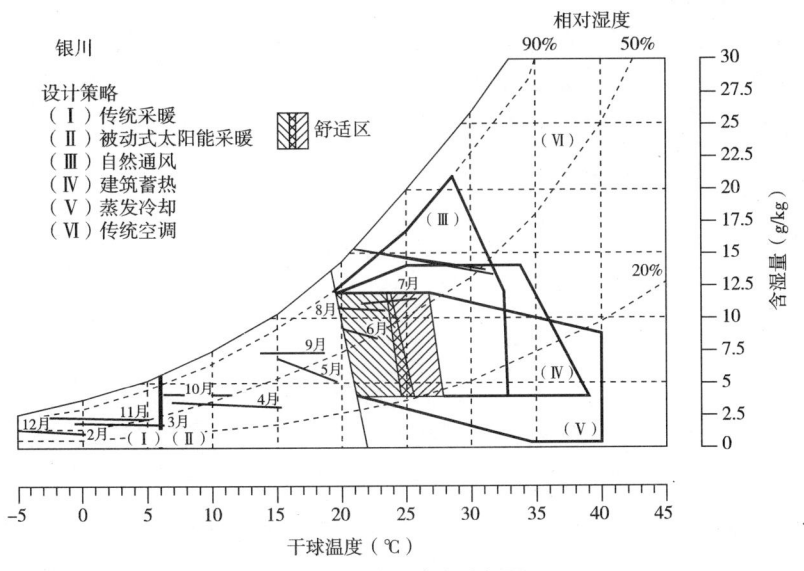

图 4 - 30 银川气候分析图

银川气候调节策略各月有效时间比　　　　　　　　　　表 4 – 14

控制方式	一月	二月	三月	四月	五月	六月	七月	八月	九月	十月	十一月	十二月	时间（时数）
传统采暖（Ⅰ）	100%	100%	97%								100%	100%	41.4%
太阳能采暖（Ⅱ）			3%	100%	100%			5%	100%	100%			34%
自然通风（Ⅲ）													
建筑蓄热（Ⅳ）													
蒸发冷却（Ⅴ）													
传统空调（Ⅵ）													
热舒适						100%	100%	95%					24.6%

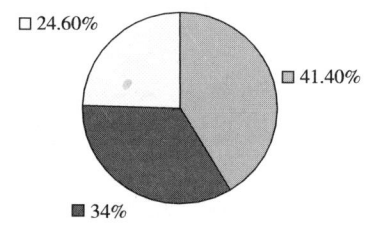

图 4 – 31　银川建筑气候设计策略的有效时间比

由气候分析图和设计策略百分比图（图 4 – 31）的分析可知，银川气候寒冷，需考虑冬季采暖问题，夏季不存在过热问题。一年大约有四分之三的时间需要考虑采暖设计。从 11 月至来年 3 月，不能完全依赖被动式太阳能设计解决采暖的需要，占全年时间的 41%。可以利用被动式太阳能的时间主要在 4、5 月和 9、10 月，占全年的 34%。

一年中有 25% 的时间是舒适的。

因此，当地建筑物在考虑气候的设计时，应充分满足冬季日照、防寒、保温、防冻的要求。夏天可不考虑防热，主要房间宜避西晒，建筑物应采取减少外露面积，加强冬季密闭性且兼顾夏季通风和利用太阳能等节能措施。总体设计对策可概括为：

传统采暖（主动式太阳能）＋被动式太阳能设计

4.3.15　郑州

郑州是河南省省会，地处中华腹地，为中国铁路交通的重要枢纽之一，是中国历史文化名城、中国八大古都之首。郑州地处黄河中游，位于东经 112°42′至 114°14′，北纬 34°16′至 34°58′之间。

郑州属暖温带亚湿润季风气候，属于我国建筑气候区划的第Ⅱ建筑气候区，建筑热工气候分区的寒冷气候区。年平均气温 14.2℃，最热月平均气温为 26.9℃，最冷月平均气温为 0.0℃。该地区冬季寒冷少雨雪，夏季炎热多雨；春、秋季短促，气温变化剧烈；气温年较差较大，日照较丰富；春季雨雪稀少，多大风、风沙天气；夏秋多冰雹和雷暴。

　　该地区气候分析结果和各月适宜的气候调节策略及其调节时间百分比如图4-32所示。

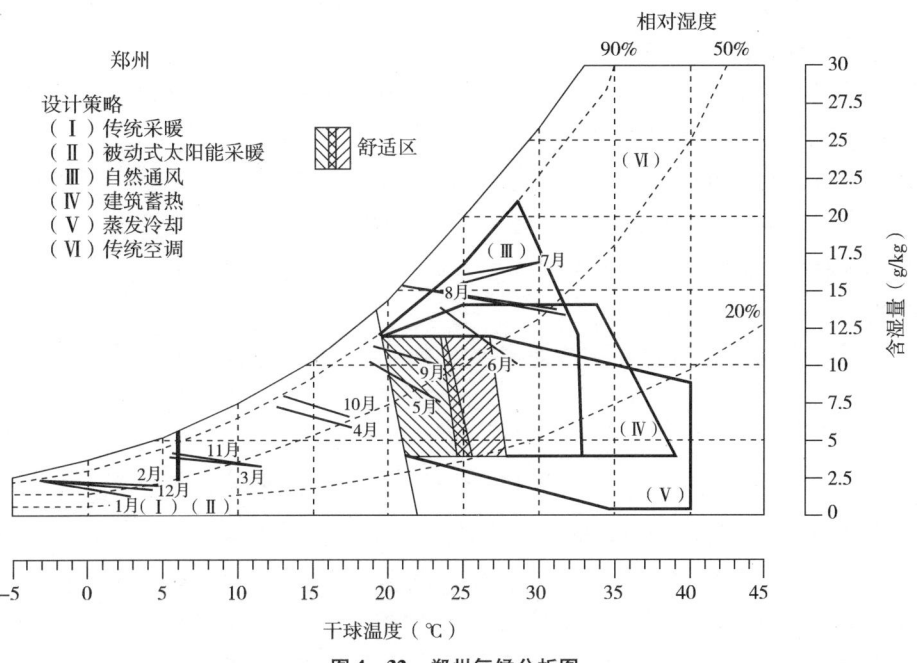

图4-32　郑州气候分析图

郑州市气候调节策略各月有效时间比　　　　　　　　　　　　　表4-15

控制方式	一月	二月	三月	四月	五月	六月	七月	八月	九月	十月	十一月	十二月	时间（时数）
传统采暖（Ⅰ）	100%	100%	11%							10%	11%	100%	28%
太阳能采暖（Ⅱ）			89%	100%	30%				17%	90%	89%		35%
自然通风（Ⅲ）						85%	100%	100%					24%
建筑蓄热（Ⅳ）						45%							4%
蒸发冷却（Ⅴ）						34%							3%
传统空调（Ⅵ）													
热舒适					70%	15%			83%				13%

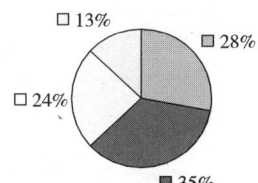

图4-33　郑州建筑气候设计策略的有效时间比

由气候分析图和设计策略百分比图（图4-33）的分析可知，郑州冬季需要采暖的时间达到全年的63%。从12月至来年2月，不能完全依赖被动式太阳能设计解决采暖的需要，占全年的28%。可以利用被动式太阳能的时间主要在3、4月和10、11月，占全年的35%。

一年中有13%的时间是舒适的。

夏季有24%的时间处于舒适区外，夏季热、湿问题不严重，可凭借自然通风和建筑蓄热降温，如果设计方法得当，不需要空调降温。

因此，当地建筑物在考虑气候的设计时，应满足冬季日照、防寒、保温、防冻等要求，夏季应兼顾防热，主要房间宜避西晒。此外还应注意防暴雨、冰雹和防雷，建筑物应采取减少外露面积，加强冬季密闭性且兼顾夏季通风和利用太阳能等节能措施。总体设计对策可概括为：

传统采暖（主动式太阳能）+被动式太阳能设计+自然通风（热质）

4.3.16 济南

济南又称"泉城"，是中国东部沿海经济大省——山东省的省会，是国务院公布的国家历史文化名城之一。济南地处山东省中西部，市中心位于北纬36°40′，东经117°00′。

济南属于暖温带半湿润大陆性季风气候，也属于我国建筑气候区划的第Ⅱ建筑气候区，建筑热工气候分区的寒冷气候区。年平均气温14.5℃，最热月平均气温为27.4℃，最冷月平均气温为-0.4℃。该地区冬季干燥寒冷，夏季炎热多雨；季风明显，四季分明，气温年较差较大，日照较丰富；春季干旱少雨，秋季较为清爽，夏秋多冰雹和雷暴。

该地区气候分析结果和各月适宜的气候调节策略及其调节时间百分比如图4-34所示。

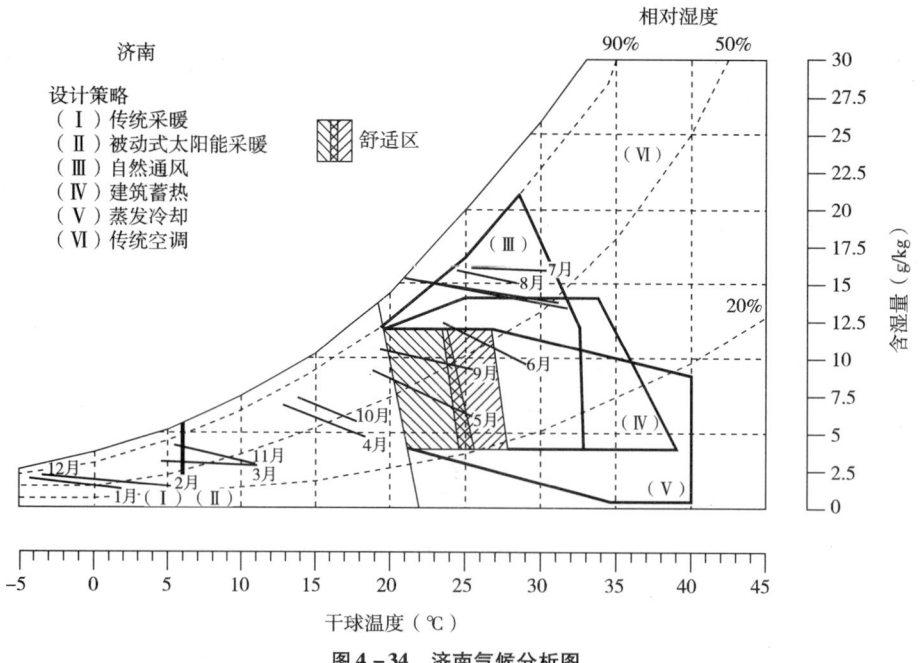

图4-34 济南气候分析图

济南市气候调节策略各月有效时间比　　　　　表 4 – 16

控制方式	一月	二月	三月	四月	五月	六月	七月	八月	九月	十月	十一月	十二月	时间（时数）
传统采暖（Ⅰ）	100%	100%	23%							12%	100%	100%	36%
太阳能采暖（Ⅱ）			77%	100%	22%				9%	88%			25%
自然通风（Ⅲ）						52%	100%	100%					21%
建筑蓄热（Ⅳ）						15%							1%
蒸发冷却（Ⅴ）						37%							3%
传统空调（Ⅵ）													
热舒适					78%	48%			91%				18%

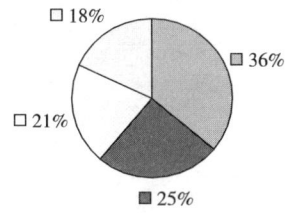

□18%　■36%　□21%　■25%

□ 传统采暖 Ⅰ　■ 太阳能采暖 Ⅱ　□ 热舒适
□ 被动式降温（其中通过自然通风Ⅲ可达到21%、建
筑蓄热Ⅳ可达到1%、蒸发冷却Ⅴ可达到3%）

图 4 – 35　济南建筑气候设计策略的有效时间比

　　由气候分析图和设计策略百分比图（图 4 – 35）的分析可知，济南冬季 11、12 月和
1、2 月寒冷，被动式太阳能设计不能解决采暖问题，约占全年的 36%，其余时间主要集
中在 4 月和 9、10 月份，采用太阳能设计是理想的获得热舒适的手段，约有 25% 的时间可
以利用被动式太阳能设计方式解决室内热舒适问题。夏季可利用自然通风解决过热问题，
一年中大概有 21% 的时间可以通过自然通风、建筑蓄热、蒸发冷却获得室内热舒适，如果
设计方法得当，不需要空调降温。

　　一年当中有 18% 的时间处于舒适区。

　　由此可见，济南地区冬季充分利用太阳能是解决室内热舒适问题和节约能源的关键；
夏季通过自然通风、建筑蓄热、蒸发冷却以及必要的遮阳设施达到降温的目的，可以减少
空调的使用时间，甚至不用空调。

　　当地建筑物在考虑气候的设计时，应满足冬季日照、防寒、保温、防冻等要求，夏季
应兼顾防热，主要房间宜避西晒。此外还应注意防暴雨、冰雹和防雷，建筑物应采取减少
外露面积，加强冬季密闭性且兼顾夏季通风和利用太阳能等节能措施。总体设计对策可概
括为：

　　传统采暖（主动式太阳能）＋被动式太阳能＋自然通风（建筑蓄热）、（蒸发冷却）

4.3.17 太原

太原是山西省省会，是以冶金、机械、化工、煤炭为支柱，以输出煤炭、原材料、矿山机械产品为主要特征的全国重要的能源重化工城市。太原地处华北地区黄河流域中部，市中心位于北纬 37°52′，东经 112°33′。

太原属于暖温带大陆性季风气候，也属于我国建筑气候区划的第Ⅱ建筑气候区，建筑热工气候分区的寒冷气候区。年平均气温 9.9℃，最热月平均气温为 23.3℃，最冷月平均气温为 -5.4℃。冬季干冷漫长，夏季湿热多雨；气温年较差较大，日照较丰富；春季升温急剧，秋季降温迅速，春秋两季短暂多风，夏秋多冰雹和雷暴，干湿季节分明。

该地区气候分析结果和各月适宜的气候调节策略及其调节时间百分比如图 4 - 36 所示。

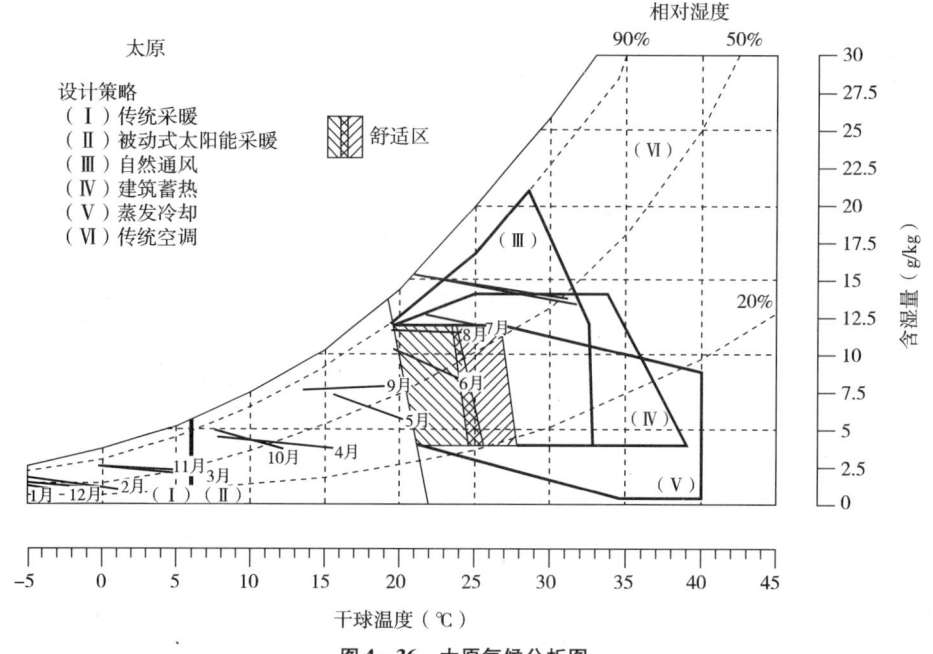

图 4 - 36　太原气候分析图

太原市气候调节策略各月有效时间比　　　　表 4 - 17

控制方式	一月	二月	三月	四月	五月	六月	七月	八月	九月	十月	十一月	十二月	时间（时数）
传统采暖（Ⅰ）	100%	100%	85%								100%	100%	40%
太阳能采暖（Ⅱ）			15%	100%	100%	10%		5%	100%	100%			36%
自然通风（Ⅲ）						84%							7%
建筑蓄热（Ⅳ）						84%							7%
蒸发冷却（Ⅴ）													
传统空调（Ⅵ）													
热舒适						90%	16%	95%					17%

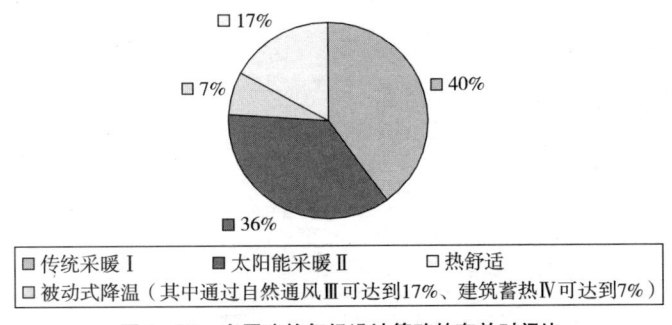

图 4 - 37　太原建筑气候设计策略的有效时间比

由气候分析图和设计策略百分比图（图 4 - 37）的分析可知，太原冬季 11、12 月和 1、2、3 月寒冷，被动式太阳能设计不能解决采暖问题，约占全年的 40%，其余时间主要集中在 4、5 月和 9、10 月份，采用太阳能设计是理想的获得热舒适的手段，约有 36% 的时间可以利用被动式太阳能设计方式解决室内热舒适问题。在夏季热、湿问题不明显，可利用自然通风解决，一年中大概有 7% 的时间可以通过自然通风、建筑蓄热获得室内热舒适，如果设计方法得当，不需要空调降温。

一年当中有 17% 的时间处于舒适区。

可见，太原地区冬季充分利用太阳能是解决室内热舒适问题和节约能源的关键；夏季通过自然通风以及必要的遮阳设施达到降温的目的，可以减少空调的使用时间，甚至不用空调。

因此，当地建筑物在考虑气候的设计时，应满足冬季日照、防寒、保温、防冻等要求，夏季应兼顾防热，主要房间宜避西晒。应注意防暴雨、冰雹和防雷，建筑物应采取减少外露面积，加强冬季密闭性且兼顾夏季通风和利用太阳能等节能措施；总体设计对策可概括为：

传统采暖（主动式太阳能）＋被动式太阳能＋自然通风（建筑蓄热）

4.3.18　合肥

合肥是安徽省的省会，全省政治、经济、文化、科教、商贸、交通和信息中心，是一座古老而又年青的城市。该市位于安徽省中部，地处江淮之间，市区处于北纬 32°，东经 117°。

合肥为亚热带湿润季风气候，属于我国建筑气候区划的第Ⅲ建筑气候区，建筑热工气候分区的夏热冬冷气候区。年平均气温 15.7℃，最热月平均气温为 28.0℃，最冷月平均气温为 2.5℃。该地区夏季闷热、温高湿重，冬季湿冷，气温日较差小，年降水量大，日照偏少，春末夏初多阴雨天气，常有大雨和暴雨出现，夏秋易有暴雨大风天气。

该地区气候分析结果和各月适宜的气候调节策略及其调节时间百分比如图 4 - 38 所示。

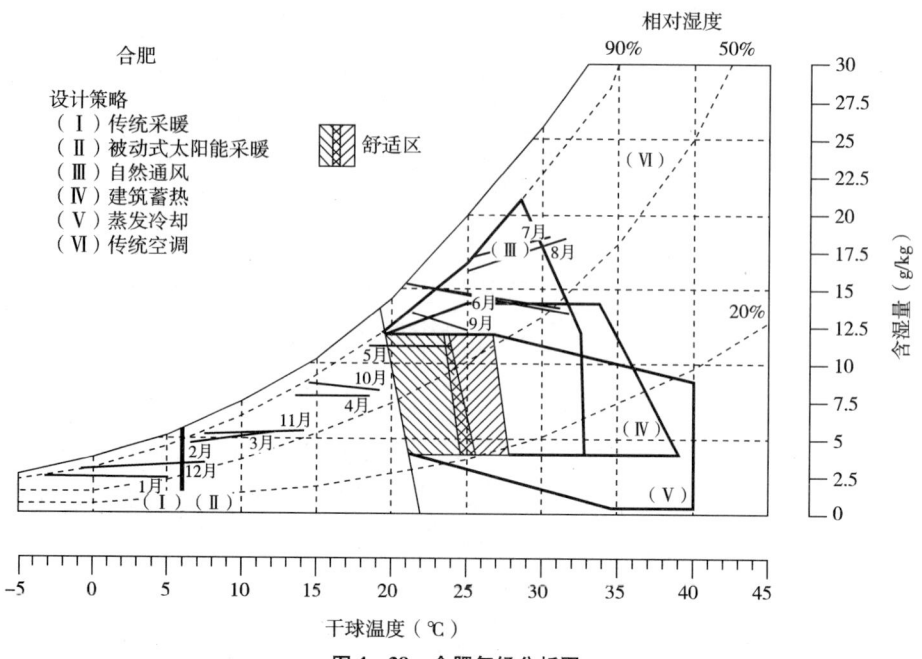

图 4-38　合肥气候分析图

合肥市气候调节策略各月有效时间比　　　　　　　表 4-18

控制方式	一月	二月	三月	四月	五月	六月	七月	八月	九月	十月	十一月	十二月	时间（时数）
传统采暖（Ⅰ）	100%	82%										79%	22%
太阳能采暖（Ⅱ）		18%	100%	100%	24%					100%	100%	21%	39%
自然通风（Ⅲ）						100%	86%	77%	100%				30%
建筑蓄热（Ⅳ）									73%				6%
蒸发冷却（Ⅴ）													
传统空调（Ⅵ）							14%	23%					3%
热舒适					76%								6%

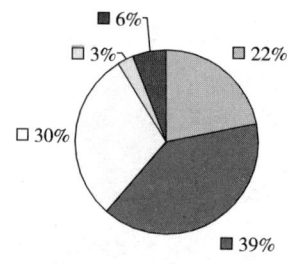

图 4-39　合肥建筑气候设计策略的有效时间比

由气候分析图和设计策略百分比图（图 4－39）的分析可知，合肥冬季较寒冷，需要采暖的时间为全年的 61%。其中被动式太阳能设计能解决 39% 的采暖需要。夏季热、湿问题严重，利用自然通风和建筑蓄热的时间为 30%。夏季有 3% 的时间必须依靠空调降温，主要集中在 7、8 月。

一年当中有 6% 的时间处于舒适区。

因此，当地建筑物在考虑气候的设计时，必须满足夏季防热、通风降温要求，冬季应适当兼顾防寒。建筑物应避西晒且有利于自然通风，并满足防雨、防潮、防洪、防雷击要求；冬季还应预防积雪危害。总体设计对策可概括为：

被动式太阳能 + 空调 + 自然通风（建筑蓄热）

4.3.19　武汉

武汉是湖北省省会，我国华中地区的金融中心、交通中心、文化中心，长江中下游特大中心城市。该市位于江汉平原东部，长江中游与汉水交汇处，东经 113°41′ 至 115°05′，北纬 29°58′ 至 31°22′ 之间。

武汉为亚热带湿润季风气候，与合肥同属我国建筑气候区划的第 III 建筑气候区，建筑热工气候分区的夏热冬冷气候区。年平均气温 16.5℃，最热月平均气温为 28.6℃，最冷月平均气温为 3.6℃。武汉是中国三大火炉之一，夏季闷热、温高湿重，冬季湿冷，气温日较差小，年降水量大，日照充足。春末夏初多阴雨天气，常有大雨和暴雨出现，雨量集中。

该地区气候分析结果和各月适宜的气候调节策略及其调节时间百分比如图 4－40 所示。

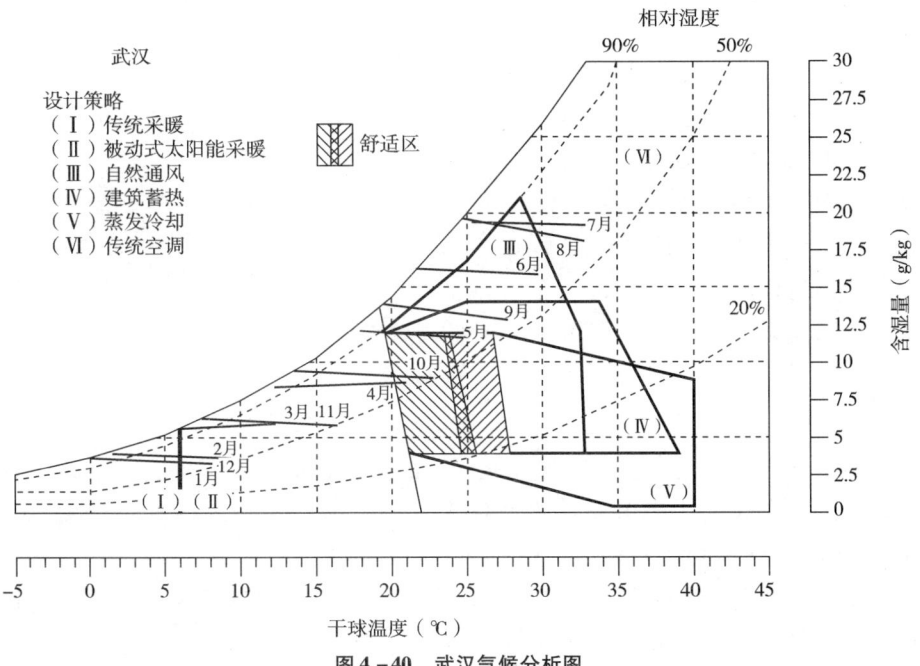

图 4－40　武汉气候分析图

武汉市气候调节策略各月有效时间比　　　　　　　表 4 - 19

控制方式	一月	二月	三月	四月	五月	六月	七月	八月	九月	十月	十一月	十二月	时间（时数）
传统采暖（Ⅰ）	76%	56%									50%		15%
太阳能采暖（Ⅱ）	24%	44%	100%	90%	22%					72%	100%	50%	42%
自然通风（Ⅲ）					78%	70%	30%	32%	78%				24%
建筑蓄热（Ⅳ）									56%				5%
蒸发冷却（Ⅴ）													
传统空调（Ⅵ）						30%	70%	68%	22%				16%
热舒适					10%					28%			3%

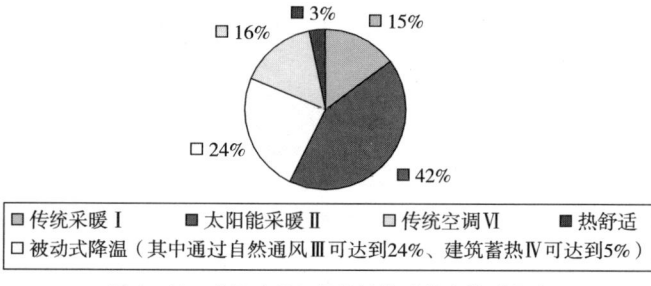

图 4 - 41　武汉建筑气候设计策略的有效时间比

由气候分析图和设计策略百分比图（图 4 - 41）的分析可知，武汉冬季较寒冷，需要采暖的时间约占全年的 57%，其中被动式太阳能设计可以解决 42% 的时间。夏季热、湿问题突出，利用自然通风和建筑蓄热的时间占到 24%。夏季有 16% 的时间必须依靠空调降温，主要集中在 6、7、8 月。

一年当中有 3% 的时间处于舒适区。

武汉地区冬季需要被动式太阳能与主动式相结合的设计思路解决采暖的需要；夏季热、湿问题严重，应尽可能利用自然通风以减少空调的使用时间。

因此，当地建筑物在考虑气候的设计时，必须满足夏季防热、通风降温要求，冬季应适当兼顾防寒。建筑物应避西晒，并满足防雨、防潮、防洪、防雷击要求；冬季还应预防积雪危害。总体设计对策可概括为：

被动式太阳能设计 + 空调 + 自然通风（建筑蓄热）

4.3.20　长沙

长沙是湖南省省会，是一座以机械、纺织、商贸和食品加工工业为主的综合性工商业城市，亦是中西部地区主要的区域性中心城市之一。该市位于湖南省东部偏北，湘江下游，其地域范围为东经 111°53′至 114°15′，北纬 27°51′至 28°41′。

长沙与武汉同为亚热带湿润季风气候，属我国建筑气候区划的第Ⅲ建筑气候区，建筑热工气候分区的夏热冬冷气候区。年平均气温 17.2℃，最热月平均气温为 28.3℃，最冷

月平均气温为 5.2℃。长沙夏、冬季长，春、秋季短；夏季闷热、温高湿重，冬季湿冷。气温日较差小，降雨充沛，日照较充足。春末夏初多阴雨天气，常有大雨和暴雨出现。

该地区气候分析结果和各月适宜的气候调节策略及其调节时间百分比如图 4－42 所示。

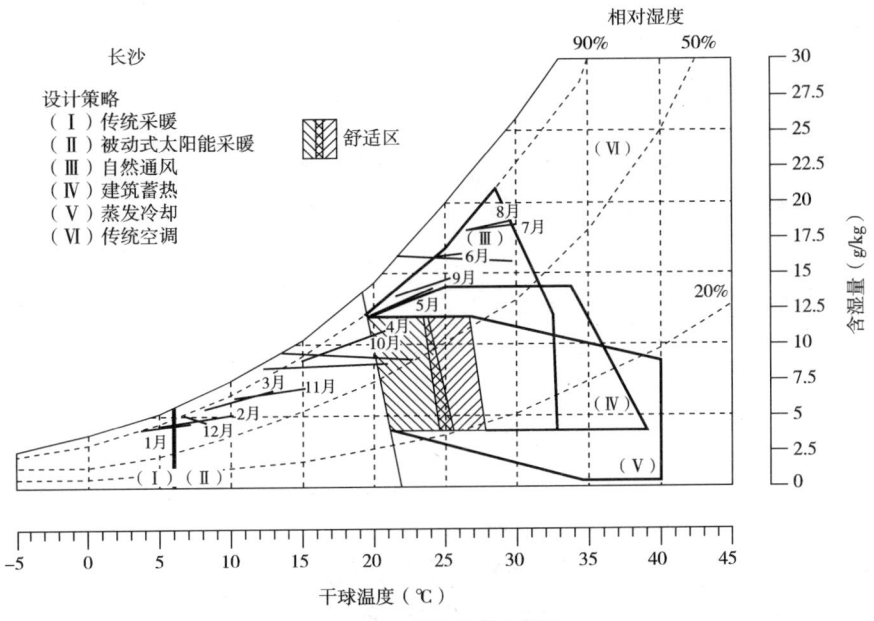

图 4－42　长沙气候分析图

长沙市气候调节策略各月有效时间比　　　　　　　　　　　　　表 4－20

控制方式	一月	二月	三月	四月	五月	六月	七月	八月	九月	十月	十一月	十二月	时间（时数）
传统采暖（Ⅰ）	71%	22%											8%
太阳能采暖（Ⅱ）	29%	78%	100%	85%						100%	100%	100%	49%
自然通风（Ⅲ）					100%	100%	85%	90%	100%				40%
建筑蓄热（Ⅳ）													
蒸发冷却（Ⅴ）													
传统空调（Ⅵ）							15%	10%					2%
热舒适				15%									1%

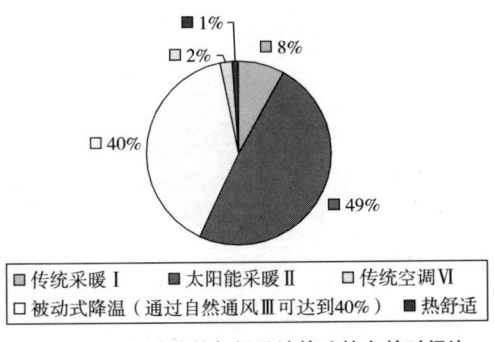

图 4－43　长沙建筑气候设计策略的有效时间比

由气候分析图和设计策略百分比图（图4-43）的分析可知，长沙冬季较冷，需要采暖的时间约占全年的57%，其中被动式太阳能设计可以解决49%的时间。夏季热、湿问题比较突出，利用自然通风的时间占到40%。夏季有2%的时间必须依靠空调降温，主要集中在7、8月。

一年当中仅有1%的时间处于舒适区。

长沙地区冬季需要被动式太阳能与主动式相结合的设计思路解决采暖的需要；夏季热、湿问题严重，应尽可能利用自然通风以减少空调的使用时间。

因此，当地建筑物在考虑气候的设计时，必须满足夏季防热、通风降温要求，冬季应适当兼顾防寒。建筑物应避西晒且有利于良好的自然通风，并满足防雨、防潮、防洪、防雷击要求。总体设计对策可概括为：

被动式太阳能设计+空调+自然通风

4.3.21 南京

南京是江苏省的省会，中国著名的四大古都及历史文化名城之一，也是长江三角洲承东启西的国家重要中心城市。南京地处长江中下游平原东部苏皖两省交界处，江苏省西南部，该市位于北纬31°14′至32°37′，东经118°22′至119°14′之间。

南京为亚热带季风湿润气候，属于我国建筑气候区划的第Ⅲ建筑气候区，建筑热工气候分区的夏热冬冷气候区。年平均气温15.3℃，最热月平均气温为27.7℃，最冷月平均气温为2.3℃。南京与武汉、重庆并称"三大火炉"，该地区夏季闷热，冬季寒冷干燥；雨热同期，雨量充沛，光照充足；梅雨季节降雨增多，暴雨频繁。

该地区气候分析结果和各月适宜的气候调节策略及其调节时间百分比如图4-44所示。

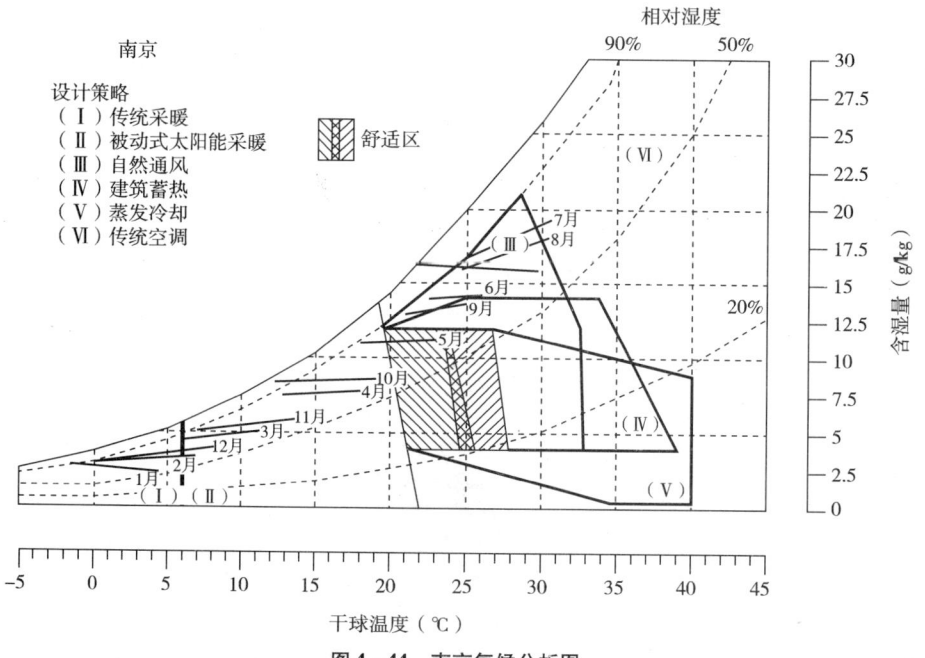

图4-44 南京气候分析图

南京市气候调节策略各月有效时间比　　　　　　　　　　表 4-21

控制方式	一月	二月	三月	四月	五月	六月	七月	八月	九月	十月	十一月	十二月	时间（时数）
传统采暖（Ⅰ）	100%	88%	4%									73%	22%
太阳能采暖（Ⅱ）		12%	96%	100%	36%					100%	100%	27%	39%
自然通风（Ⅲ）						100%	83%	92%	100%				32%
建筑蓄热（Ⅳ）									58%				5%
蒸发冷却（Ⅴ）													
传统空调（Ⅵ）							17%	8%					2%
热舒适					64%								5%

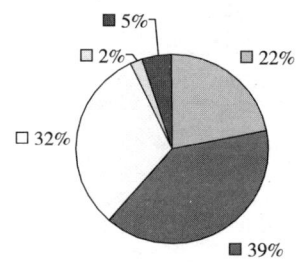

图 4-45　南京建筑气候设计策略的有效时间比

　　由气候分析图和设计策略百分比图（图 4-45）的分析可知，南京冬季较长沙寒冷，需要采暖的时间约占全年的 61%，其中被动式太阳能设计可以解决 39% 的时间。夏季存在热、湿问题，利用自然通风和建筑蓄热的时间占到 32%，还有 2% 的时间必须依靠空调降温，主要集中在 7、8 月。

　　一年当中有 5% 的时间处于舒适区。

　　可见，南京地区冬季需要被动式太阳能与主动式相结合的设计思路解决采暖的需要；夏季热、湿问题严重，尽可能利用自然通风以减少空调的使用时间。

　　因此，当地建筑物在考虑气候的设计时，必须满足夏季防热、通风降温要求，冬季应适当兼顾防寒。建筑物应避西晒，并有利于良好的自然通风，应满足防雨、防潮、防洪、防雷击要求；冬季还应预防积雪危害。总体设计对策可概括为：

　　被动式太阳能设计 + 空调 + 自然通风（建筑蓄热）

4.3.22　成都

　　成都是四川省省会，有"天府之国"的美称，是国家历史文化名城，也是我国西南部重要的交通枢纽。它位于成都平原中部，介于东经 102°54′至 104°53′，北纬 30°05′至 31°26′之间。

　　成都为亚热带湿润季风气候，属于我国建筑气候区划的第Ⅲ建筑气候区，建筑热工气候分区的夏热冬冷气候区。年平均气温 16.0℃，最热月平均气温为 25.1℃，最冷月平均气温为5.5℃。成都气候温和，四季分明，冬无严寒，夏热多雨；雨量充沛，多集中于夏、秋，日照较少。

　　该地区气候分析结果和各月适宜的气候调节策略及其调节时间百分比如图4-46所示。

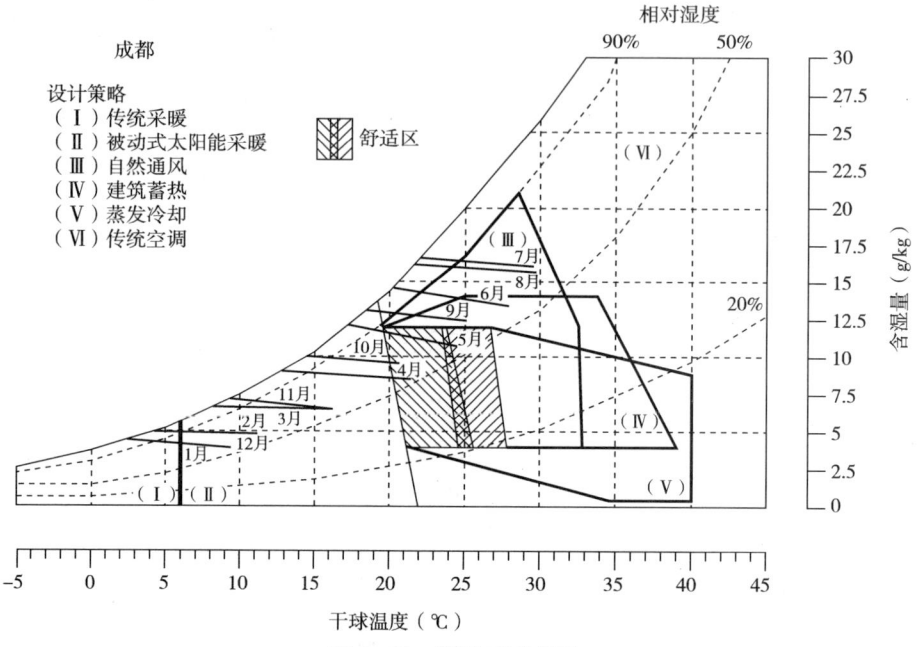

图4-46　成都气候分析图

成都市气候调节策略各月有效时间比　　　　　　　表4-22

控制方式	一月	二月	三月	四月	五月	六月	七月	八月	九月	十月	十一月	十二月	时间（时数）
传统采暖（Ⅰ）	50%	27%									27%		9%
太阳能采暖（Ⅱ）	50%	73%	100%	85%	28%				14%	92%	100%	73%	51%
自然通风（Ⅲ）						75%	66%	69%	71%				23%
建筑蓄热（Ⅳ）						43%			53%				8%
蒸发冷却（Ⅴ）													
传统空调（Ⅵ）						25%	34%	31%	15%				9%
热舒适	·			15%	72%					8%			8%

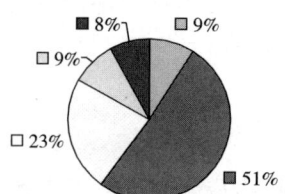

图4-47　成都建筑气候设计策略的有效时间比

由气候分析图和设计策略百分比图（图 4-47）的分析可知，成都冬季寒冷，一年中仍然有 9% 的时间不能完全依赖被动式太阳能解决其采暖需要。冬季大部分时间采用被动式太阳能设计是理想的获得热舒适的手段，占一年的 51%。夏季热、湿问题突出，利用自然通风和建筑蓄热的时间占到 23%。夏季有 9% 的时间必须依靠空调降温，主要集中在 7、8 月。

一年当中有 8% 的时间处于舒适区。

可见，成都夏季由于高温、高湿同时存在，气候设计需要注意夏季的自然通风设计。冬季充分利用太阳能是解决室内热舒适问题和节约能源的关键。

因此，当地建筑物在考虑气候的设计时，必须满足夏季防热、通风降温要求，冬季应适当兼顾防寒。建筑物应有利于良好的自然通风且避西晒，并满足防雨、防潮、防洪、防雷击要求。总体设计对策可概括为：

被动式太阳能设计 + 自然通风(建筑蓄热) + 空调

4.3.23　贵阳

贵阳是贵州省的省会，地处我国西南云贵高原东部，是西南地区重要的中心城市之一，市中心位于东经 106°27′，北纬 26°44′附近，海拔高度为 1100 米左右。

贵阳是低纬度高海拔的高原地区，属于亚热带湿润温和型气候，兼有高原性和季风性气候特点，属于我国建筑气候区划的第 V 建筑气候区，建筑热工气候分区的温和气候区。年平均气温 15.1℃，最热月平均气温为 23.8℃，最冷月平均气温为 4.9℃。贵阳夏无酷暑，冬无严寒，但气温偏低，干湿季分明；常年有雷暴，多雾；气温的年较差偏小，日较差偏大，日照较少，太阳辐射强烈。

该地区气候分析结果和各月适宜的气候调节策略及其调节时间百分比如图 4-48 所示。

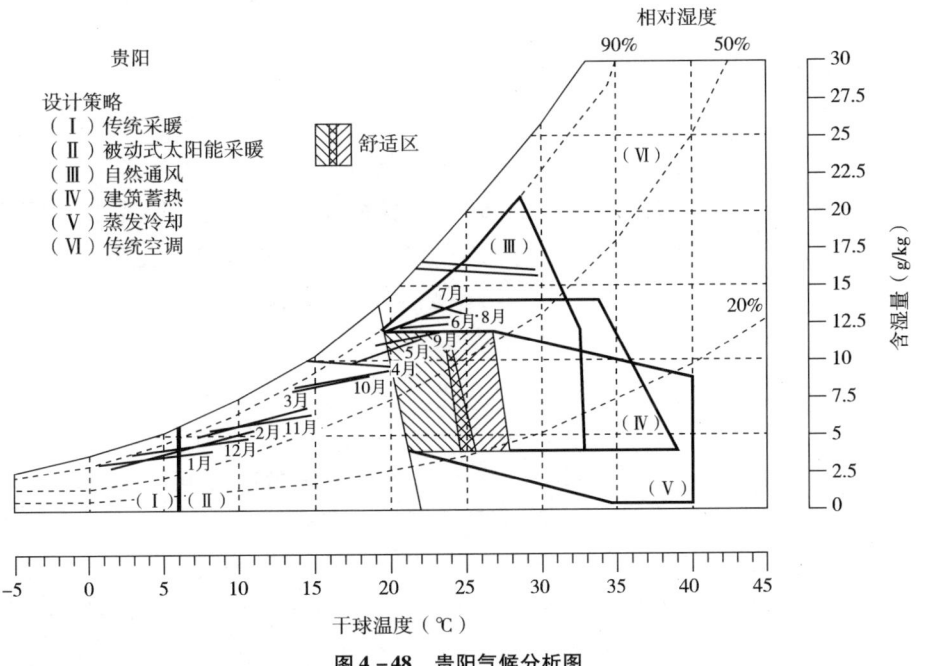

图 4-48　贵阳气候分析图

贵阳市气候调节策略各月有效时间比 表4-23

控制方式	一月	二月	三月	四月	五月	六月	七月	八月	九月	十月	十一月	十二月	时间（时数）
传统采暖（Ⅰ）	71%	48%										41%	13%
太阳能采暖（Ⅱ）	29%	52%	100%	100%	54%				17%	100%	100%	59%	51%
自然通风（Ⅲ）						100%	100%	100%					25%
建筑蓄热（Ⅳ）						100%	65%	94%					22%
蒸发冷却（Ⅴ）													
传统空调（Ⅵ）													
热舒适					46%				83%				11%

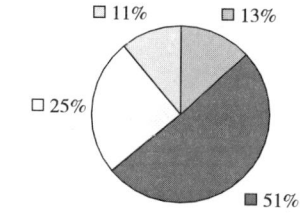

图4-49 贵阳建筑气候设计策略的有效时间比

图例：
- 传统采暖Ⅰ
- 太阳能采暖Ⅱ
- 热舒适
- 被动式降温（其中通过自然通风Ⅲ可达到25%、建筑蓄热Ⅳ可达到22%）

由气候分析图和设计策略百分比图（图4-49）的分析可知，贵阳冬季寒冷，一年中仍然有13%的时间不能完全依赖被动式太阳能解决其采暖需要。冬季大部分时间采用被动式太阳能设计是理想的获得热舒适的手段，占一年的51%。夏季热、湿问题更加突出，利用自然通风和建筑蓄热的时间占到25%。

一年当中有11%的时间处于舒适区。

可见，贵阳夏季由于高温、高湿同时存在，气候设计需要注意夏季的自然通风设计。冬季充分利用太阳能是解决室内热舒适问题和节约能源的关键。

因此，当地建筑物在考虑气候的设计时，应满足湿季防雨和通风要求，可不考虑防热，尚应注意防寒。总体规划、单体设计和构造处理宜使湿季有较好自然通风，主要房间应有良好朝向；建筑物应注意防潮、防雷击。总体设计对策可概括为：

被动式太阳能设计 + 自然通风（建筑蓄热）

4.3.24 昆明

昆明是云南省省会，是中国著名的历史文化名城和优秀旅游城市，地处云贵高原中部，位于东经102°10′至103°40′，北纬24°23′至26°22′之间。

昆明地处低纬高原，属亚热带湿润气候，素以"春城"而享誉中外，属于我国建筑气候区划的第Ⅴ建筑气候区，建筑热工气候分区的温和气候区。年平均气温15℃左右，最热月平均气温为19.7℃，最冷月平均气温为8.1℃。昆明夏无酷暑，冬无严寒，气温的年较

差偏小，日较差偏大；干湿季分明，雨量多集中于夏季，常年有雷暴，多雾；日照较少，太阳辐射强烈，但冬季日照充足。

该地区气候分析结果和各月适宜的气候调节策略及其调节时间百分比如图 4－50 所示。

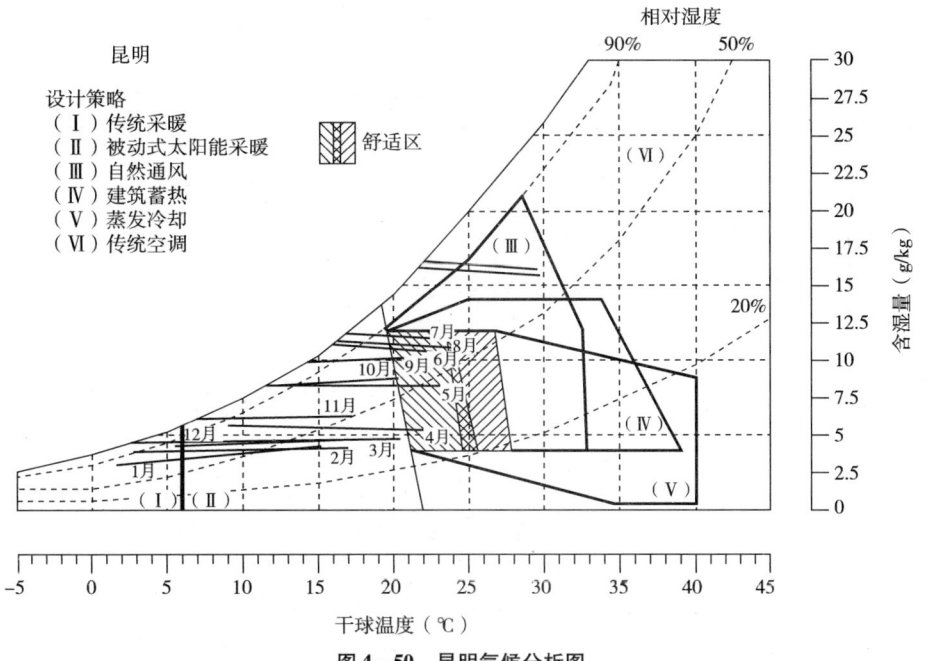

图 4－50　昆明气候分析图

昆明市气候调节策略各月有效时间比　　　　　　　　　　　　　　　表 4－24

控制方式	一月	二月	三月	四月	五月	六月	七月	八月	九月	十月	十一月	十二月	时间（时数）
传统采暖（Ⅰ）	33%	22%	3%								28%		7%
太阳能采暖（Ⅱ）	67%	78%	97%	82%	60%	69%	40%	48%	69%	98%	100%	72%	73%
自然通风（Ⅲ）													
建筑蓄热（Ⅳ）													
蒸发冷却（Ⅴ）													
传统空调（Ⅵ）													
热舒适				18%	40%	31%	60%	52%	31%	2%			20%

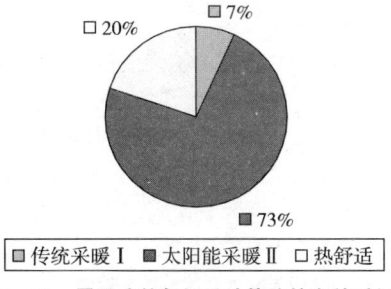

图 4－51　昆明建筑气候设计策略的有效时间比

由气候分析图和设计策略百分比图（图4-51）的分析可知，昆明气候只需考虑冬季采暖问题，夏季不存在热问题。大约有80%的时间需要考虑采暖设计，其中绝大多数时间可以通过被动式太阳能设计解决采暖的需要，占全年时间的73%。夏季不需要考虑降温设计。

一年中有20%的时间是舒适的。

因此，当地建筑物在考虑气候的设计时，应满足湿季防雨和通风要求，可不考虑防热。总体规划、单体设计和构造处理宜使湿季有较好自然通风，主要房间应有良好朝向；建筑物应注意防潮、防雷击。总体设计对策可概括为：

被动式太阳能设计

4.3.25 南宁

南宁是广西壮族自治区的首府，是连接东南沿海与西南内陆的重要枢纽，也是西部重要的省会城市。南宁位于广西南部，地处亚热带，介于北纬22°12′至24°32′，东经107°19′至109°38′之间。

南宁位于北回归线南侧，属湿润的亚热带季风气候，属于我国建筑气候区划的第Ⅳ建筑气候区，建筑热工气候分区的夏热冬暖气候区。年平均气温21.6℃左右，最热月平均气温为28.3℃，最冷月平均气温为12.7℃。该区夏长冬短，温高湿重，气温年较差和日较差均小；易有暴雨天气；太阳高度角大，日照较小，太阳辐射强烈。

该地区气候分析结果和各月适宜的气候调节策略及其调节时间百分比如图4-52所示。

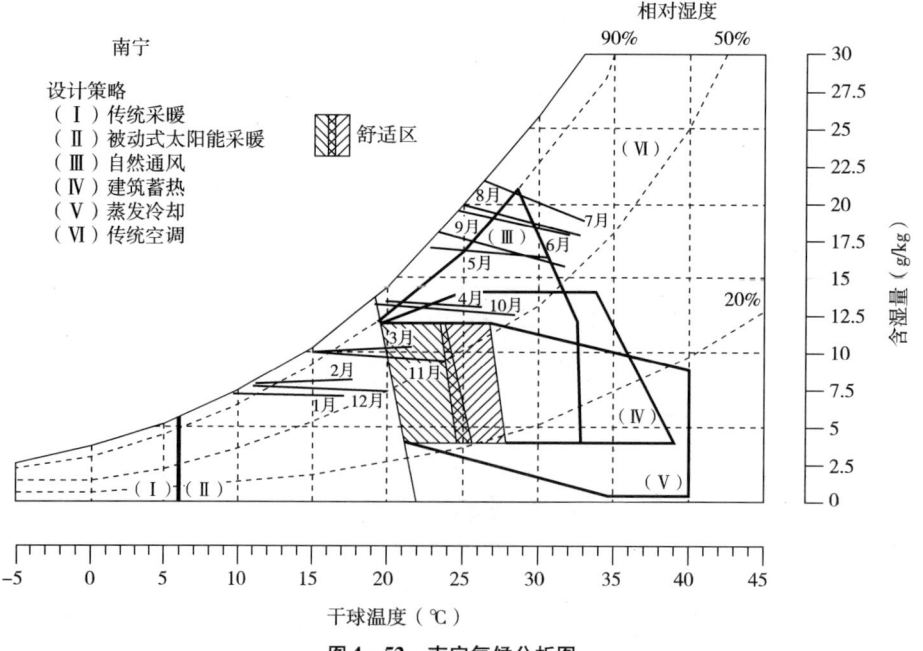

图4-52 南宁气候分析图

南宁市气候调节策略各月有效时间比 表 4 – 25

控制方式	一月	二月	三月	四月	五月	六月	七月	八月	九月	十月	十一月	十二月	时间（时数）
传统采暖（Ⅰ）													
太阳能采暖（Ⅱ）	100%	100%	75%	2%							57%	100%	36%
自然通风（Ⅲ）				78%	71%	38%	7%	32%	63%	89%			32%
建筑蓄热（Ⅳ）				50%						70%			10%
蒸发冷却（Ⅴ）													
传统空调（Ⅵ）				20%	29%	62%	93%	68%	37%	11%			26%
热舒适			25%								43%		6%

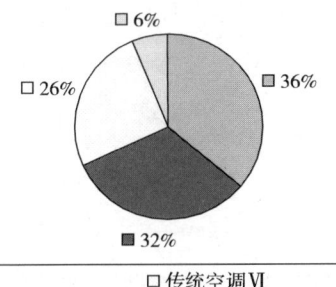

太阳能采暖 Ⅱ　　　　传统空调 Ⅵ　　　　热舒适

被动式降温（其中通过自然通风 Ⅲ 可达到 32%、建筑蓄热 Ⅳ 可达到 10%）

图 4 – 53　南宁建筑气候设计策略的有效时间比

南宁夏季过热时间长，主导气候为炎热、湿润气候。气候分析图和设计策略百分比图（图 4 – 53）的分析表明，南宁夏季需要降温的时间总共为全年时间的 58%，其中约有 32% 的时间可以通过自然通风解决。冬季需要被动式太阳能设计的时间约占全年的 36%。

一年中有 6% 的时间是舒适的。

因此，当地建筑物在考虑气候的设计时，必须充分满足夏季防热、通风、防雨要求，冬季可不考虑防寒、保温。总体规划、单体设计和构造处理宜开敞通透，充分利用自然通风；建筑物应避西晒，宜设遮阳；应注意防暴雨、防洪、防潮、防雷击。总体设计对策可概括为：

被动式太阳能设计 + 自然通风 + 空调

4.3.26　拉萨

拉萨是西藏自治区首府，是一座历史古城，该市位于雅鲁藏布江支流拉萨河中游河谷平原，市中心处于东经 91°06′，北纬 29°36′，海拔 3658 米。

拉萨地处青藏高原，属温带半干旱季风气候，处于我国建筑气候区划的第Ⅵ建筑气候区，建筑热工气候分区的寒冷气候区。年平均气温 7.8℃，最热月平均气温为 15.8℃，最冷月平均气温为 –1.5℃。该地区长冬无夏，气候寒冷、干燥；降水较多，比较湿润；气温年较差小而日较差大；空气稀薄、透明度高，日照丰富，太阳辐射强烈；冬季多西南大风，冻土深，积雪较厚，气候垂直变化明显。

该地区气候分析结果和各月适宜的气候调节策略及其调节时间百分比如图 4 – 54 所示。

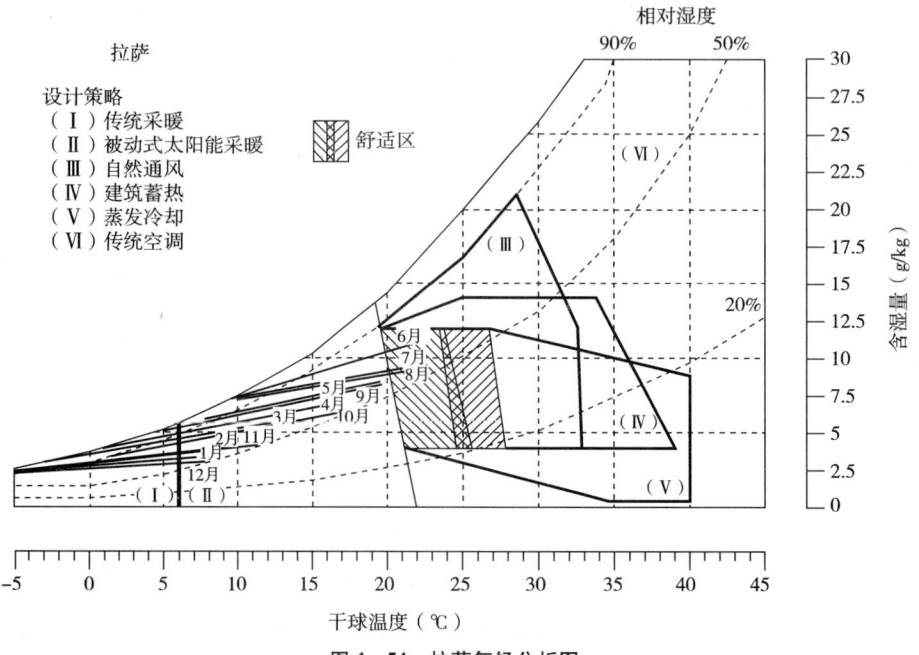

图 4 – 54 拉萨气候分析图

拉萨市气候调节策略各月有效时间比   表 4 – 26

控制方式	一月	二月	三月	四月	五月	六月	七月	八月	九月	十月	十一月	十二月	时间（时数）
传统采暖（Ⅰ）	94%	81%	62%	35%	7%					31%	67%	89%	39%
太阳能采暖（Ⅱ）	6%	19%	38%	65%	93%	78%	83%	92%	100%	69%	33%	11%	57%
自然通风（Ⅲ）													
建筑蓄热（Ⅳ）													
蒸发冷却（Ⅴ）													
传统空调（Ⅵ）													
热舒适						22%	17%	8%					4%

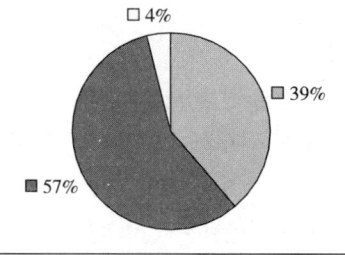

图 4 – 55 拉萨建筑气候设计策略的有效时间比

116

由气候分析图和设计策略百分比图（图 4 - 55）的分析可知，拉萨气候寒冷，需考虑冬季采暖问题，夏季不存在热问题。大约有 96% 的时间需要考虑采暖设计。从 11 月至来年 3 月，不能完全依赖被动式太阳能设计解决采暖的需要，占全年的 39%。可以利用被动式太阳能的时间主要在 4 ~ 10 月，占全年的 57%。

一年中有 4% 的时间是舒适的。

因此，当地建筑物在考虑气候的设计时，应充分满足防寒、保温、防冻的要求，夏天不需考虑防热。总体规划、单体设计和构造处理应注意防寒风与风沙；建筑物应采取减少外露面积，加强密闭性，充分利用太阳能等节能措施。总体设计对策可概括为：

传统采暖（主动式太阳能）+ 被动式太阳能设计

4.3.27　杭州

杭州是浙江省省会，是仅次于上海的第二大中心城市，中国东南重要交通枢纽，全国重点风景旅游城市和历史文化名城。杭州地处长江三角洲南翼，杭州湾西端，市中心位于北纬 30°16′、东经 120°12′。

杭州为亚热带季风气候，属于我国建筑气候区划的第Ⅲ建筑气候区，建筑热工气候分区的夏热冬冷气候区。年平均气温 16.3℃，最热月平均气温为 28.3℃，最冷月平均气温为 4.2℃。该地区夏季气候炎热、湿润，冬季寒冷干燥，气温日较差小；光照充足，空气湿润，雨量充沛，梅雨季节降雨增多，暴雨频繁。

该地区气候分析结果和各月适宜的气候调节策略及其调节时间百分比如图 4 - 56 所示。

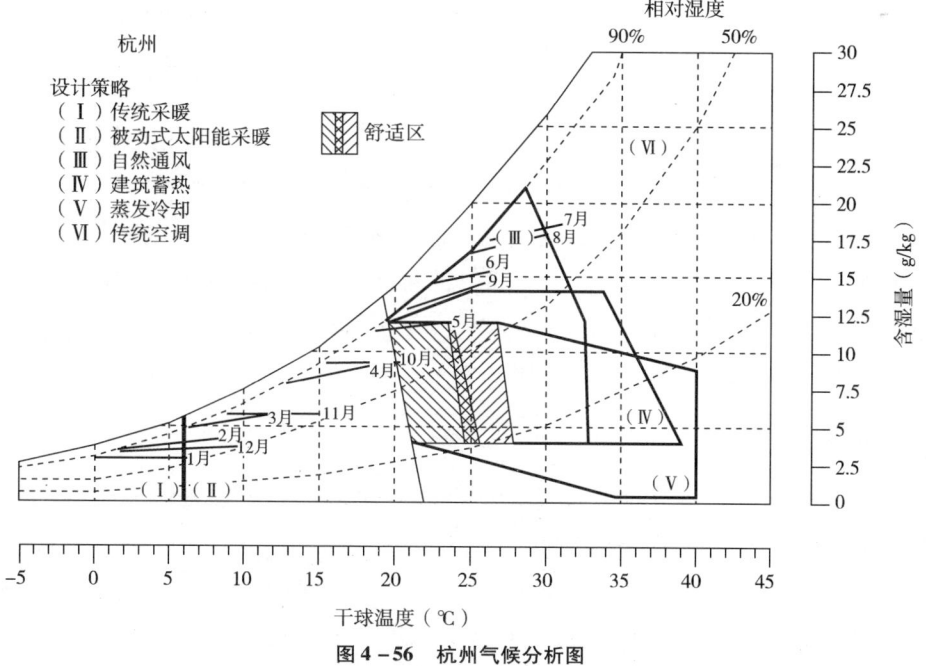

图 4 - 56　杭州气候分析图

杭州市气候调节策略各月有效时间比   表 4 - 27

控制方式	一月	二月	三月	四月	五月	六月	七月	八月	九月	十月	十一月	十二月	时间（时数）
传统采暖（Ⅰ）	96%	67%										55%	18%
太阳能采暖（Ⅱ）	4%	33%	100%	100%	20%					97%	100%	45%	42%
自然通风（Ⅲ）						100%	75%	98%	100%				31%
建筑蓄热（Ⅳ）													
蒸发冷却（Ⅴ）													
传统空调（Ⅵ）							25%	2%					2%
热舒适					80%					3%			7%

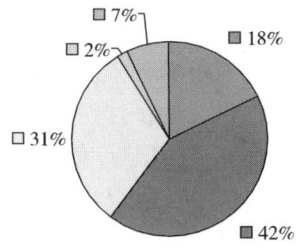

图 4 - 57 杭州建筑气候设计策略的有效时间比

由气候分析图和设计策略百分比图（图 4 - 57）的分析可知，杭州冬季较温和，需要采暖的时间约占全年的 60%，其中被动式太阳能设计可以解决 42% 的时间。夏季热、湿问题突出，利用自然通风的时间占到 31%。夏季有 2% 的时间还需依靠空调降温调湿。

一年当中有 7% 的时间处于舒适区。

杭州地区冬季需要被动式太阳能与主动式相结合的设计思路解决采暖的需要；夏季热、湿问题严重，应尽可能利用自然通风以减少空调的使用时间。

因此，当地建筑物在考虑气候的设计时，必须满足夏季防热、通风降温要求，冬季应适当兼顾防寒。建筑物应避西晒且有利于良好的自然通风，并满足防雨、防潮、防洪、防雷击要求；冬季还应预防积雪危害。总体设计对策可概括为：

被动式太阳能设计 + 空调 + 自然通风

4.3.28 南昌

南昌是江西省省会，处江西省中部偏北，滨临中国第一大淡水湖鄱阳湖，位于东经 115°27′至 116°35′，北纬 28°09′至 29°11′之间。

南昌为亚热带湿润季风气候，属我国建筑气候区划的第Ⅲ建筑气候区，建筑热工气候分区的夏热冬冷气候区。年平均气温 17.5℃，最热月平均气温为 29.1℃，最冷月平均气温为 5.2℃。南昌夏、冬季长，春、秋季短。夏季闷热、多雨，冬季湿冷，气温日较差小，

降雨充沛，日照较充足。春末夏初多阴雨天气，常有大雨和暴雨出现。

该地区气候分析结果和各月适宜的气候调节策略及其调节时间百分比如图 4 - 58 所示。

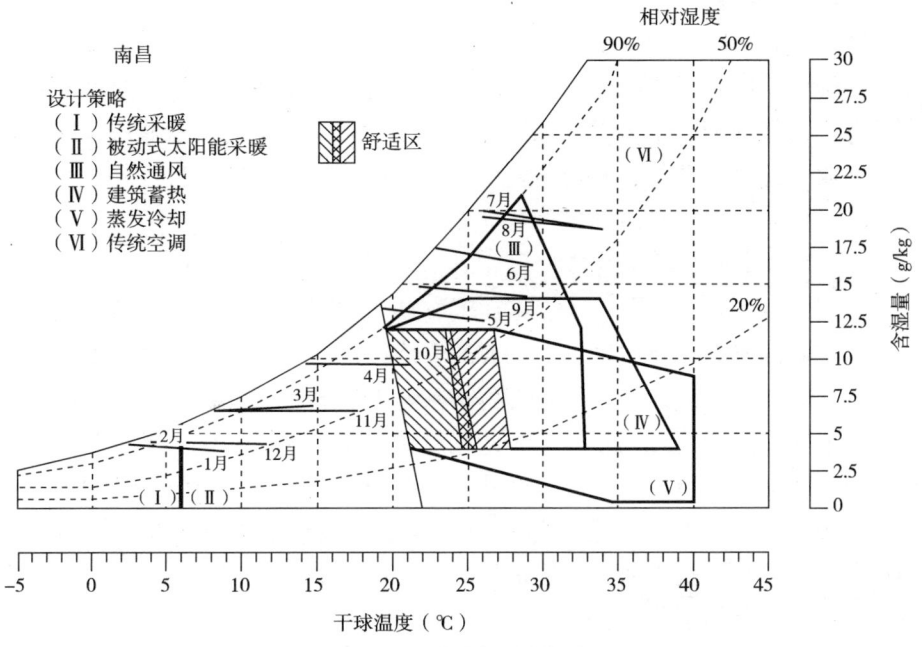

图 4 - 58　南昌气候分析图

南昌市气候调节策略各月有效时间比　　　　　　　　表 4 - 28

控制方式	一月	二月	三月	四月	五月	六月	七月	八月	九月	十月	十一月	十二月	时间（时数）
传统采暖（Ⅰ）	55%	37%										23%	10%
太阳能采暖（Ⅱ）	45%	63%	100%	86%	1%					52%	100%	77%	43%
自然通风（Ⅲ）					78%	65%	23%	28%	86%				24%
建筑蓄热（Ⅳ）					57%								5%
蒸发冷却（Ⅴ）													
传统空调（Ⅵ）					21%	35%	77%	72%	14%				18%
热舒适				14%						48%			5%

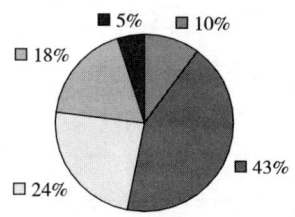

图 4 - 59　南昌建筑气候设计策略的有效时间比

由气候分析图和设计策略百分比图（图4-59）的分析可知，南昌冬季较温和，需要采暖的时间为全年的53%。其中被动式太阳能设计能解决43%的采暖需要。夏季热、湿问题严重，利用自然通风和建筑蓄热的时间为24%。夏季有18%的时间必须依靠空调降温，主要集中在6~9月。

一年当中有5%的时间处于舒适区。

因此，当地建筑物在考虑气候的设计时，必须满足夏季防热、通风降温要求，冬季应适当兼顾防寒。总体规划、单体设计和构造处理应有利于良好的自然通风，建筑物应避西晒，并满足防雨、防潮、防洪、防雷击要求。总体设计对策可概括为：

被动式太阳能 + 空调 + 自然通风（建筑蓄热）

4.3.29　广州

广州是广东省的省会，是中国南方最大的海滨城市，中国通往世界的南大门。广州地处广东省南部，珠江三角洲北缘，市中心位于东经113°17′，北纬23°8′。

广州地处亚热带，横跨北回归线，为南亚热带海洋性季风气候，属于我国建筑气候区划的第Ⅳ建筑气候区，建筑热工气候分区的夏热冬暖气候区。年平均气温21.9℃左右，最热月平均气温为28.5℃，最冷月平均气温为13.5℃。该地区长夏无冬，温高湿重，气温年较差和日较差均小；雨量丰沛，多热带风暴和台风袭击，易有大风暴雨天气；太阳高度角大，日照较小，太阳辐射强烈。

该地区气候分析结果和各月适宜的气候调节策略及其调节时间百分比如图4-60所示。

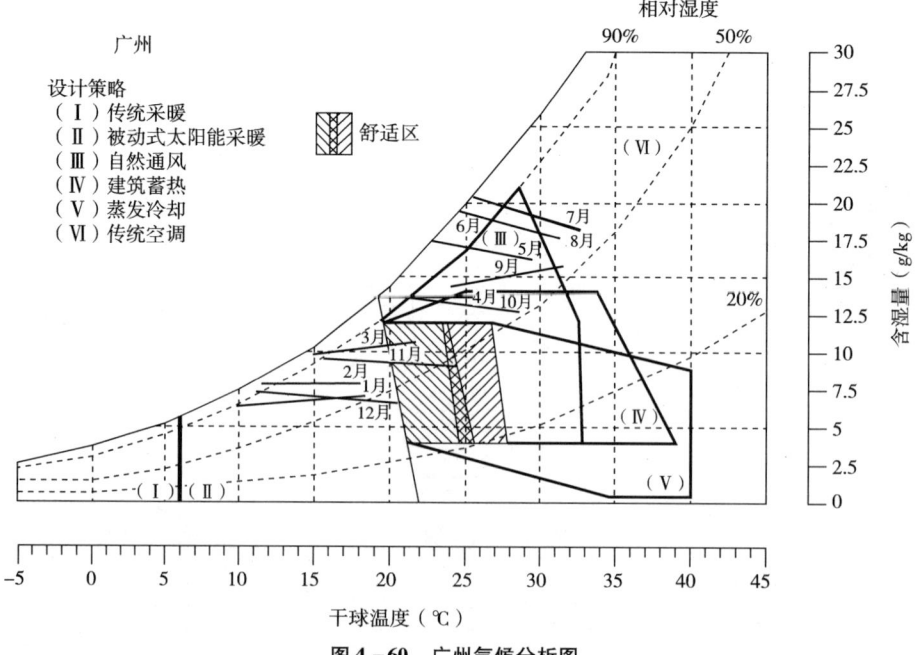

图4-60　广州气候分析图

广州市气候调节策略各月有效时间比　　　　　　　　表 4 – 29

控制方式	一月	二月	三月	四月	五月	六月	七月	八月	九月	十月	十一月	十二月	时间（时数）
传统采暖（Ⅰ）													
太阳能采暖（Ⅱ）	100%	100%	74%	2%							50%	100%	36%
自然通风（Ⅲ）				66%	63%	46%	27%	26%	94%	90%			34%
建筑蓄热（Ⅳ）				26%						67%			8%
蒸发冷却（Ⅴ）													
传统空调（Ⅵ）				32%	37%	54%	73%	74%	6%	10%			24%
热舒适			26%								50%		6%

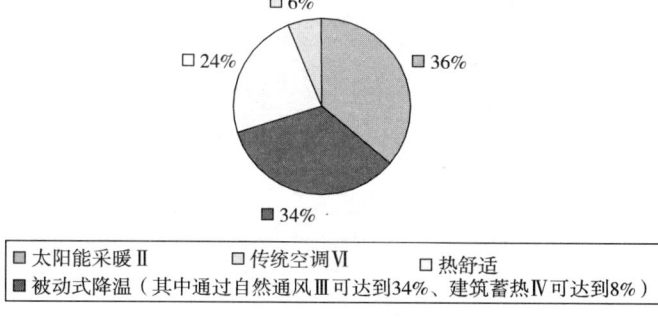

图 4 – 61　广州建筑气候设计策略的有效时间比

由气候分析图和设计策略百分比图（图 4 – 61）的分析可知，广州夏季需要降温的时间为全年的 58%，其中约有 34% 的时间可以通过自然通风或建筑蓄热解决。其余为可利用被动式太阳能采暖的时间，占全年的 36%。

一年中有 6% 的时间是舒适的。

因此，当地建筑物在考虑气候的设计时，必须充分满足夏季防热、通风、防雨要求，冬季可不考虑防寒、保温。总体规划、单体设计和构造处理宜开敞通透，充分利用自然通风；建筑物应避西晒，宜设遮阳；应注意防洪、防潮、防雷击、防热带风暴和台风、暴雨袭击及盐雾侵蚀。总体设计对策可概括为：

被动式太阳能设计 + 自然通风 + 空调

4.3.30　福州

福州是福建省省会，位于福建省东部闽江下游，与台湾隔海相望，坐落在北纬 25°15′ 至 26°39′，东经 118°08′ 至 120°37′ 之间。

福州位于欧亚大陆东南边缘，东临太平洋，是典型的亚热带湿润季风气候，与广州同属于我国建筑气候区划的第Ⅳ建筑气候区，建筑热工气候分区的夏热冬暖气候区。年平均气温 19.7℃左右，最热月平均气温为 28.8℃，最冷月平均气温为 10.8℃。该地区夏长冬短，温暖湿润，气温年较差和日较差均小；雨量丰沛，多热带风暴和台风袭击，易有大风暴雨天气；太阳高度角大，日照较小，太阳辐射强烈。

该地区气候分析结果和各月适宜的气候调节策略及其调节时间百分比如图 4 - 62 所示。

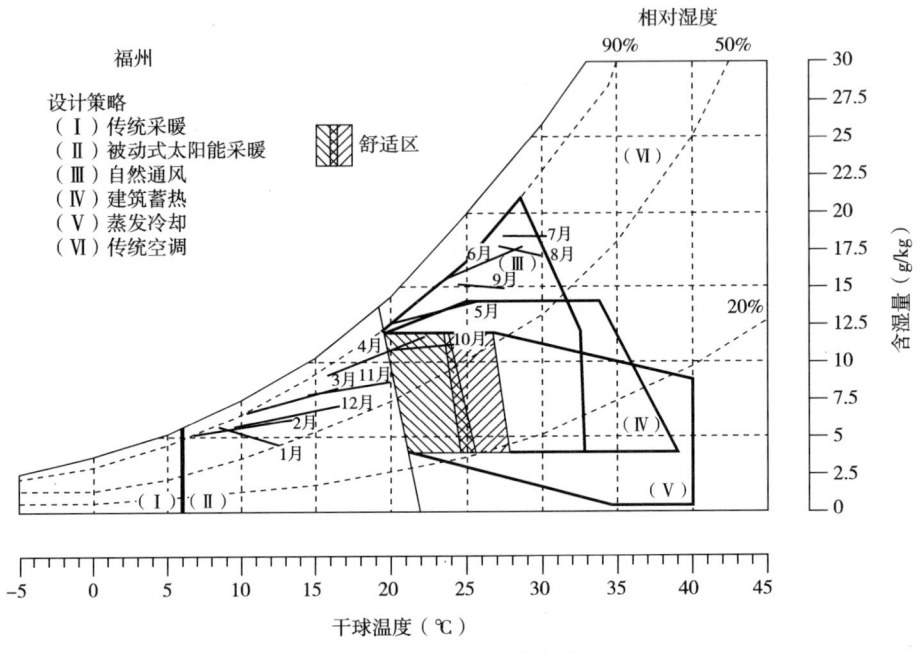

图 4 - 62　福州气候分析图

福州市气候调节策略各月有效时间比　　　　　　　　表 4 - 30

控制方式	一月	二月	三月	四月	五月	六月	七月	八月	九月	十月	十一月	十二月	时间（时数）
传统采暖（Ⅰ）													
太阳能采暖（Ⅱ）	100%	100%	100%	64%							100%	100%	47%
自然通风（Ⅲ）					100%	100%	83%	100%	100%				40%
建筑蓄热（Ⅳ）					43%								4%
蒸发冷却（Ⅴ）													
传统空调（Ⅵ）							17%						1%
热舒适					36%					100%			11%

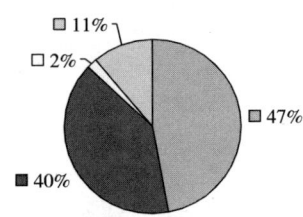

图 4 - 63　福州建筑气候设计策略的有效时间比

福州夏季过热时间长，主导气候为炎热、湿润气候。气候分析图和设计策略百分比图（图 4-63）表明，福州夏季需要降温的时间总共为全年时间的 42%，其中约有 40% 的时间可以通过自然通风或建筑蓄热解决。冬季需要被动式太阳能设计的时间约占全年的 47%。

一年中有 11% 的时间是舒适的。

因此，当地建筑物在考虑气候的设计时，必须充分满足夏季防热、通风、防雨要求，冬季可不考虑防寒、保温。总体规划、单体设计和构造处理宜开敞通透，充分利用自然通风；建筑物应避西晒，宜设遮阳；应注意防洪、防潮、防雷击、防热带风暴和台风、暴雨袭击及盐雾侵蚀。总体设计对策可概括为：

被动式太阳能设计 + 自然通风 + 空调

4.3.31　海口

海口为海南省省会，地处海南岛北部，北临琼州海峡，位于北纬 19°32′ 至 20°05′，东经 110°10′ 至 110°41′ 之间。

海口市地处低纬度热带北缘，属于热带海洋气候，也属于我国建筑气候区划的第Ⅳ建筑气候区，建筑热工气候分区的夏热冬暖气候区。年平均气温 24.0℃ 左右，最热月平均气温为 28.5℃，最冷月平均气温为 17.6℃。该地区长夏无冬，温高湿重，气温年较差和日较差均小；雨量丰沛，多热带风暴和台风袭击，易有大风暴雨天气；太阳高度角大，日照时间长，太阳辐射强烈。

该地区气候分析结果和各月适宜的气候调节策略及其调节时间百分比如图 4-64 所示。

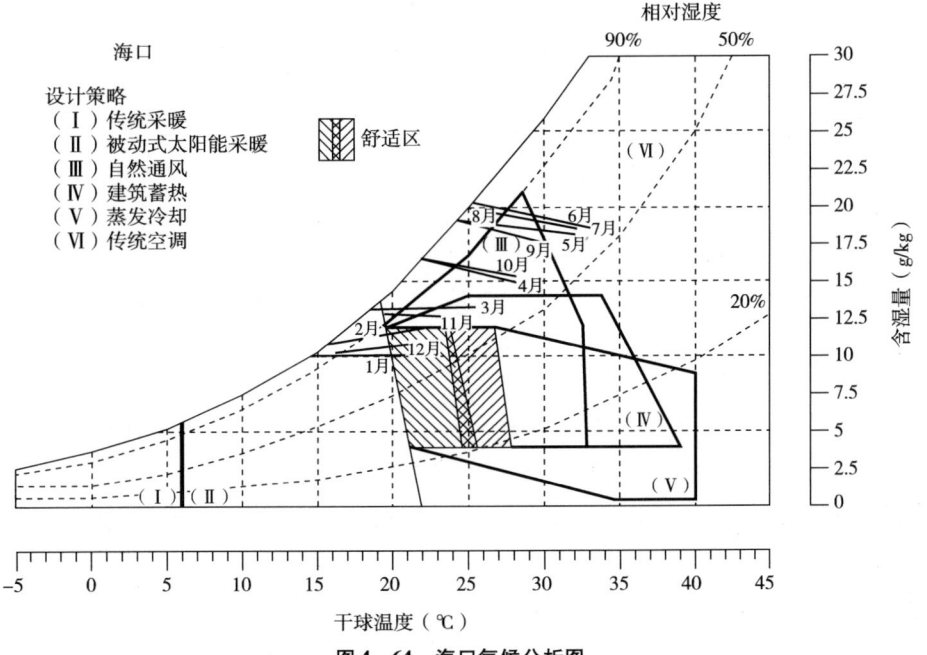

图 4-64　海口气候分析图

海口市气候调节策略各月有效时间比　　　　　　表 4 – 31

控制方式	一月	二月	三月	四月	五月	六月	七月	八月	九月	十月	十一月	十二月	时间（时数）
传统采暖（Ⅰ）													
太阳能采暖（Ⅱ）	86%	63%	10%								62%		18%
自然通风（Ⅲ）			68%	71%	38%	24%	23%	30%	57%	71%	84%		38%
建筑蓄热（Ⅳ）			40%							61%			8%
蒸发冷却（Ⅴ）													
传统空调（Ⅵ）			22%	29%	62%	76%	77%	70%	43%	29%	16%		37%
热舒适	14%	37%										38%	7%

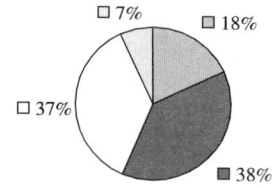

图 4 – 65　海口建筑气候设计策略的有效时间比

　　海口主导气候为炎热气候，冬季不存在寒冷问题。气候分析图和设计策略百分比图（图 4 – 65）表明，海口夏季需要降温的设计时间很长，总共为 75%，其中约有 38% 的时间可以通过自然通风或建筑蓄热解决。

　　一年中有 7% 的时间是舒适的。

　　因此，当地建筑物在考虑气候的设计时，同广州一样，必须充分满足夏季防热、通风、防雨要求，冬季可不考虑防寒、保温。总体规划、单体设计和构造处理宜开敞通透，充分利用自然通风；建筑物应避西晒，宜设遮阳；应注意防洪、防潮、防雷击、防热带风暴和台风、暴雨袭击及盐雾侵蚀。总体设计对策可概括为：

　　被动式太阳能设计 + 自然通风 + 空调

4.4　小结

　　本章在中国 31 个主要城市的气候参数的数据基础上，分析得出了各地控制热环境的建筑设计策略的有效使用时间比，并根据时间的有效性大小提出了针对各个城市气候特点的适宜的建筑设计策略。为了使分析结果更直观清晰，在本章的最后部分对各地区控制方式有效时数百分比，以及各城市所处地理位置进行了归纳总结，同时将各城市与气候适宜的建筑形式进行了分类。将全国各地的建筑大体上分成了四种类型，分别为保温隔热型，保温隔热、遮阳与通风并行式，通风、遮阳型建筑，被动式太阳能建筑。各地区分析结果

和适宜的气候建筑类型分类介绍如表4-32所示：

各地区气候适宜的建筑类型分类 表4-32

城市	地理位置	建筑类型	各控制方式有效时数百分比（%）						
			传统采暖	太阳能采暖	自然通风	建筑蓄热	蒸发冷却	传统空调	热舒适
哈尔滨	东北、华北、西北和西藏高原地区	保温隔热型	48	32	12	11			8
长春			48	30	12	11		4	6
沈阳			42	33	17	3			8
呼和浩特			47	38	1	1	1	1	13
北京			38	32	18	16	2		12
天津			36	29	20	3			15
石家庄			32	30	21	3	1		17
兰州			39	44					17
拉萨			39	57					4
乌鲁木齐			44	32	5	5	5		19
西宁			46	54					
太原			40	36	7	7			17
银川			42	34					25
济南			36	25	21	1	3		18
西安	长江流域	保温隔热、遮阳、通风	28	39	17	9	3	3	13
郑州			28	35	24	4	3		13
上海			19	42	31	3		2	6
重庆			2	45	46	8		2	5
合肥			22	39	30	6		3	6
武汉			15	42	24	5		16	3
长沙			8	49	40			2	1
南京			22	39	32	5		2	5
成都			9	51	23	8		9	8
杭州			18	42	31			2	7
南昌			10	43	24	5		18	5
南宁	华南地区	通风、遮阳型		36	32	10		26	6
广州				36	34	8		24	6
福州				47	40	4		1	11
海口				18	38	8		37	7
贵阳	西南云贵高原地区	被动式太阳能型	13	51	25	22			11
昆明			7	73					20

表4-32的综合结果表明，在我国北方的大部分地区如哈尔滨、长春等，主要包括东北、华北、西北和西藏高原，建筑气候控制策略中传统采暖在一年中所占时间比例较大，均在30%以上。一年中大部分时间需要依靠传统采暖和太阳能采暖。而夏季自然通风建筑蓄热所占全年的时间比非常小，大部分城市夏季甚至不用空调降温，而仅将冬季防寒作为建筑设计的重点。由于该地区冬季寒冷，室内外温差大，同时结构层的保温隔热效果与室内外温差大小成正比，建筑的保温隔热性能越好，由温差部分损失的热量就越少。因此，该地区的建筑气候设计可以概括为以围护结构的保温隔热性能优先的设计原则，建筑形式体现建筑体形紧凑，开窗面积小（为了争取日照，南向窗除外），外墙保温性能优越的特点，可称之为"保温隔热型建筑"，如图4-66所示。

我国长江流域的广大地区如上海、武汉、长沙，气候控制策略中冬季传统采暖、太阳能采暖和夏季自然通风降温均占一定比例，且夏季部分时段需要采用传统空调，因此需要协调考虑冬季采暖和夏季降温设计。尽管该区日较差没有北方地区大，但也在10℃左右，围护结构应有一定的保温隔热要求。同时该地区冬季寒冷和夏季炎热对人体产生的不舒适程度几乎相等，因此夏季防热也应着重考虑。由表4-32可知，该区域自然通风设计是建筑有效的降温方法，同时由于该地区夏季太阳辐射较强，在建筑中可考虑采取遮阳来促进降温。因此，该区建筑气候特点可以概括为"保温隔热、遮阳与通风并行"的特征，如图4-66所示。

而对于华南地区表4-32中的数据反映出，该区域建筑气候控制性策略中冬季并不需要传统采暖，仅靠太阳能采暖即可满足防寒需求，而夏季自然通风和传统空调所占比例较大，夏季需要降温的时间占全年时间的40%以上，并且夏季大部分时段需要依靠传统空调降温。因此该区域的建筑在设计中需重点考虑夏季的降温设计。由于该区温差小，气候湿热，围护结构的隔热、蓄热效果不明显，因此建筑应重在隔绝室外日射的影响和提供足够的自然通风。气候建筑特色表现为阴影丰富、自然通风充分的特点，称之为"通风、遮阳型建筑"，如图4-66所示。

西南云贵高原地区主要代表城市为昆明和贵阳，从表4-32中数据可看出该区域热舒适时间段占全年的10%以上，同时冬季太阳能采暖的有效时数为全年的50%以上，传统采暖所占比例相对较小，大多数时间可依赖被动式太阳能设计采暖。从表中还可看出，该区域建筑夏季通风蓄热所占时间短，且并不需要传统空调，仅靠自然通风和建筑蓄热就能达到舒适程度。因此，该区冬季温寒，夏季凉爽的宜人气候成为我国唯一可以完全依赖建筑的被动式方法解决热舒适的气候区。其建筑特点也可以概括为充分利用建筑自身条件以完全自然的方式来满足冬季采暖、夏季降温需求的"被动式太阳能建筑"形式，如图4-66所示。

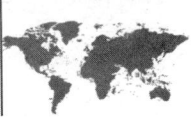

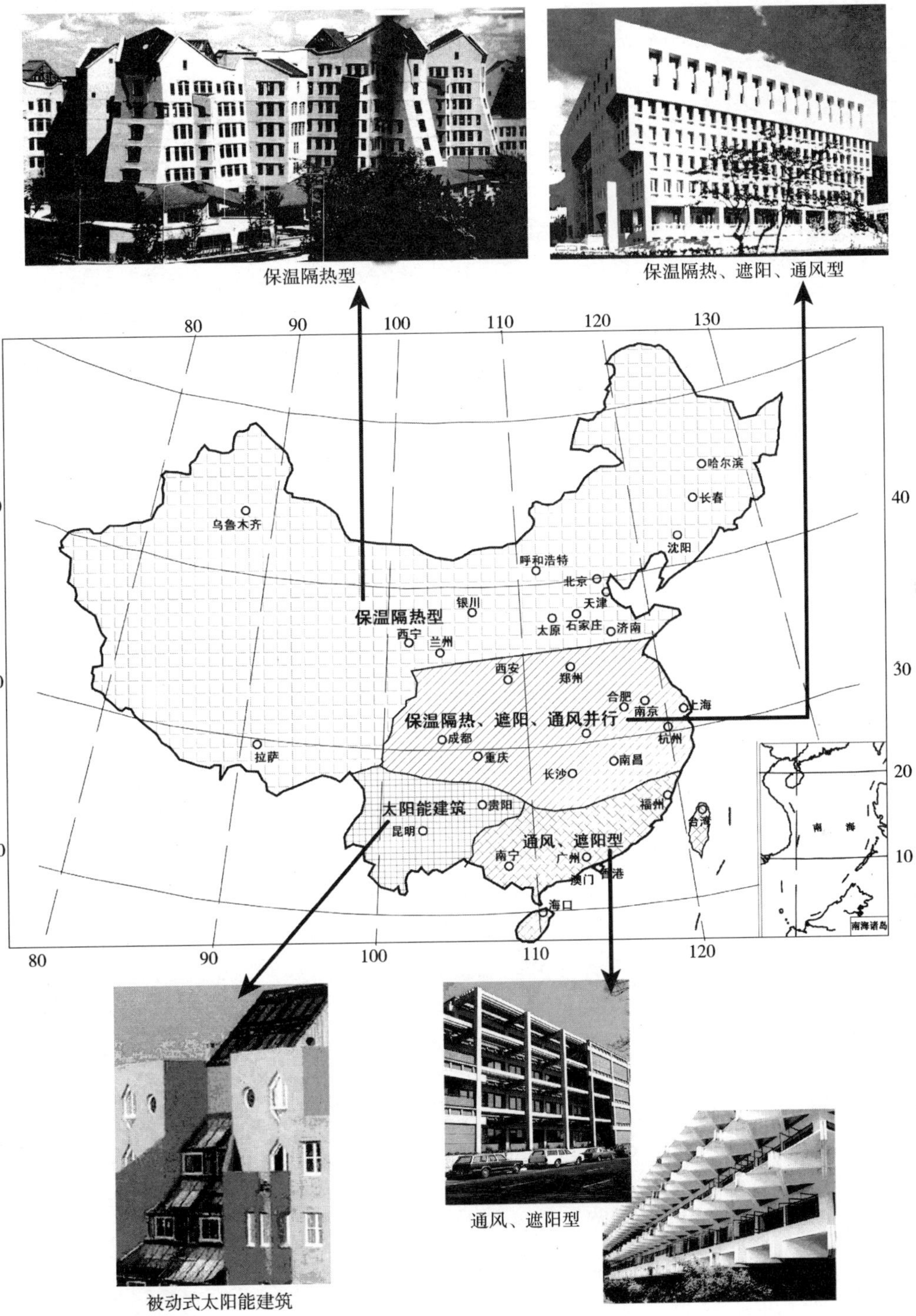
保温隔热型
保温隔热、遮阳、通风型
保温隔热型
保温隔热、遮阳、通风并行
太阳能建筑
通风、遮阳型
乌鲁木齐
哈尔滨
长春
沈阳
呼和浩特
北京
天津
银川
西宁
兰州
太原
石家庄
济南
西安
郑州
合肥
南京
上海
杭州
成都
重庆
长沙
南昌
拉萨
贵阳
昆明
福州
台湾
南宁
广州
澳门
香港
海口
南海
南海诸岛
80
90
100
110
120
130
40
30
20
10
被动式太阳能建筑
通风、遮阳型

图4-66 气候与建筑

BIOCLIMATIC ARCHITECTURE 建筑气候学

第5章　地域气候建筑设计原则

为了明确建筑设计与气候的关系，使建筑师从方案设计的开始就能够合理运用适宜性被动式气候调控措施，使建筑可以更充分地利用和适应气候，做到因地制宜。本章在前面的工作基础上，利用气候分析结果，从建筑设计过程中应考虑被动式设计的角度，初步给出了考虑气候适应性的被动式设计区域，并详细论述各设计区的气候设计原则。

本书前面章节论述了调控室内气候的被动式设计原理和调节策略，确定了影响室内气候和舒适热环境的室外气候条件，分析了我国主要城市被动式气候设计的利用潜力，并初步给出了我国适应气候的地域建筑设计特征，可以概括为：保温隔热型、保温隔热与遮阳通风兼顾型、太阳能采暖建筑以及遮阳通风型四类基本建筑设计。本章节我们将根据建筑的冬季采暖和夏季降温设计要求，在具体设计原则的基础上，根据气候分析数据论述气候调节技术在这四个地域气候中的应用。具体内容包括设计区的气候特征、地理位置，根据代表城市的气候控制分析图，论述该设计区的人体热舒适要求和满足舒适要求的气候设计原则。

5.1 气候设计原则与技术措施

如果按照我国传统习惯，以连续 5 天日平均气温 >22℃为夏，<10℃为冬来划分四季的话，除了东北北部、两广中南部、青藏高原海拔 4500 米以上的地区、南海诸岛以及昆明地区以外，我国大部分地区都是夏热冬冷、四季分明的气候。一年中的冬季和夏季都会对人体热舒适产生不利的影响，这种考虑有两种季节影响的气候设计比一季的影响要复杂。建筑气候设计必须同时考虑冬夏两季的影响，协调统一两者在设计中的矛盾。所以我们从冬季和夏季两个方面论述了建筑的气候设计原则，见表 5-1。

建筑气候设计原则　　　　　　　　　　　　　　　表 5 – 1

冬季	夏季
建筑保温综合设计原则	控制太阳辐射
建筑防风综合处理原则	充分利用自然通风
充分利用太阳能	利用建筑蓄热性减少室外温度波动的影响
	建筑防热设计
	利用蒸发冷却降温（干热气候）
	利用通风除湿
	"开放型" 建筑

5.1.1　冬季气候设计措施实施细则

设计原则 1：建筑保温综合设计原则（图 5 – 1）

（1）避免在山坡的北面布置建筑；

（2）山地地区建筑宜布置在南向山坡的中部，以避免山顶的冷风和山脚冷空气的 "冷池" 效应；

（3）建筑体形紧凑，体形系数小，对同样体积的建筑，在各围护结构的传热系数相同时，外围护结构面积愈小传出的热量愈少；

（4）充分利用户间共用墙，减少外墙面积；

（5）设计掩土建筑；

（6）合理布置缓冲空间，如辅助空间（储藏室、楼梯间、健身房等）布置在北侧，阳光间可以用作南侧的缓冲空间；

（7）按照冷暖区的时间和空间分布布置房间，如卧室布置在白天处于冷区的位置，起居室布置在夜间处于冷区的位置；

（8）除南向外，减少所有朝向的窗户面积；

（9）使用双层或三层玻璃，低辐射玻璃，或活动保温板；

（10）构件节点处、楼板边缘处、管线空间设置足够的保温材料；

（11）使用外保温做法，避免冷桥影响和结构构件暴露在室外。

设计原则 2：建筑防风综合处理原则（图 5 – 2）

（a）增加户间共用墙　　　　　（b）建筑体形紧凑　　　　（c）利用双层甚至三层保温窗户

图 5 – 1　建筑保温综合设计

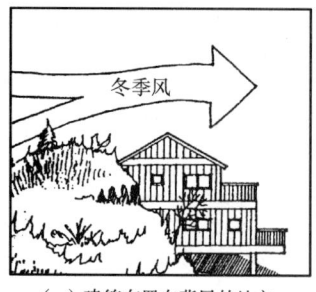

（a）建筑布置在背风的地方

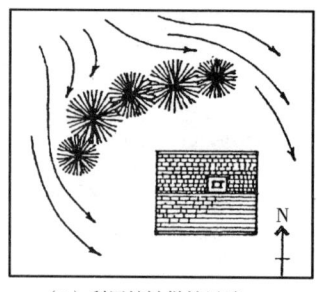

（b）利用植被做挡风墙

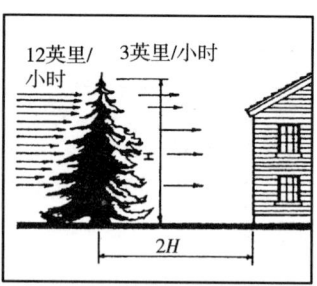

（c）常青树是最好的挡风墙

图 5-2　建筑防风综合处理

（12）避免在多风地区布置建筑，如山顶；

（13）利用常青树挡风墙；

（14）利用花园墙保护建筑入口处；

（15）在多风的地区，将建筑紧贴地面；

（16）布局紧凑，避免风的侵袭；

（17）建筑形式采用流线型或圆角；

（18）成组团布置，利用建筑之间的互相遮挡；

（19）使用大的倾斜的坡屋面，引导风顺屋面流走；

（20）辅助用房布置在冬季主导风的上风向；

（21）利用阳光间或阳光廊做缓冲空间；

（22）利用掩土挡风；

（23）减少开口，主要开口布置在下风向；

（24）利用门斗、旋转门窗减少冷风渗透；

（25）通风口远离水汽及有害气体干扰；

（26）增强门窗处的密封性，使用气密性好的门窗；

（27）室外活动空间布置在南向；

（28）冬季关闭花园墙上的窗户，以避免冷风侵袭；

（29）通过设置雪障和风屏障避免入口和南向窗受到遮挡。

设计原则 3：充分利用太阳能（图 5-3）

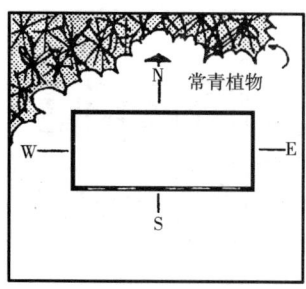

（a）建筑长轴东西向布置

（b）尽可能增大南向窗户面
　　积，避免周围树木遮挡

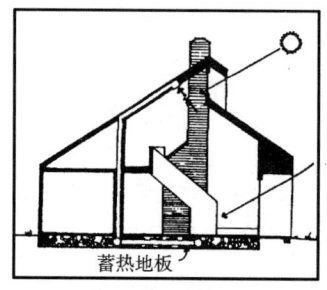

（c）使用竖向垂直天窗，获
　　得太阳能

图 5-3　充分利用太阳能

（30）建筑布置在南向、东南向和西南向；

（31）绝对避免植被和人造构筑物遮挡南向窗；

（32）避免在南向近距离种植常青树木；

（33）在西南向和东南向可种植落叶树；

（34）在冬季很长的气候区，建筑的东、西向也可种植落叶树；

（35）建筑长轴为东西向；

（36）增加南向开窗面积；

（37）利用矩形天窗而不是平天窗；

（38）使用率高的房间布置在南向；

（39）平面设计尽量开敞以接纳更多冬季阳光；

（40）利用直接受益式、阳光间式和集热蓄热墙式太阳能设计；

（41）利用建筑蓄热性吸收和储存太阳辐射热；

（42）院落天井、人行地面采用浅色铺装，反射更多的太阳光线进入窗内；

（43）利用特殊材质做反射板，如抛光的铝板，反射更多太阳辐射进入室内；

（44）利用主动式太阳能提供热水、采暖用能；

（45）在夏季不存在过热情况下，外墙饰面可以为深黑色；

（46）创造室外多阳光而避风的活动空间。

5.1.2　夏季气候设计措施实施细则

设计原则 4：控制太阳辐射（图 5 - 4）

（47）避免建筑朝向东、西向；对于冬季不需要太阳能采暖的房间，布置在北向，冬季需要太阳能的房间，设置在南向；

（48）利用植被遮阳；

（49）避免使用深色的表面；

（50）利用相邻建筑的遮挡作用遮挡夏季强烈日光，高的建筑、窄的街道形成紧凑的建筑群体布局；

（51）避免临近建筑浅色表面反射辐射的影响；

（a）减少东、西向外墙面积，避免开窗　（b）利用挑檐、阳台和外廊遮阳　（c）利用出挑大的屋面檐口遮挡外墙和窗户

图 5 - 4　控制太阳辐射

（52）尽量采用联排式或组团式住宅布置，以减少外墙面积；

（53）利用独立式片墙、翼墙遮阳；

（54）采用自遮阳的建筑形式；

（55）避免东、西向窗；

（56）尽量采用侧窗，避免使用平天窗或锯齿形天窗；

（57）除气候凉爽地区的北向窗外，其他窗户都要设置遮阳；

（58）东、西墙面设置遮阳，气候炎热地区，南墙也需设置遮阳；

（59）采用双层通风屋顶；

（60）在东西向和南向设置灰空间；

（61）采用通透的遮阳装置；

（62）利用藤蔓植物遮阳；

（63）尽量采用活动式遮阳；

（64）建筑外表面采用高反射材料；

（65）采用室内遮阳；

（66）户外活动空间最好布置在北向，东向次之。

设计原则5：充分利用自然通风（图5-5、图5-6）

（67）利用夜间通风；

（68）建筑朝向夏季主导风向；

（69）环境景观设计利于引导风吹向建筑；

（70）建筑之间的间距合理以保证良好的自然通风；

（71）建筑布局开敞，利于获得穿堂风；

（72）将主要活动空间布置在高处，因为风速随地面的高度增加而增大；

（73）层高高的房间，跃层式房间，开敞天井有利于热压通风；

（74）正压区和负压区同时设置开口引导穿堂风；

（75）利用导板创造穿堂风；

（76）设置高低开口创造热压通风；

（77）阁楼开窗；

（a）增大开窗面积，但是必须有遮阳设计

（b）高窗至顶棚处

（c）阁楼设置开口通风

图5-5　充分利用自然通风（一）

（a）底层架空，避免地面的湿气

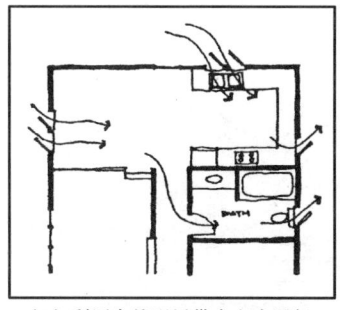
（b）利用自然通风带走室内湿气

（c）高大的阔叶树是最好的遮阳

图 5-6　充分利用自然通风（二）

（78）利用外廊提供阴凉的户外空间；

（79）利用架空屋面通风；

（80）采用密封性能好的窗户；

（81）减少室内隔墙对风的阻碍作用；

（82）确保房间之间的窗和门能开启通风；

（83）在风速小的地区可设计太阳烟囱；

（84）设计可移动的挡板以及可开启的窗户，在需要的时候打开通风。

设计原则6：利用建筑蓄热减少室外温度波动的影响（图 5-7）

（85）也称作"夜间通风"设计，白天利用建筑结构的蓄热性吸收室外热量，在夜间通过通风将白天吸收的热量散发出去；

（86）利用砖、石、混凝土和土坯等热容性高的材料；

（87）在保温层外设置隔热层；

（88）将保温层布置在厚重型结构层的外侧，或"夹心层"保温做法；

（89）使墙体与泥土或岩石直接接触；

（90）白天关闭门窗，避免室外热流进入室内；

（91）夜间进行通风，降低蓄热性材质的温度；

（92）利用比热容大的水做蓄热材料；

（93）利用夜间长波辐射散热和蒸发冷却降低蓄热材料的温度；

（a）利用建筑材料的蓄热作用减少室外温度波动的影响

（b）利用大地的蓄热作用

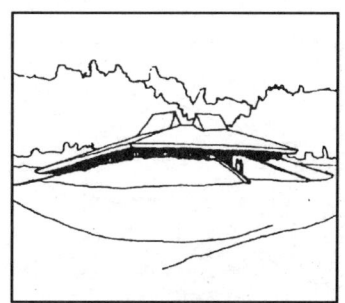
（c）掩土建筑是最好的抵御室外温度波动的实例

图 5-7　利用建筑蓄热减少室外温度波动的影响

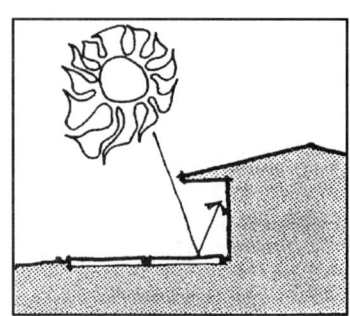

（a）紧凑的形体、保温、外表面刷白是干热区的典型建筑

（b）建筑互相连接，减少外墙的暴露面积

（c）避免周围环境的反射辐射热

图 5－8　建筑隔热

（94）利用地下埋管或地源热泵、空气源热泵降温。

设计原则 7：建筑隔热（图 5－8）

（95）布局紧凑，体形系数小；

（96）利用增加共用墙来减少暴露在室外的外墙面积；

（97）利用植被和遮阳设施保持建筑周围凉爽，避免阳光进入室内；

（98）设计掩土建筑；

（99）足够的隔热阻；

（100）减少开窗；

（101）窗户上设置内、外遮阳；

（102）将具有热源的房间隔离；

（103）按照空间的冷、暖分区布置房间；

（104）浅色屋面和墙面。

设计原则 8：利用蒸发冷却降温（干热气候）（图 5－9）

（105）在建筑内、庭院内或夏季主导风的通路上布置水池、喷泉；

（106）利用植物的蒸腾作用吸收空气中的热量；

（107）在屋顶、墙面、天井院内喷洒水降温；

（108）控制气流流经水池等构筑物；

（109）利用屋顶的被动蒸发冷却作用；

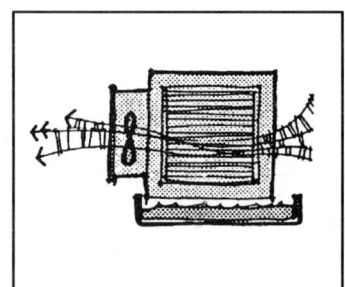

（a）水池、植被蒸发降温

（b）庭院

（c）空气掠过水体蒸发冷却后降温

图 5－9　利用蒸发冷却降温（干热气候）

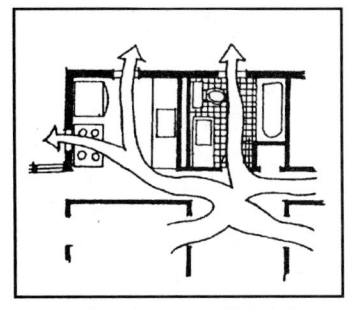

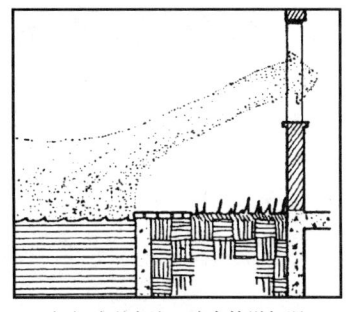

（a）厨房设计排气扇，排出多余湿气　　　（b）室内不宜种植植物　　　（c）减少水池、喷泉等增加湿度的环境景观

图 5 - 10　避免增加不必要的湿度（湿热气候）

（110）使用简单的蒸发降温装置。

设计原则 9：避免增加不必要的湿度（湿热气候）（图 5 - 10）

（111）建筑避免采用蒸发降温策略；

（112）植被尽量采用地下灌溉、滴灌式，避免喷灌；

（113）减少建筑水池、喷泉；

（114）利用渗透性铺面，避免表面产生积水；

（115）尽量选用本土植物；

（116）避免水池和植物因日晒而产生更多的湿气；

（117）厨房、卫生间使用排气扇，使室内湿气尽快排出。

设计原则 10："开放型"建筑（图 5 - 11）

（118）创造不同朝向室外空间为不同时间使用，如冬季的南向向阳空间，夏季北向的庇荫活动空间；

（119）创造荫凉的室外空间环境；

（120）房间平面布置开敞，提供户外活动空间；

（121）利用建筑的遮阳板等创造节奏感强的建筑；

（122）增加可活动的门、窗甚至墙的面积，与室外有更多的接触；

（123）利用敞篷式建筑，减少内隔墙和外墙。

（a）活动的外墙　　　　　（b）、（c）提供不同朝向有遮阳的室外空间

图 5 - 11　"开放型"建筑

5.2　地域气候设计策略

5.2.1　保温隔热型气候区

代表城市：哈尔滨、乌鲁木齐、拉萨、北京。

地理位置：主要包括东北、华北、西北地区和海拔高度在 3000m 以上的青藏高原地区。地理位置分布见图 5 – 12。

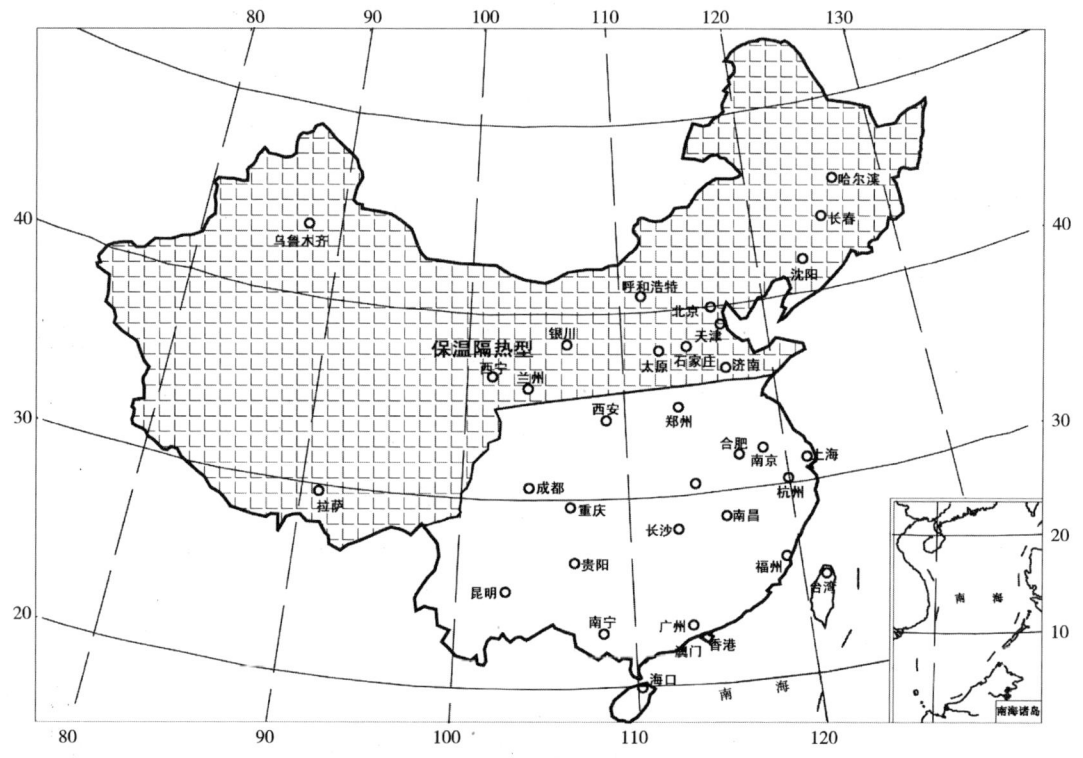

图 5 – 12　保温隔热型气候区地理位置分布图

气候特征：气候以冬季寒冷为主要特征，北部地区冬季时间甚至长达 7 ~ 8 个月。一月份平均气温在 – 28℃ ~ 0℃ 之间；夏季短促而温凉，一般只有一至一个半月，七月份的平均气温在 10 ~ 33℃ 之间。该区域西部地区降雨量稀少，年降水量少于 200mm；气温年较差和日较差均很大，日较差为 12 ~ 18℃。日照丰富，太阳辐射强烈。年太阳总辐射量为 180 ~ 260W/m²，年日照率 40% ~ 80%。东部地区，年降水量有 400 ~ 700mm；由于气温较低，蒸发量小，因而比较湿润，年平均相对湿度 50% ~ 70%。年太阳总辐射量为 140 ~ 200W/m²，且多集中在 12 月至翌年 2 月。冬半年多大风，平均风速 1.5 ~ 5m/s。华北中部和西北部地区多大风和风沙天气。

保温隔热型气候区代表城市气候控制分析图见图 5 – 13、图 5 – 14。

气候分析结果表明，该区主导气候为冬季的严寒气候，建筑物首先需要满足防寒、保温要求。设计以冬季争取太阳能和加强建筑保温为主，尤其对围护结构的保温要求非常

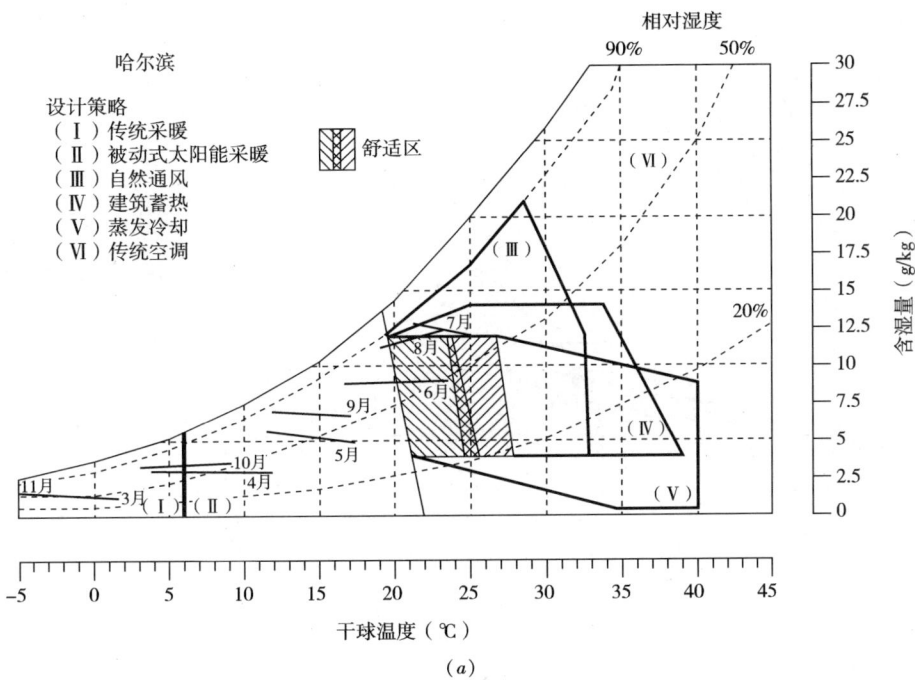

(a)

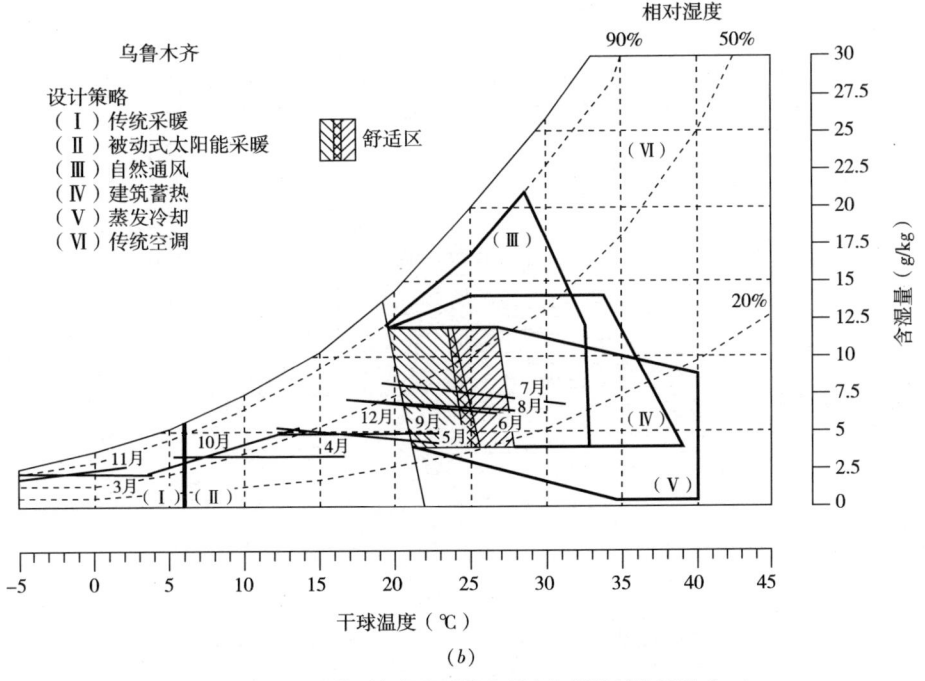

(b)

图 5-13　保温隔热型气候区域代表城市气候控制分析图（一）

(a) 哈尔滨；(b) 乌鲁木齐

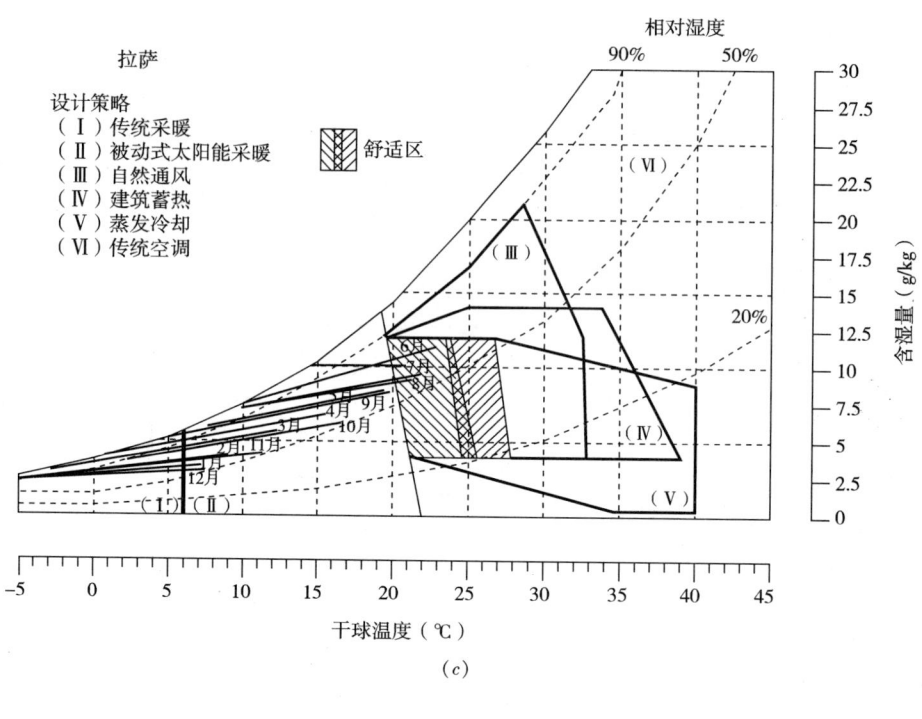

(c)

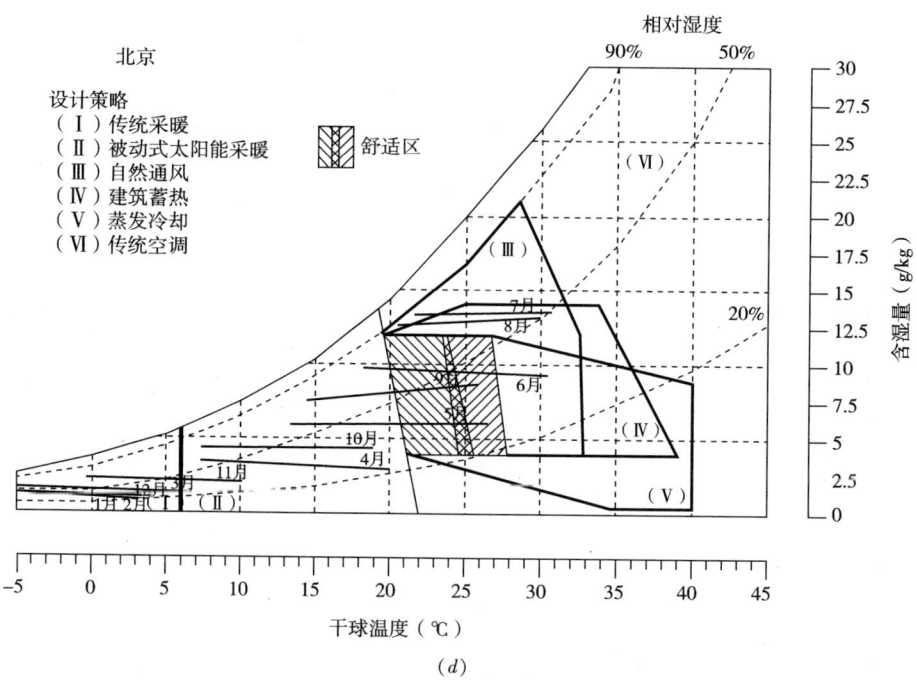

(d)

图 5 – 13　保温隔热型气候区域代表城市气候控制分析图（二）
(c) 拉萨；*(d)* 北京

高。在总体规划、单体设计和构造处理方面，建筑物必须满足冬季的日照要求和防御寒风要求。建筑体形设计应选择同样容积下，外表面积最小的形体，加强冬季建筑的密闭性。

通过以上分析，该区的气候设计以冬季太阳能采暖结合建筑的高效保温、防寒设计，并酌情考虑夏季被动式降温设计策略为最佳方案。其气候设计原则（按照优先考虑次序排列）概括为：

优先考虑冬季设计：

① 建筑防寒、保温最重要，保持室内热量并减少冷风的渗透（详见 5.1 节设计原则 1）；

② 考虑防风设计（详见 5.1 节设计原则 2）；

③ 充分利用太阳能（详见 5.1 节设计原则 3）；

其次考虑夏季设计：

④ 充分利用自然通风（详见 5.1 节设计原则 5）；

⑤ 利用建筑蓄热降温（详见 5.1 节设计原则 6，主要适于北部及西北部地区）；

⑥ 利用蒸发冷却降温（详见 5.1 节设计原则 8，主要适于北部及西北部地区）；

⑦ 考虑隔热设计（详见 5.1 节设计原则 7）；

⑧ 控制太阳辐射（详见 5.1 节设计原则 4）。

以下分别从各地建筑设计实践中概括得出保温隔热气候区的建筑设计特征：

首先从传统的东北大院民居的建筑处理手法上能够看到当地主导气候对建筑形式的影响。东北大院的主要特点表现在宽大的院落，厚厚的保温墙体和屋面，防止积雪压力过大和利于泻雨的坡屋顶，防寒避风的内向四合院（图 5 - 14）。

处于高纬度的寒冷气候条件下，争取太阳辐射、防风和保温成了建筑最先需要考虑的原则。首先四合院的主要房间考虑了日照的影响，建筑布局严格遵循坐北朝南的原则。由于南向垂直向是在冬季接受太阳辐射最多的方向，因此，主要生活房间和入口都设在南向最佳位置。院落的空间尺度和间距考虑了太阳高度角的影响。高纬度地区，太阳高度角低，为了争取日照，院落布局必须开敞，有足够的间距。合院民居院落的空间尺度大小能够确切地反映建筑形式与日照的关系。东北大院的院落高宽比约为 3∶15，北京四合院的高宽比约为 3∶10，而江浙地区则减少为 6∶5。对北方寒冷地区的建筑来说，必须考虑日照要求，满足我国《城市居住区规划设计规范》中规定，建筑室内在冬季必须保证冬至日 1 小

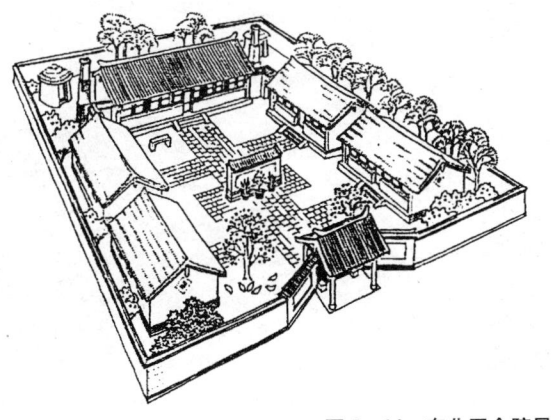

图 5 - 14　东北四合院民居

141

时或大寒日 2~3 小时的日照时数，据此确定建筑的日照间距，对于高层建筑需要进行日照时数的验算。

厚重的外墙充分体现了对墙体保温的重视，墙体中使用稻草板、黏土免烧砖和草泥拉结等节能保温材料，经测试，其保温效果优于实心黏土砖。与我国北部的其他地区相比，该地区降雨量多，为了利于雨水倾泻和减少风压的作用，屋面做成有一定倾角的直坡屋顶。内向型的封闭四合院主要的目的是防风、防外扰。对其室内外风环境的模拟结果表明：在室外风速为 5m/s 的情况下，四合院内的风速在 1m/s 以下（高度 2m 处）。

尽管该地区夏季凉爽，高温持续时间很短。但气候分析表明，仍有部分时间（主要为最热月），室外气候条件处在舒适区以外。这部分较热时期，可以利用自然通风降温。东北民居的开窗做法考虑了通风的需要。在房屋相对方向的外墙上都设有开口，以利引导穿堂风。

建筑形体上，该区的气候适应性特征为："体形紧凑"的建筑形式（图 5 – 15），该地区对建筑的围护结构（屋顶、外墙以及窗户）的保温性能要求高。考虑到与夏季降温方式的协调，围护结构以厚重型的如混凝土或砖石结构为佳。建筑的开窗面积较小，体形紧凑以减少通过围护结构的散热量。

图 5 – 15（a） 寒冷地区建筑体形紧凑

图 5 – 15（b） 荷兰阿姆斯特丹 NMB 银行紧凑的外观

图 5 – 15（c） NMB 银行厚实的屋顶

寒冷气候条件下，建筑的适应手法是通用的。位于荷兰阿姆斯特丹的 NMB 银行总部是寒冷地区适应气候设计的优秀建筑（图 5 - 15b）。NMB 是荷兰三大银行之一，总部位于阿姆斯特丹，由建筑师 T·艾伯茨（Ton Alberts）设计。由图 5 - 15（a）所示的立面形式可以清楚地看到寒冷地区的建筑气候特点：较小的开窗面积；突出的厚重型围护结构表现的雕塑质感；厚实的屋顶显示其绝好的保温性能（图 5 - 15c）。在建筑内部交通中心上部的屋顶设有自然采光天窗和主动式太阳能采暖装置。

从西藏地区碉房民居看当地建筑对高寒山区的气候适应性特点：为适应高海拔干旱山区日光直射强烈和昼夜温差大的气候特点，该地区民居建筑普遍为外墙高大厚实，开窗面积小（图 5 - 16）。这种厚重结实的外墙和屋顶，不仅考虑冬季御寒和夏季隔热功能，同时形成了实多虚少，体量厚重的质朴感。由于降雨量少，屋面多为平屋顶。

图 5 - 16（a）　西藏碉房民居

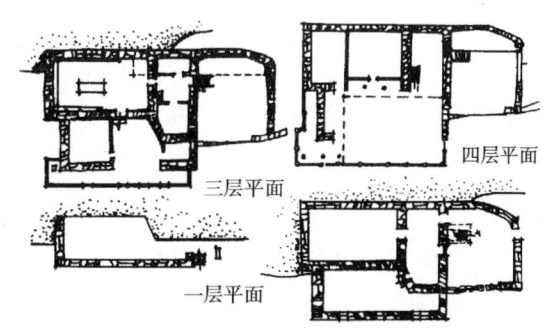

图 5 - 16（b）　西藏碉房民居平面图

对于该区域的南部，如北京、天津、沈阳等地以及甘肃中部，陕西北部，由于冬季气候寒冷，1 月平均气温在零度以下，建筑设计仍需以保温、防寒、争取太阳辐射为主。冬季保温对建筑热工性能要求为：为保持舒适的室温，围护结构低限热阻必须满足节能的要求，减少室内热量的散失。从争取太阳能利用的角度来看，建筑的朝向应该以正南向为佳。为争取夏季自然通风，建筑的南向法线方向应与主导风向的夹角在 30° 以内。建筑日照间距应保证南向窗户有足够的日照时数和充分的太阳辐射。在提高窗户热阻的前提下，可增加南向墙面的窗墙面积比，以争取更多的太阳辐射热，从而减少传统采暖能耗。冬春季节多风沙，设计时还需要考虑一定的防风策略，如设计挡风墙等。

由图 5 - 13 可知，夏季气候条件在建筑蓄热的气候控制区域内，也在自然通风的范围内。表明该地区在夏季有两种获得解决舒适的被动式设计途径：一种是良好的自然通风；一种是白天无通风情况下，维持室温在舒适区的上限温度以内（通常为 27℃）。

第一种情况适合于采光要求高的建筑，如学校、办公楼等。开窗率比较大，室内热量的增加主要来自通过窗户的日射得热部分。因此，良好的自然通风一方面增加了人体的汗液蒸发速度，一方面较高的气流使皮肤保持干燥，从而改善人们的主观感觉，增加了生理舒适。自然通风设计需要着重考虑房间的开口位置、大小与房间的平面和空间布局的关系。

第二种情况适合于白天不宜通风的房间，如需要避免通风使灰尘进入的室内。在这种气候条件下，设计的细节和材料的选择取决于是否依靠空调设备达到舒适要求。通过调整建筑构造以适应气候的非空调房间是节能而经济的，但需要恰当的建筑设计做法。设计的主要目的是使室内温度较室外降低 7～8℃，并在夜间当室外温度降低到舒适水平时，提供良好的通风。为此，外墙需具有一定的蓄热性和隔热能力，墙体以重质的密实混凝土、砖墙或土墙外加具有一定隔热能力的保温材料为佳。主体结构层外侧设有热阻高的保温层，可以减少由室外表面传进来的热量，而内侧结构层由于热容量大，吸收透入的热量后，使室内升温有限。当夜间窗户打开时，通过通风降低材料层的表面温度，减少对人体产生高温辐射的不舒适影响。

对于建筑的开口来讲，此设计区除南向开口以外，如果没有特殊的采光要求，就不要采用大面积的开口。因为大开口在冬季会增加室内热量的流失，同时在夏季也会增加太阳辐射得热量。当设计要求必须采用大开口的窗户时，需要附加其他的设计措施。如冬季增加窗户的层数或设置保温隔热板提高窗户的保温性能；同时还需要仔细考虑活动的或可调节的遮阳板，减少夏季太阳直射辐射热量进入室内。

此地区建筑气候特征表现为以围护结构的保温优先为原则，并结合太阳能设计的建筑形式。具体表现为南向大的开窗或多阳光间的透明质感和优良保温外墙的实体质感鲜明对比的风格，如北京星园高层住宅设计方案（图5-17）。

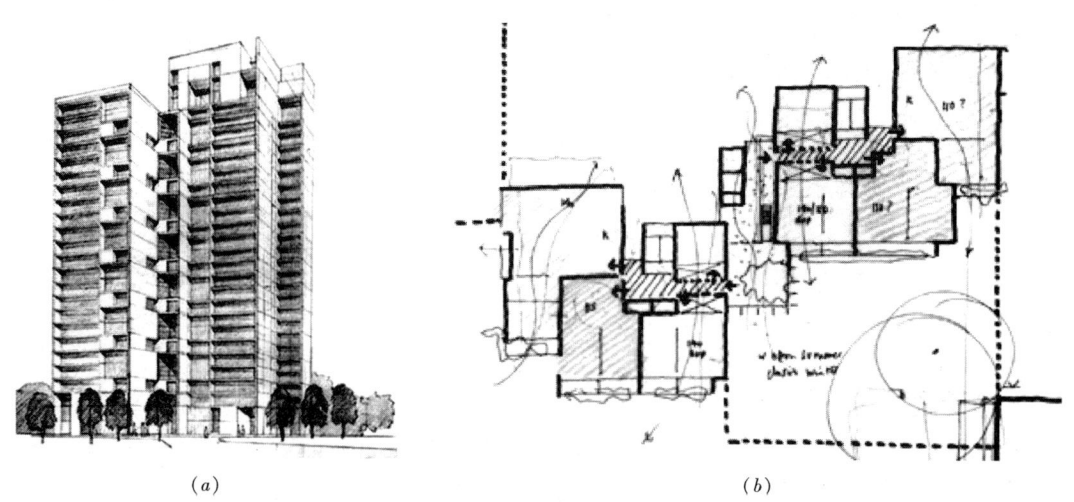

(a)   (b)

图5-17　北京星园高层住宅设计方案
(a) 立面透视图；(b) 平面通风设计概念图

新疆南部部分地区为典型的寒冷干热气候。夏季尤其酷热，日平均气温超过35℃的日数达97天。因此，需要着重考虑夏季的防酷暑及降温设计。

夏季强烈的太阳辐射是对人的热舒适和建筑设计产生影响的一个重要因素。直射太阳辐射强度在水平面非常高，可达到 $814W/m^2$，通过浅色地面的反射，辐射强度还要大。该地区全年的低湿度和无云天气造成很宽的温度振幅，加上该区又处于高纬度地区，加剧了年温度振幅的波动。

通过对该区的气候分析表明，夏季室外气候条件超出了自然通风的调节能力，需要通

过蒸发散热或利用建筑蓄热获得室内舒适环境。因为该区夏季平均温度高于35℃的天数很多，白天增加气流速度反而会增加人体的不舒适感；另一方面，低湿度的气候条件使人体即使在静止的空气中也有充分的汗液蒸发散热。因此，白天没有必要引进自然通风。到了傍晚，由于长波辐射散热对建筑的降温加上夜间的良好通风能迅速降低室温和内表面温度。

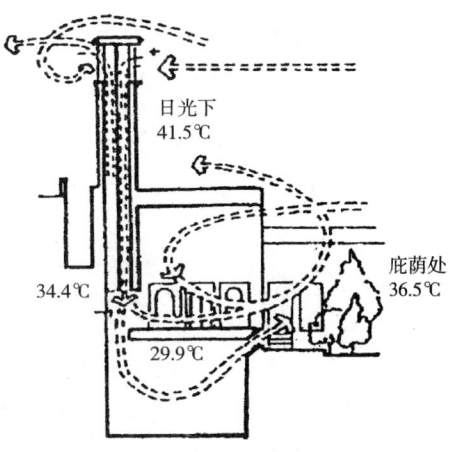

图5-18 蒸发冷却降温通风塔

如果期望在白天通风，室外干热的空气首先需要经过一定的降温处理。由于空气湿度很低，可以将空气先经过预先设计的水体构件，空气经过水分的蒸发吸热，降温预处理以后再流入室内。这种蒸发冷却降温设计在干热沙漠地区非常多见，其通风降温构造和原理见示意图5-18。

我国新疆吐鲁番地区民居在夏季防酷暑和降温方面有许多可借鉴的经验做法。建筑一般为两层，底层为半地下室，盛夏时节常穴地而居。庭院围合灵活，院内种植葡萄，创造水院、绿荫为中心的自然空调效应的构成空间，利用干热气候条件下空气蒸发相变制冷原理，将室外干热空气引入封闭庭院，掠过水体和绿荫，经过加湿、降温和净化过程后进入室内，从而使庭院和室内凉爽而舒适（图5-19）。建筑围护墙体是保温隔热性能皆佳的厚重土坯墙。为了避免夏季强烈的阳光入室，开窗面积都很小。

该地区具体设计措施可以概括为：主动式与被动式太阳能结合+隔热设计+蒸发冷却降温（夜间通风）。加强建筑围护结构的保温隔热性能，减少外墙的开窗面积。适应该地区气候的建筑表现为"保温隔热优先"，结合建筑蓄热通风降温的厚重型、质感强烈的建筑气候特征，如图5-20所示。

总的来说，该区的气候设计策略以防寒、保温、防风为主，充分争取日照，减少外墙面积，加强气密性。该区的建筑表现为"保温优先，争取日照"的寒冷地区建筑气候特性。对围护结构，如屋顶、外墙和窗户的保温要求高，目的在于阻挡由于温差引起的热损失。对建筑的布局、朝向考虑日照的影响，既要保证足够的太阳得热，又要避免对邻近建筑的遮挡。西北地区气候温差较大，建筑设计的不同之处主要在于夏季的降温方式不同。

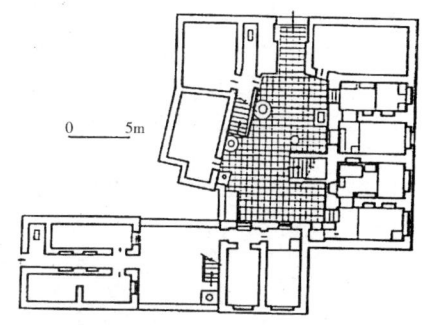

图5-19 吐鲁番民居绿荫庭院与平面图

由于夏季室外平均温度并不是很高，日较差范围在 12 ~ 18℃之间，气候条件适宜利用建筑蓄热降温的方法。因此，该区以选择蓄热性好、保温优良的厚重型结构为适应该气候区适宜的设计方案。

图 5 – 20（a）　夏季干热地区建筑实例

图 5 – 20（b）　室内使用蓄热性
大的材料

5.2.2　太阳能采暖建筑气候区

代表城市：昆明。该城市的气候控制分析图见 5 – 21。

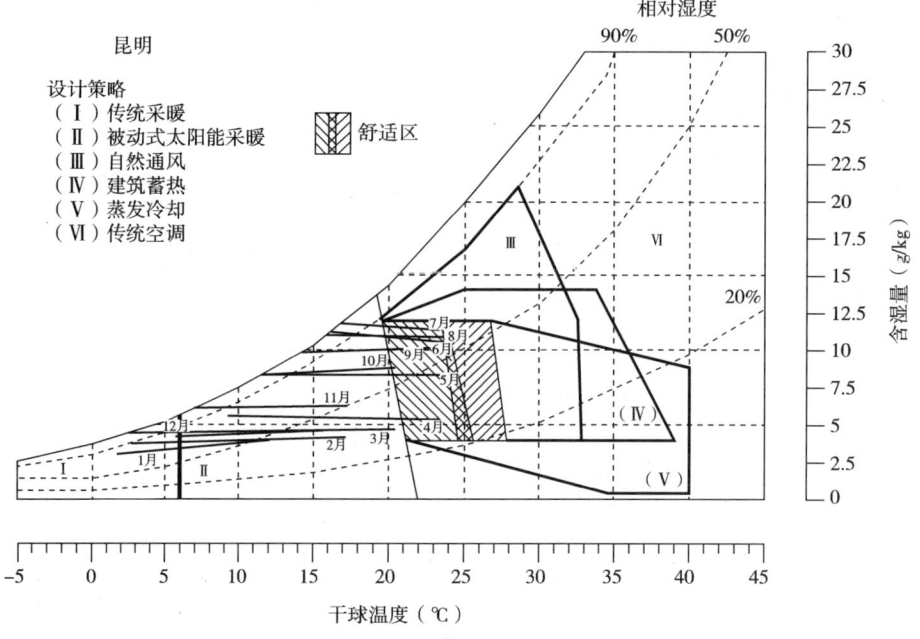

图 5 – 21　昆明气候控制分析图

地理位置：该区包括云南大部分地区；贵州、四川西南部；西藏南部。地理位置分布见图5－22。

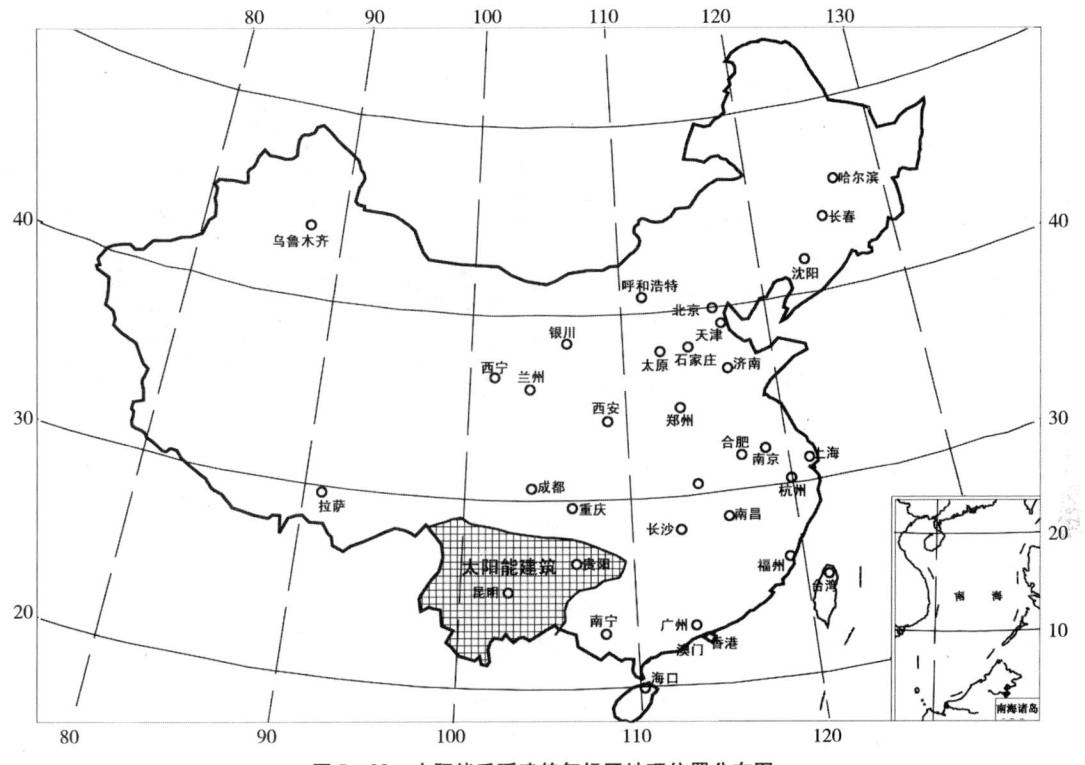

图5－22 太阳能采暖建筑气候区地理位置分布图

气候特征：冬温夏凉。1月平均气温为0～13℃；7月平均气温为18～25℃。气温年较差偏小，日较差偏大，日照较少，太阳辐射强烈，部分地区冬季气温偏低。

该区冬季温和，夏季凉爽的气候条件对建筑热工性能的要求也相应简单。只需要考虑冬季的采暖设计。由气候控制分析图可以看到，冬季气候温寒，绝大部分时间可以通过利用被动式太阳能解决采暖的需要。

由此，太阳能采暖建筑气候区的气候设计原则概括为：

① 充分利用太阳能（详见5.1节设计原则3）；

② 加强建筑保温设计（详见5.1节设计原则1）；

③ 夏季防止太阳辐射（详见5.1节设计原则4）。

气候设计策略为：被动式太阳能设计。仔细考虑太阳能设计是该区建筑气候设计的核心原则。建筑特征表现为最大限度地争取太阳辐射，建筑围护结构要有足够的保温和蓄热能力，夏季只要适当考虑自然通风措施，避免由于冬季的太阳能设计造成夏季室内过热。图5－23所示为利用阳光间式太阳能采暖的住宅设计实例。

5.2.3 隔热与遮阳、通风兼顾型气候区

代表城市：西安、南京、上海、成都、武汉、南昌。

地理位置：该区包括我国的中东部地区，具体为陕西南部，湖北，湖南，江苏、安徽大部和上海，四川东南部，浙江、江西全省。保温隔热与遮阳兼顾型气候区地理位置分布见图 5－24。

气候特征：该气候区冬季寒冷，夏季闷热，一月平均气温在 －5～10℃；七月平均气温在 25～30℃。气温年较差较大。该区冬季西北部比较干燥，其余地区较湿冷；东北部日照丰富，其余地区次之，南部较少；年降雨量从西北向

图 5－23　利用阳光间采暖的多层住宅；
（左上图）住宅的北立面

东南递增，南部地区年降水量大多在 1000～1800mm，且相对湿度高，年平均相对湿度 80% 左右。

该区代表城市西安、武汉气候控制分析图见图 5－25。

该区冬季寒冷，夏季湿润的气候特征是建筑气候设计比较难处理的一个地区。冬夏两

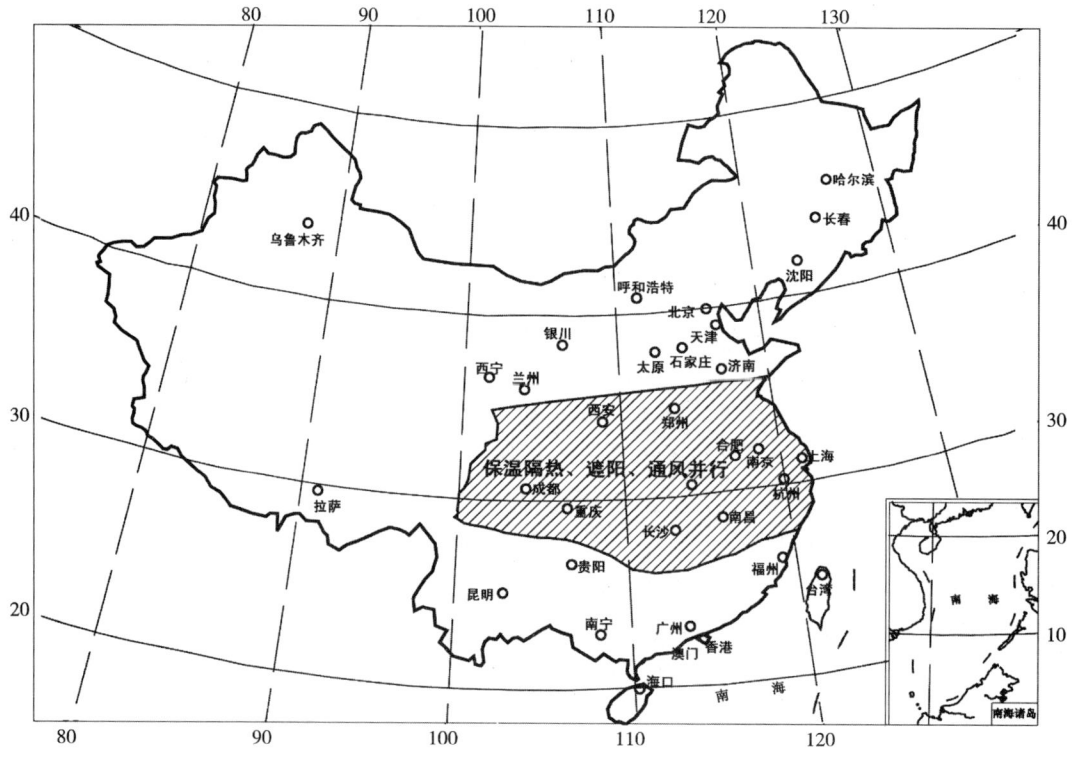

图 5－24　隔热与通风遮阳兼顾型气候区地理位置分布

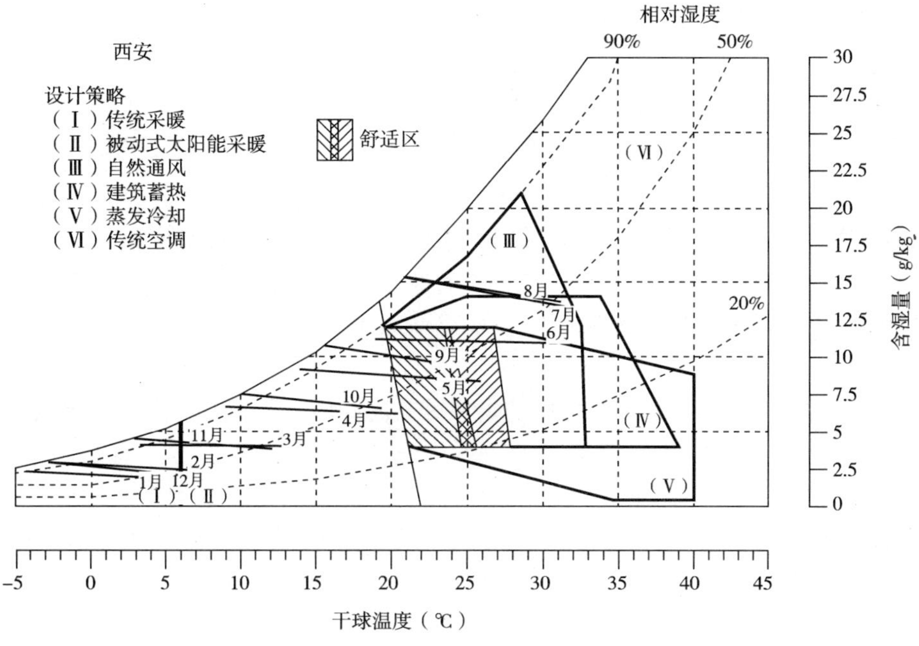

图 5-25　隔热与通风、遮阳兼顾型气候区气候分析图

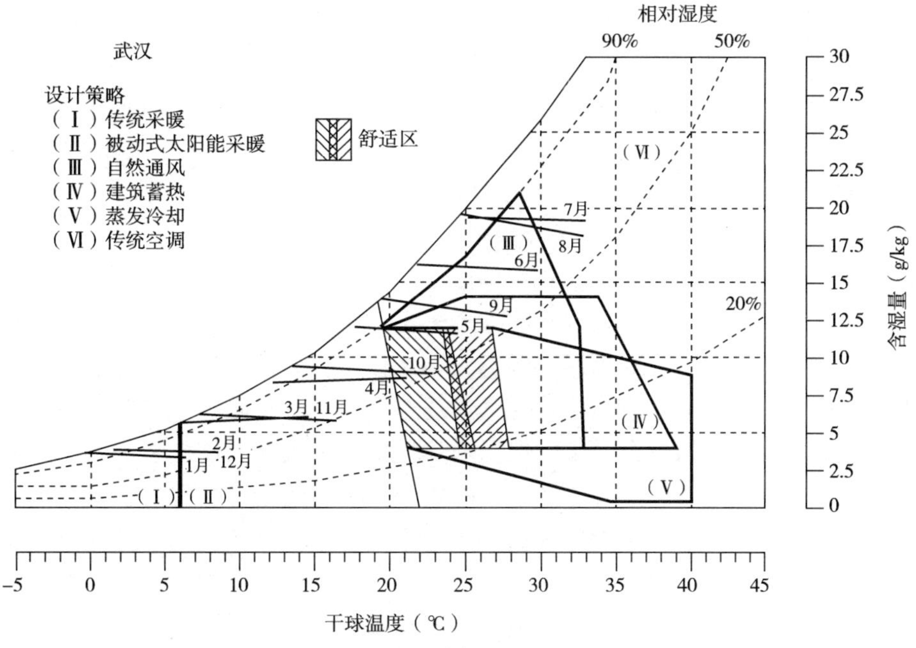

(a) 西安；(b) 武汉

季都会对人体舒适产生不利影响，综合权衡后可知，该区建筑设计应首先考虑冬季保温设计，其次考虑夏季的通风、遮阳和隔热措施。

对于这种一年中有两种主导气候特征的地区，解决办法一般采用权重原则，即以最不利气候条件优先考虑为原则。先判断在两种气候条件下对人体舒适产生最不利影响的气候，如冬季的寒冷程度比夏季的炎热程度大，设计首先满足冬季的保温、防寒要求，然后考虑夏季的具体降温措施，并尽量与冬季的设计措施相协调。

由于该区夏季气候条件在自然通风的控制区域内，故设计的主要问题是提供良好的自然通风。为了使该区建筑在充分通风条件下获得舒适的室内气候，室内顶棚温度及外墙的内表面温度不能高于室外气温，特别是傍晚和夜间，因此建筑围护结构必须有一定的隔热能力。出于通风的考虑增大窗户开口的面积，所以必须考虑窗户的遮阳。建筑材料采用砖、混凝土、空心混凝土砌块、轻质混凝土都是适宜的，只要其厚度能保证需要的热阻。

关于房间开口朝向的考虑在该区也是非常重要的，因为开口朝向与太阳的相对位置以及它与夏季主导风向的相对位置决定了冬季的太阳能利用和夏季的自然通风效果。窗户的开口大小必须考虑太阳能采暖和采光的需要，以及在夏季必须控制太阳辐射得热。这种建筑细部构造措施的优化设计问题，需要在方案后期的评价阶段利用专门的工具来分析，如美国能源部开发软件 DOE-2.1、Energyplus，我国清华同方的 DeST2.0 等。

综上所述，保温隔热与遮阳通风兼顾型气候区的建筑气候设计原则（按照优先次序排列）为：

① 注重建筑保温综合设计（详见 5.1 节设计原则 1）；

② 夏季充分利用自然通风（详见 5.1 节设计原则 5）；

③ 冬季争取更多的太阳辐射（详见 5.1 节设计原则 3，对于非采暖地区冬季应优先考虑）；

④ 夏季控制太阳辐射（详见 5.1 节设计原则 4）；

⑤ 夏季隔热设计（详见 5.1 节设计原则 7）。

具体气候设计策略概括为：被动式太阳能设计 + 隔热 + 自然通风 + 遮阳。

由于该区冬季寒冷和夏季湿热的共同作用，室外年温差较大，使建筑围护结构的保温隔热作用虽然没有寒冷地区的效果好，但仍有一定作用。另外，夏季湿热的气候对通风和遮阳的要求较高。由此得出，该区建筑的气候适应性应表现在隔热、遮阳和自然通风并重考虑。首先建筑的围护结构具有一定的保温隔热性能，其次有太阳能建筑的一些特征，如南向大开窗或透明的阳光间，又有热区气候的通风、隔热的设计特征，如中度的开口和恰当的遮阳等。下面图例是夏热冬冷地区的一个小型博物馆的设计实例（图 5-26）。

为了争取冬季日照，博物馆的展厅、游者信息中心和放映厅平行布置，都采用了长轴为东西向的布局方式。这种布局也利于夏季的遮阳设计，因为东西向墙面的面积减少了。南向只要设置有一定挑出长度的水平遮阳板就可以了。该建筑直接利用屋面挑出的顶棚遮阳，简单易行（图 5-26a、b）。

外墙由蓄热性能好的实体石墙砌筑，外面做 75mm 厚的矿棉外保温层，结构层最外侧利用褶皱形彩钢板作为保温层的保护层。这种保温隔热性能皆佳的墙体既能够在冬季吸收、储存太阳辐射热，保持室内温度，又能够在夏季隔断室外热量通过墙体传入室内。

为了利于夏季暴雨的倾泻,屋面设计成曲面的顶棚。屋顶上面设有百叶天窗,遮挡夏季的直射阳光,同时提供均匀的散射光线。东西墙面和窗户上都设置了通风百叶,这种多孔状的外墙设计既能够遮挡夏季阳光,又能够为建筑提供足够的通风需要。屋面和外墙通风百叶的细部做法见图 5 - 26（c）。

图 5 - 26（a）　博物馆外立面

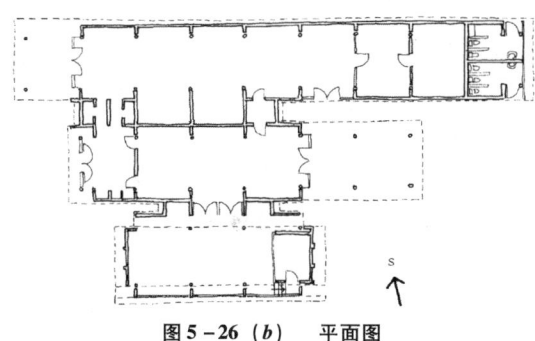

图 5 - 26（b）　平面图

图 5 - 26（c）　屋面和遮阳百叶细部

5.2.4　通风遮阳型建筑气候区

代表城市:广州、南宁、海口。

地理位置:海南全省、福建南部,广东、广西大部及云南南部,台湾。地理位置分布见图 5 - 27 所示。

气候特征:该区长夏无冬,温高湿重,气温年较差和日较差均很小。雨量充沛,多热带风暴和台风。太阳高度角大,太阳辐射强烈。1 月平均气温高于 10℃,7 月平均气温为 25 ~ 29℃,年平均日较差 5 ~ 12℃。年平均相对湿度 80% 左右,年降雨量大多在 1500 ~ 2000mm,是我国降雨最多的地区。年太阳总辐射量为 130 ~ 170W/m²。夏季多东南风和西南风,冬季多东风。

通风遮阳型气候区的代表城市为广州,广州气候分析图见图 5 - 28。

由于该区典型的湿热气候特点——气温高,季节变化很小;降雨量多而湿度高;天空云量多,散射辐射强烈;植物生长茂密且土壤湿润,地面反射辐射通常很低。这种年气候变化很小的特点决定了通风遮阳型满足热舒适要求的建筑性能在全年内都是相似的。

突出的高湿度需要高的气流速度,以增加人体汗液蒸发率。所以持续通风是首要的舒

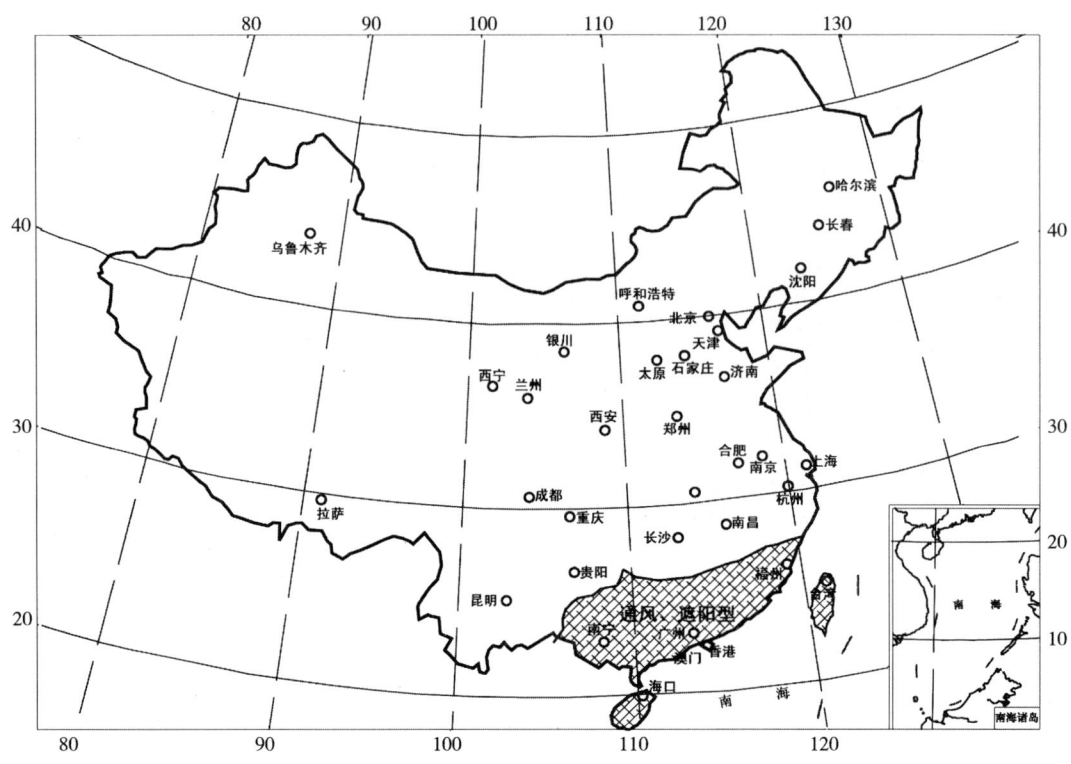

图 5 - 27   通风遮阳型气候区地理位置分布图

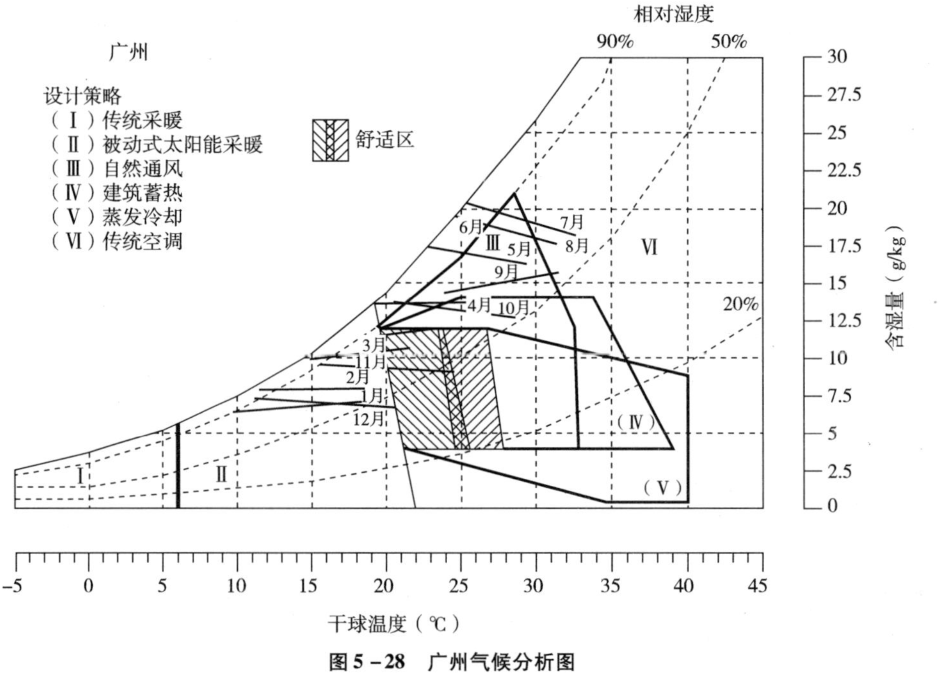

图 5 - 28   广州气候分析图

适要求，并且影响建筑设计的各个方面，包括朝向、窗户位置和大小，以及环境配置。建筑设计和构造做法要满足最大限度的穿堂风，所有房间在建筑的迎风面和背风面均应开设通风口。开口朝向的方向与主导风向的夹角在30°范围内。建筑物间要留有足够宽的间距，以利于组织自然通风。同时，可以利用架空底层来增加底层房间的通风能力。

为获得良好通风，该区的窗户开口一般都很大。窗户敞开通风情况下，室内温度与室外温度接近，此时窗户的遮阳和隔热非常重要，开设的大面积的窗口必须有良好的遮阳设计。遮阳板不仅要能遮挡直射辐射，同时还必须能够有效遮挡散射辐射。因为，湿热区散射辐射常常能达到很高的强度。如果没有遮阳设施，墙体隔热也很差的话，建筑内表面和室内空气温度都可能高于室外气温而使人觉得不舒适。

湿热气候条件下，建筑材料选择的主要标准是使室内温度不高于室外温度水平。持续通风使室内外温差非常小，依靠建筑结构的蓄热性和热阻不足以使室内气温低于室外温度，因此外墙热阻的选择只要能够减少热流的传递，并将内表面温度控制在室外温度水平即可。

通过以上分析得到通风遮阳型的建筑气候设计原则（按照优先考虑次序）为：

① 充分利用自然通风（详见5.1节设计原则5）；
② 夏季防止太阳辐射（详见5.1节设计原则4）；
③ 建筑隔热设计（详见5.1节设计原则7）；
④ 避免一切增加湿度的做法（详见5.1节设计原则9）。

由气候控制分析图5-28可以看出，该区在采用自然通风、遮阳和隔热等被动式设计手段后，能够使室内热环境在夏季的一段时间处于热舒适范围，其余高温高湿时期，则必须依赖空调降温。

因此，该区的设计策略可概括总结为：遮阳 + 自然通风 + 空调

图5-29为台湾中原大学图书馆利用被动式降温设计调节室内气候的示意图，该建筑不失为被动式气候设计的佳作。中原大学图书馆建于1983年。该馆阅览室没有设置空调设备，而是利用热压通风结合屋顶的六台抽风机来确保空气的对流，增加自然通风的效

图5-29a 台湾中原大学图书馆东立面遮阳设计

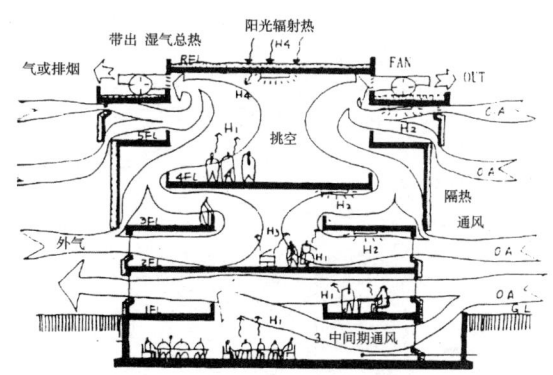

图5-29b 台湾中原大学图书馆热压通风示意图

果。建筑外立面的处理也颇具匠心。东西向立面开窗面积少，窗户的朝向皆折向北面，不但增加韵律变化的美感，也避免了阅览室内有过多直射阳光，而得到均匀的北向天空扩散光。围护结构屋顶、东西向和南向外墙的隔热设计都采用了 9cm 的中空空气层，并附加铝箔的做法，增强围护结构的隔热能力。

BIOCLIMATIC ARCHITECTURE 建筑气候学

第6章 建筑设计与气候

　　原始人类为了避风雨、御寒暑和防止其他恶劣的自然现象以及野兽的侵袭，需要有一个赖以栖身的场所，西方人称之为"掩体"（Shelter），建筑学人称之为"空间"，这就是建筑的起源，也是建筑最本质的目的和功能要求之一，这个风雨和寒暑就是影响建筑的室外气候条件。因此，气候是建筑设计基本概念中首先要考虑的因素，也是决定一个地方建筑特色的最重要的客观因素。

　　当充分考虑气候影响并将其作为主导的环境设计因素时，这种建筑设计也被认为是乡土的或地域主义的，强调在设计中不是刻板地遵循现代建筑的普遍原则和概念，而是立足于本地区，借助于当地的环境因素、地理、气候特点，刻意追求具有地域特征和乡土文化特色的建筑风格，以抵制全球文明的冲击。通过利用空间组合和体形塑造以突出地域特征和环境氛围；或采取协调手法，从与环境的关联中传递乡土文化的内涵；或注重气候特点从当地的传统建筑中吸取成功的经验，从而使新建筑充满浓郁的地方特色。因此，气候实际上是赋予建筑地方特色的创作源泉和塑造者。

　　适应环境气候是乡土化倾向的重要依据之一。其特点是充分利用自然气候因素的调节作用，既降低了能耗与污染，又可创造舒适宜人的生活空间环境。在这一方面从事探索的建筑师，或参考当地传统建筑中为适应气候而形成的独特的空间围合方式，或借鉴其外形特征，或着眼于细部处理……总之，把气候因素作为建筑创作的基本切入点和立意的出发点。

　　在适应气候环境方面，印度一些建筑师在创作中做出很多有益的探索。印度具有悠久的历史文化传统，在建构当代印度建筑文化模式的过程中，印度的建筑师认识到不加分析地采用西方模式不是解决问题的良好途径。因为西方模式不适应当地的气候条件和印度人的生活习俗，但他们也认识到，简单地模仿传统建筑也并非良策，同样也不能适应现代生活的需求。因此，他们力图把印度的现代建筑创作建立在地区的气候、技术及文化象征意义的基础之上，在设计中努力结合环境，尽量反映地方特色和传统文化内涵，在吸收西方先进技术的同时，也把一些优秀的传统技术融会其中，探索出一条具有印度特色的建筑创新之路。中国与印度有很多相似的背景，同样是人口大国，气候同样复杂多样，同样面临经济的发展和资源节约的矛盾，因而在飞速发展的技术和急剧变化的生活方式中，找到其不变的因素——气候，从中发掘地方性建筑文化的内涵，吸收和继承劳动人民建筑智慧结

晶，并使之融合到建筑创作中去，是建筑设计的永恒法则。

适应气候环境的基本原则是：在建筑设计过程中将自然力量的作用和气候资源的潜能发挥到最大程度，这是最有效的降低建筑能源消耗的方法，也就是从场地设计开始，到单体建筑和围护结构的细部处理均须考虑此原则，其中最为关键的是建筑体形、空间与建筑的热稳定性。在掌握了气候设计的基本原理、具体分析方法和各地区适应气候设计的指导原则以后，本章和第七章着重从建筑的具体设计手法方面探讨气候与建筑设计的结合问题，并以相关案例做说明。

6.1　场地设计

场地设计是整个气候调节过程中首先要考虑的环节。建筑场地设计得当与否会直接影响室内外气候的舒适与健康。经过精心而慎重考虑的场地设计、景观及构筑物的配置能够极大地避免区域内额外的能源消耗。尤其是对于以供暖需求为主的地区，要求通过场地设计来改善建筑及其周边气候环境，充分发挥有利于改善微气候和提高节能效益的基地条件，避免和克服不利因素。

建筑所处的地理位置和周边环境，对建筑的采暖、制冷和照明均有至关重要的影响，因此要对建筑所处的场地进行认真细致地分析。场地设计的考虑因素包括多个方面，在场地选择中最主要的考虑是这个位置是否适合它今后的发展。从这个角度出发，要对位置与周边自然环境和城市环境之间的关系进行深入细致的分析，评估场地当前的特征和它的基本需要。在一些个案中，所考虑的场地如果能布置成为一块绿地，会给邻近居民带来更多的利益，还能够起到改善该场地小气候的作用，并为这个社区提供一个"呼吸的空间"。

其次要进行场地的物理环境分析，包括地质学和水文学的分析，空气质量和噪声污染的评估分析，还要对场地周边的交通运输网、商业区和公共设施以及现存的基础设施进行认真地研究。为使未来建筑的形式、外观和风格符合城市原有的空间特征和文化特色，还应对周围城市结构的建筑及环境进行分析。

通过对具体场地优缺点的分析，并将其融入设计中。其结果是为人们提供一个和谐的居住环境，同时，还会减少对周边的自然环境和城市环境的影响或者破坏，甚至可以通过修复各方面的平衡关系而改善周边环境质量。

影响场地设计的因素有很多，但在这里我们重点讨论气候因素对场地设计的影响。

6.1.1　场地的气候设计

场地设计的总体意识是注重对基地环境尤其是气候条件的尊重，创造舒适、健康的空间场所。因而建筑师需全力开发建筑场地的潜能，克服不利的约束，使建筑物内外的环境条件与当地小气候相适宜。气候分析能帮助我们了解在一年中的不同时期应该注意增强或者减弱哪种气候特征，从而最大程度地降低建筑物内供暖或制冷系统的使用需求，以增加人们在室内及室外生活的舒适度。

通常在进行场地设计之前，需要收集有关的基础资料，并对基地的现有气候特征和限制条件进行评估和分析。在进行气候分析时，首先要熟悉一个区域的整体气候，同时还要对每个方面进行精确的分析。任何气候特征都包括太阳、光、风、空气和水这几个主要因素。如图6-1所示，为上海的气候要素系列图，其中包括四季风玫瑰图、降雨、日照、

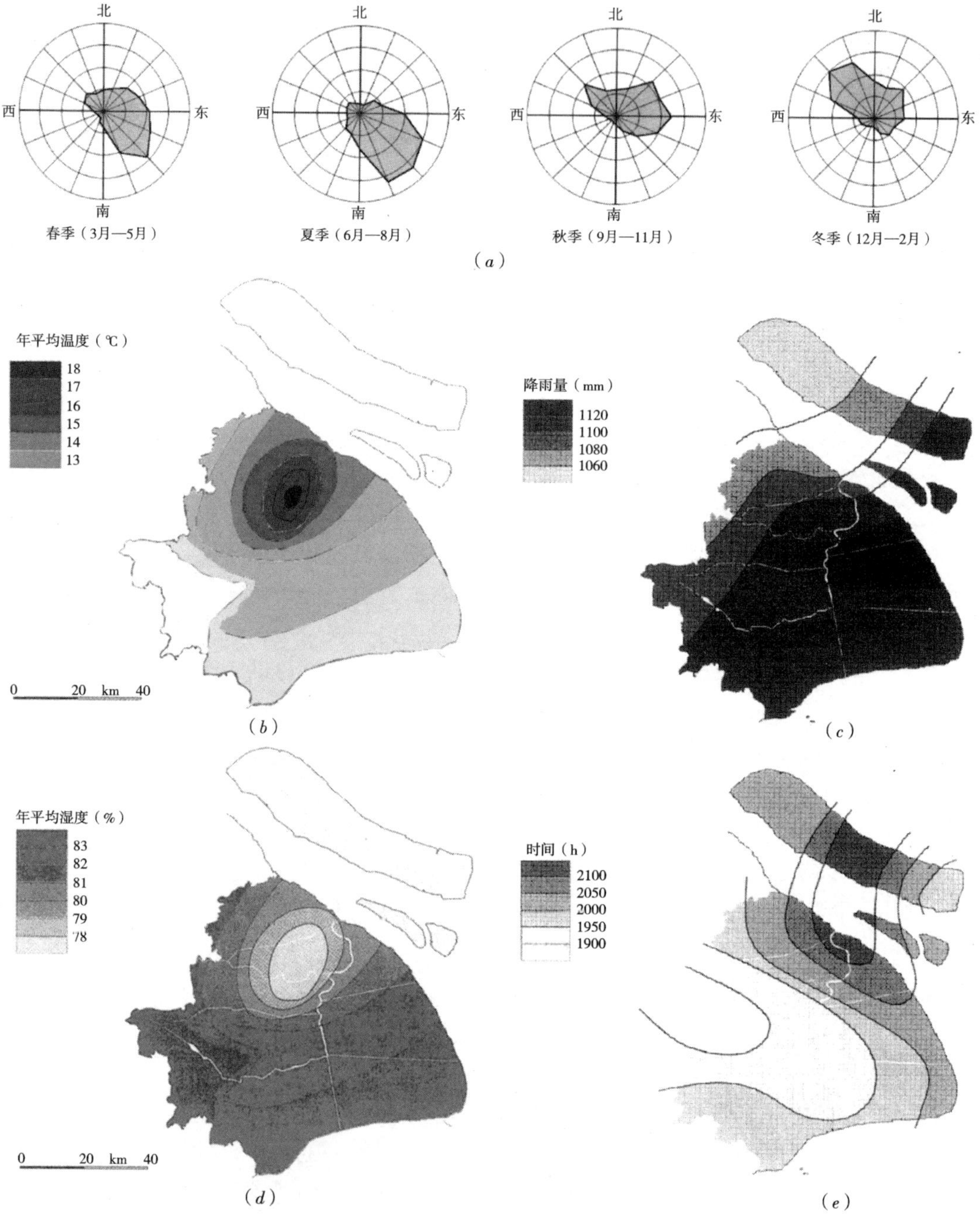

春季（3月—5月）　　　夏季（6月—8月）　　　秋季（9月—11月）　　　冬季（12月—2月）

(a)

年平均温度（℃）
18
17
16
15
14
13

0 20 km 40

(b)

降雨量（mm）
1120
1100
1080
1060

(c)

年平均湿度（%）
83
82
81
80
79
78

0 20 km 40

(d)

时间（h）
2100
2050
2000
1950
1900

(e)

图6-1 上海气候要素图

(a) 四季风玫瑰图；(b) 温度；(c) 降雨；(d) 相对湿度；(e) 日照

相对湿度、太阳路径以及空气温度分布状况。一系列的气候要素示意图可以使建筑师了解当地基本的气候状况，从而为建筑前期的场地设计提供依据。

6.1.1.1 太阳辐射

"现代建筑的任务就是关注建筑与阳光的关系。"——勒·柯布西耶

享受太阳光是每个市民都应该享有的基本权利，因此，必须保证所有人都能充分获得太阳光。此外，太阳光还是一种无穷无尽的清洁环保能源，可以很容易获得。因此，考虑太阳的辐射和被动的利用太阳能是适应气候的建筑设计的重要特征。

1）方法原理

（1）要从多方面考虑太阳辐射对实现场地规划的最佳效果

包括太阳光的入射、邻近建筑对特定位置可能产生的遮挡、树木或地形等因素，都应该进行认真地界定。同样，为了保护邻近的建筑物、树木和露天广场免受阳光的遮挡，在场地规划中要将它们允许存在的遮挡程度加以准确地界定和计算。

（2）保证太阳光可以照射到每一栋建筑物上

这是保证室内空间太阳能利用的先决条件。因此，为了实现太阳光入射的最大化，我们就需要根据其周围环境，尤其是与邻近建筑的关系对建筑物的朝向和形状进行认真地考虑。

2）设计要点

（1）确定附近阻碍物造成的遮挡

日光和太阳辐射的可用性会受到选中场地上和附近区域的阻碍物，如建筑物、高树和附近小山的严重影响。在选择场地的工作结束后，要对这些遮蔽物的影响加以考虑。同时还要考虑所有庞大的或附近的阻碍物，甚至是位于场地北面的一些阻碍物对日光获得所造成的影响。

由丘陵、树木和邻近建筑物引起的遮挡，会影响到特定位置上太阳辐射的获得量。根据场地分析的建议，大型或者邻近障碍物可能造成的遮挡都是需要认真加以界定的因素，从而保证建筑物不会建造在不适合的位置上。一年之中每一天具体的遮挡问题都要加以注意，在太阳高度角很低的冬季尤其要注意。在此可以应用太阳能辐射线的轨迹原理进行日照遮挡分析。如图6-2所示，太阳能采集边界是一个圆锥面，它由12月21日早上9点到下午3点太阳照射的轨迹所确定，在这个圆锥面范围内的任何树木或者建筑都会妨碍阳光照射到室内。

通常，主要是来自建筑物南面、东面和西面的阻碍物导致具体的遮挡问题，但是，在特定的地区，北面的遮挡问题同样需要考虑，比如太阳从东、西向北照射的热带地区。

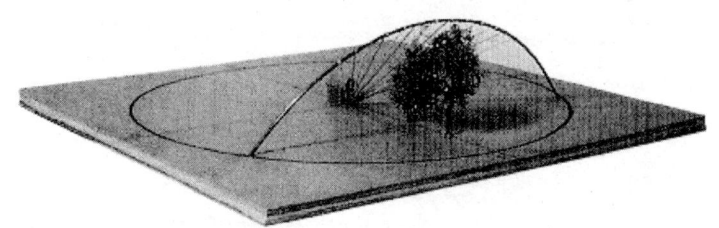

图6-2 日照遮挡分析图

在图6-3表示的边界范围内的任何物体，在冬天都会阻挡照向房屋的阳光，图6-3是一个沿着太阳能采集边界由南向北截出来的剖面图。由于太阳能采集边界的圆锥面绘制起来不太方便，所以就用一个简化了的平面图来代替，如图6-4所示。

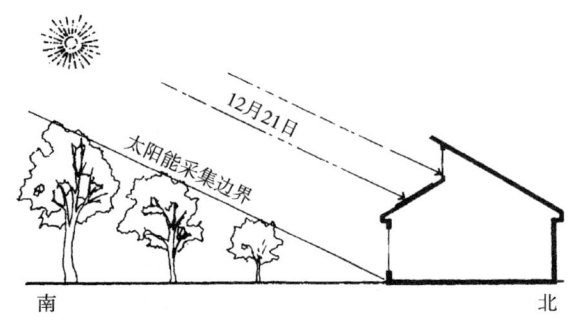

图6-3 太阳能采集边界决定了房屋前面的树木长到多高，就会对照射到房屋里去的阳光有所妨碍

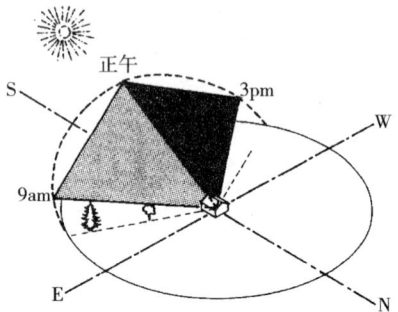

图6-4 用两个倾斜的平面来代替圆锥面，可以简化太阳能采集边界的形状

地面的抬升或者下降都会在冬天对照射到屋里去的阳光造成正面或负面的影响，如图6-5、图6-6所示。

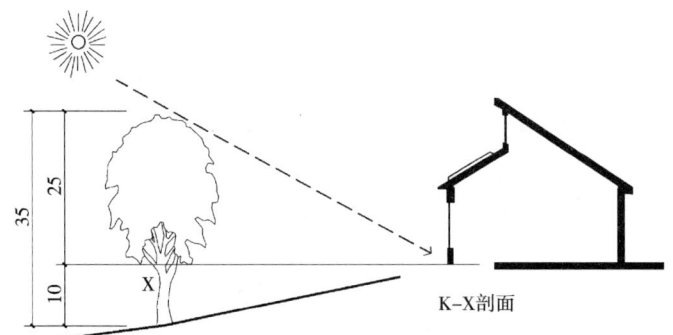

图6-5 向下的斜坡增大了物体不至于遮挡阳光的最高限度（单位：m）

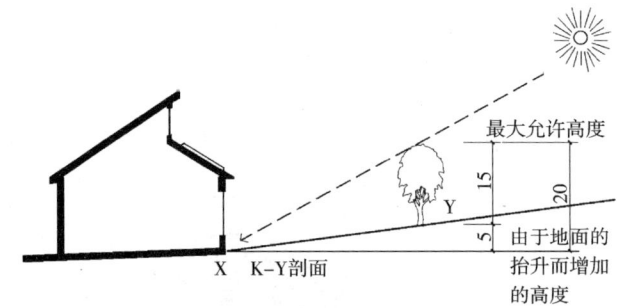

图6-6 向上的斜坡减小了物体不遮挡阳光的最高限度（单位：m）

（2）保证有充足的阳光照射到邻近建筑物、街道和开放空间

建筑物有阳光照射（哪怕只有一点）比一点也没有要好得多，记住这一点非常重要。在冬季，即使不能保证在早上9点到下午3点之间获得阳光照射，也要尽量保证在早上10点到下午

2 点之间采集到阳光。在冬季，这段时间太阳辐射的数量，占每天太阳辐射总量的 60%。

当待建的建筑物会严重影响邻近建筑、街道和开放空间的舒适程度，尤其是影响这些区域的太阳光的利用率时（要考虑日光的获得和角度的问题），设计师有责任顾及周边区域的利益，要尽可能地保证这些区域能够获得充足的太阳光照射。具体设计要点如下：

① 太阳围合体

太阳围合体是考虑建筑自身和周边环境同时获得日照时，由建筑外表面围合而成的形体。它是保证建筑周围得到有效日照的设计方法。这种方法是指对一个给定的场地，调整建筑各个立面的法线方向，使建筑在不遮挡临近场地的情况下达到最大的体积容量，同时保证周边场地得到足够的日照。

太阳围合体的形状和大小与场地尺寸、建筑的高度、朝向、地理纬度以及日照时间都有关系。当场地的形状尺寸决定以后，就可以确定建筑的太阳围合体。例如，确定一位于北纬 40° 的场地需要全年从早上 9 点至下午 3 点都能得到日照的太阳围合体设计。根据太阳高度角最低的时间（12 月 21 日）确定建筑北侧围合体的坡度；太阳高度角最高的时间（6 月 21 日）确定南向围合体的坡度。在北纬 40°，12 月 21 日早上 9 点至下午 3 点的太阳高度角和方位角分别为 14° 和 42°；6 月 21 日早上 9 点至下午 3 点的太阳高度角和方位角分别为 49° 和 80°。由这两天的高度角和方位角做出太阳围合体，见图 6－7。太阳围合体确定了建筑不遮挡临近构筑物的最大容积。图 6－8 左图是一个太阳围合体，右图是根据该太阳围合体形状、大小确定的建筑形式。

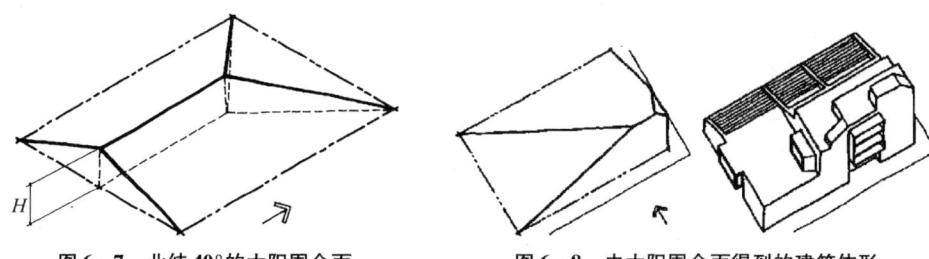

图 6－7　北纬 40° 的太阳围合面　　　　　图 6－8　由太阳围合面得到的建筑体形

② 还可以利用太阳场地的评估工具（如日照仪，图 6－9 所示）来模拟遮阳、阴影、阳光的照射以及阳光的获取情况。

3）案例分析

希腊雅典的太阳村，3 号（图 6－10）。

6.1.1.2　日光

人工照明要消耗电能，实际上也就增加了建筑物的建设成本；同时，还会增加对环境负荷的压力。而自然的日光不仅丰富，还可以无偿使用。

在建筑物内部利用日光的首要前提是日光的照射，而日光的利用很大程度上取决于建筑场地的位置。因此，要想满足居室内部的日光供应，首先要进行优化建筑物和露天空间的规划，以保证充足日光能够进入到每一栋建筑物内。从这个角度说，我们需要特别注意每一栋建筑物的朝向和建筑物之间的间距。

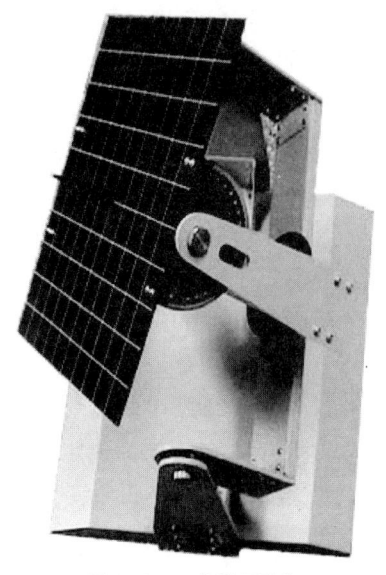

图 6 - 9 三参数日照仪

图 6 - 10 希腊雅典的太阳村

事实上，外部空间的可用日光量远远超过内部空间的日光需求量。举例来说，即使在阴暗的天气里，天空也大体可以提供平均 1000lx 的照明，这足以用于室内空间。此外，自然光不仅意味着能源使用的潜在节约，它也比人造光源更加有效，因此也更加受到使用者的青睐。利用太阳光提供照明，对于居民的环境和健康有着非常大的好处。因此，在设计的初期阶段，就应该把日光的可利用考虑在设计方案中，尤其在居住密度较高的市区。

1）方法原理

（1）避免对拟建建筑的日光遮挡

邻近建筑物或者树木的遮挡，以及建筑物自身的朝向，都会影响到场地以及建筑物内部的日光利用量。独栋建筑物或者建筑群在它（们）所处环境内的位置，也是日光可利用的重要因素。

（2）避免对邻近场地造成遮挡

如果即将建造的建筑物将造成日光的阻挡，那么，为了保护邻近场地免受阻挡，就必须对该建设项目进行认真的规划，要从场地可以获得日光照射的角度，尽可能地优化建筑的平面布局。

2）设计要点及案例分析

（1）确定场地上的日光障碍物

① 在一个具体场地上，那些在建筑物里就能看到的高耸障碍物会减少可利用的日光照射，这些障碍物在地形上通常是附近的山地（丘陵）、一些景观元素（尤其是树木），或者是其他的建筑物。

② 绘制出每栋建筑和每棵树木的阴影图案，就可看出它是否对日光的采集构成了妨碍。简易的方法是测出早上 9 点、正午 12 点和下午 3 点三个时刻的阴影，然后用直线把

它们连接起来,如图 6 – 11、图 6 – 12 所示。

③ 对建筑物外形和间距加以调整,以保证充足的日光照射。

④ 与阳光照射边界一样,阴影图案也受地面坡度的影响,如图 6 – 13 所示。

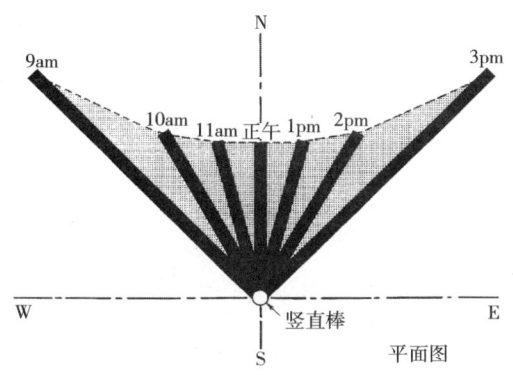

图 6 – 11　在 12 月 21 日,位于北纬 36°的小木棒
所透射阴影的平面图

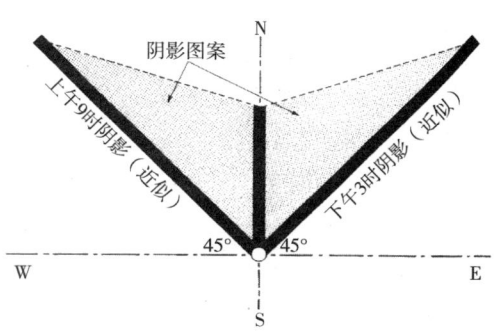

图 6 – 12　在 12 月 21 日小木棒的阴影图案简图

（2）日照系数可以反映建筑物的间距对室内采光量的影响

建筑物高度和相邻建筑物间距之间需要保持一个最佳的比例,一般根据外部空间的性质来选择合适的尺度。但建筑物立面的高宽比控制着天空可视部分的阳光直接入射量,日照系数是建筑高度 H 与街道宽度比 W 的函数,随着高宽比的增大而减小。

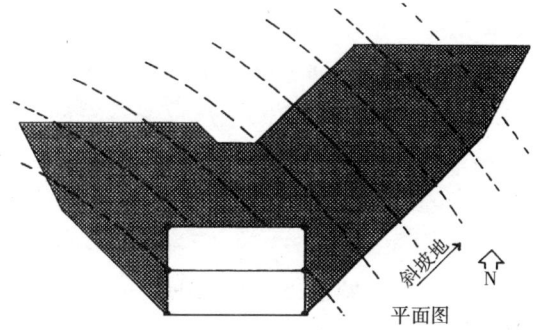

图 6 – 13　倾斜的地面改变了房屋阴影图案的长度

如图 6 – 14 所示,这是多云天空的日光系数图,它可用于一排建筑物中心地带房间内与街面同一高程上的比值。

① 窗户的大小会影响外部光线进入房间的比例,也会影响临街墙的平均反射情况。由于玻璃的反射性能较低,大面积地使用玻璃外墙有助于降低相互反射:

- A 曲线代表拥有 67% 窗户的墙面;
- B 曲线代表拥有 50% 窗户的墙面;
- C 曲线代表拥有 33% 窗户的墙面。

② 墙壁的反射率会影响到进入到房间的日光量:

- 每条曲线的上部都代表由高反射性能的墙壁组成的墙面;
- 每条曲线的下部都代表由低反射性能的墙壁组成的墙面。

③ 由于天空亮度随着纬度的变化而变化,因此,高纬度地区需要采用更高的日照系数才能够达到与低纬度地区一样的效果。由于日光系数与外部亮度有着密切的关系,而外部亮度又与该场地的纬度有关,比如,以北京为例,它的日照系数就比广州地区高。

这些参数与设计师的选择有直接关系，它会影响设计师关于建筑外形和设计之间相互关系的选择。设计师必须用这些参数来保证和优化得到充足的日光照射。

6.1.1.3 风

在大多数气候类型条件下，风在夏季都是一笔财富，而在冬季又是一个负担，因此需要在夏季和冬季对风采取不同的处理方式。场地的风环境取决于两方面因素，其一是气象与大区域地形，例如在沿海地区、平原地区或山谷地区，每年受到季节影响、风的变化是城市建设人员难以控制的；其二是小区域地形，例如城市建筑群的布置、各建筑的高度和外形、空旷地区的位置与走向等。这些因素影响了场地中的局部风环境，处理得不好，会使某些重要区域的风速大大增加，而这一因素是场地设计可以控制的。研究场地的风环境问题，实际上就是在给定的大区域风环境下，通过场地的合理规划，得到最佳小区域地形，从而控制并改善局部风环境。

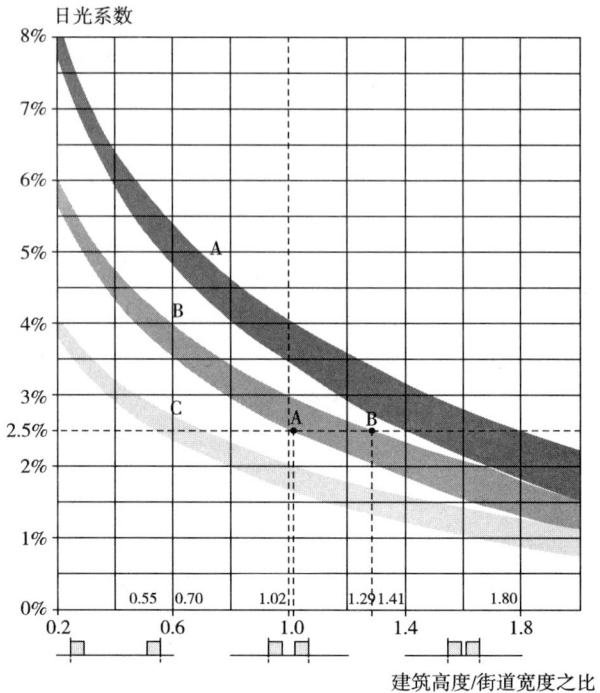

图 6－14　多云天空的日光系数图

在没有或缺少植被覆盖的贫瘠地区，由于地面的低摩擦阻力可能产生较高的风速，随之也产生了灰尘和沙尘暴。这是场地设计应注意的问题之一。

1）方法原理

外部风环境的状况（如风速、风向、空气温度、空气卫生质量即洁净度等）直接影响到建筑室内的热环境。场地设计应注意建筑通风，由于不同环境地区以及不同季节中建筑对风的要求都有所不同，故应以当地主导气候为基础调节微气候，组织自然通风。在场地中，影响通风的主要因素有建筑群的高度与间距、街道走向、空旷场地分布、地面覆盖物状况与规模等。

（1）防风

在严寒、寒冷地区的冬季，强风会降低围护结构的保温性能、加速热能的损失，冷风渗透能降低人的舒适度，设计应致力于防风。利用场地的山丘、植被或建筑物等作为风屏障，如图 6－15 所示。

在干热风沙地区，室外空气温度高于室内温度，对风的控制应着眼于防风，而不是要求最好的通风。

（2）通风

在湿热地区，场地设计应满足最佳的通风条件，在夏季，主导风方向尽量减少固定的

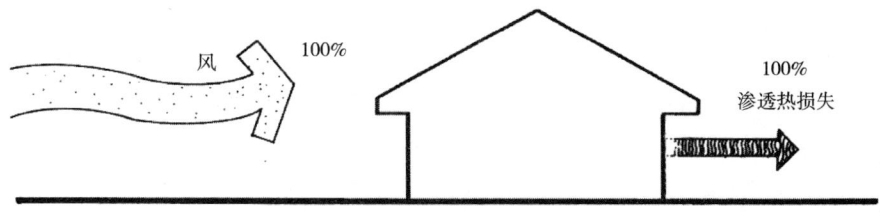

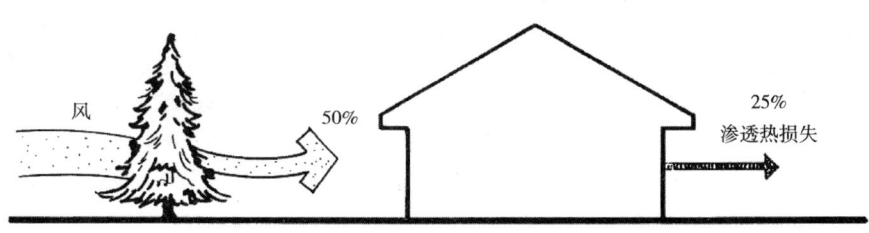

图6-15 利用场地的山丘、植被、建筑物等作为风屏障

遮挡，场地设计时应有利于导风。

（3）既要考虑避风又要考虑导风

我国大部分地区具有夏热冬冷的气候特点，建筑既要考虑夏季的隔热和降湿，又要能适应冬季保温的环境要求，这就要求场地通风设计具有很强的可调性。

（4）注意特殊气候条件的影响

我们需要进行气候分析以保证未来的发展不会受到气候因素的影响（比如暴风雨或者其他可怕的灾难）。尤其要注意那些容易受到特殊气候条件，包括飓风、龙卷风、台风、海啸等影响的地区，并使用特别的规划策略和建设手段。

2）设计要点及案例分析

（1）确定场地挡风或导风的不利或有利条件

① 在地形多变的地区，地形会改变主导风向，从而形成当地独特的风模式。

• 场地位于山顶要比位于平缓地面受到风的强度大20%；

• 深谷中的场地可能暴露于漏斗状的高速风中；

• 海边或者湖边的场地即使在平静气候条件下也会受到影响。

② 周围城市的结构形态或场地附近的高层建筑，都有可能引起诸如风速增加和湍流等地方性风效应。同样地，这个场地上的阻碍物（山丘、树林，原有建筑物等）也会引起风向的偏转。

③ 建筑周围的地理环境对其附近的风向和风速有很大影响，可以使局部的主导风向偏离地区主导风向，风速也发生改变。其中包括由于局部地方受热或受冷不均匀而产生的气流，如水陆风或山谷风，也包括由于风在遇到障碍物而绕行时产生风向和风速的改变，如巷道风、高楼风。

（2）对于有强风的气候条件应注意

① 利用防风屏。

② 利用挡风墙（图6-16）。

（3）风速梯度

风速随高度而增加的速率称为风速梯度。风速随地面以上的高程而增加，因为高处的摩擦力逐渐减弱。风速梯度取决于地面的粗糙度。因此，在平地面或水面上，风速比在森林上空以及有各种高矮建筑物的城市上空增加得快。由图6-17可见，在同一高度上，位于平坦开阔地面的建筑物受到的风速较有树林或其他建筑物环绕的建筑物上的风速大些。

然而，除了风速会受到严重影响这一事实之外，风的运动模式在城市范围也要复杂得多；风道和风阻的联合效应会引起风的湍流以及地

图6-16 日本岛根县的农场使用L形的防风墙来阻挡寒风侵袭

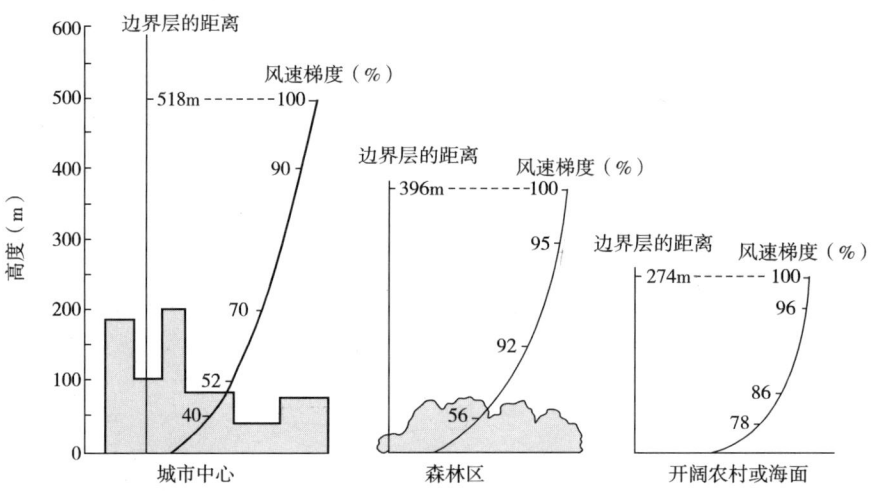

图6-17 三种典型的风速梯度

区性风速的提高，详见第6.2.5节内容。

（4）地形风

如果地面是平坦的，那么整个场地会有相似的风环境。然而，对于斜坡或低凹地带，其不同区域会产生不同层次的空气温度和气流，较凉爽的空气在低凹地带或斜坡聚焦。因而这些区域的空气温度较低，斜坡迎风面空气速度也会增加。空气速度在山脊处最大，在背风处最小。图6-18～图6-21为地形对风环境的影响作用。

（5）防强风

外泊是日本四国岛上的沿海小村落，为了阻挡从

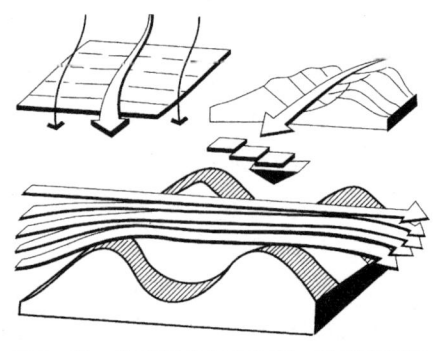

图6-18 地形变化与小气候：风速在平地变化较小，在迎风坡增大，背风坡减小；凹地、峡谷气温较低，如果位置不在气流运动方向上，则很少有空气流动

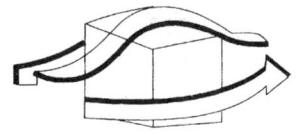 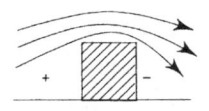 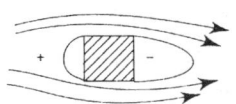

图 6-19　障碍物引起风压的变化

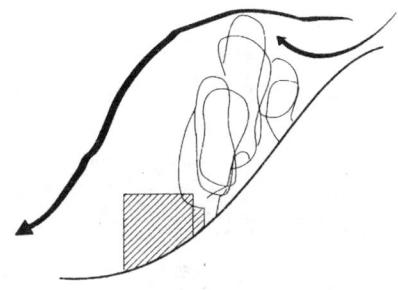

图 6-20　防止斜坡处下沉气流的侵袭，
茂密的植被可使沿斜坡下沉的阴凉气流
（下沉冷风）转向或减弱至最低

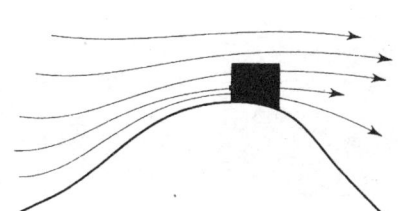

图 6-21　山脊上的风速最大

海上刮来的强风，每户住宅的周围都用石头砌起围墙，中央围合成庭院，形成所谓的中庭式住宅。即使外面刮强风，中庭的风却比较弱，可照常生活工作，如图 6-22 所示。在石垣岛上也有类似的住宅形式。

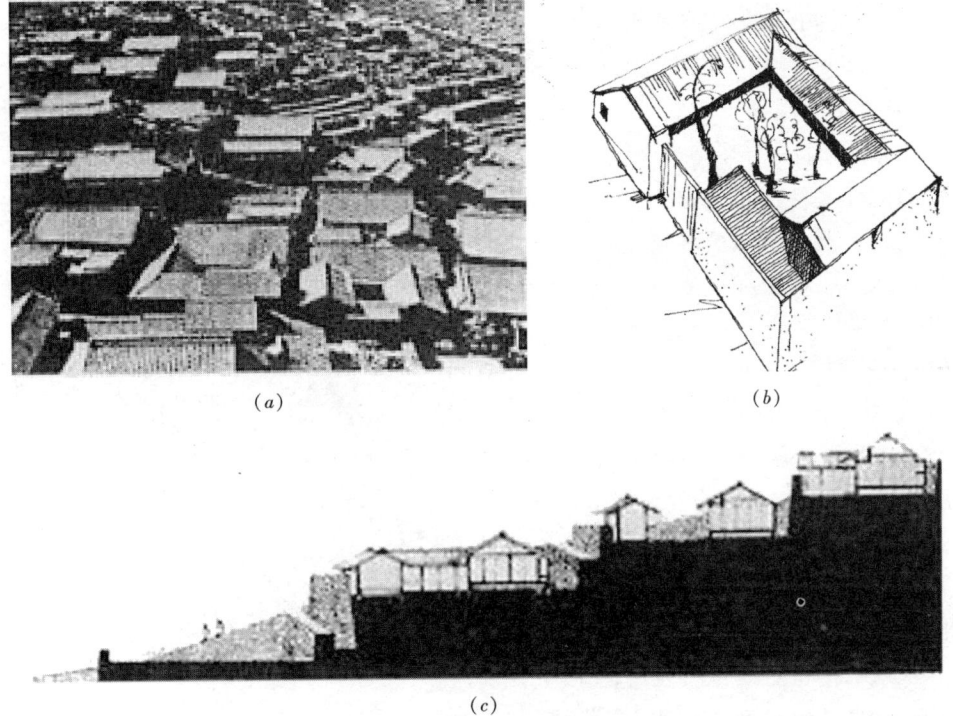

(a)

(b)

(c)

图 6-22　外泊村落防强风设计做法

在北纬15°以上的东亚太平洋沿岸，为多台风地区。例如在华南、华中沿海与澎湖、金门的民居，是以厚重的石墙构造、窄巷、小窗、屋瓦压石、防风墙为造型（图6-23）。在日本琉球的民居则以防风围墙、石灰黏土瓦、低檐为造型（图6-24）。在韩国济州岛的民居，同以防风围墙、捆绑稻草屋顶、短檐为造型（图6-25）；这些都是台风威胁下的民居生存之道，也是典型防风型建筑形态的表现。

图6-23 石造墙、小窗、无檐、压石屋顶的平潭民居（中国福建）

图6-24 防风墙围护的冲绳民居（日本）

图6-25 以草绳网捆绑防风的济州岛民居（韩国）

（6）法国蒙彼利埃市圣卢普中学（图6-26）

建筑师：皮埃尔·图尔（Pierre tourre）

这所中学距离蒙彼利埃市15km，这个地方以两种强风而闻名：一种是来自于西北面的山风，另一种是来自东北方干燥寒冷的风。但是，这里的西面被两排标准树木（1）所保护，而东北面则被两组阶梯式灌木丛（2）所保护。这两处的植被都起到了防风墙的作用，见图6-26。

6.1.1.4 空气温度

建筑场地及周围的环境将影响空气温度，虽然局部环境空气温度是由一个地区的大气候形成的，但一个地区和场地的温度状况，还受到地形、植被和城郊的自然条件等当地环境的影响。

1）方法原理

（1）宏观尺度的空气温度分析

包括一年的极端温度、月平均温度和一天中温度的变化幅度。

（2）区域性空气温度分析

虽然整个地区的气候特征大致相同，但每个具体地点的气候特征仍然是由其小气候环境决定的。场地设计所包含的各要素中，与空气温度调节相关的包括地形、植被、太阳辐射、风和现有建筑等，这些依赖于大气候条件的地

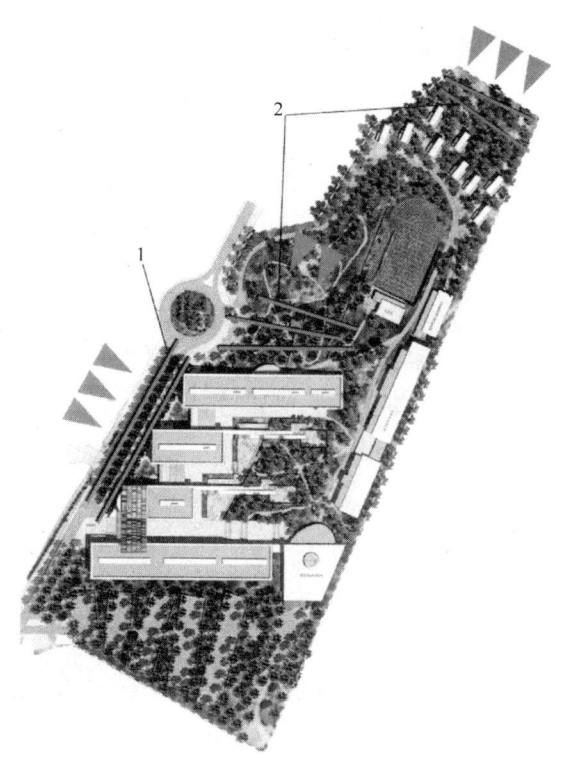

图6-26 法国蒙彼利埃市圣卢普中学

方小气候特征，既可以是有利条件，也可能是不利条件。如果建筑师在场地设计中充分考虑了场地的自然环境及气候条件，空间就会更加舒适、高效，并且也会更加充满趣味。

2）设计要点

（1）温度的竖向分区

高的位置往往意味着有较低的平均温度，因而建筑的剖面设计应考虑温度在竖向的分布，常活动的区域宜置于剖面的低层。

（2）场地地形对气温的影响

南向的山坡比北向的山坡温度更高，因为所接受的太阳辐射更多（图 6-27）。西坡比东坡更温暖是因为随着下午环境气温的升高，太阳辐射强度也相应达到最大。在低凹地区，像山脉环绕的谷地（凹地），一般通风较差，可能产生逆温现象，温度较低且地势低的区域往往由于冷重的空气集中而形成冷气槽，见图 6-28。

（3）周围环境对温度的影响

场地附近重要的水体和植被区域能显著降低周围的空气温度。房屋、街道以及停车场，因为其数量多和尺度大，也对小气候有明显的影响。建筑物的阴影可以将温暖的南向地段变成类似于北向地段般寒冷。

图 6-27　南向的山坡比北坡获得的
太阳辐射多 100 倍

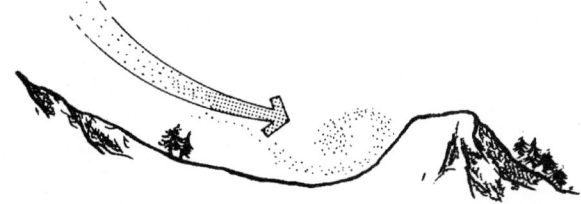

图 6-28　因为冷空气比热空气重，所以它经常流到低洼处，
在那里形成冷空气槽

（4）不同下垫面空气温度的不同

空气温度受土地反射率与其密度的影响，还受到夜间辐射、气流状况及土地受到建筑物或种植物遮挡情况的影响。图 6-29 表示了草地与混凝土地面上典型的温度变化值与靠近墙面处温度所受的影响。

（5）霜洞效应

即温度的局地倒置现象。冷气流沉降至地形最低处，当遇到墙、栅栏或篱笆的包围或流入山谷、洼地、沟底时，只要没有风力扰动，就会如池水一般积聚在一起。最可能出现此种现象的条件是寒冷、晴朗的夜晚；那时天空的低温会加速地表的冷却过程，因而使靠近地表的空气冷却；而这种现象通常是平静地进行着，故不会形成风。在这种凹地里的建筑物或住宅里，冬季温度较其周围平地面上的温度低得多，特别是夜间；在建筑物底层或位于一般地面以下而室外有凹坑的半地下室里，情况也与上述相同，如图 6-30 所示。

（6）人工构筑物的影响

一栋高大的建筑能轻易地把一个本来有阳光且没有寒风的南向地段的小气候变成一种寒冷多风的小气候，如图 6-31 所示。

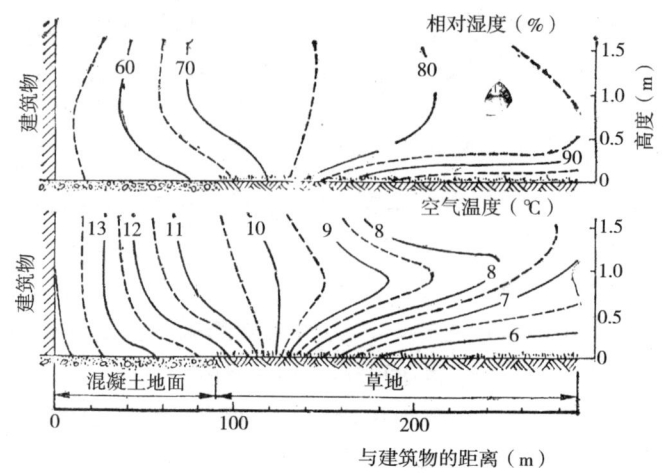

图6-29 不同下垫面温湿度的不同

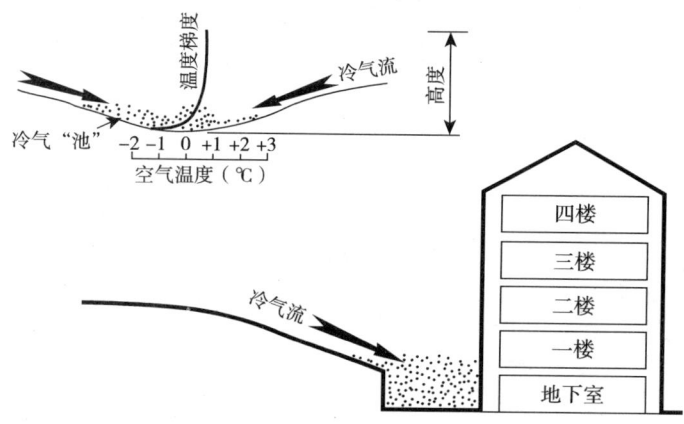

图6-30 建筑物的"霜洞"效应

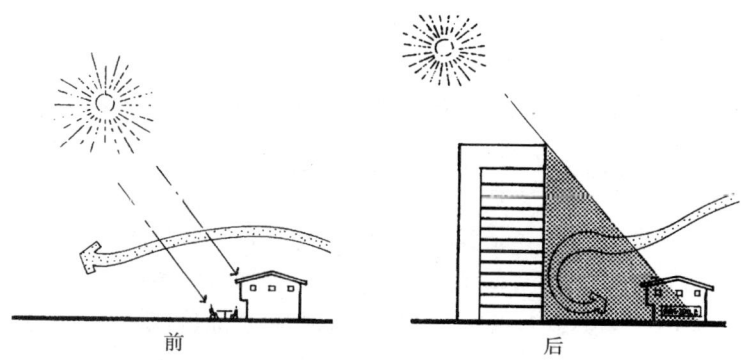

图6-31 人工构筑物对小气候的影响示意

6.1.1.5 水

1）方法原理

水可以改善和优化场地的微气候环境，因而场地设计中考虑水影响的关键是对现有可用水源的合理利用和对不同用途所消耗的水量进行优化。地下水与其他自然水资源并不是取之

不尽用之不竭的，对这些水资源的保护是十分必要的。对于不需要饮用的水（厕所、灌溉、洗涤用水），采用雨水回收作为替代性的解决方案，可以明显减少处理成本。场地设计的水资源管理涉及以下方面：饮用水供应、当地雨水的处理以及污水的排放。

水资源管理应考虑到运用地表或地下潜在水源的可能性。在北京，水的蒸发量大于降雨量。在中国某些地区，降雨量较少，且季节分配不均，一个城市或一个区域地表或地下的水源就显得非常重要。

要明确地表水的运动和收集模式，以便准确地预测这些既存的特征会对未来的工程项目产生怎样的影响。要尽可能地用生态学的方法保持现有的水文状态，从而达到不干扰地方生态系统、不对周围环境造成危害、并且利用水体调节场地微气候的目的。

2）设计要点

为了优化规划的选择，可在以下三个方面进行整治：

（1）保留

保存大雨后的水，以保证雨水排放到自然区域或供水网络中。

（2）渗透

促进雨水就地渗入土中，以尽量维持水的循环。

（3）处理

回收在危险地带（停车场、交通枢纽地带等）流过的雨水，在排放前根据它们的性质进行处理。

同时，认真分析场地地表的排水能力，避免新建工程的地表引起对水的不渗透性或者排水不畅，从而影响场地的水文特征。

3）案例分析

水景住宅（图 6-32、图 6-33）。

水景住宅价格昂贵，但目前已经有一定的需求。水景住宅有三种类型：建在水道或自然水体上的居所，将水引入住宅或蓄水池的居所，建在以水为主题的人造景观中的居所。

这种水景住宅项目的设计包括通过水面景观与植被来创造一种小气候。这一措施对于调节夏季酷暑，以及在游戏或娱乐空间周围形成活跃的气氛或者一个趣味中心，是非常重要的。这些空间的布置在大雨季节可以显示它的生态优势（作为储水区），在水量偏少时还可以有它的休闲娱乐功能（布置自行车道、步行道、运动场）。

一个水景住宅区应该通过分析场地及环境和雨

图 6-32　北京塞纳维拉水景花园规划

图 6-33　北京塞纳维拉别墅

水的特征，正确利用所在场地地形的自然地势和已有植被，并尽可能地减少以混凝土为材料的硬质铺装，在全局上考虑用水和处理水的策略。

结论

对场地而言，接受一项需要的资源要比阻挡一项不需要的资源重要。例如，在寒冷的气候条件下，接受阳光要比阻挡风更重要，因为建筑及构件的设计策略可以被用来阻挡风，但是如果阳光进入建筑的路径被阻挡，就没有什么可以替代太阳能对建筑的采暖作用了。

通过以上场地设计的气候分析，可以优化利用事先确定的自然气候调节机制，减少对人工供暖系统、制冷系统和通风系统的依赖性，从而极大地降低投资成本和运行成本，同时还能够有效地节约不可再生资源。

6.1.2 建筑选址

建筑的选址，建筑所处位置的地形地貌（如是否位于平地或坡地、山谷或山顶、江河或湖泊水系旁边）将直接影响建筑室内外热环境和建筑能耗的大小。但基地条件可以通过建筑设计及构筑物等配置来改善其微气候环境，充分发挥有益于提高节能效益的基地条件，避免、克服不利因素。

在选中的场地范围内，尤其是在高密度的城区内，要对周围的环境，特别是对有关日光的获得、太阳能的利用和风的模式等方面作认真的分析。

杨经文提出的生态设计的前提条件之一是：为了得到最好的设计方案，设计师必须对每一处建筑选址的物质结构和自然结构进行分析和利用。

1）方法原理

尽量利用基地的有利条件，克服不利条件的影响，并能化害为利。

（1）以建筑得热（采暖）避寒为目的的向阳原则（寒冷地区）

寒冷地区的建筑为满足冬季得热的目的，利用阳光是最经济、最合理的途径，同时也应减少冬季寒风的不利影响。

（2）以散热（致凉）为目的的通风原则（湿热地区）

利用夜间凉爽的通风使室内热惰性材料降温。

（3）以减少得热为目的的防热原则（干热地区）

隔热与遮阴是建筑防止过多的夏季得热达到致凉目的的有效措施。

（4）减少能量需求原则（综合目的）

考虑气候条件，未来建筑选址时应避免一些外来因素造成冷（热）负荷增加，尽量减少地形受自然环境的"不良"干扰，并通过设计、改造，以降低建筑对能量的需求。

2）设计要点

（1）以采暖（得热）避寒为目的的建筑选址

① 建筑的基地应选择在向阳的平地或山坡上，以争取尽量多的日照，为建筑单体的节能设计创造采暖先决条件。

② 待建建筑的前方向阳处无固定遮挡，任何无法改造的"遮挡"都会令待建建筑采暖负荷增加，造成不必要的能源浪费。

③ 建筑位置要有效避免冬季主导风向，以减少建筑围护结构（墙和窗）的热能渗透。

（2）以通风为目的的建筑选址

① 基地环境条件下不影响夏季主导风吹向待建建筑物，并考虑冬季主导风尽量少的影响建筑。

② 利用植被、构筑物等永久地貌的导风作用。

③ 对一些基地内的物质因素加以组织、利用，以最简洁、最廉价的方式改造室外环境，以创造良好的风环境，为建筑物内部通风提供条件。

（3）以遮阴为目的的建筑选址

① 绿化遮阴：一切落叶乔木，叶大根茂，能达到良好的遮阳目的，并能降低微环境温度。

② 建筑遮阴：在特定的气候环境下缩小建筑间距，使前幢建筑成为遮阴物体而形成"凉巷"，这是建筑自身构成的遮阴，不会增加造价，但对微气候条件改善意义重大。

③ 地貌遮阴：在山坡、突兀的丘陵建造房屋，自然地貌可以形成一定遮阴。

（4）不同气候类型与坡地建筑的选址原则

众所周知，山的南坡更加暖和，并且植被生长期最长。对大多数建筑类型而言，如果还有选择地理位置的余地，那么山的南坡仍然是最佳的选择。

图 6-34 为我们展示了山的各个方向在小气候方面的差异。在冬季，山的南坡获得的日照最多，因而最暖和，而山的西坡则是夏季最热的地方。山的北坡背对太阳，因而也最为寒冷，山顶则是刮风最多的地方。山脚地区一般比山坡上要冷一点，因为冷空气下沉后，都在此聚积。气候条件和建筑类型，共同决定了在丘陵地区最佳建筑地点的选择。对于受室外气候影响较大的住宅和小型办公建筑，其修建地点和气候条件之间的对应关系，可以参照图 6-35。

寒冷地区：山的南坡日照最强，来自北方的冷风被山所阻挡。所以房屋不宜建在多风的山顶和冷空气聚积的低洼地带。

炎热干燥地区：应当把房屋建在冷空气聚积的低洼地带。如果冬季非常冷，就建在山南谷地。如果冬季比较温和，就建在山的北面或东面，但无论何种情形，都不要建在山的西面。

炎热潮湿地区：把房屋建在山顶，以最大限度地保证自然风畅通无阻，但不要建在山顶的西边，以避开下午炎热的阳光。

一般来说，不同气候区坡地建筑的理想位置，如图 6-36 所示：

寒冷地区：南向山坡的下部，接受最多的太阳辐射，冬季有防风保护，并且不受谷底聚集的寒冷空气的影响。

温和地区：山坡的中上部，日照和通风条件理想，并不受山脊风的影响。

干热地区：山坡底部，夜间下沉冷空气制冷，朝向东面，以减少下午的太阳辐射影

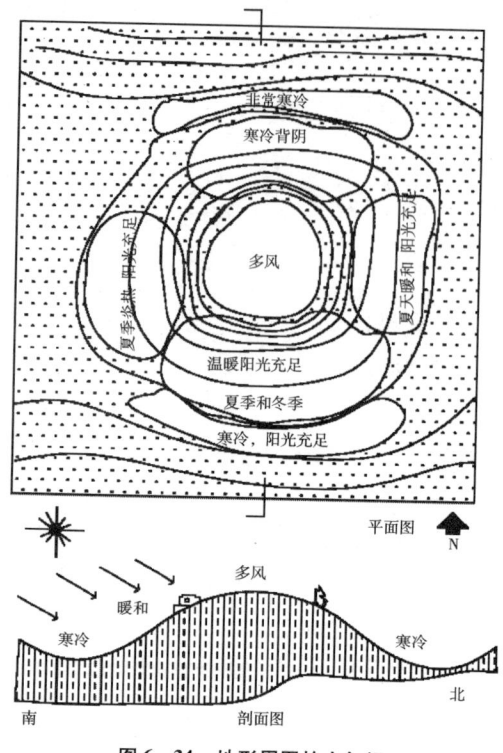

图 6-34　地形周围的小气候

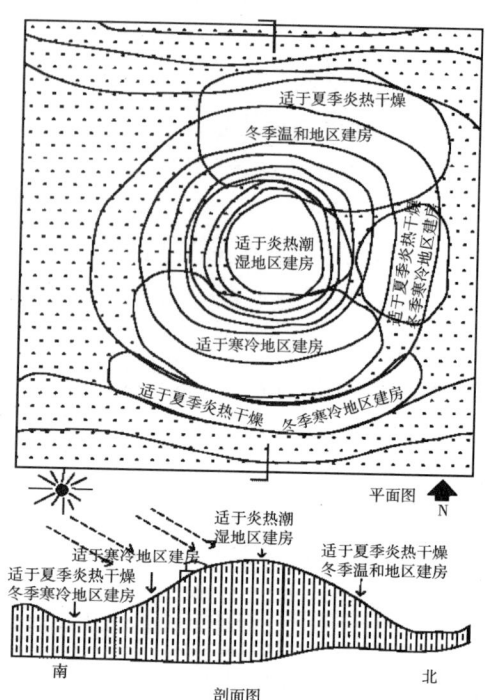

图 6-35　建筑的选址与气候的关系

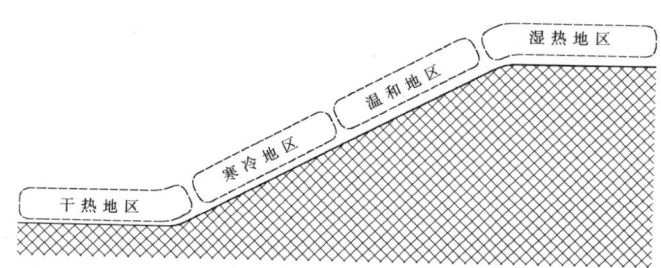

图 6-36　不同气候区在坡地上的最佳选址位置

响。附近如果有大面积水体，并且夏季风经过水面冷却可以导入建筑，这样的场地无疑更为有利。

湿热地区：山坡顶部，通风条件良好，朝向东面，以减少下午的太阳辐射影响。

（5）减少能量需求原则

① 避免地形的不利影响：冷空气易聚集在山谷、洼地、沟底等凹形地域，故温度较低。寒冷地区建筑选址时应避开这些凹形基地。

② 避免不利风向：冬季寒流风向可以通过各种风玫瑰图得到，基地内的寒流走向将会影响建筑的微气候环境，造成能量需求增加。因此我国大部分地区在建筑选址和建筑组群设计时，充分考虑到封闭的西北向（寒流主导向），合理选择封闭周边式布局的开口方向和位置，使建筑群达到避风节能的目的。

③ 避免局地疾风：基地周围建筑组群的布局不当会造成局部范围内冬季寒风的流速

加剧，会给建筑围护结构造成较强的风压，增加墙和窗的冷风渗透，使室内环境采暖负荷加大。

④ 避免雨雪堆积：地形中处理不当的"槽沟"，会在冬季产生雨雪堆积，雨雪在溶化过程中将带走大量热量，造成建筑外环境温度降低，增加围护结构保温的负担。

⑤ 位于北向斜坡上的场地就很难被利用作为被动太阳能供暖系统。

⑥ 避免被周围丘陵、现有树木和邻近建筑物遮阳。

3）案例分析

（1）湖南张谷英村古宅的村落排布（图6-37、图6-38）

张谷英村古宅位于湖南中北部地区，该地区属于典型的夏热冬冷气候区域，夏季酷暑炎热，最高气温一般在38℃以上，且空气湿度大、风小，闷热天气持续时间长；春秋气温虽很适中，但降水频繁充足；冬季温度不太低，但由于潮湿，给人以湿冷的感觉。

张谷英村的居住形态为聚居，总体布局依地形呈"干枝式"结构，中轴建筑与两侧横轴建筑皆以天井为构成单元，主堂与横堂皆以天井为中心组成单元，各个单元自成庭院，各个庭院用巷道贯为一体，整个建筑群落向南坐落，背阴向阳。该布局建筑密度相当高，建筑外墙表面少，夏季时建筑物之间能够相互遮阳，减少太阳辐射得热，冬季时则可以降低建筑热损失。而且，紧凑的建筑群落也有利于形成自身的微气候。

张谷英村坐落在群山环绕的小盆地中，在坡度较为平缓的盆地中部，容纳了绝大多数房屋和耕地，基本上保持了原有的地形地貌。四周围拢的山体起到防风、防洪的作用，而且有利于形成良好生态循环的小气候（图6-37）。

张谷英村古宅北靠山体，面南开敞。这是由于当地冬季盛行西北风，北面背山可以阻

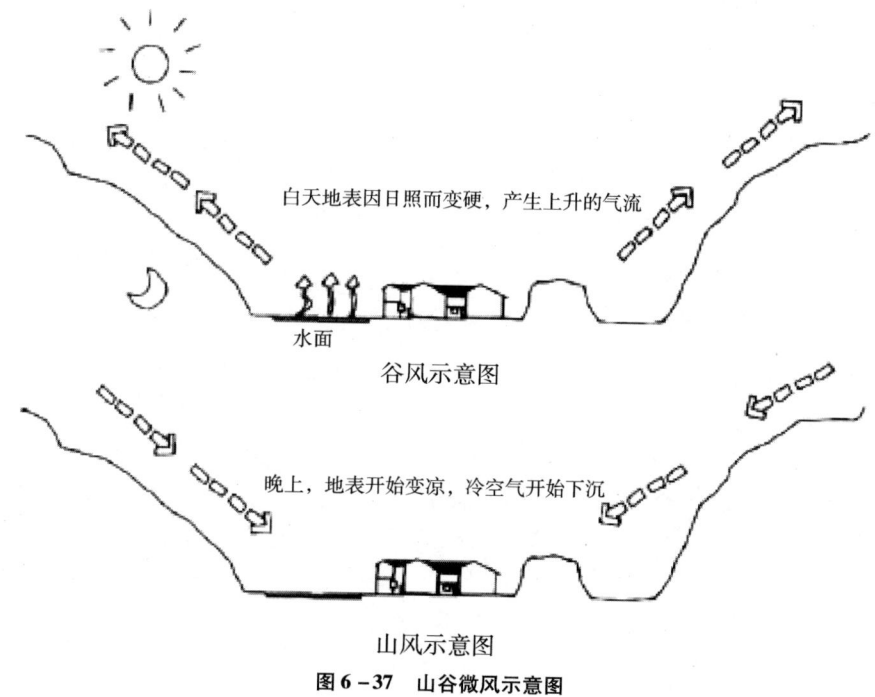

谷风示意图

山风示意图

图6-37 山谷微风示意图

挡冬季寒风对建筑物的侵袭，从而降低霜冻和雨雪堆积的危害；夏季主导风向为正南，面南开敞让夏季南向季风可以顺畅地进入建筑群，再加上建筑的南面有大片的水田，气流经过水面后会给建筑物带来湿润的凉风，见图6-38。

图6-38 张谷英村古建筑群落

（2）土耳其马丁市（图6-39、图6-40）

土耳其东南部城市马丁气候干热，冬季较冷，坐落在一个20°~25°的斜坡上，这个斜坡位于一个和平原毗邻的较陡峭的高地上。如图6-39、图6-40所示，城市的街道根据地形来组织，使整个城市朝向东南，从而减少了下午的太阳辐射得热。稠密安排的建筑在

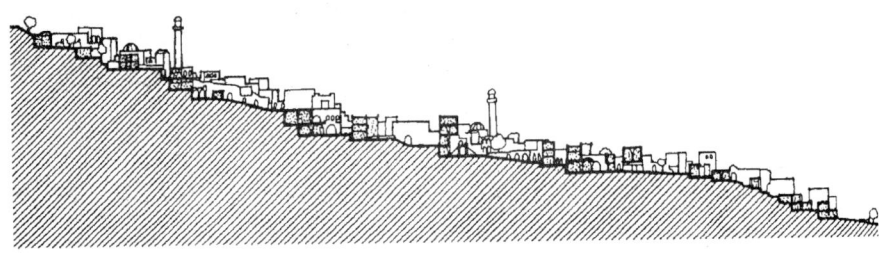

图6-39 土耳其马丁市剖面

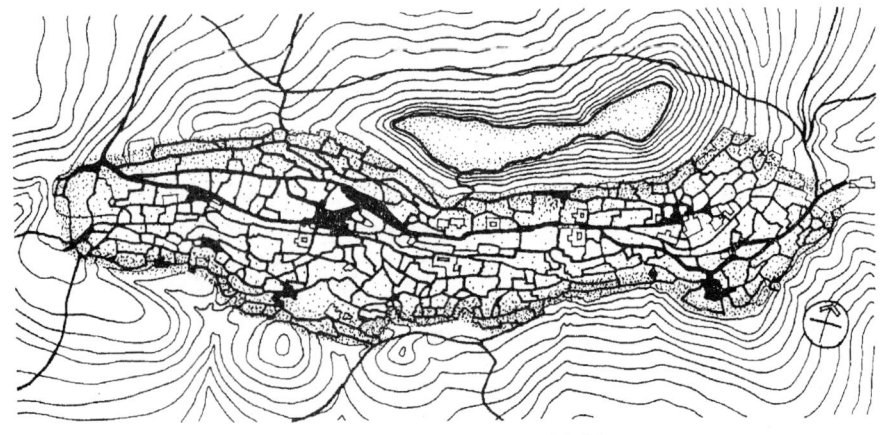

图6-40 土耳其马丁市场地规划

东西朝向上能相互遮阳，同时，这也允许充足的冬季阳光到达南立面。在夏季夜晚，由于空气密度的不同而产生了一股顺山坡向下流动的冷空气，这些冷空气汇聚在低处，例如前后建筑之间，这里经常用来作为户外睡眠的场所。计算表明，这一地区位于南向20%斜坡上的建筑组群比位于一个平地上的相同组群节省 50% 的热量来保持相同的室内温度。

6.1.3　景观的气候设计

建筑景观会影响微气候环境，表面植被或水泥地面都直接影响建筑采暖和空调能耗的大小。经过正确设计可以大大减少耗能、节约用水，控制像疾风和烈日之类令人不快的气候因素（图6-41）：节能的景观设计可以阻挡冬季寒风，引导夏季凉风，并为建筑遮挡炎夏的骄阳，也可以阻止地面或其他表面的反射光将热量带入建筑；铺地可以反射或吸收热量，这取决于颜色是深是浅；水体可以缓和温度，增加湿度；此外，树木的阴影和草地灌木的影响可以降低临近建筑的气温，并起到蒸发制冷的作用。

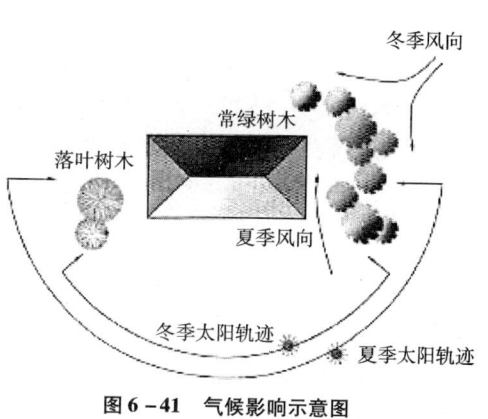

图 6-41　气候影响示意图

景观采用什么样的设计手法由建筑场地所在的气候区域决定。根据我国气候特点可分为以下几类地区：

温和地区：在冬季最大程度利用太阳能采暖；在夏季尽量提供遮阳；引导冬季寒风远离建筑；在夏季形成通向建筑的风道。

干热地区：给屋顶、墙壁和窗户提供遮阳；利用植物蒸腾作用使建筑周围制冷；自然冷却的建筑在夏季应利用通风；而空调建筑周围应阻挡风或使风向偏斜。

湿热地区：在夏季形成通向建筑的风道；种植夏季遮阴的树木，同时也能使冬季低角度的阳光穿过；避免在紧邻建筑的地方种植需要频繁浇灌的植物。

寒冷地区：采取防风措施避免冬季寒风；冬季阳光可以到达南向窗户；如果夏季存在过热问题，应遮蔽照在南向和西向的窗户和墙上的夏季直射阳光。

随着人们对生态环境重视程度的提高，景观设计逐渐从视觉欣赏的层面向生态调控功能转化。景观中的植被、水体设计具有净化空气、保持水土、蓄涵水源、调节气温和湿度、调节风速、减弱噪声、遮蔽日照、减少建筑耗能等重要的生态作用。因此要对场地中现有的景观要素进行客观评价，确定哪些能起到节能和调节气候作用。

1）方法原理

结合气候的景观设计要考虑地形、地质、土和植被等重要因素，把遮阳与争取日照、防风与改善自然通风相结合，合理选择室外活动场地，综合考虑阳光和风的方向，给使用者提供适宜的温湿度、必要的风速、新鲜的空气、充足的光线和不受周围环境的热、光辐射与噪声干扰的舒适环境。

2）设计要点

（1）降温增湿的设计要点

绿地和植被通过土的水分蒸发、反射、遮阳和蓄冷等功能，极大地降低城市气温，改善空气湿度。四周围绕着草坪的房屋，其降温的负荷就比沥青或水泥地围绕的房屋要小，如图6－42所示。

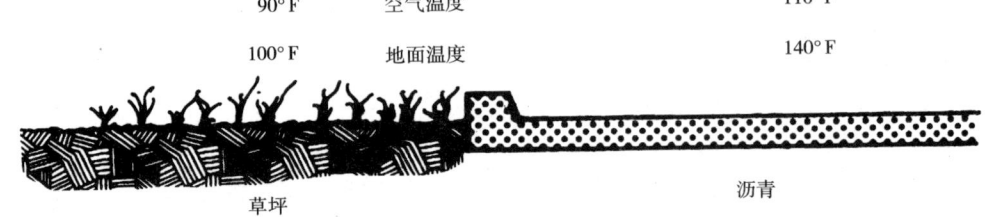

图6－42 沥青上面的空气比草坪上面的空气热得多

① 在室外，植物能使其周围的城市温度降低约1℃，而能遮阳的树木，其树阴下的温度又能比周围温度再低2℃。增加绿色空间的比例会引起温度持续下降，但是，这种现象是非线性的，到某个特定值时就不再有明显效果，见图6－43。

② 均匀分布绿色空间：发挥植被的冷地功效，绿色空间应该与街道连接起来，形成一条供空气流通的通道，确定街道的走向，以保证冷空气可以从绿色空间传递到距离较远的地区。此外，还应该设计一些有植被的屏障，利用它将主流风引导到场地

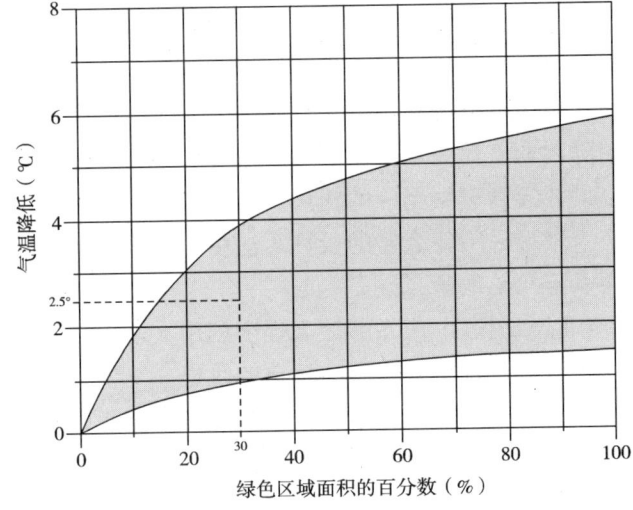

图6－43 空气温度的降低与绿色空间区域的关系

上。合理分布绿色空间，要比一个大面积的公园有更好的降温效果。

③ 水体对周边滨水环境兼有降温、增湿作用：水体与绿化的合理组合可以在夏日营造一个相对舒适的小气候，滨水景观要遵循层次规则。低矮的建筑应建在靠近水的地方，高层建筑在后，形成阶梯状。满足人们的亲水愿望。

④ 合理设计下凹式绿地：目前，各种绿地多为上凸式中平地式绿地。为促进雨水下渗，小区绿地标高宜低于小区道路标高，规划建设下凹式绿地，将住宅小区绿地下面建成天然的雨水汇集池，如图6－44所示。下凹式绿地具有蓄渗雨水、削减洪峰流量、过滤水质和防止水土流失等优点，是雨水利用的重要途径之一。

（2）遮阳的设计要点

植物对室内空间与建筑外墙有遮阳作用，可以减少外部的热反射，还可以遮挡直射阳

图 6-44　下凹式绿地示意图

光，提高透过窗户照到屋内的昼光的质量。窗户周围盘绕的葡萄藤，以及稍远一点的树木，也可以产生同样良好的效果。由于地面反射的光线比直接照射的光线更加深入室内，因此，不在靠窗户的地面栽种植物，有时也是可取的（图 6-45）。

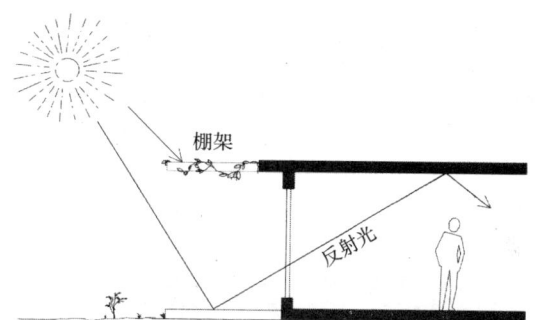

图 6-45　遮蔽直射的阳光，而增加反射的阳光，有时也能获得高质量的昼光照明

① 树冠足够遮蔽低层建筑的屋顶，可以遮挡约 70% 的直射阳光，树冠伸展的高大落叶树种在建筑南面，夏季能提供最多的荫蔽。落叶树木的最佳位置在建筑的南面和东面。当树木冬季落叶后，阳光有助于建筑采暖。但即使没有树叶，枝干也会遮挡阳光，所以要根据需要种植树木。在建筑西侧和西北侧利用茂密的树木和灌木可以遮挡夏季将要落山的太阳。

② 藤蔓能附着于墙面，靠近墙面的格架可以使藤蔓不依附于墙体。只要它的茎不严重遮挡冬季阳光，就可以利用冬季落叶的藤蔓在夏季遮阳。

③ 利用灌木或者小树遮蔽室外的分体空调机或热泵设备，可以提高设备的性能、减小设备损耗。为了空气流通，植物与压缩机之间的距离不要小于 1m。

④ 栽种较高的灌木丛，或者用一个爬满葡萄藤的凉棚来给窗户遮阳，其高度应当高于窗户的设计，并且尽可能往外延伸，见图 6-46。

⑤ 放置在东面和西面的竖起葡萄藤架则可以在房屋的任何一个方向栽种，如图 6-47 所示。

⑥ 室外的遮阳设施，例如格子架、凉亭和

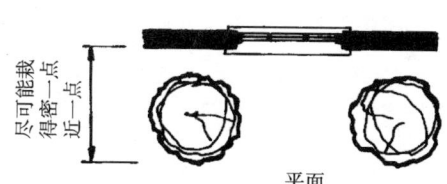

图 6-46　灌木丛可以遮挡从东边和西边低射过来的阳光

乔木棚架，如图6-48，这些传统的遮阳结构不仅可以产生阴影，而且也可以使空气和雨水适量地通过。

⑦ 树木遮蔽的地方，比人造凉亭遮蔽的地方舒服得多，因为凉亭被加热以后，会往下散热，而树木则不会，如图6-49所示。

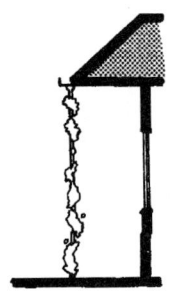

图6-47　爬满葡萄藤的棚架，是制造
荫凉场所的高效设施

图6-48　树木遮阳的效果非常理想

(a) (b) (c)

图6-49　传统的室外遮阳结构

(a) 以格架包围的某图书馆室外阅读区；(b) 凉亭；(c) 花园中的乔木棚架

(3) 通风的设计要点

湿热地区的景观设计要考虑通风，场地中合理配置的植物应能起到良好的导风作用。

① 将成排的植物垂直于开窗的墙壁，把气流导向窗口（图6-50）。即使树木不能构成通风筒，它们仍旧可以挡住风，使风不能轻易从房屋侧面绕行而过，以此增加空气的流通（图6-51）。

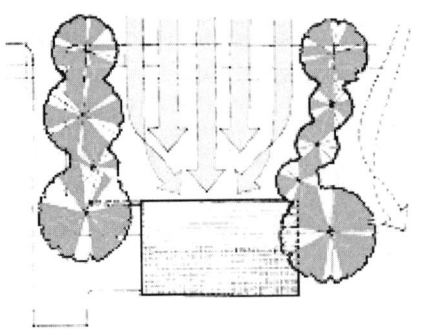
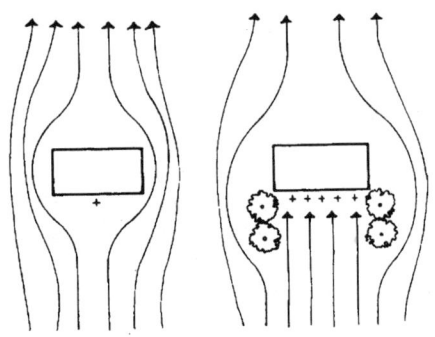

图6-50　植物导风

图6-51　大树或灌木丛的导风作用

② 如果在夏天没有一个主导风向，可以使用下面光秃、上面枝叶茂密的伞形大树来遮阴（图 6－52）。

③ 如果还栽种了灌木，则应当如图 6－53 所示，把灌木栽种在离房屋较远的地方。相反，把灌木栽种在了大树和房屋之间，风就会被偏转，从屋顶上吹过（图 6－54）。如果需要在冬天阻挡寒风，就比较适合以这样的方式，把灌木栽种在房屋的北边。

④ 避免在紧靠建筑的地方种植茂密低矮的树，它会妨碍空气流通，并增加湿度。

图 6－52　使用下面光秃上面枝叶茂密的伞形大树，有助于夏季凉风通行

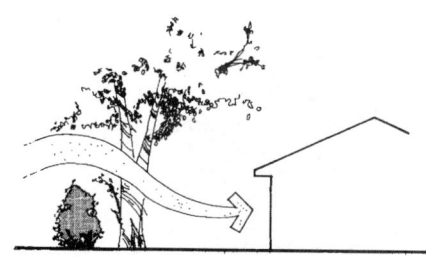

图 6－53　把灌木栽种在离房屋和大树
较远的地方，有助于夏季空气的流通

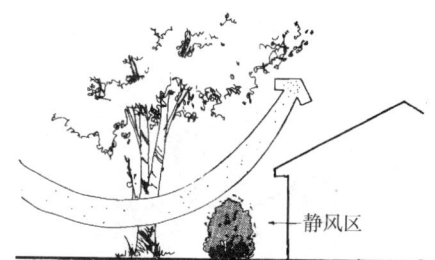

图 6－54　为了阻挡冬季的寒风，
可以把灌木栽种在大树和房屋之间

（4）防风的设计要点

防风林能更有效的吸收风能，使风速降低，从而保护建筑和开敞空间免受热风或冷风的侵袭。

① 种植在北面和西北面茂密的常绿树木和灌木是最常见的防风措施（图 6－55a）。树木、灌木通常组合种植，这样从地面到树顶都可以挡风。阻挡靠近地面的风最好选用有低

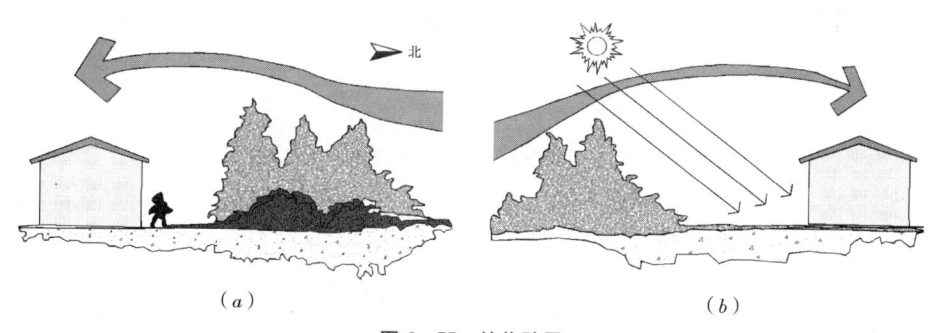

（a）　　　　　　　　　　　　　　　（b）

图 6－55　植物防风

矮树冠的树木和灌木。或者，用常绿树木搭配墙壁、树篱或土崖，也能起到使风向偏转向上、越过建筑的作用（图6-55b）。如果建筑要指望冬季利用阳光采暖，应注意不要在离建筑南面太近的地方种植常绿植物。

② 除了远处的防风植物，在临近建筑的地方种植灌木和藤蔓可以创造出冬夏季都能隔绝建筑的闭塞空间。在生长成熟的植物和建筑墙壁之间应留出至少30cm的空间。种植成坚固墙壁的常绿灌木和小树作为防风林，离北立面应至少有1.2~1.5m。然而为了夏季有空气流通，茂密的植物最好再远一些。

③ 寒冷地区如果有较大的降雪量，在防风植物的上风向处应种植低矮灌木，可以在雪被吹到建筑之前把它挡下来。

④ 浓密的常绿植物如云杉，对冬季风起到很好的阻挡作用。

⑤ 北侧和西侧一两行的常青树木在冬季可以降低风速和减少房屋的热损失。各个方向巨大的落叶乔木夏季枝叶繁茂，可以遮阳保证室内比较凉爽，秋天叶子落光了，冬季可以让阳光进入室内（图6-56）。

冬天　　　　　　　　夏天

图6-56　北侧和西侧的树木在冬季能够减少冷风的影响，
南向的落叶树木夏季可以遮阳，冬季则可以让阳光进入室内

3）案例分析

（1）维也纳公寓大楼

亨德怀瑟设计的位于维也纳的公寓大楼，通过在立面合理配置植物，使直接照射的阳光被分散并且强度减弱，同时，植物还可以使朗朗晴空中投下的刺眼眩光变得柔和（图6-57）。

（2）西塔里埃森——赖特

水池和喷泉在罗马地区很流行，部分原因就在于它们可以降温。赖特还认识到喷泉在炎热干燥地区的妙处。在修建西塔里埃森时，他在多个地方用到了水池和喷泉，至少部分目的，是要给沙漠地区的空气降温，见图6-58。

图 6 – 57　维也纳公寓大楼外观

图 6 – 58　西塔里埃森（赖特）

6.2　群体布局与气候

6.2.1　聚落形态与气候

影响聚落形态的主要气候因素是太阳辐射和风，其决定了建筑群中各个部分的相对位置、方位朝向、平面布置方式等。特定地区的聚落形态应适应当地的气候特点。宽敞的建筑布局有利于湿热气候的通风降温，紧密的布局形式既利于冬季防风又可以利用建筑遮挡夏季烈日，因而是干热气候的典型聚落形态。

1）方法原理和设计要点

（1）干热气候

建筑物常常集聚在一起，借以彼此、同时也为它们围合的公共空间提供遮阳，使街道和户外空间有更多的阴影空间（图 6 – 59）。

（2）湿热气候

由于湿度很高，为了尽可能获得自然通风，建筑物的间距被尽量加大，建筑的间距很大，体形较小，室外空间开敞，形成散落、稀疏的聚落形态，以最大程度地促进房屋间的空气流动和降温（图 6 – 60）。

（3）寒冷气候

建筑间距大，有利于太阳能采暖；群体聚居形态相对封闭，以防冬季寒风。

2）案例分析

（1）阿尔及利亚及利比亚的住宅群（图 6 – 61）

在炎热干燥地区，如阿尔及利亚与利比亚城市中的建筑彼此紧靠相依，形成一个较密集聚合的格局，因而减少外墙和屋顶受热的面积，相邻建筑也减少了建筑的受热面积，有效地减少热辐射渗透入室。这类气候区的城市其中的主干道多是与夏季主导风向垂直，有效地减弱了沙尘暴对城市的侵袭，构成了城市道路系统和城市建筑群体布局的特有格局（图6-61a），在迎着主导风向上有些小门窗，在背风的一侧则有一些较大的门窗，有利于建筑内的空气对流，有助于降温（图6-61b）。

图6-59　干热气候的聚落形态

图6-60　湿热气候的聚落形态

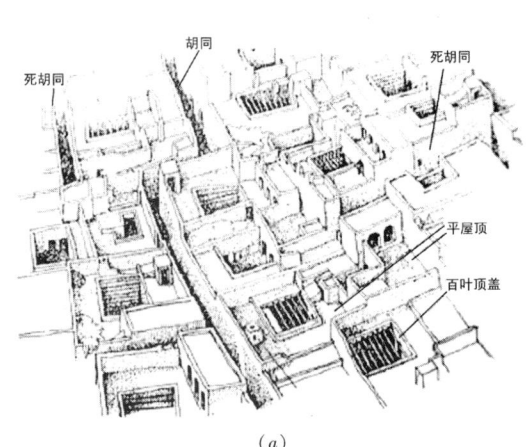

(a)

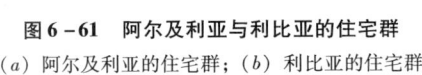

(b)

图6-61　阿尔及利亚与利比亚的住宅群

(a) 阿尔及利亚的住宅群；(b) 利比亚的住宅群

（2）广东平原村落（图6-62）

图6-62为广东平原村落的总平面图，村落选址坐北朝南，中心为一小广场，作晒谷用，称为坪；其前方为池塘，用于蓄水、养殖、排水、灌溉、防洪、防火之用；民居顺坡建造，前低后高，利于风的流动。村落前设广阔的田野和大面积的池塘，东西和背

面围以山丘、绿林，形成明显的水陆风与山林风。主要巷道与夏季主导风向一致，夏季热风经过田野与池塘冷却，经街巷引导进入各户民居。此外，村内布局紧凑，建筑密度大，且建筑物较高，使得狭窄巷道处于阴影中，有助于降低室外空气温度。

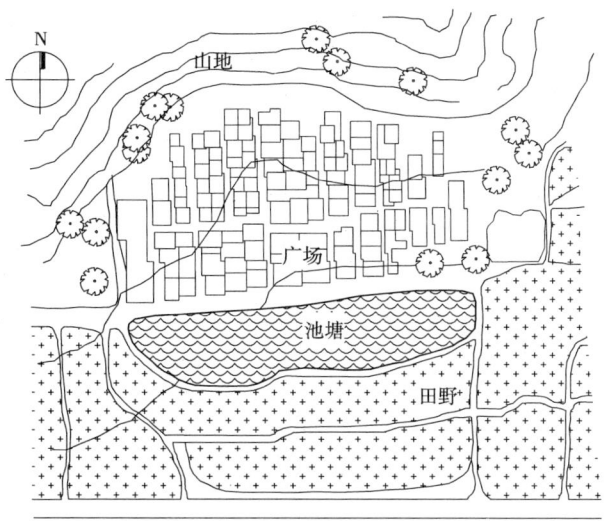

图 6-62　广东平原村落布局图

6.2.2　群体布局

建筑群体布局模式一般可分为行列式、周边式、混合式、散点式等。

（1）行列式布置（图 6-63）

行列式是建筑按一定朝向和合理间距成排布置的形式，分为错列式、斜列式、平行布置等。这种布置形式能使大多数居室获得良好的日照和通风，是广泛采用的一种方式，但容易造成单调、呆板的感觉。

（2）周边式布置（图 6-64）

建筑沿街道或院落周边布置的形式。这种布置形式形成较封闭的院落空间，对于寒冷及多风沙地区，可阻挡风沙，但是这种布置方式有相当一部分的朝向较差，因此对于湿热地区很难适应。

（3）混合式布置（图 6-65）

为以上两种形式的结合形式。

（4）自由式布置（图 6-66）

建筑在结合地形，照顾日照、通风等要求的前提下，成组自由灵活地布置。

在规划设计中应根据具体情况，采取适当的布置形式。

6.2.3　道路布局与日照

合理的建筑物布局形式可以使建筑在冬季获得更多的太阳能辐射，而在夏季避免吸收过多的热量，并且可以使其保持适当的建筑间距，提高土地的利用率。

1）方法原理

（1）东西走向的布局

东西走向布局非常适合冬季采暖和夏季制冷的需要。东西走向的街道不仅最大限度地满足了冬季从南面采集阳光的需要，而且在夏季也遮蔽了从东边和西边低射进的阳光，最大限度地遮蔽了阳光的炙烤（图 6-67）。

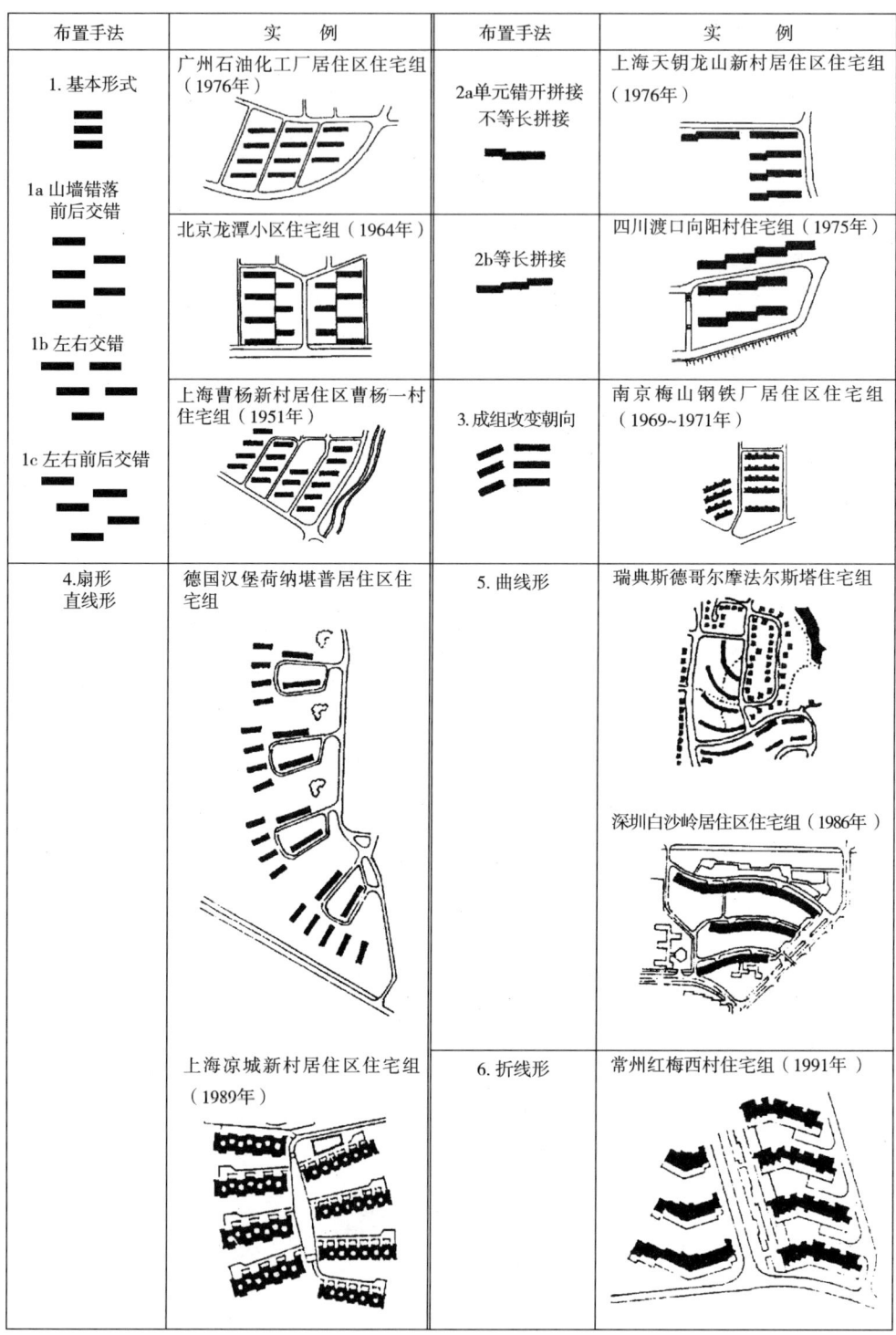

图 6-63　行列式布置

布置手法	实　例
1.单周边 ⌐ ⌐	长春第一汽车厂居住街坊 1953年建 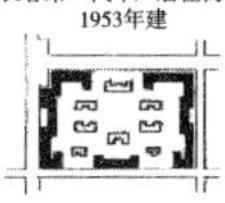 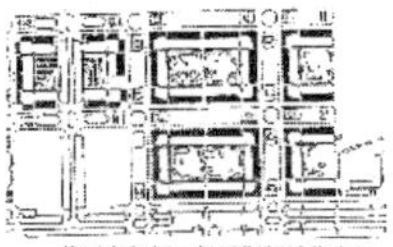 英国密尔顿·凯恩斯新城住宅组
2.双周边 ⌐ ⌐	北京百万庄居住小区住宅组 1953年建 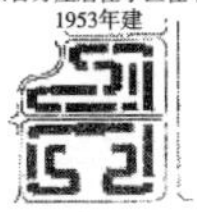 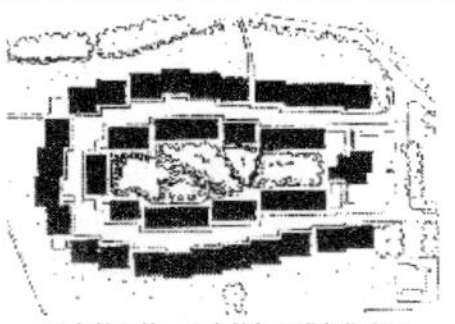 丹麦赫立勒—比克勒尔西诺尔住宅组
3.自由周边  ⌐ ⌐	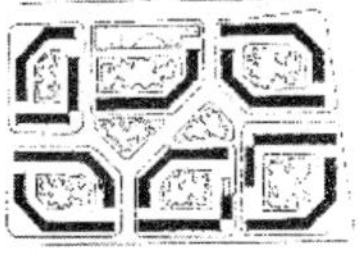 天津子牙里住宅组 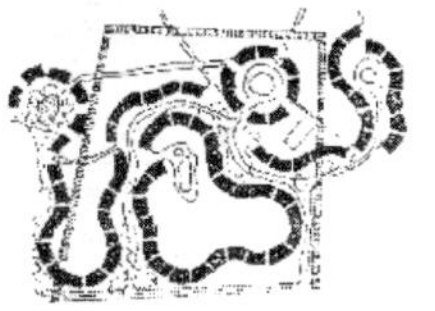 法国巴黎大勃尔恩居住区住宅组

图 6-64　周边式布置

布置手法	实　例
1.散立	重庆华一坡住宅组 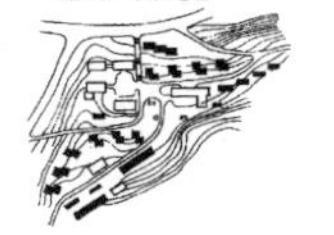
2.曲线形	法国鲍皮尼居住小区局部 
3.曲尺形	瑞典斯德哥尔摩型布罗夫居住区的一个小区 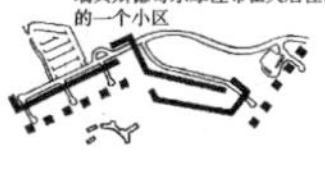
4.点群式	 巴黎勃菲蔗芳泰乃·奥克斯露斯小区 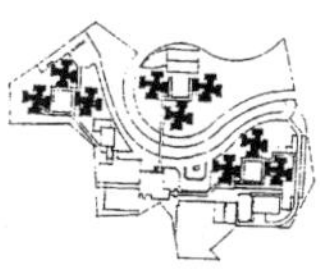　香港穗禾苑住宅组

图 6-66　自由式布置

布置手法	实　例
⌐ ⌐	北京垂杨柳居住区住宅组 1960年建 日本大阪住吉区住宅群

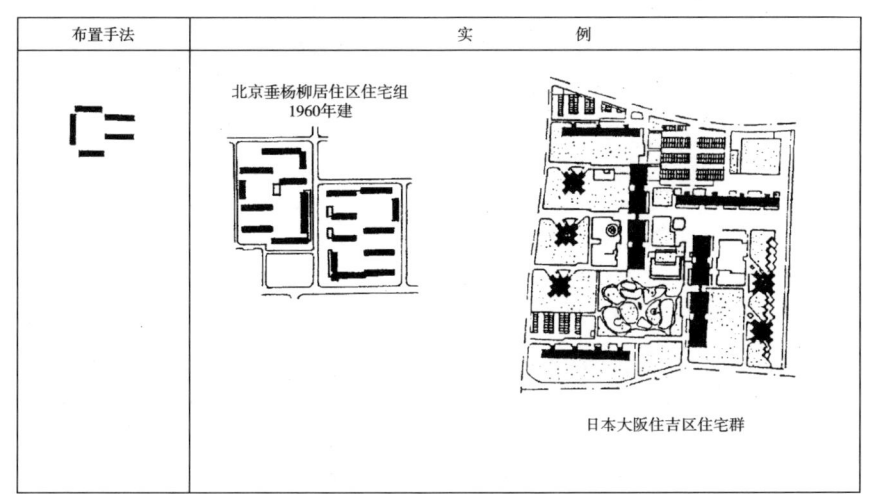

图 6-65　混合式布置

（2）南北走向的布局

街道两旁的建筑在冬季几乎采集不到阳光，而建筑物朝东或朝西的墙面在夏季又暴露在阳光的炙烤之下（图6-68），不利于节能。

2）设计要点

（1）在场地条件允许的情况下，将主干路沿东西向布置，支路沿南北向布置。

在面对东西走向的街道修建房屋时，应注意房屋交错缩进修建将极大地影响建筑在冬季采光和夏季遮阴方面的潜力，明显减弱建筑在冬季采光、夏季遮阴方面的效果（图6-69），并排修建的建筑之间交错缩进的幅度越大，对建筑的采光、遮阳性能影响越大（图 6-70）。因此面对东西走向街道的并排建筑修建时应尽量保持平直。

沿东西走向的街道两旁，细长纵深的布局比宽扁的布局更为理想，即建筑之间南北间距较大，东西间距较小（图 6-71）。

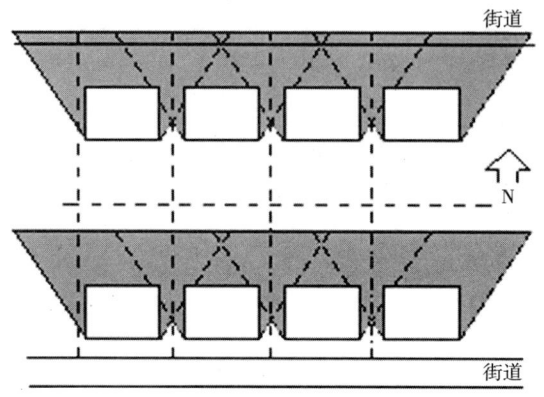

图 6-67　东西走向布局的街道

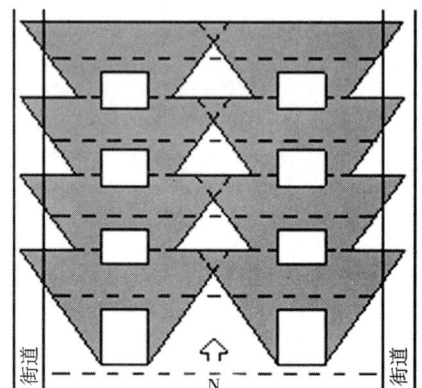

图 6-68　南北走向布局的街道

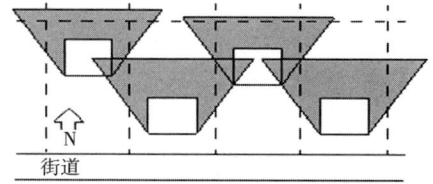

图 6-69　交错缩进修建的房屋

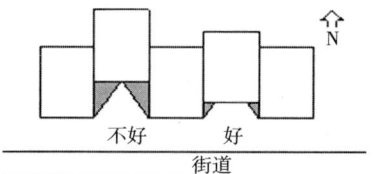

图 6-70　交错缩进式建筑遮挡情况比较

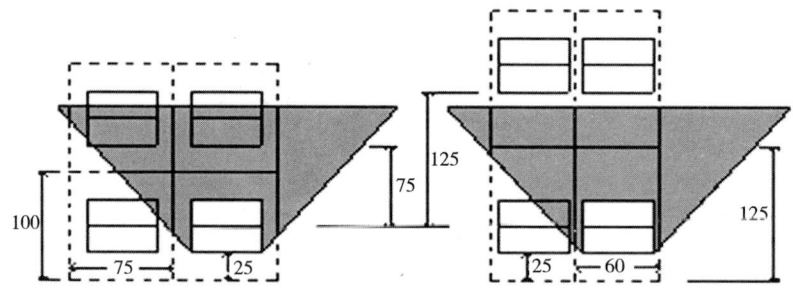

图 6-71　细长纵深布局与宽扁布局比较（单位：m）

（2）主干路采用南北走向时

如果受条件所限，主干路采用南北走向时，应尽量使建筑的侧面墙壁朝向街道修建（图 6-72），也可布置成南北向的点式高层，将点式建筑的长边方向略微偏离与道路的垂直关系，以提高建筑利用日照的效率（图 6-73）。

（3）道路采用与正南正北方向成一定角度布局时

对于东北、西北或与正南正北向成一定倾斜角度走向的街道所围合成的街区，可以采用

南北朝向锯齿形布局。这样不但满足了日照间距要求，而且可使建筑获得更好的景观视野。

此外还可以把建筑转向正南方向，这样的布局不仅可获得良好的日照方位，由于窗户不再直接相互面对，还可以更好地保护隐私（图 6-74）。

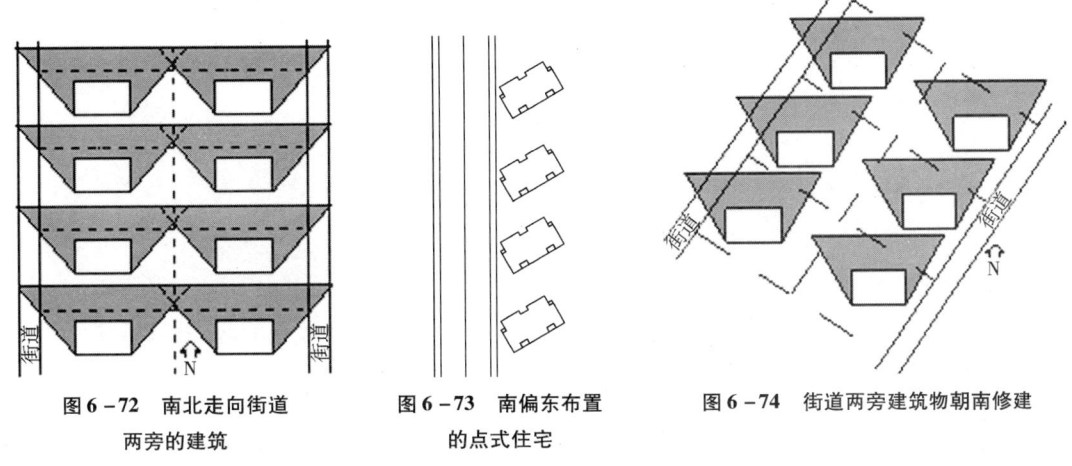

图 6-72　南北走向街道　　　图 6-73　南偏东布置　　　图 6-74　街道两旁建筑物朝南修建
　　　　　两旁的建筑　　　　　　　　的点式住宅

3）案例分析

加利福尼亚州戴维斯市村镇住宅小区（图 6-75）

新开发的地区，常常可以最大限度地让房屋面向东西走向的街道修建。例如位于加利福尼亚州戴维斯市村镇住宅小区，其划分就是这样规划的一个良好的典范（图 6-75a）。

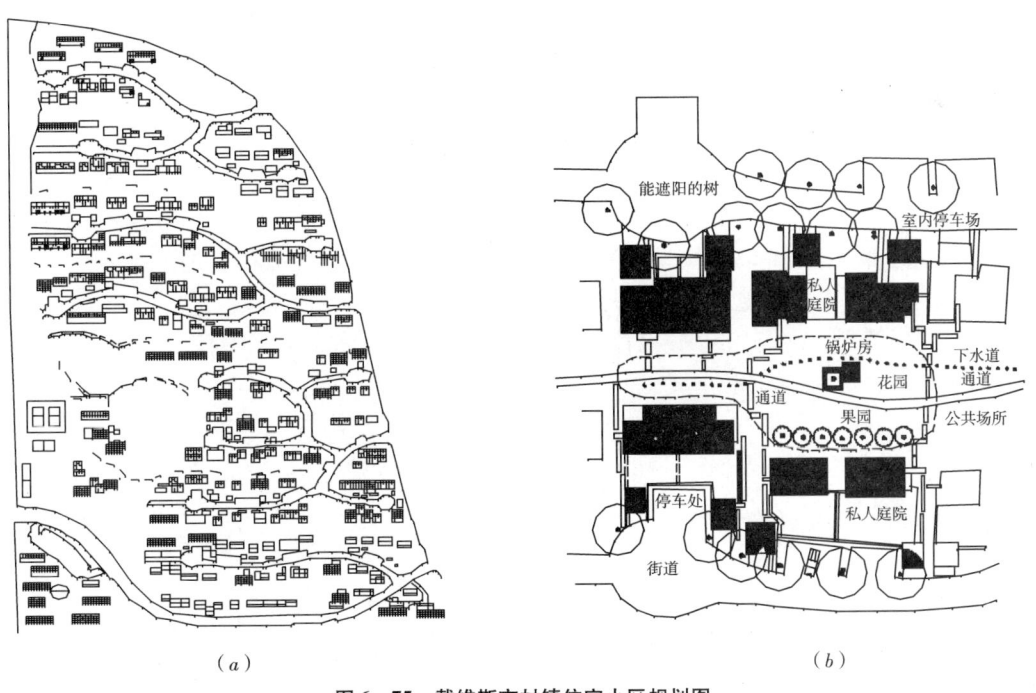

（a）　　　　　　　　　　　　　　　（b）

图 6-75　戴维斯市村镇住宅小区规划图

（a）小区规划图；（b）道路布置详图

由于南北走向的街道让两旁的建筑在冬季几乎采集不到阳光，而又让这些建筑朝东或者朝西的墙壁在夏季暴露在阳光的炙烤之下，因此该区大部分街道都修建成东西走向，以便于冬季采集阳光和夏季遮阳，最大限度地遮蔽了阳光的炙烤（图6-75b）。

6.2.4 群体布局与日照

建筑物的位置既要保证自己能够获得足够多的太阳照射，又不能对其他的建筑物造成遮挡，这就和建筑群的形式和安排有重要关联。

1）方法原理

（1）满足日照间距的要求

在总平面布置时要注意基地的方位、建筑物的朝向等，确保建筑物之间要有一定的日照间距。一般对于正南向的建筑来说，通常以当地大寒日或冬至日正午12时的太阳高度角 α 作为确定日照间距的依据。但是对于不同地区，由于太阳高度角以及建筑朝向的不同，前排建筑物对后排建筑物的遮挡情况是不一样的。

（2）满足日照的情况下，尽量缩小建筑物之间的间距或加大建筑密度

为了建设更加密集的社区，以实现更高的建筑密度和更多的露天空间，可以通过利用某些规划和建筑设计方法缩小建筑物的间距。

2）设计要点

群体布局中建筑的大小、形状和方位可以加以调节，以获得最佳的采光遮阴效果。

（1）在考虑建筑布置时，以行列式为好

山地建筑为争取日照，南向坡可平行等高线布置，这样日照间距最小，在不利坡向布置建筑时，可采取与等高线斜交，将建筑斜向排列、错开排列等布置方法，也可适当布置一些点式建筑。

（2）将前后平行布置的行列式住宅在面宽或进深方向上错列，同时适当增加住宅山墙的间距，利用侧光（方位角）获得更多的日照，以保证底层住户的日照（图6-76）。

① 住宅上下或左右错开布置，利用山墙提高日照水平间隙（图6-77）；条式住宅与点式住宅相结合布置（图6-78），以改善日照效果；充分利用地形、绿化等手段。

② 位于朝南斜坡上的场地可以在较大程度上缩小建筑物间距，保证建筑物获得更多的太阳光照射，尤其在太阳高度较低的冬季。斜坡场地上东西走向建筑物的日照间距比平坦场地上的建筑物间距小得多。

③ 在住宅小区设计中，集中、多层、多功能地布置公建，节约较多的土地用于建造住宅，在居住建筑毛密度相同的情况下，住宅就可获得更多的太阳辐射（注：居住建筑毛密度是居住区总居住建筑面积与总用地面积的比值）。

④ 逐渐增加北面建筑物的高度，将较高的建筑物布置在北面，以保证较低的建筑物不会受到遮挡。

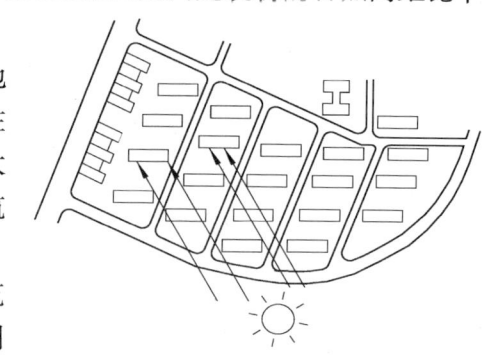

图6-76 住宅错落布置

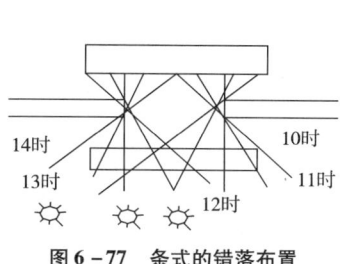

图 6 – 77　条式的错落布置

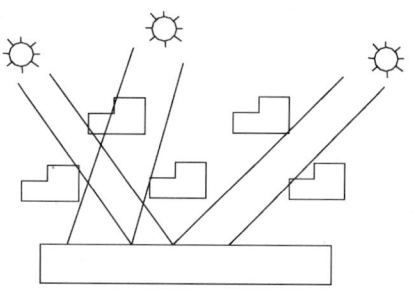

图 6 – 78　条式和点式住宅结合布置

⑤ 充分利用较宽阔的道路，在较宽阔的东西走向街道的南面修建高楼、栽种大树（图 6 – 79）。

⑥ 优化建筑物的位置和形状，在不损失太阳照射的情况下实现更加紧凑的空间发展。通过建筑物外形的调整使每栋建筑物的体积实现最大化。如利用太阳方位角缩短间距，在住宅东西两端做退台处理（图 6 – 80）；利用太阳高度角缩短日照间距，北向进行退台处理。

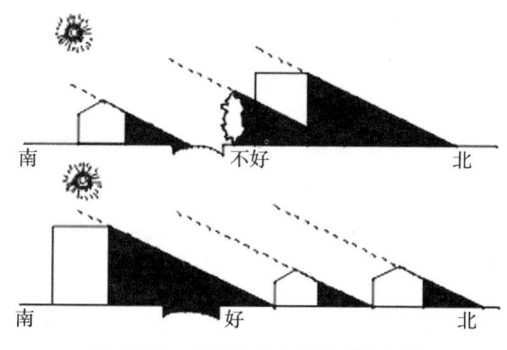

图 6 – 79　把高大的建筑和树木布置
在东西走向街道的南边

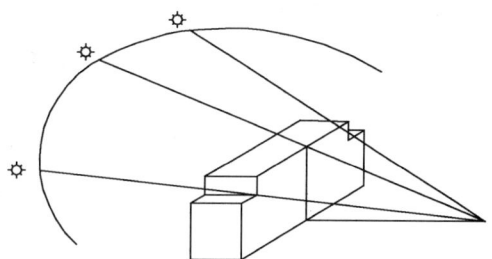

图 6 – 80　利用东西向退台缩小日照间距

6.2.5　群体布局与通风

建筑的整体布局决定了其周围的空气流动情况，建筑物中良好的自然通风与其周围环境密切相关，与其主导风向上的阻挡情况的关系更为密切。选择合理的建筑整体布局方式在一定程度上能优化通风效果。提高群体自然通风效果的平面规划设计措施主要有妥善安排建筑群体的规划布局，进行建筑群体的不同组合，以及充分利用地形和绿化等条件，通过道路、绿地、河湖水面等空间，将风引入，并使通风廊道与夏季的主导风向相一致。

1）方法原理

炎热气候区的群体布局以通风为主，应按照夏季主导风向来确定城市主要街道的方向，以最大程度地利用穿过城市的风流。

（1）从总体上说，城市内的风速要比周边地区的风速小得多，这主要是由于建筑物以

及其他城市结构等障碍物引起的摩擦造成的。成排的建筑物与主导风垂直布置时，将会导致大部分的风从屋顶吹过。因此，为了最大程度地实现高密度建筑区域的空气流动，主要街道的方向应该与夏季主导风向平行，创造宽松的城市模式以减少风速的降低。

（2）当主要街道与主导风处于平行位置时，影响风速的主要参数就是街道的宽度（L）和迎风建筑物前立面的高度（H）和宽度（W）。

阻塞比（R_b）的定义为

$$R_b = (W \times H)/(W + L)^2$$

如图 6-81 所示，这个图表假设建筑物平面布局是规整的，布满街区的建筑物在迎风一侧形成了一面连续的街道墙，垂直于街区正面的风与主要街道是平行的，由图可看出风速是阻塞比的函数。在建筑物布置得规整时，根据经验，较宽的街道上矮小的建筑物，要比狭窄街道布置的高层建筑物，更能够促进空气的流动。

（3）风沿着街道和空旷地流动可以改善城市市区的通风条件，建筑上空的气流在较低的建筑群中引起一股再生气流，而沿着街道和空旷地这种效应会得到加强。

2）设计要点

（1）群体布局与主导风向成一定角度

为使室内风速达到最大，建筑单体布置应迎向夏季主导风向。若成群体布置，宜使住宅群与主导风向成 30°～60° 的角度，加大入射角等于加大了通风间距（图 6-82），避免了产生风影区（图 6-83），妨碍下风向住宅通风。

（2）从通风的角度来讲，以错列、斜列较行列式、周边式为好

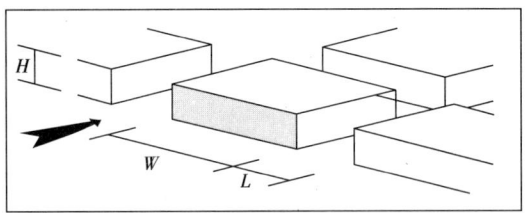

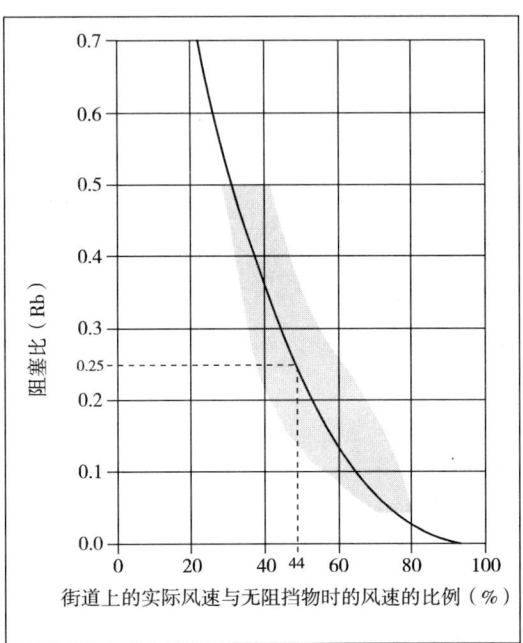

图 6-81　风速是阻塞比的函数

纵轴：阻塞比（Rb）

横轴：街道上的实际风速与无阻挡物时的风速的比例（%）

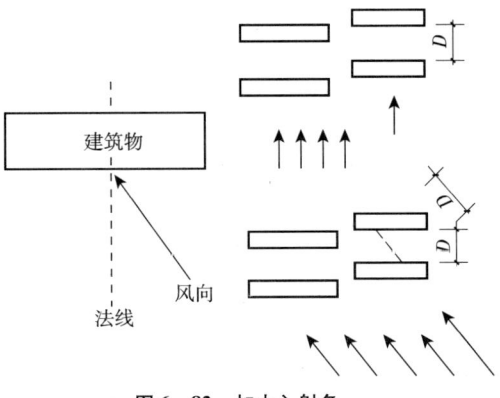

建筑物

风向

法线

图 6-82　加大入射角

当建筑为行列式中的平行布置时，在风的流动方向上必须有较大建筑间距，建筑前后之间需较大空间和较低的建筑高度才能使风速的损失最小化。所需的间隔较大，一般要求达到前幢建筑高度的 4～5 倍，因此在实际设计中很难采用。而如果将建筑交叉错列，建筑四周的风流将有助于临近建筑的通风，这样建筑间沿风向上的间隔就可以缩小了，因此

从通风角度来看以错列、斜列较平行布置好（图
6－84）。

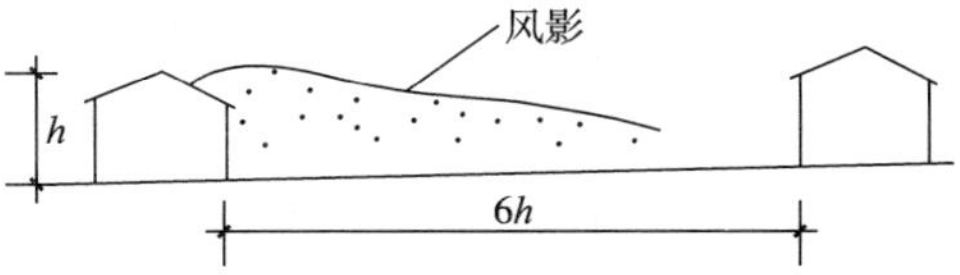

（3）在主导风的方向上，合理安排建筑高度
的渐进变化

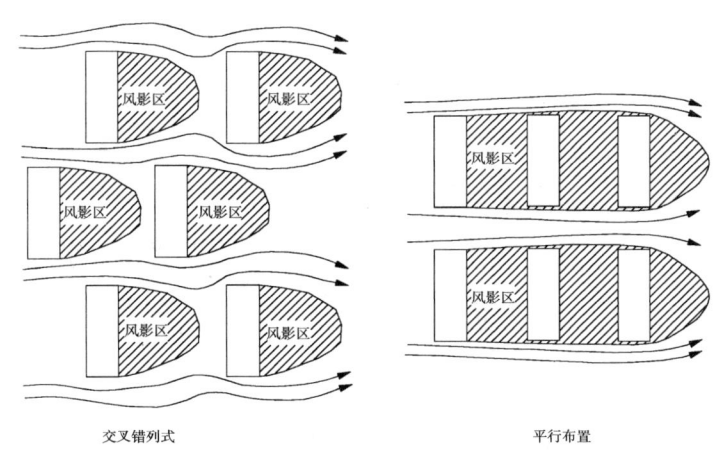

图6－83　风垂直入射时房屋后的风影区

① 建筑物高度的骤然变化会严重地影响街
道和户外场地上行人的舒适感，因为这种高度变化会引起风速的增加和气流紊乱，见图
6－85。因此为了尽可能地减少穿过建筑物的气流，建筑物的高度应该沿着主导风向
渐进地增加，这样才能把空气逐渐推过建筑区域。建筑群之间的高度差或者是独栋建
筑物之间的高度差，最好不要超过100%。

②"前低后高"和有规律地"高低错落"的处理方式有利于自然通风（图6－86）。
利用向阳的坡地，使房屋顺着地势一栋比一栋高，或在平地上把房屋逐栋加高，也可以
通过将较高的房屋和较低的房屋错开布置，形成"高低错落"的建筑群以利于自然
通风。

交叉错列式　　　　　　　　　　　　　　平行布置

图6－84　平行布置与交叉错列式布置比较

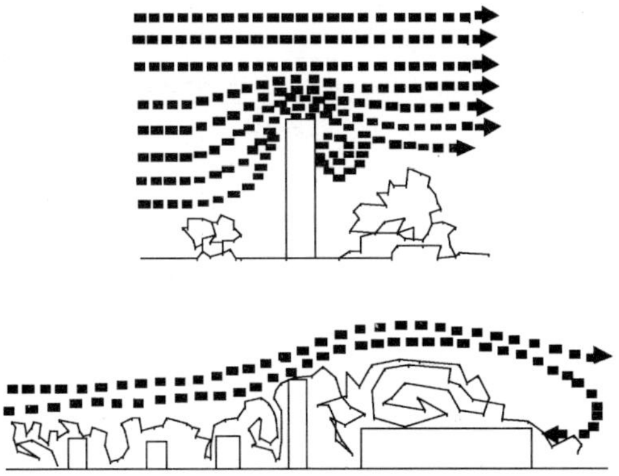

图6－85　高层建筑自然风的流动状况 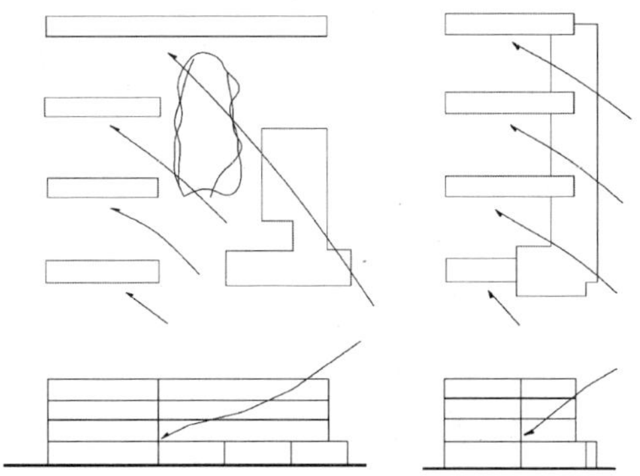　　　图6－86　高低建筑结合布置

193

（4）导风巷

随着夏季空调用户的增多，排放到小区内的余热也越来越多，为了将这部分热量很快地带走，应加强建筑群体间的通风效应。在区域设计的建筑单体组织和道路网布置时，可以采取"导风巷"方式（图6-87）。

要有效形成导风巷，在群体布局时应注意以下问题：

① 巷道的连续性：导风巷作为空气流动的"虚设"管道主体，必须连续、流畅；

② 巷道的平壁性：沿导风巷两侧的建筑设计尽量避免有突兀的不平立面，并保证两侧建筑立面（单体之间）有良好的整体相连；

③ 巷道的方向性：建筑设计应使起"风道作用"的巷道方向与夏季主导风向一致，以使尽量多的风沿巷道向前流动；

④ 巷道的汇合性：为了适应室外气流方向的不确定性，按图6-87中B所示的方法，将巷道设计成两个主导向，最后在热岛区汇合，这样可以提高巷道的导风效率；

⑤ 长短建筑结合布置，或成院落式布局使开口朝向主导风向以增大通风效果，某城市在东南向有意识地留有一片菜田，形成"风道"，将风引入市区（图6-88）；

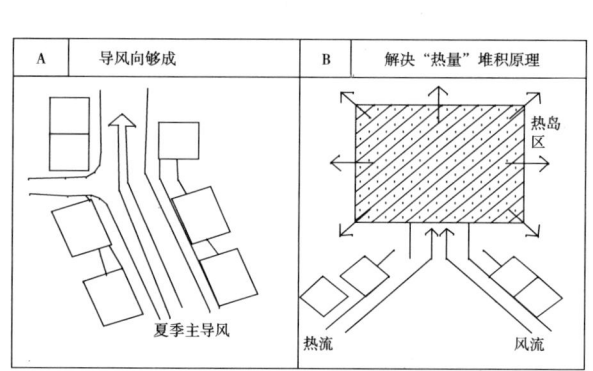

图6-87　导风巷示意图

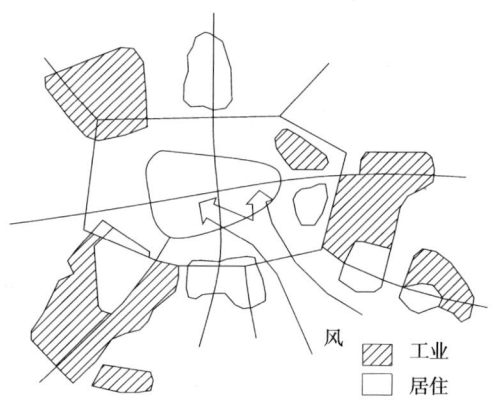

图6-88　导风巷将风引入市区

⑥ 适当位置设置通风口。在主导风向上不宜采用过长的联排式多层及联排式高层建筑，如果无法避免，应在其适当位置设置通风口，促进自然通风，减弱建筑后风影区的影响。对于平面布置中，由于位置前后遮挡所造成前栋建筑对后栋建筑的通风遮挡时，应在前排住宅适当位置设置通风口以加强自然通风，如利用过街楼、底层架空、利用开敞楼梯间使前后建筑物间气流通畅（图6-89），有时可以通过立面上的处理来改进建筑群的通风效果。

（5）综合考虑绿化、水体、道路

成片的绿化布置可以阻挡或引导气流，改变建筑组群气流流动的状况。如图6-90为建筑邻近利用绿化导风，改变气流流向的实例。也可利用建筑附近的绿地来引导气流，如图6-91所示，成片的绿树地带，与附近的建筑地段之间，因两者升降温速度不一，可出现局地风或林源风。在进行平面布局时，可以把建筑群的室外空间组织成一个系统，在建

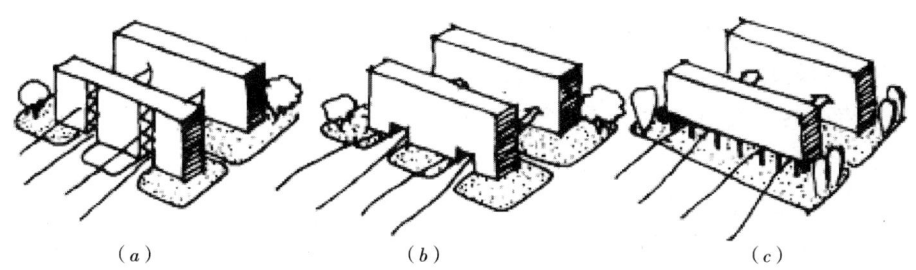

（a） （b） （c）

图 6 − 89 建筑物设通风口以促进自然通风的做法

图 6 − 90 建筑邻近利用绿化导风

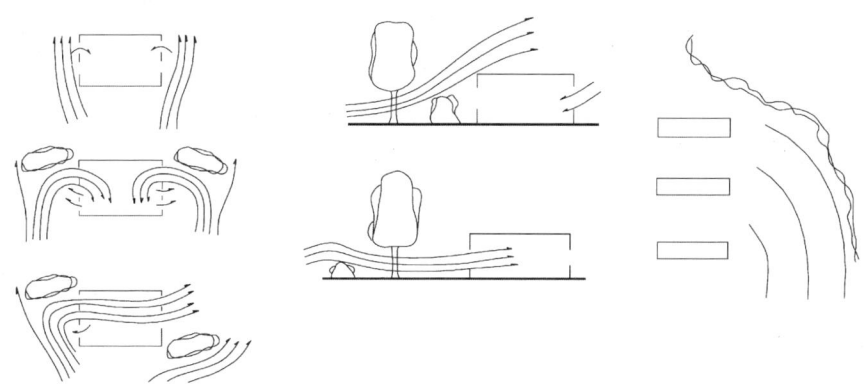

图 6 − 91 建筑附近绿化引导气流

筑群体外围或周边布置大片绿化或水体，将主要道路设计成主风道，使风能沿着通风廊道流向各个建筑组团，然后再从组团内分流到单栋建筑（图 6 − 92），以利于自然通风。在坡地、盆地、水体岸边、林地周围，应充分利用当地山阴风、顺坡风、山谷风、水陆风、林源风等小气候风向与气流。

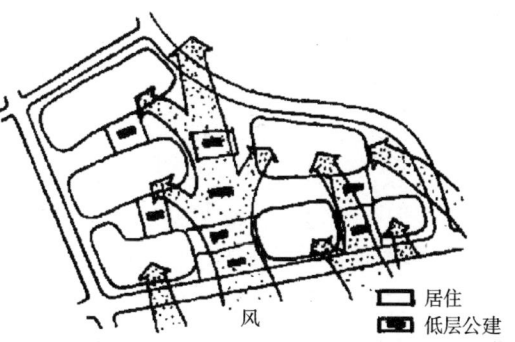

图 6 − 92 利于通风的建筑组团布置

3）案例分析

（1）深业花园住宅立面上的通风洞口（图 6 − 93）

"深业花园"小区地处深圳，由于夏季炎热潮湿，为组织好小区内部的风环境，实现夏季自然通风最大化，住宅小区内高层建筑在立面上均开设通风洞口（图 6 − 93），使夏季主导风在风向上不受阻挡，前后建筑之间形成良好的空气对流。

（2）江南水乡（图6-94）

江南水乡受地理环境影响，村落建设与水系融为一体，以河道纵横、依水筑路、邻水建屋、街道狭长的布局特征（图6-94），采用"间——院落——院落组——街坊"的高密集布局方式，利用围合院落、狭长街巷共同构成整体通风系统。道路、街巷多为东南向，与夏季主导风向保持一致或与河道相垂直，以利于夏季通风。

图6-93 "深业花园"住宅立面上的通风洞口　　　　　　图6-94 江南民居室外布局

6.2.6 群体布局与挡风

1）方法原理

寒冷气候区的群体布局以阻挡冬季主导风为主；干热气候区的群体布局也以阻挡热风为主。

2）设计要点

（1）利用建筑布局，建立气候防护单元，避免不利风向

建筑选址和建筑组群设计时，要充分考虑封闭寒流主导向，合理选择封闭或半封闭周边式布局的开口方向与位置，使建筑群达到避风节能的目的（图6-95、图6-96）。

（2）较高的建筑修建在冬季主导风向侧

在规划一个社区，甚至是一个小的建筑群时，将较高层建筑背向冬季主导风向，减少寒风对中、低层建筑和庭院的影响。这种布局不仅可以阻挡一部分来自北面的寒风，而且还便于在冬季采集阳光（图6-97）。适当调整建筑朝向，把建筑的尖角指向冬季主导风向，避免外表面与风向垂直，以减小风速。或通过设置防风墙、板，防风带之类的挡风措施，利用种植树木等方法来阻隔冷风。

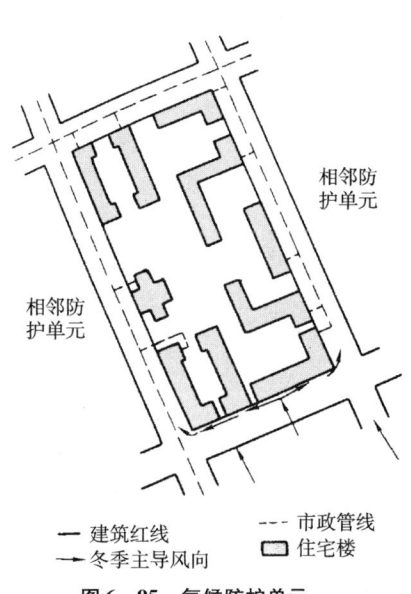

图6-95 气候防护单元

在风大多雨的地区，高层建筑内高于其他建筑高度的各层楼均应有特殊的防风、防雨措施。

3）案例分析

（1）伦敦格林爱德蒙顿高层建筑与商业步行街（图 6－98）

75m 高的建筑底层有开敞入口的公寓区造成了不舒适的多风的步行空间。通过加顶使位于建筑和市场广场之间的整个公共空间得以翻新，并阻止了下旋风，从而改善购物者的舒适度。图 6－98 说明了高层板式建筑对人行道高度的影响，以及在公共室外空间上面加顶的补救措施。

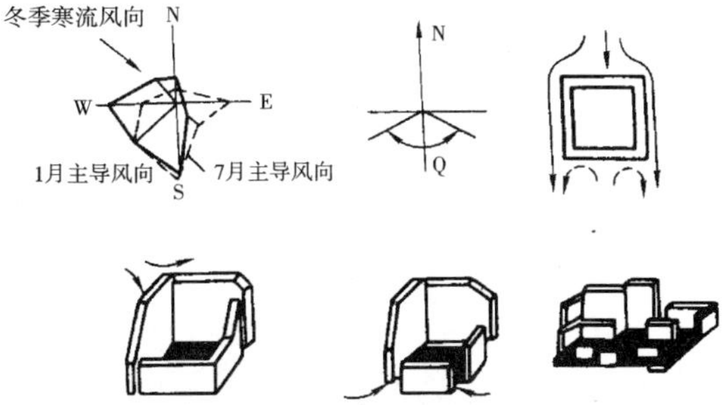

图 6－96　合理选择周边布局

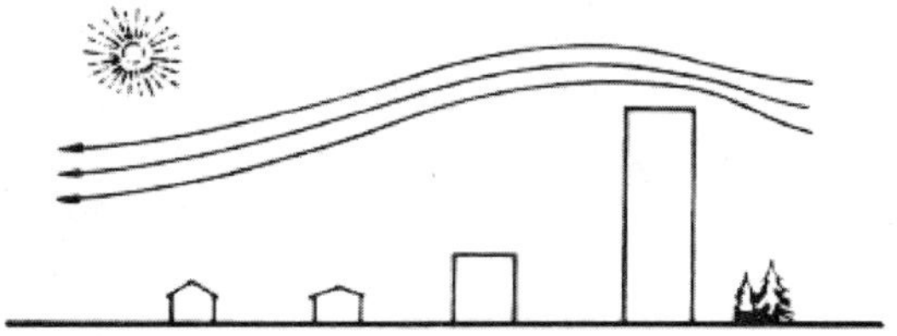

图 6－97　把高楼修建在最北边

（2）塔拉组团住宅（图 6－99）

由柯里亚设计的塔拉组团住宅项目位于德里城市郊区，属于干燥炎热地区，因此其建筑布局与常年主导风向成垂直式布置（图 6－99a），各个单元相互咬合堆叠起来，相互保护，以抵抗北印度的干热气候（图 6－99b）。这种街道行列式高密度的联排住宅布置方式反映出印度建筑在适应气候方面所做的努力。中心景区，既是交通集散地，又能为所有家庭提供一个邻里共享空间，同时也有助于热空气的疏散流通，图 6－99（c）为住宅的外景。

（3）水泥联合有限公司住宅区（图 6－100）

柯里亚所设计的围合式建筑群落——水泥联合有限公司住宅区（图 6－100），主要是针对于西部沙漠地区，即印度西部的塔尔沙漠及其周边地区，这里全年少雨，夏季白天气温高达 50℃，到夜间温度又迅速下降，日夜温差大，相对湿度低，并常常伴有沙暴。如何

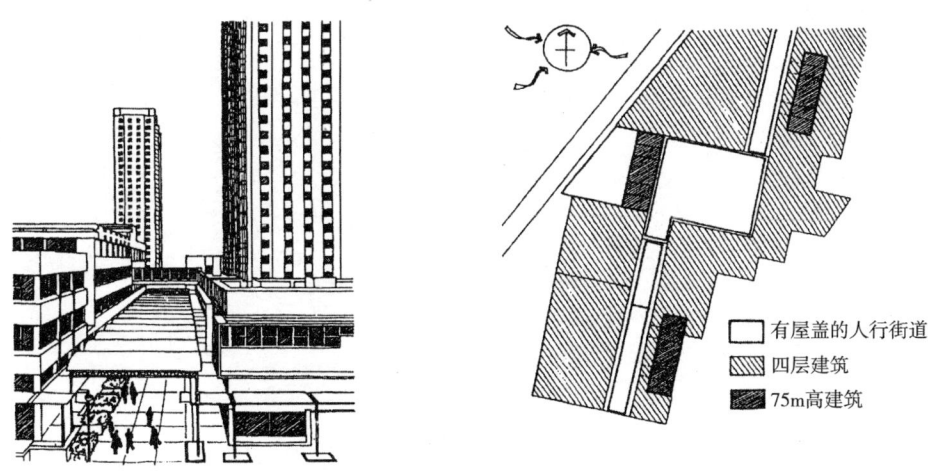

有屋盖的人行街道
四层建筑
75m高建筑

图 6－98　伦敦格林爱德蒙顿高层建筑与商业步行街

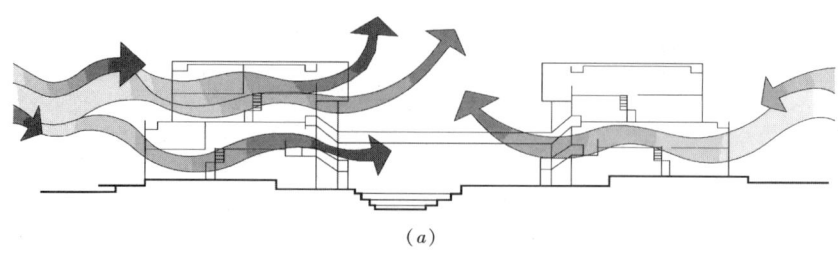

(a)

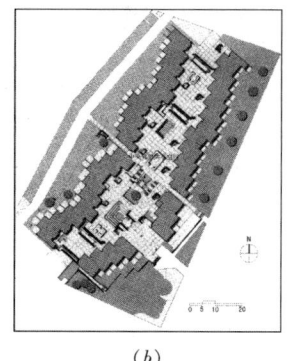

(b)

(c)

图 6 - 99　塔拉组团住宅

(a) 两旁排列式建筑与当地气候风向的关系；(b) 街道行列式联排住宅；(c) 住宅外景

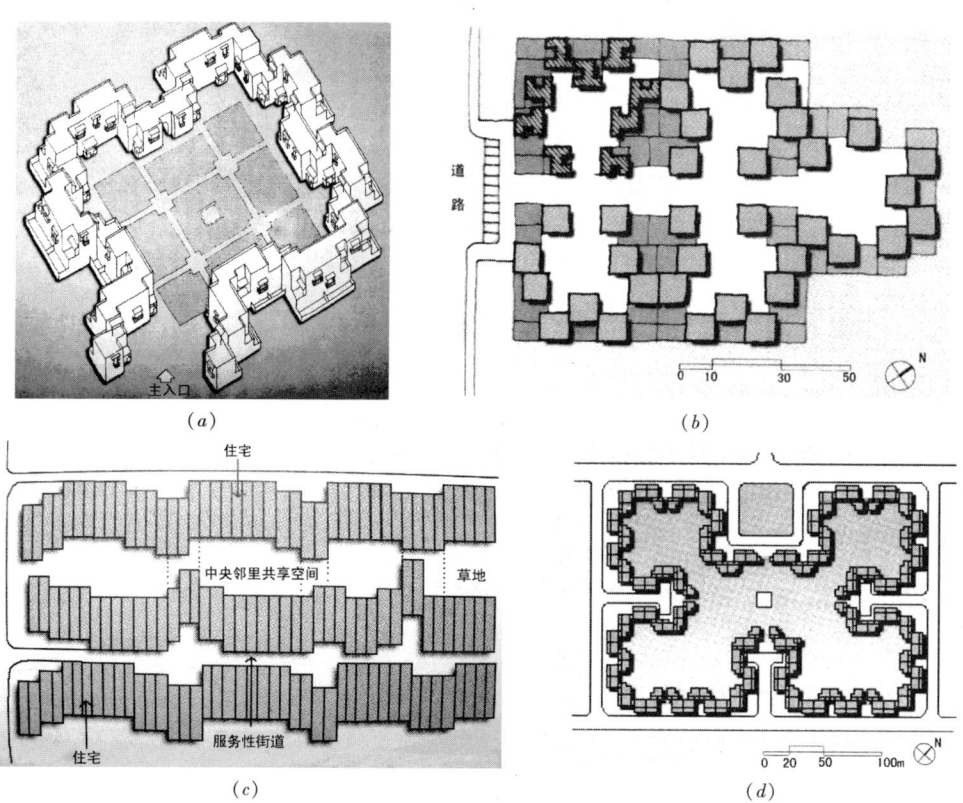

图 6 - 100　水泥联合有限公司住宅区

避免强烈的太阳辐射是建筑设计中面临的主要问题，同时阻挡热风暴也是干热地区面临的挑战。柯里亚采用封闭式内向布局，这样可以将热风有效地阻挡在群落外围，同时采用中央露天庭院，除了交通作用外，还可以通过它利用空气热动气学原理进行蒸发制冷，是一种调节建筑小气候环境的建筑形式。

6.2.7 日照、通风（或挡风）的综合考虑

日照和通风（或挡风）是建筑整体布局时需要考虑的两个主要因素。

由于气候差异，夏季，需要减少太阳辐射的吸收，增加建筑的遮挡，促进室外通风，提高风速，这就要求缩小建筑间距，提供开敞空间引导通风，带走建筑外围结构的热量；冬季，需要增加太阳辐射的吸收，减少建筑的遮挡，减弱室外通风，降低风速，这就要求增大建筑间距，充分利用被动式太阳能，提供屏障防风，避免寒风对建筑室内的侵入。由于气候的极端性，冬夏两季不同的气候要求都趋于最大化，这就造成了设计时所面对的矛盾性：增大还是减少间距、通风还是防风、独立式还是联排式（高层的低密度还是低层的高密度）。在处理这些矛盾问题的时候，应合理处理冬夏两季的不同需求，在不影响双方各自基本需求的前提下，找出一种折中的处理方法，达到建筑节能与气候适应性的目的。

1）方法原理

不同气候区域对通风和日照的要求不一，对于南方炎热地区而言，建筑群的布局应优先考虑通风，而对于北方寒冷地区而言，以保暖防寒为首要任务。因此建筑群的布局方式应依据所处地理位置的气候条件进行灵活选择。

寒冷地区：防风、防雨并最大程度地利用日照。

湿热地区：规划应满足最佳的通风条件及最大限度地防止太阳辐射。

干热地区：减少太阳对建筑物的辐射并在街道、广场等处提供遮阴，对风的控制应着眼于防风而不是要求最好的通风。

2）设计要点

（1）合适的布局方式

① 错列相当于加大了前、后栋房屋之间的距离，房屋互相挡风较少，对通风有利，对我国南方炎热地区来说比较适用。炎热地区住宅朝向选择以南偏东15°至南偏西15°为最好，偏东比偏西好，但具体情况还是要根据所处的地理位置来具体分析、确定。

② 周边式布局中的部分房屋前后都处在负压区，四周较封闭，在群体内部和背风区以及转角处会出现气流停滞区，通风不好，而且部分建筑又处于东、西朝向，不适宜于南方炎热地区采用，但是对于北方寒冷地区来说，能有效防止冬季寒风侵袭，保温防寒比较适用。

（2）建筑群体布局和街道走向

建筑群体布局和街道走向需要根据当地气候的主要因素，平衡冬季争取太阳得热和夏季控制太阳辐射以及自然通风的影响。建筑群沿着较宽的东西走向的街道布置时，可以在冬季争取到更多的太阳辐射，而狭窄的南北向有利于建筑之间的相互遮挡。图6-101说明建筑布局和街道走向的关系。图6-101（a）说明针对冬季极其寒冷的气候条件，建筑应错位排

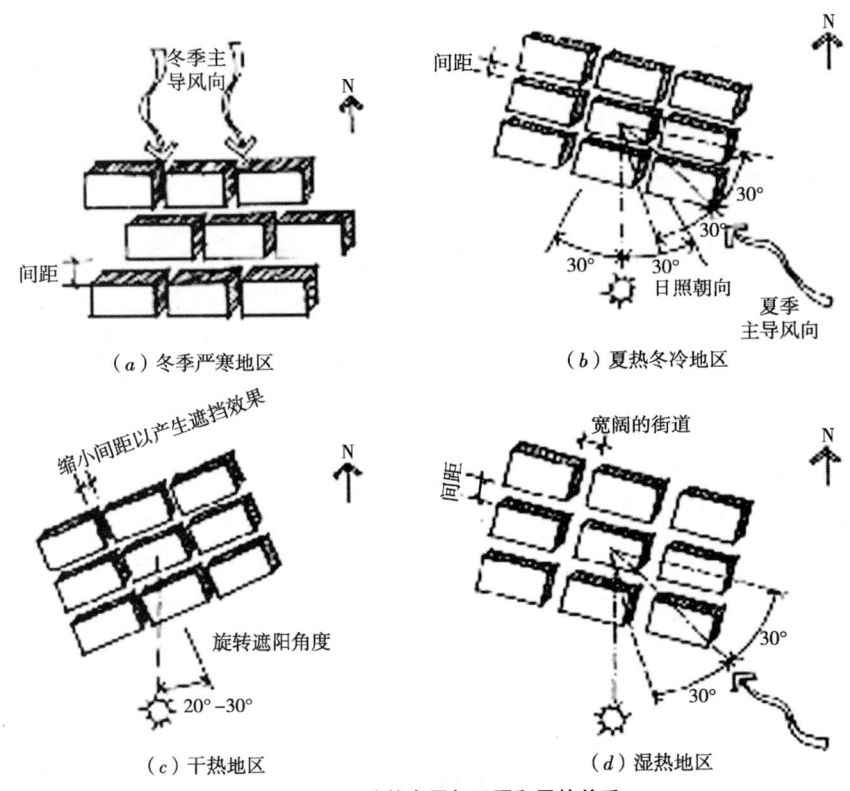

（a）冬季严寒地区　　　　　　　（b）夏热冬冷地区

（c）干热地区　　　　　　　（d）湿热地区

图6－101　建筑布局与日照和风的关系

列，避免主要街道形成贯通的通风通道。东西向街道之间必须有足够的建筑间距，以争取足够的日照时间。图6－101（b）为夏热冬冷地区的街区布局示意图，建筑朝向同时考虑冬季争取日照和夏季自然通风，因此，最佳朝向为南偏东30°范围内，并且与夏季主导风向的夹角在30°以内。图6－101（c）为干热地区的街区布局示意图，建筑与正南向有一定的夹角，使建筑在夏季可以通过自身的阴影相互遮挡，布局紧密。图6－101（d）为湿热地区的街区布置示意图，建筑布局开敞，重点考虑面向夏季主导风向，有效范围为30°。

3）案例分析

（1）重庆天奇花园小区规划（图6－102）

在天奇花园小区规划中采用南北间距宽阔，东西间距紧凑，前后错列、斜列，前短后长、前疏后密等方式诱导气流，形成东西畅通的气流走廊，与嘉陵江——缙云山区域气流自然衔接，将山区空气引入小区，保证建筑群体的通风。小区内建筑物东西紧靠，以便相互利用，作为遮阳，遮挡夏季的东、西日晒，并且和建筑物间的绿化树木一起，构成阻挡冬季北风

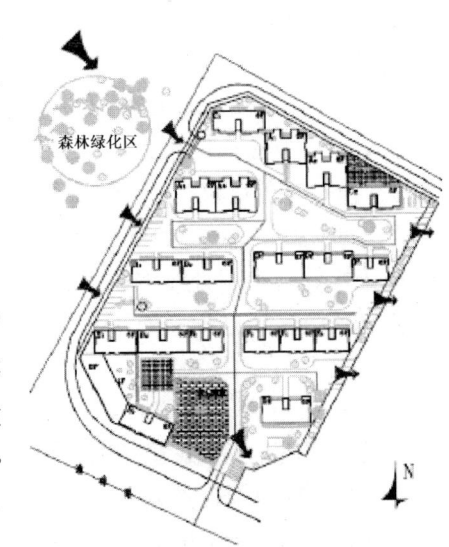

图6－102　重庆天奇花园总平面图

的屏障。草坪、灌木丛和乔木合理搭配，尽量削弱夏季太阳辐射对建筑物的热作用，又不影响冬季太阳辐射和全年的自然采光。

（2）北京菊儿胡同四合院（图 6 – 103）

菊儿胡同位于北京旧城中心偏北，基本院落占地约 30m × 30m。胡同吸取了南方住宅"里弄"和北京"鱼骨式"胡同体系的特点，以行道为骨架进行组织，向南北发展形成若干"进院"，向东西扩展出不同"跨院"，创造性地将合院演变出新的由低层和多层有机结合的大天井式的台阶型合院体系（图 6 – 103a）。有的在传统厢房的位置用过街楼联系两个庭院，通道穿楼而过。两条南北信道和东西开口，使院落显得四通八达，突破了北京传统四合院的全封闭结构，在增加了通透性的同时，也解决了院落群间的通风问题（图 6 – 103b）。住宅单元 2 ~ 3 层，住宅中保留了 100m² 左右的院落作为"户外客厅"，创造了符合日照、通风条件的适宜环境（图 6 – 103c），并争取了较高的容积率。

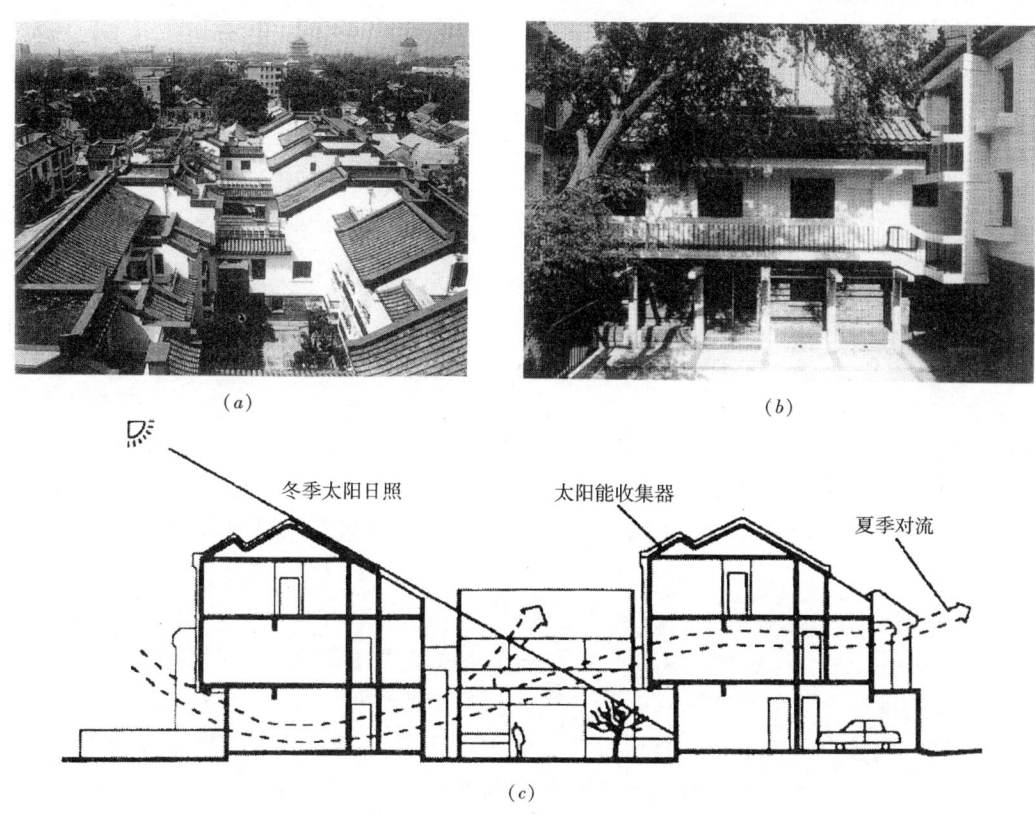

图 6 – 103　北京菊儿胡同四合院
（a）四合院俯视；（b）四合院内院；（c）日照、采光和对流分析

6.3　建筑朝向与气候

选择并确定建筑朝向，是建筑整体布局首先要考虑的主要因素之一。朝向的选择原

则是冬季能获得足够的日照，并避开主导风向；夏季能利用自然通风，并防止太阳辐射。"良好朝向"是相对于建筑所处地区和特定地段条件而言的，在多种因素中，日照、采光、通风是评价建筑室内空间环境的主要因素，也是确定建筑朝向的主要依据。

6.3.1 建筑朝向与日照、采光

1）方法原理

建筑物修建的方位和朝向应着重考虑能否在冬季采集到温暖的阳光，以及在夏季避免骄阳炙烤。

（1）建筑朝向选择时应注意外围护墙体的太阳辐射强度及日照时数

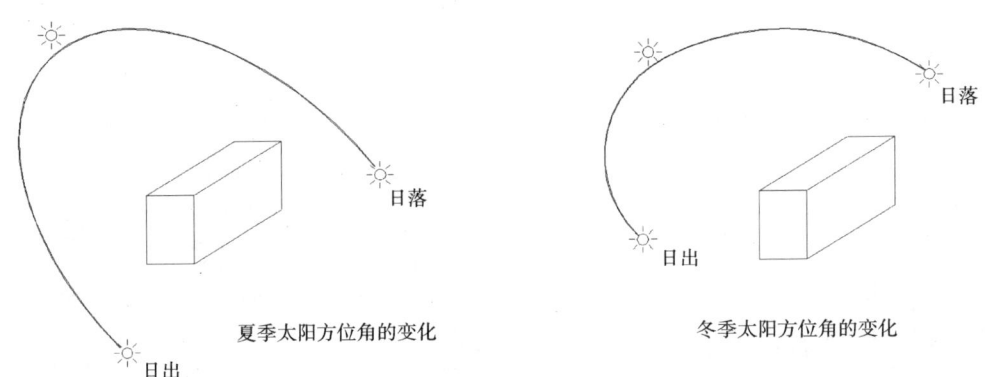

夏季太阳方位角的变化　　　　　　　　冬季太阳方位角的变化

图6-104 冬夏两季太阳方位角的变化

房屋外墙的方位不同，所接收到的太阳辐射热量也就不同，应根据当地太阳在天空中的运行规律来确定建筑的朝向。

（2）一般建筑的朝向选择应根据各种建筑朝向墙面及居室内可能获得的日照时间和日照面积决定

① 建筑物墙面上的日照时间决定墙面接受太阳辐射热量的多少

如图6-104所示，冬季因为太阳方位角变化的范围小，在各朝向墙面上获得的日照时间的变化幅度很大。以北京地区为例，在建筑物无遮挡的情况下，以南墙面的日照时间最长，自日出到日没，都能得到日照，北墙面则全天得不到日照。在南偏东（西）30°朝向的范围内，冬至日可有9小时日照，而东、西朝向只有4.5小时日照。

夏季由于太阳方位角变化的范围较大，各朝向的墙面上，都能获得一定的日照时间。以东南和西南朝向获得日照时间较多，北向较少。夏至日南偏东及偏西60°朝向的范围内，日照时间均在8小时以上。

② 建筑物室内的日照情况，同墙面上的日照情况大体相似

以北京地区（窗口宽2.10m，高1.50m）为例，在无遮挡情况下，冬季在南偏东（西）45°朝向的范围内，室内日照时间都比较多，冬至日在这个朝向上，均有6.5小时以上的日照时间。同时由于冬季太阳高度角较低，照到室内深度较大，所以在南偏东（西）

45°朝向的范围内，室内日照面积也较大。东、西朝向的室内日照时间和日照面积都较小。在北偏东（西）45°朝向的范围内，冬至日室内全无日照。

夏季在南偏东（西）30°朝向的范围内，日照时间不多，而且日照面积很小，夏至日室内日照为 4~5.5 小时之间，日照面积只有冬至日的 4%~7.3%。在东、西朝向上，夏季室内日照时间较多，而且日照面积很大。在夏至日室内日照时间有 6 小时，日照面积为冬至日的 2.7 倍。在北偏东（西）45°朝向的范围内，夏至日室内日照时数有 3~5 小时，日照面积比东、西朝向也少。

（3）建筑朝向应在最佳朝向范围内选择。

由于不同朝向上太阳辐射强度变化比较大，因此合理选择建筑朝向对争取更多的太阳辐射量是有利的。

2）设计要点

（1）尽量将建筑布置成南北向或偏东、偏西不超过 30°的角度，尽量避免东西朝向

（2）采用廊式空间、阳台空间。

① 一方面可遮阳蔽日，以减少室内的热辐射；

② 另一方面也满足了人与自然接触、对外交往的生理及心理需求，创造更好的人类居住环境。

6.3.2　建筑朝向与通风

1）方法原理

当建筑垂直于主导风向时，风压最大（风压是引起穿堂风的原因）。然而，这样的朝向并不一定产生最佳的室内平均风速及气流分布。对于人体降温而言，目的是获得最大的房间平均风速以及在房间内所有使用区域都有气流运动。

在设计建筑物的自然通风时，应根据风玫瑰图，从用地分析和总图设计入手，使建筑的排列和朝向有利于自然通风。

2）设计要点

（1）建筑朝向与风速

通常情况下，风斜着吹入房间比迎面吹入房间通风的效果更好一些，因为风斜着吹入房间可以覆盖更大的面积，见图 6-105。当风斜吹入室内，室内风速和气流场会因此受到影响，但尽管室内风速有所降低，屋后的漩涡区却大为缩小，如表 6-1 所示。

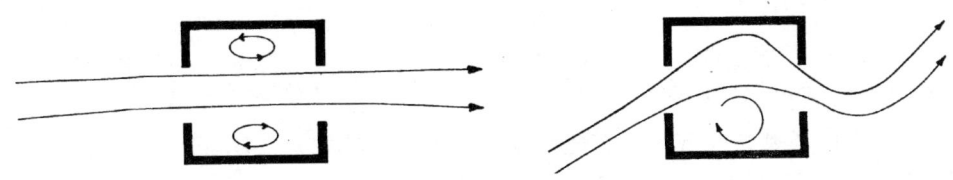

图 6-105　风斜着吹入房间可以覆盖更大的面积

射角对室内、室外环境的影响   表 6 - 1

风向投射角 α	室内风速降低值（%）	屋后漩涡区长度
15°	0	3.75H
30°	13	3.00H
45°	30	1.50H
60°	50	1.50H

注：H 为建筑物高度。

（2）加大风通过房间时的活动区域

当相对的墙壁上有窗户时，如果建筑垂直于主导风向，则气流由进风口笔直流向出风口，除在出风口引起局部紊流外，对室内其他区域影响甚小。45°入射角进入建筑的风比垂直于墙面的风在室内速度降低 15% ~ 20%，但产生的平均室内风速更大，室内气流分布也更好。这就允许建筑的朝向处在一个范围内，以解决根据日照最佳朝向与通风的最佳朝向可能存在的矛盾。

（3）建筑相对于主导风向的朝向以及建筑周边植被的茂密程度都将影响自然通风的效果，见图 6 - 106。

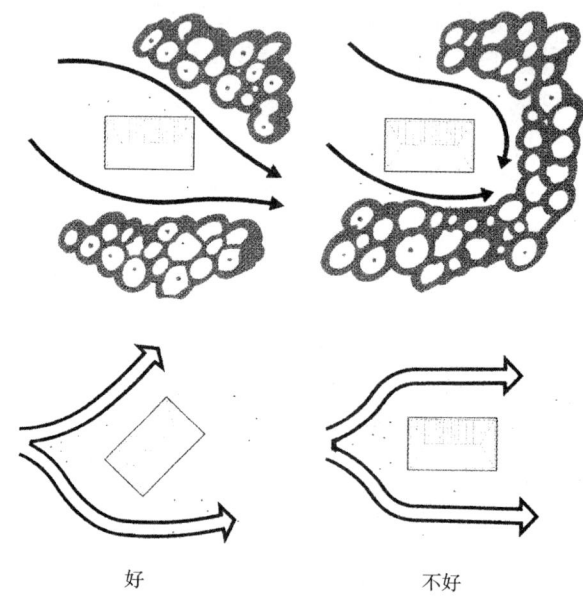

好   不好

图 6 - 106　建筑朝向及周边植被对自然通风的影响

6.3.3　朝向的综合考虑

日照和通风是影响朝向的两个主要因素。现实中常常出现这样的情况：理想的日照方向也许恰恰是不利于通风（或避风）的方向。建筑朝向的好坏会影响其室内用于采暖或制冷的能耗量。最理想的建筑朝向是在冬季建筑南向可以尽可能多的获得太阳辐射，而使北向和西向免受冷风的不利影响。

1）方法原理

建筑的"最佳朝向"需依据地段环境的具体条件，有所侧重地加以选择。一般说来，朝向选择的原则包括：

（1）建筑朝向应优先考虑日照，其次是通风。

当利用太阳能的理想朝向与风朝向矛盾时，应根据建筑功能和气候条件决定哪一方面处于优先的地位，通常利用太阳能优先。

在大多数气候类型条件下，都需要在夏季遮阴而在冬季采集阳光，这就要求房屋沿东西走向修建。在图 6 - 107（a）中显示了以这一方向修建的房屋，其可以采集到的风吹入的全部角度。即使风向以东西方向为主，也通常应当优先以采集阳光的情况来决定房屋的方位，因为改变风的方向，要比改变阳光的方向容易得多。当房屋的方位最适合夏季遮阳

而在冬天采集阳光时，房屋可以采集到的风，其风向角度如图 6-107（a）所示。可以用导风隔墙和植物来改变气流的方向，使房屋修建在更便于采集阳光的方位，如图 6-107（b）所示。

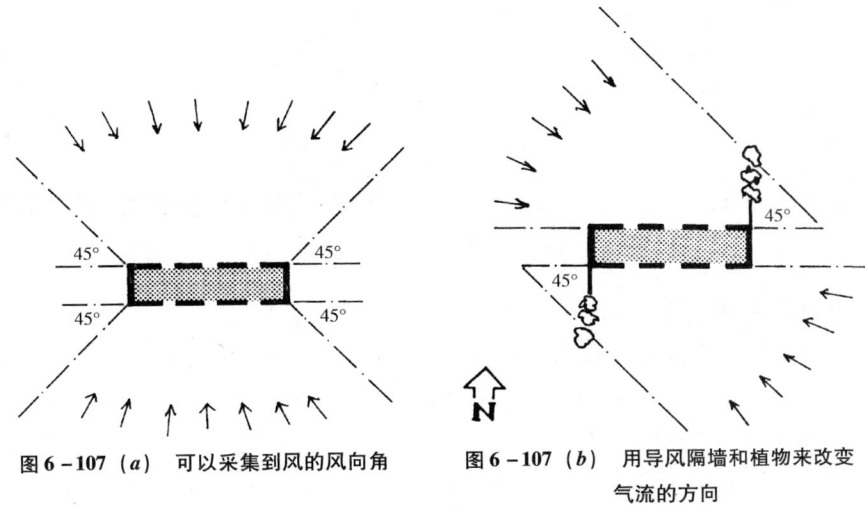

图 6-107（a）　可以采集到风的风向角　　图 6-107（b）　用导风隔墙和植物来改变气流的方向

（2）夏季尽量避免太阳直射室内和居室外墙面。

（3）冬季避免冷风吹袭，夏季有良好的通风。

即尽量使建筑大立面朝向夏季主导风向，而小立面对着冬季主导风向。

（4）充分利用地形和节约用地。

（5）照顾建筑组合的需要。

2）设计要点

（1）在北纬地区，墙面和窗户朝东和朝南优于朝西与朝北。

因为北窗易受冬季寒风袭击，而毫无遮挡的西窗在夏天会使过多的太阳辐射进入室内。

（2）在住宅的平面布局中，可以依据房间的不同用途以及使用时间来安排房间朝向。

例如在炎热地区，可将卧室布置在东南向，上午接受日照，下午开始散热，以便晚上休息时降低室内温度。书房或工作间则布置在西南向，下午接受日照，以便白天工作时温度不致过高。在寒冷地区则反向布置，使工作类房间白天保持较高的温度，休息类房间晚上保持较高温度。如图 6-108 中适宜的建筑朝向和车库的位置可以保护房屋和充分利用太阳能。

（3）矩形的建筑南北朝向要比东西朝向在冬季更有利于获得太阳辐射热，夏季减少热吸收。

建筑如果朝向适宜，根据太阳高度角正确地设计挑檐和窗户位置，屋顶挑檐设计得当可以在夏季遮阳，冬季又让阳光照射进来，使南向窗户冬季成为一个直接的太阳热的收集器，同时夏季还能避免过多的热量进入室内（图 6-109）。

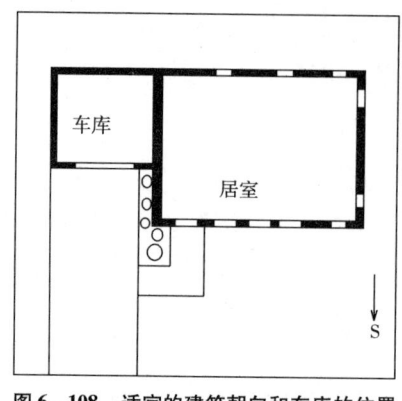

图 6 – 108　适宜的建筑朝向和车库的位置

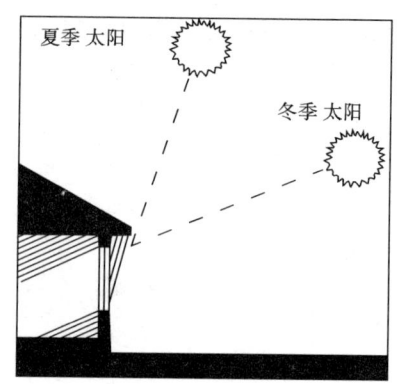

图 6 – 109　屋顶挑檐设计

（4）受条件所限不能保证时，可采用锯齿形或错位方式布置房间，以减少东西晒。

当房屋必须朝东、西向或当地夏季主导风向是东西向时，如果既要减少东西晒，又要基本朝向夏季主导风向，可以采用锯齿形平面（图 6 – 110）。其中一种方式是将东西墙做成锯齿状，窗口朝南或朝向南偏东（西）；另一种方式是把房屋分段错开，前后成锯齿形，组织正、负压区，引导风穿堂入室。同时可结合遮阳、绿化等措施来进一步导风或减少西向热辐射强度。

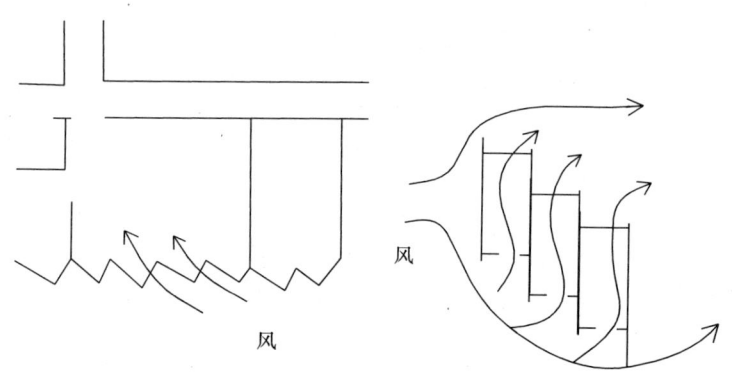

图 6 – 110　利用锯齿形平面导风

如果建筑场地已经被周围物体遮挡，那么朝向对节能就不再是重要的影响因素了。若仅是建筑下部遮挡，上部仍按照太阳能利用和自然通风的原则进行设计。

6.4　建筑体形与气候

体形是建筑的形状，是一幢建筑物给人的第一直观印象。建筑师在选择建筑体形时的出发点是多种多样的，或许是基地形状的限定，或许是建筑内部空间的直接外部表现，或许是出于某种寓意的象征，或许是多种目的综合结果。由于决定因素的不同，建筑体形的形态也千变万化。

节能建筑对体形有特殊的要求和原则，不同的体形对建筑节能效率的影响会大不相同。对某一确定的建筑空间，在选择建筑体形（长、宽和高）时可以有各种不同的变换方式，满足建筑功能要求的建筑外表面积可以完全不一样，由此造成的建筑物热损失量也不尽相同。

6.4.1 建筑形态与气候

1）方法原理和设计要点

从节能的角度来讲，建筑形态要有利于通风、采光与日照。

（1）有利于通风的建筑形态

当风吹向建筑物时，风向和风速会发生相应的改变，建筑的三维尺寸对其周围风环境产生较大的影响。从节能的角度考虑，应创造有利的建筑形态，减少风流，减小风压，减少热耗损失。图 6-111 为不同形态建筑的风环境分析，从中可以看出：

① 风在条形建筑背面边缘形成涡流。建筑物高度越高、深度越小、长度越大时，涡流区域越大，流场越紊乱。这对减少风速和风压有利。

② 在 L 形建筑中，图 6-111（c）、（d）的两种布局形式对防风有利。

③ 在半封闭的 U 形建筑中，图 6-111（e）的布局形式对防风有利。

④ 当全封闭建筑有开口时，开口不宜朝向冬季主导风向，且开口不宜过大。

除此之外，当建筑物的外墙转角由直角改为圆角时有利于消除风涡流。台阶状建筑物或墙面与屋面圆滑过渡的建筑有利于导风和化解风势。屋顶面层为粗糙表面可以使冷风分解为无数小涡流，既可以减少风速又能多获得太阳能。

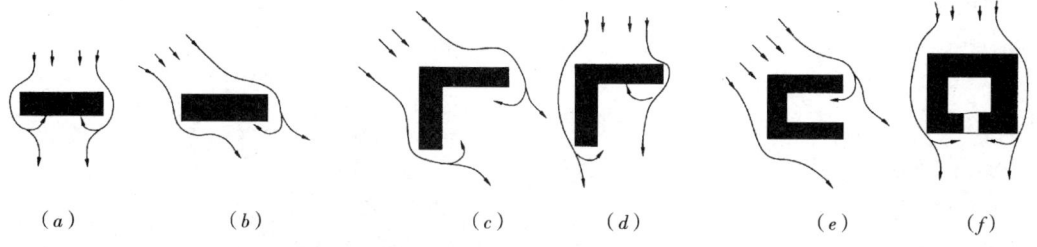

| (a) | (b) | (c) | (d) | (e) | (f) |

图 6-111 不同体形建筑周围风环境分析

（2）有利于采光的建筑形态

① 有利于采光的建筑平面。

利用自然采光和自然通风的理想建筑体形应当是狭长伸展的，使更多的建筑面积靠近外墙，尤其在湿热气候区。建筑可以设计成一系列伸出的翼，这样就能在满足采光和通风的同时将土地的占用量减少（图 6-112）。翼之间的空间不能过于狭小，否则会相互遮挡。

② 自遮挡少的建筑形态。

不同平面的建筑形体在不同季节内阴影位置和面积不同，节能建筑应选择日照自遮挡少的建筑形体，以减少日照遮挡对太阳辐射得热的影响。

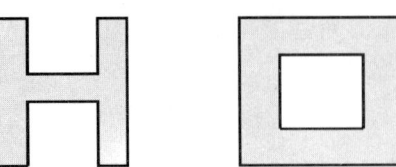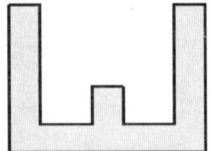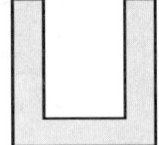

图 6 – 112   有利于采光的建筑平面

③ 它遮挡少的建筑形态。

即将建设的建筑物会严重影响邻近建筑、街道和露天广场的舒适程度，尤其是影响这些区域的太阳光的利用率（要考虑日光的获得和角度的问题）。因此，建筑师有责任顾及周边区域的利益，要尽可能地保证这些区域能够获得充足的太阳光照射。

它遮挡少的建筑形态可用太阳围合体来说明，太阳围合体能够帮助设计师准确地界定建筑物的最大体量，从而不对邻近的建筑物、街道和露天空间的太阳光入射产生影响（图 6 – 113）。可参见第 6.1.1.1 节太阳辐射部分"太阳围合体"的相关内容。

2）案例分析

（1）炎热干燥地区（图 6 – 114a，图 6 – 114b）

① 建筑物通常采用厚重的墙体，以利用其对外界环境变化的时滞性。因为日照很强，所以小的开窗就能为室内提供足够的照明。同时，室外空气温度很高，建筑物的通风是不受欢迎的，这是窗户可以开得很小的另一个原因。外墙多用明亮的色彩，以减少对日照辐射的吸收。内墙一般也多用浅色，以利于漫射通过小窗进入室内的日光。

② 干热地区降雨量小，建筑多用平屋顶，这样还可以为夏夜提供额外的睡眠和生活空间。由于向晴朗夜空的快速辐射，室外区域可以在日落后迅速冷却下来。而室内空间却因为厚重的结构积存了不少热，因而在夜晚，屋顶实际上比仍然较热的室内更加舒适。

（2）湿热地区

① 充分的通风。

湿热地区的气温相对于干热地区要低一些，但很高的湿度会使人感到极大的不适。解决这一问题的主要途径是促进空气沿建筑外皮的流动，以加大蒸发冷却的效果。充分的通风往往采用大窗户，通透的廊、栏杆，高顶棚以及在屋顶开孔。出于这个原因，在世界上最潮湿的一些地区，双坡的、不带内部顶棚的屋顶非常盛行，见图 6 – 115 (a)、(b)。

图 6 – 113   利用太阳围合体设计的建筑形态

图 6-114 (a) 干热气候的民居
以小开窗高外墙为特色的建筑形态

图 6-114 (b) 土耳其卡帕多西亚高原的窑洞民居
的建筑形态

图 6-115 (a) 印度尼西亚巴厘岛的集会长屋

图 6-115 (b) 印尼的苏门答腊的宾馆

② 深度的遮阳

在开口部位上装设遮阳板、雨披、阳台,以遮蔽日照辐射。其建筑风格呈现"轻巧谦虚、阴影韵律"的特色,如图 6-116 (a)、(b)、(c)、(d)。

湿热气候区典型的建筑(图 6-117)常采用以下手法:大而多的开窗、大挑檐、百叶窗、浅色墙面和高顶棚。大窗户可以加大通风量,而百叶窗和挑檐则既可以抵挡过度的

图 6-116 (a) 中国台湾台电公司营业处

图 6-116 (b) 美国迈阿密

图 6 – 116（c）　马来西亚吉隆坡
印度尼西亚大使馆

图 6 – 116（d）　新加坡妇幼医院

日照辐射，又可以遮挡雨水，浅色墙面可以降低墙体对热的吸收。

（3）温和气候区

温和地区有短暂的寒冬，其建筑形式无法采用完全开放的亭台建筑，而必须有封闭的外墙以避寒流。

①适中的开口

就是开窗只要满足基本的采光、通风、眺望需求即可，不必要开太大窗而引进太多的热流。以一般的钢筋混凝土构造而言，通常办公建筑在40%、住宅在20%的平均开窗率就已具备良好的采光眺望开口（图6 – 118）。

图 6 – 117　南卡罗纳州查尔斯顿市的住宅

图 6 – 118（a）　适中的开口、丰富的阴影

图 6 – 118（b）　日本冲绳浦添市市政府

②适当的遮阳

在开口部位上装设遮阳板、雨篷、阳台，适中的开口是随遮阳深度而变动，外遮阳越

深则可开更大的窗，因此只要做有一定深度的遮阳，开有全面玻璃的开口也并非不妥。这种开口适中的建筑外观、立面阴影变化、遮雨入口空间，深度遮阳与大开口的组合造型，无疑就是温和地区的建筑形态之美

③ 充分的通风

在住宅、宿舍、疗养院、学校等非空调型建筑中，建筑平面应以长条浅短之平面为主，居室进深不应大于 10m，要留有中庭、回廊以供双面通风之用。尤其是遮阳、雨篷、导风板等立面造型，不仅对于通风有充分的诱导作用，更能表现出轻巧细致、阴影变化的建筑语汇。

在温暖但多阴天的地区，凸窗是最大限度纳入阳光的常用办法，见图 6 – 119。

(4) 寒冷气候区

① 封闭的外墙

寒冷气候区的建筑物最大的气候挑战在于抵抗巨大的室内外温差，其方法无非以外墙保温来阻绝由围护结构导入的寒流。应加强墙面的保温能力，其墙面的厚度应与当地最寒冷月份的平均气温成正比。如外墙厚度在前苏联境内为 50 ~ 70cm，波兰为 50cm，德国东部为 38cm，德国西部、比利时、英格兰为 23cm。

② 开口部位的保温处理

寒冷地区的节能法规特别强调建筑的屋顶、外墙、开口部位的保温处理，其目的就在于阻挡当地巨大温差引起的热损失。

从热工的角度讲，窗户是围护结构中保温的薄弱环节。因为热空气上升，引起空气流动，所以建筑的顶棚一般都压得比较低（通常低于 2m）。同时人们还利用树木和地形来抵御冬季寒风。对视野和采光的考虑通常要让位于对保温的考虑，因而窗户一般都开得尽可能少。在寒冷气候下，紧凑的建筑、厚实的木质墙和对开窗面积的严格限制是保温的传统手段。在严寒地区，壁炉的常见位置在紧贴外墙内侧，或是位于建筑物的中央（图 6 – 120）。

图 6 – 119　加利福尼亚州尤里卡市的住宅

图 6 – 120　寒冷地区的建筑

6.4.2　建筑体形和保温

1) 方法原理

建筑物的外部体形不仅是其内部空间组合的表象反映，而且是室内外热量交换的承担

者，几乎所有的热交换都是通过建筑的外表来进行的，因而建筑的体形也影响着建筑节能的优劣。对建筑体形的优化设计可以将室内外之间的传热量减少到最低程度。从保温的角度讲，体形设计应考虑尽可能获取太阳能的同时减少建筑的热损失。

2）设计要点

通常采取扩大受热面与减小体形系数等方法，以最大限度地获取太阳能，同时减少热损失。

（1）最小外表面积

由于热交换取决于外表面积，特别是在极端热和极端冷的气候条件下，所以建议对于既定的体积，尽可能减少建筑外表面面积。同样体积的单体住宅外表面积比共用墙体的联体式住宅外表面积多很多。

（2）最低体形系数

体形系数是衡量建筑最优形状的关键指标，即建筑外表面积与体积的比值（*S/V*）。一栋可持续建筑的 *S/V* 应该小一些。

3）案例分析

德国柏林的马尔占低耗能公寓大楼（图6-121）

在设计过程一开始就研究形体与能源利用之间的关系。在柏林的严冬里，最主要的能源需求就是空间取暖，因此研究人员开始研究表面积与体积的关系。他们制作了6个原始的建筑拓扑形式。它们的平面图分别是正方形、长方形、圆形、半圆形、弧形和扇形，所有形体都设定为6层高，总建筑面积6000m²。通过计算每种形体所要求的年耗能量，对每种形式作比较。在计算过程中，综合了体形系数以及建筑阳面所吸收的太阳能对取暖的作用，结果表明，在前5种样式中，圆柱形建筑在冬季所需的能量最低。但是第6种扇形如

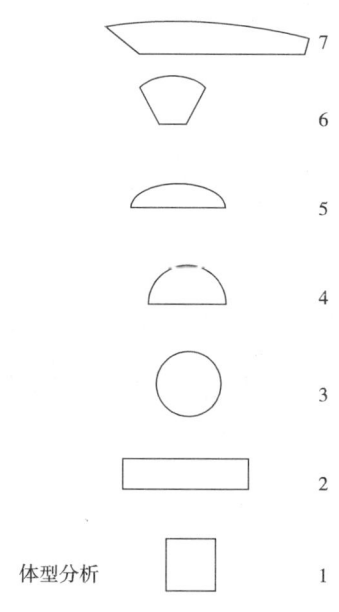

体型分析

图6-121　德国柏林的马尔占低耗能公寓大楼

果比例控制得当，也可以达到相同的效果。要达到这一效果，形体被拉长以增加建筑向阳面，并使建筑北面尽量短，同时系统地调整东西两面的长度，直到达到"最佳状态"，最终形成了第 7 个方案。与圆柱形样式相比，扇形截面样式的优点是所有的公寓都可以有阳面，也顺应了该基地提供的条件。

6.4.3　建筑体形与通风

1）方法原理和设计要点

良好的采光通风可以减少建筑的照明能耗和空调能耗。

（1）易于通风的建筑平面形式（图 6 - 122，图 6 - 123）

① 一字形及一字形组合

一字形建筑有利于自然通风，主要使用房间一般布置在夏季迎风面（南向），背风面则布置辅助用房。外廊式建筑的房间沿走廊单向布置，气流可以穿堂而过，各房间的朝向、通风都较好，结构简单，但是建筑进深浅，不利于节约用地。内廊式建筑进深较大，节约用地，但只有一侧房间朝向好，因此不易组织室内穿堂风，不利于散热。门窗相对设置可使通风路线短而直，减少气流迂回和阻力，保证风速。内廊式建筑如走廊较长，可在中间适当位置开设通风口，或利用楼梯间做出风口，可以形成穿堂风，改善通风效果。

"L"、"T"、"工"、"王"、"亚"都是一字形组合，朝向好，南向房间多，东、西向房间较少，因此使用较为普遍，但是连接转折处的通风不好，最好设置为敞廊或增加开窗。

② 山形和口形

"山"形建筑敞口应朝向夏季主导风向，夹角在 45° 以内，若反向布置，迎风面的墙面宜尽量开敞。伸出的翼不宜长，以减少东、西向房间数量。开窗大有利于通风，但同时要考虑墙体的热稳定性和太阳辐射得热，见图 6 - 122。

"口"形建筑沿基地周边布置，形成内院或天井，用地紧凑，基地内形成较完整的空间。但这种布局不利于风的导入，东、西向房间较多，特别是封闭内院不利于通风。

一般天井式住宅天井面积不大，白天日照少，外墙受太阳辐射热少，四周阴凉，天井的温度较室外为低，在无风或风压甚小的情况下，通过天井与室内的热压差，天井中冷空气向室内流动，产生热压通风，有利于改善室内热环境。当室外风压较大时，天井因处于负压区，又可作为出风口抽风，起水平和垂直通风的作用，对散热也有一定效果。另外，如果在迎风面底层部分架空，让风进入天井，对于后面房间的通风非常有利。如果以天井为中心，借助串通的厅廊构成通透的平面格局，则有更好的通风效果。

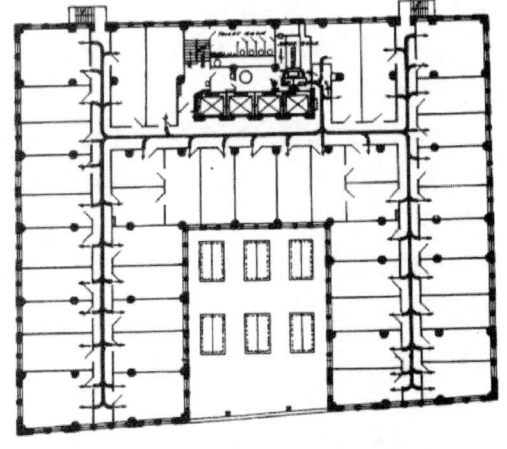

图 6 - 122　山形平面具有良好的视觉与通风条件

③ 锯齿形、台阶形和品字形

当建筑东西朝向而主导风基本上是南向时，建筑平面组合或房间开窗往往采取锯齿形布置。东西向外墙不开窗，起遮阳作用，凸出部分外墙开窗朝南，朝向主导风向。当建筑南、北朝向而主导风接近东、西向时，把房子分段错开，采用台阶式平面组合，使原来朝向不好的房间变成东南向及南向。

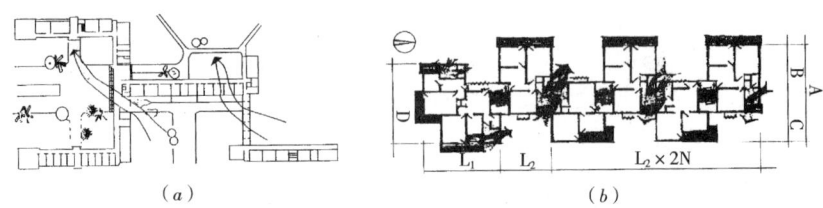

图 6-123　各种建筑平面通风示例
(a) 曲折平面通风示例；(b) 品字形平面通风示例

（2）避免高层建筑的体形涡流

由于高层建筑具有特殊的高度特征，它们必然会在地平面处引起剧烈的向下运动的气流。这种会给步行者造成负面影响的气流，在那些冬季温度非常低的地区影响尤为严重。因此，高层建筑设计时要对它的朝向和外形加以认真考虑，以便尽可能减少由于它们造成下降冷风气流的不舒适效果。

引起气流扰动的空气运动原理可概括为下列三种：

摩擦作用：导致气流速度在地面附近时要慢；

惯性作用：当气流遇到阻碍物时将转向流动，后续气流会沿着同一方向继续流动；

风压作用：空气从高压地区流向低压地区。

这种建筑类型引起了如图 6-124 中所示不同的空气扰动。

① 下降气流的漩涡效应。

下降气流的漩涡效应是由于建筑物顶部速度较快的风产生了更高的气压而产生的。与第三种空气运动原理一样，风沿着建筑物的上风面向下运动，当到达地面时，就会变得强烈起来，并转变成螺旋形。街道面处的风速，几乎可以达到受到低矮建筑物保护的街道风速的 4 倍，见图 6-124（a）。

② 转角效应。

转角效应指风环绕建筑物时引起风速增加的现象。转角效应的影响可以延伸到与建筑物等宽度的面积上。越高、越宽的建筑物，产生的转角效应越显著，见图 6-124（b）。

③ 涡流影响。

当风沿着建筑物的背风面向下运动的时候，就会引起不规则的螺旋向上的流动，即涡流影响。当高层建筑物与周围环境之间的高度差过大时，涡流影响的效果十分强烈，见图 6-124（c）。

④ 间隙效应。

高层板式建筑的通道在通道和建筑下风向的露天场上造成了高风速区域。这种间隙效应决定于建筑物的高度。

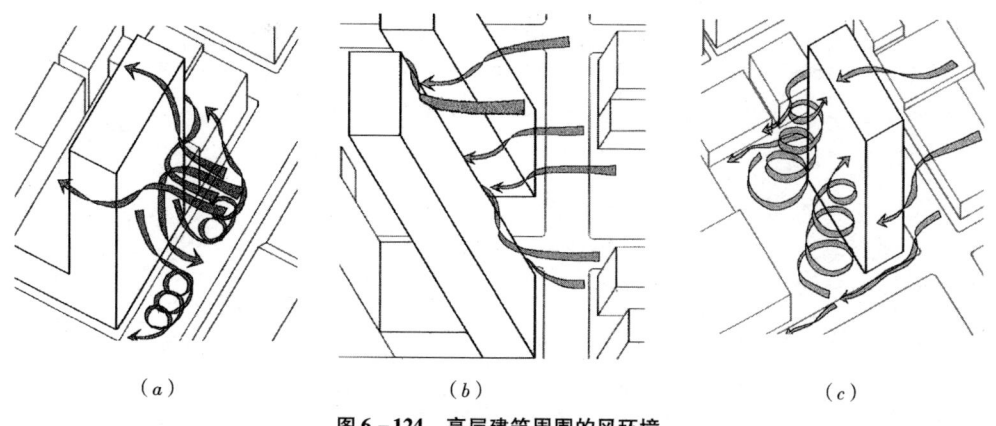

图 6 - 124　高层建筑周围的风环境

(a) 漩涡效应；(b) 转角效应；(c) 涡流效应

　　冬季风和强风是设计此类建筑时必须考虑的因素，只有这样才能减少它们造成的对舒适度的影响，从而改善周围的街道和露天场所的小气候环境。设计要点如下：

　　① 利用高层建筑的裙房设计，减少气流在迎风面向下的底层（行人高度处）效应。一种方法是将建筑物的主体加在一、二层楼高的裙房上面（图 6 - 125a），强风到达裙房的顶部就会受限制。如果裙房上部还有可供气流穿越的通道（图 6 - 125b），则效果更好。例如，如果在高层建筑的一、二层加设出挑的平台，且平台上面留有通风洞口（图 6 - 125c），也可以有效解决问题。

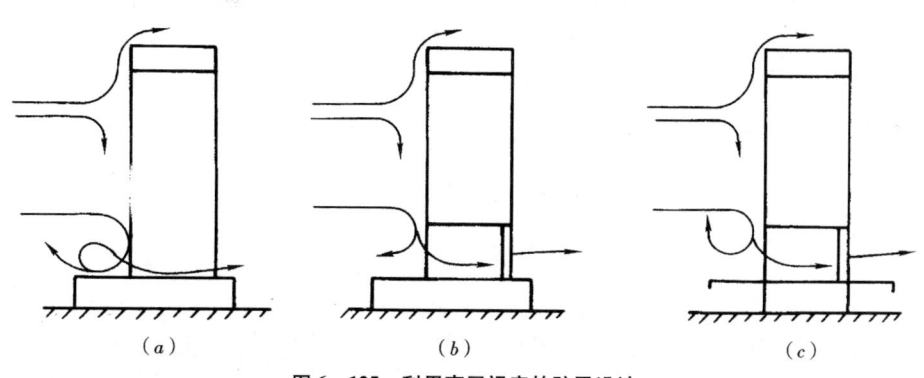

图 6 - 125　利用高层裙房的防风设计

(a) 裙房与高层直接相连；(b) 裙房与高层间设通风道；(c) 高层的一、二层设出挑平台

　　② 高层建筑的形体设计成符合空气动力学原理，将它们较狭窄的一面朝着冬季风吹来的方向，或者与主流风向的方向成对角角度，从而改变建筑物周围的空气流动方式。凹面或者平坦的表面会引起沿着建筑物表面上下运动的强烈气流，而圆形的、凸起的表面则能够有效地控制这种剧烈的风的运动。如德国法兰克福商业银行具有流线型的曲形外表面设计（图 6 - 126）。

　　③ 比邻近建筑高出很多的建筑物，应该设计成水平分布和阶梯形后退的结构，距离街道 6m 到 10m 的高度以上是阶梯形后退的立面，从街道墙面的位置到高层建筑物的底部

之间的后退距离至少要保持在6m左右（图6－127）。

④ 建筑在迎风面一侧为减轻外表面的风流压力，可在适当部位给强劲风流提供一个释放途径，如设置"通透空间"和"开放空间"。

通透空间：是在建筑的每层高度，设均匀或不均匀的开敞处理方法，常被应用在居住建筑，在建筑平面具备良好的通风走向条件下，立面所采取的通透方法，该手法常见于炎热地域地区的民居之中。

开放空间：这种手法常用于室外风流比较突出的环境之中，如海边、开阔地及超高层之中，开放空间

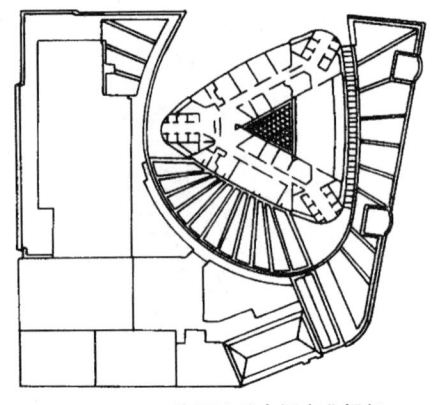

图6－126　德国法兰克福商业银行

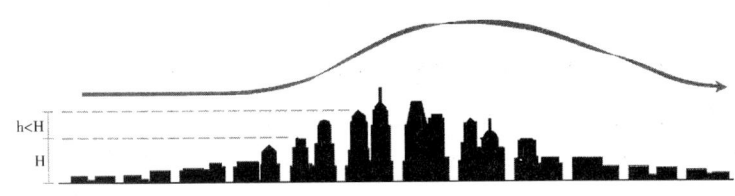

图6－127　阶梯状分布

可以很有效地疏导或释放较大的室外风流，减轻建筑表面的风速压力。

（3）避免过大的体量

除非建筑体量非常小，通常过于庞大的体形使得建筑大部分面积都远离周边可以利用自然采光的区域，并且不利于夏季的自然通风，增加了建筑的照明能耗和空调能耗；更为重要的是，过于庞大的体形限制了新鲜空气、自然光以及向外的视野，损害了人体健康的基本要求，成为"狭隘的节能建筑"（图6－128）。

2）案例分析

（1）德国的希根技术中心（图6－129）

这是一座3300m²的多功能建筑，有办公区、实验研究区和制造区。紧凑的实验研究区和制造区在北侧连接了综合体的各部分，而办公部分形成三个向南伸展的三层翼楼，有利于利用自然采光和通风。

（2）德国纽伦堡某医院（图6－130）

由于功能限制而必须设计成大进深的建筑可以通过院落或中庭组织建筑的采光和通风。虽然上述两例看起来似乎降低了建筑的热性能，但设计良好的自然采光和通风系统所节约的照明能耗和空调能耗，将会弥补、甚至超过因外表面积增大而增加的冬季热损失。

（3）干城章嘉公寓（图6－131）

干城章嘉公寓位于印度孟买附近的滨海区域，

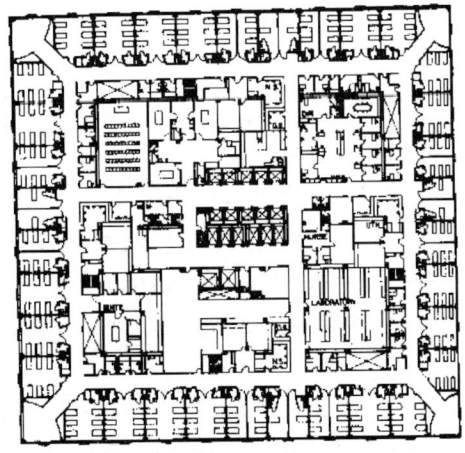

图6－128　人工空调化的贝尔维尤医院平面

图 6-129　德国希根技术中心

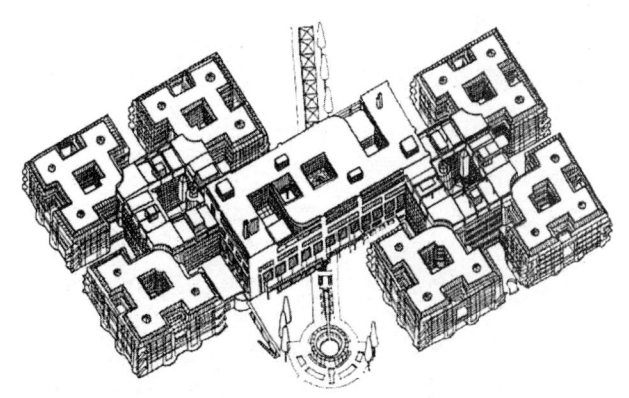

图 6-130　德国纽伦堡某医院

由印度建筑师查尔斯·柯里亚设计。当地最好的朝向是西向，有来自西边的阿拉伯海的凉风（主导风向），所以每户均朝西。但也有不利因素：如午后的烈日以及风雨等。为了解决这个矛盾，每户都有一个二层楼高的大阳台。通过重复两种不同单元的相互组合构成了凹凸有致的建筑外形，这些朝东或朝西的花园阳台成了居民们主要的生活空间。住户的平面东西贯通，都有穿堂风——这在湿热地区是十分必要的。这种布置方式很适应居民们长期以来所形成的生活习惯，他们在一年中的一定季节、在一天中的一定时间里，就把阳台当作起居室和卧室。

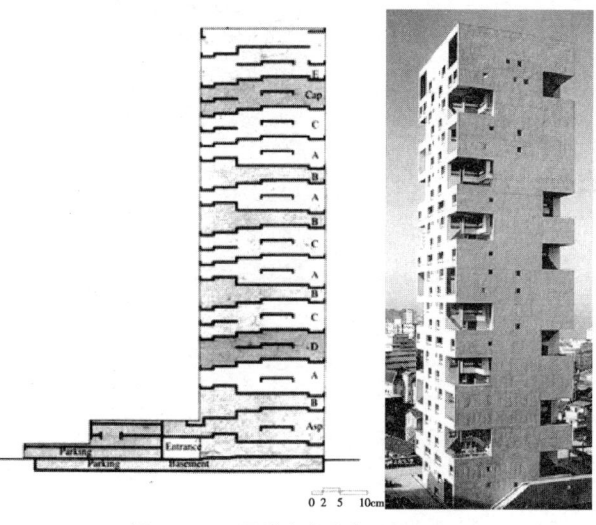

图 6-131　干城章嘉公寓（柯里亚）

（4）马来西亚槟榔屿的高层建筑（图 6-132）

杨经文 1998 年在马来西亚的槟榔屿设计了利用自然通风来创造舒适的室内环境的高层建筑。基地面积约 2000m^2，在这块基地上设计的塔楼为 21 层，总建筑面积约 10000m^2。首层与二层是银行大厅，6 层是会议厅，可通过独立的室外楼梯直接进入。6 层之上为办公空间，所有的办公空间都有自然通风，办公桌与采光窗的距离均不超过 6.5m，能确保使用者接受到自然的采光和通风。为获得舒适的内部环境，需要一个较高的空气交换率。因此，要尽量在各开口处引入自然风。为了使开口处产生压力，采用了"风墙"体系，将"风墙"安排在有通高推拉门阳台部位。两道风墙形成了喇叭状的口袋，将风捕捉到阳台，阳台内的推拉门可根据所需风量，控制开口大小，也可完全关闭，形成"空气锁"，这一构思来自建筑师对当地风向资料的分析。实践证明这种"风墙"与"空气锁"的设置效果很好。

（5）德国国会大厦改造工程（图6–133）

该改造项目是1999年由德国的福斯特设计，透明和易达性是国会大厦室内重建的关

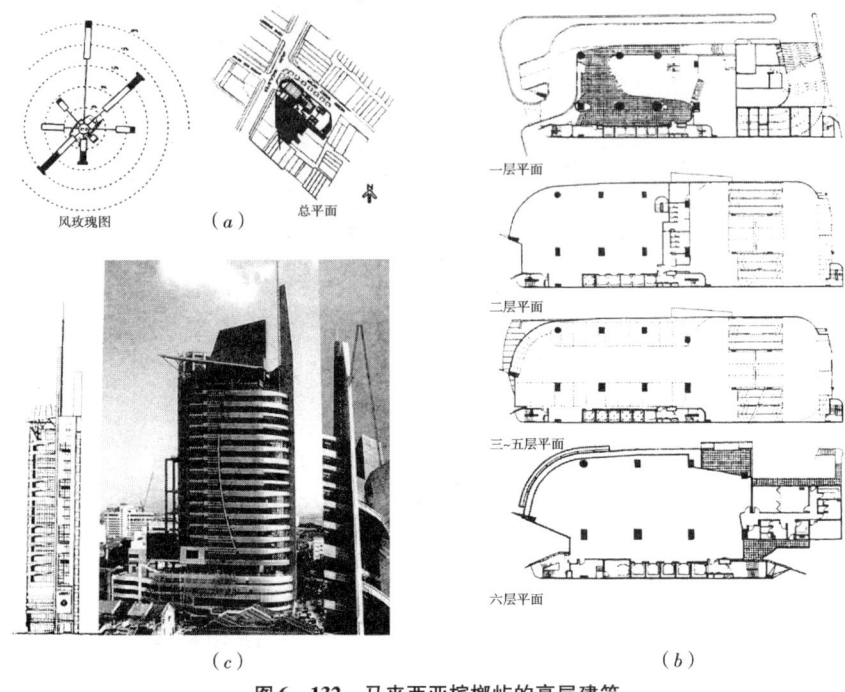

图6–132　马来西亚槟榔屿的高层建筑

（a）总平面图；（b）平面图；（c）外观与侧立面

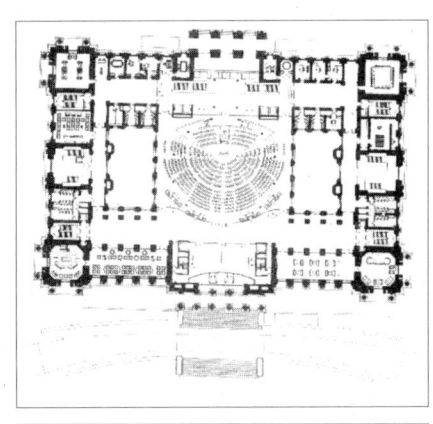

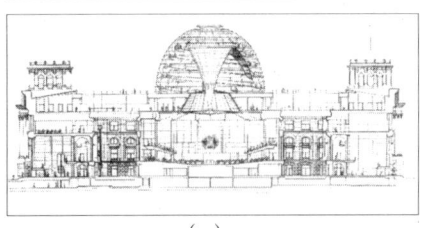

图6–133　德国国会大厦改造工程

（a）德国国会大厦（平面及剖面图）；（b）德国国会大厦（内部及外观）

键所在。新建的玻璃穹顶是室内设计的出发点，它使建筑向自然光和景观展开，这是节能和自然采光的基本构件。穹顶被设计为一个名副其实的"天窗"。它的核心部分是一个覆盖着各种角度镜子的锥体，可以反射水平射入建筑内的光线，还有一个可移动的保护装置按照太阳运行的轨道运转，以防止过热和耀眼的阳光。穹顶同时还包含有基本的自然通风系统：建筑内部的空气因为烟囱效应而被导入穹顶。按照其特定的规律，锥体从最高处吸入热空气，这种轴向的通风和热交换使不流通的空气得以循环。

（6）德国法兰克福的德意志银行（图6-134）

这座塔楼被高度约为22m和28m的较矮建筑物所环绕，这样，与其他建筑物等高的特征，使这座塔楼与城市环境就能和谐地融为一体。此外，这种设计也使得街道和人行道不会受到向下气流的影响。

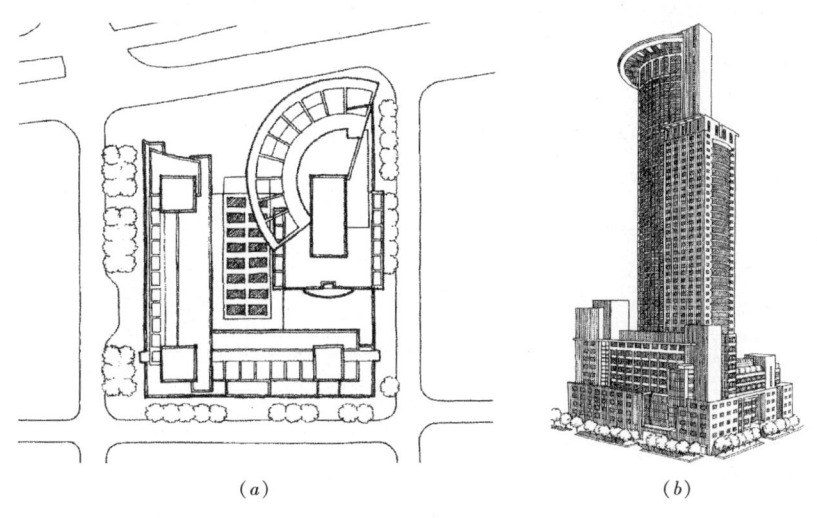

图 6-134　德国法兰克福的德意志银行

（a）总平面图；（b）外观

综上所述，我们必须在减少围护结构传热的紧凑体形和有利于自然采光、太阳能得热、自然通风的体形之间作出选择。理想的节能体形由气候条件和建筑功能决定。严寒地区的建筑及那些完全依赖空调的建筑宜采用紧凑的体形；湿热气候区，狭长的建筑接触风和自然光的面积大，便于自然通风和采光；温和气候区，建筑的朝向和体形选择可以有更多的自由。

6.5　建筑空间与气候

建筑的功能属性决定其空间的大小、形式和组合方式，空间的处理所要考虑的因素较多，这里仅论述与气候相关的要素，即建筑热利用、自然采光及自然通风的空间处理。

6.5.1 建筑热利用的空间处理

1）方法原理

（1）冬季的热负荷策略

充分利用建筑的组合效应和采暖房间的位置，建筑物的朝向和窗户的位置要尽量设置在能够得到太阳辐射的方位上。利用太阳能采暖的建筑应尽量增大南墙面积，减小其他外表面面积，以使得建筑吸收的太阳辐射热量大于向外散失的热量，使受热界面补偿给建筑更多的热量。

（2）夏季的热负荷策略

要注意减少从窗户投射到室内的阳光。利用挑檐、屋檐、百叶窗以及百叶门等，尽量在窗玻璃面的外侧控制太阳辐射。还可以在建筑物的外面栽种植物或采取其他方法来减少夏季的热负荷。

通过居住空间的移动适应温度的周期性变化，如白天的家与夜间的家、夏季的别墅与冬季的公馆一样，根据时间和季节，轮流转换居所与当时的气候条件相适应。中国的大部分地区具有夏热冬冷的特点，如果以冬季为主导进行设计时，就要同时考虑夏季的散热问题；反之，如以夏季为主导时，则要考虑冬季冷风渗透量的影响。

2）设计要点

（1）空间构成与空间的热特性相结合

根据热能特性划分建筑空间，建筑的空间构成可以分为围合型和邻接型两种。围合型是平面组合的空间构成，内部可以配置内涵变动大、充满阳光的中庭和中院，不仅可以缓解温度、湿度的变化，又包含了需要隐私的主要活动区。邻接型分为平面构成和剖面构成两种。平面构成将保温、密闭、热容量等不同空间进行左右或前后配置。剖面构成是上下分开的构成方式。空间构成方式与隔断结合可以适应不同的热环境需求。

（2）建筑的功能分区与空间的温度分区相结合

由于人们对各种房间的使用要求及在室内的活动情况不同，因而对各房间室内热环境的需求也各异，因此在设计中针对热环境的需求，提出建筑的功能分区与空间的温度分区相结合的方法（图6-135），居住者大部分时间生活在起居室和卧室内，对这部分热舒适要求比较高，因而可以布置在采集太阳热能较多的位置，如南面或东南面；而对诸如厨房、过厅等则要求不高，可以布置在较易散失能源的西北侧，并适当减少北墙的开窗面积。一方面可以利用主要房间的热量流失途径达到加温，同时也可作为主要房间热量散失的"屏障"，形成双壁系统，以保证主要房间的室内热稳定。实践证明这是一种有效的又

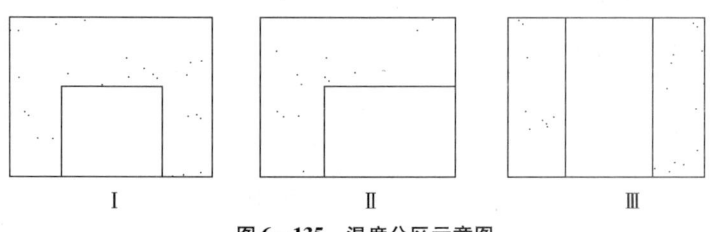

I　　　　　　　Ⅱ　　　　　　　Ⅲ

图6-135　温度分区示意图

不会增加投资的节能设计方法。

在住宅和小学的设计中，从热力设计方面看，通过对楼层平面图的布置，可以减少外露表面。冬季和夏季建筑物周围的热特性分布状况见图 6-136（a），图 6-136（b）是用来说明住宅中房间的分布。它是建立在日照热特性状况的基础上的。厨房应布置在东北，因为它几乎不需要热。而就餐区域应在东南，因为全年太阳都能照射到。车库和储藏区域应位于西北，可阻挡冬天寒冷和夏天高热的入侵。卧室应位于北边。因为白天使用的时间少，并且卧室凉爽有利于睡眠。

依据这个示意图，设计还应与我们生物钟的节奏相协调。设计既要有利于人的身体健康，又要使人精神愉悦（图 6-136d）。设想，清晨醒来，阳光透过东边的窗户进入室内，你开始准备早餐，在明亮的、令人愉悦的阳光中就餐；你在温暖、充满阳光的家中度过白天；晚上，睡在位于北边或东北感觉凉爽的卧室里（二层）。

另一个示意图是依照热特性状况而设计的小学校（图 6-136c）。教室朝东南，因为常年温暖，从清早到下午都有阳光照射。而体育馆位于北边。因为它需要最凉爽的空间。

（3）设计适宜的缓冲区

"缓冲区"即能经受温度波动的房间或区域。建筑中一些房间由于自身的使用性质，或使用时间的长短，对温度没有严格的要求，可作为缓冲区。如商业建筑中的楼梯间、贮藏室和卫生间等，应适当集中，尽量沿西向或东向布置，以减少营业厅的直接太阳辐射得热。

如果缓冲区朝南，它可以为附近空间供热，这种情况下其温度接近于室内温度。如果朝向东、西、北，它可以减小围护结构的热损失，但是不能提供冬季太阳得热。

大面积装有玻璃的房间，也是一种常见的缓冲区设计。如果没有机械采暖和制冷，在冬季通常会达到室外和室内之间的某处温度的平均值，因此就降低了房间的热负荷。这个缓冲空间同时也减少了相邻房间的采光，所以面向缓冲区的窗户应该比外立面上的窗户更大。

将车库放在建筑的西侧，北侧或者西北角，可以成为冬夏室内外热交换的一个缓冲空间，保证室内夏季不至于过热，冬季热损失不会太大。

（4）合理利用产热区

在许多建筑的中心区域由于设备和人员密集，会产生大量的热量，有采暖需求的建筑可以利用这样的热源提供部分需热量。传统的新英格兰住宅为了获取热量，往往将房间围绕着做饭的中心壁炉来布置，这类热源可以布置到利于其向北面供暖的区域。

在温暖气候区，制冷需求占主导地位，产热区应该与其他空间隔离开。例如，商业建筑中应考虑商品自身发热及展示所需照明设备的发热量对周围环境的影响，散热量很大的电器售卖区一般应布置在顶层，以避免影响其他营业空间，并且可以设计单独的通风系统。

另外两个产热区的实例是餐厅厨房和设备房间。因为产热量高，并且需要更多的室外新风，餐厅厨房的采暖、制冷和通风常常独立于就餐区域之外。设备房间，如锅炉、炉子和热水箱，都是产热源，可以布置在便于相邻房间分享它们剩余热量的地方，比如放在中

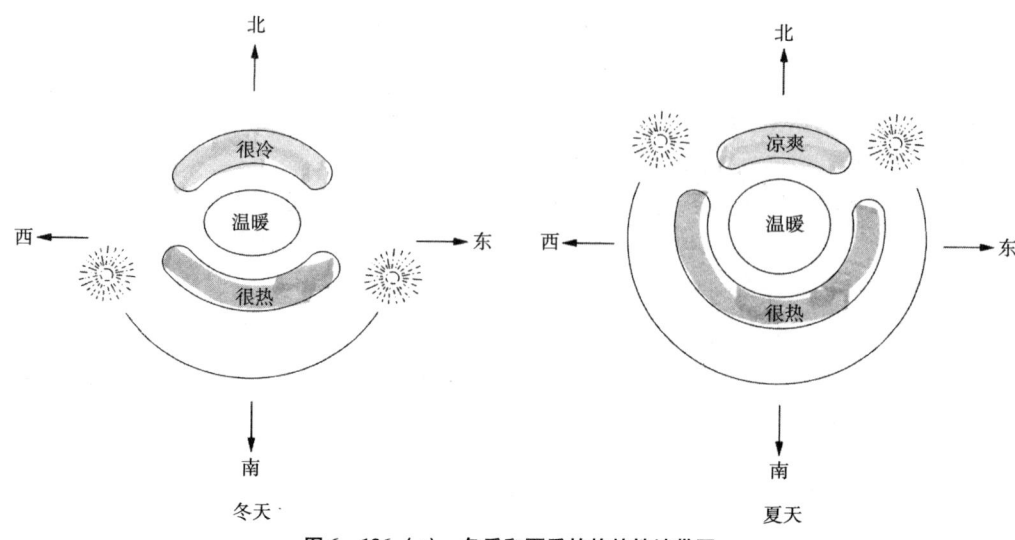

图 6-136（a） 冬季和夏季的热特性地带图

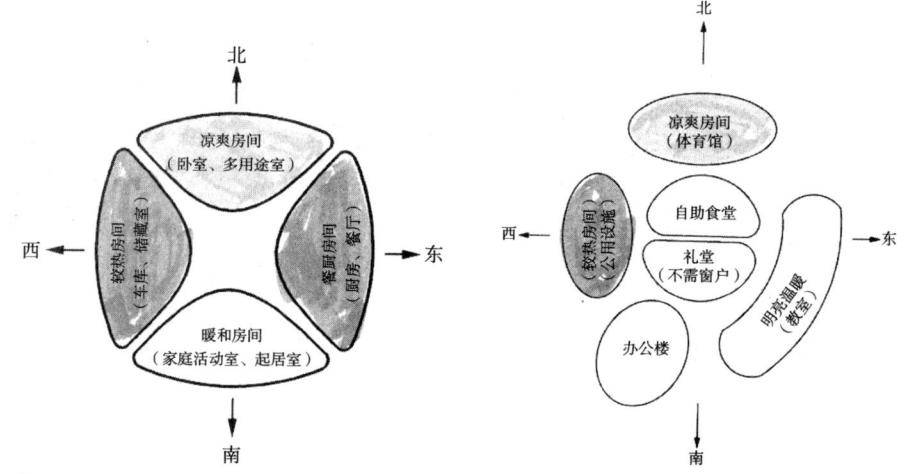

图 6-136（b） 住宅设计的日照热特性分布图　图 6-136（c） 学校设计的日照热特性分布图

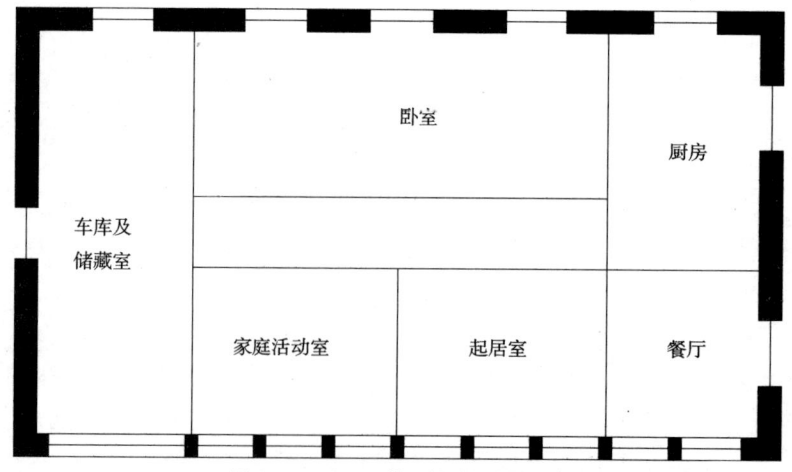

图 6-136（d） 基于热特性考虑的住宅概要性规划图

心区。另外，设备房间也可以布置在更容易单独排风的地方，如建筑顶层的边缘，或者一座小棚屋。

（5）大进深建筑的日照

大进深建筑的日照需要有效地组织平面和剖面。图6-137表示了几种在平面和剖面中将阳光引向建筑深处的方法。进深方向两个或多个房间可以交错布置以利于每个房间获取阳光。一个房间或建筑的墙面可以用来把更多的阳光反射进南向窗户。北向无日照的房间可以与有日照的区域对流传热。当房间被连接空间或走廊呈东西向地连接在一起时，这个连接区域可以用来收集和蓄存热量。当需要热量时，每个房间都可以向连接区域敞开。向南的中庭或具有透明屋顶的中庭能担负起同样的作用。

如果建筑受场地限制必须沿着南北向布置，可以在剖面上呈阶梯状布置，使更多的北向房间可以在南向房间上获取热量。平坦场地上，北向房间下部的空间难以获取热量。把坡屋顶和夹层相结合，顶部阳光可以被引入北向深处。高的房间常常可以获取南向阳光，并把热量向小房间传递。高房间可以位于南边、北边，也可以在小房间之间。另外，一个大房间或巨大的屋顶可以包容小房间或区域。屋顶可以是台阶状的、倾斜的，或者用天窗将阳光引入建筑中心和北边。要注意倾斜的玻璃容易积尘，更需要做好防水，并且在夏季更难进行外部遮阳。

（6）出入口设计

对于入口朝向西北侧的建筑，冬季开启时外门会有大量冷空气灌入，因此需在出入口

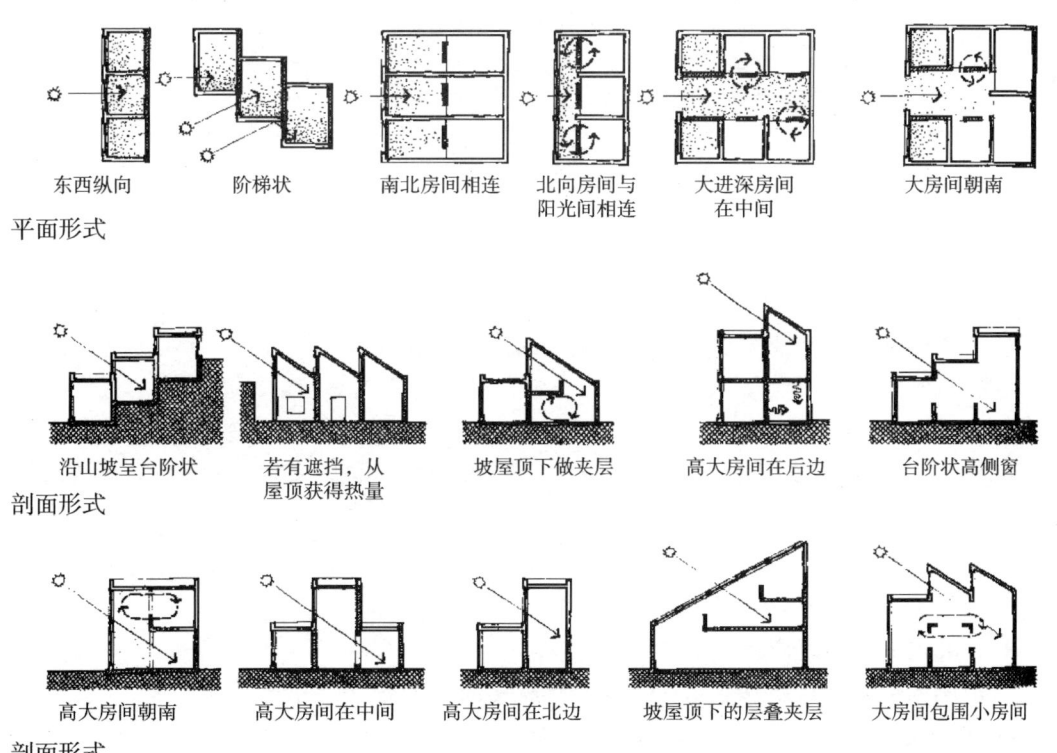

图6-137 大进深建筑的日照

采取防冷风侵入措施。在入口处做门斗，应将门斗的入口方向转折90°或入口错开布置，使出入方向避开冬季主导风向，以免冷风直接灌入，并且要注意密封良好。门斗的设置，必须保证有足够的宽度，使人们在进入外门之后，能有足够的空间先把外门关上，然后再开启内门。对于出门后有转折的门斗，其尺寸还应考虑大件家具以及紧急救护担架出入的需要。

除了设置门斗外，还可以设置转门或热空气幕。

（7）太阳房的利用

各式各样的太阳房不仅可以创造出独特的建筑形式，而且可以节约传统能源，合理设计太阳房可以为建筑创造比较舒适的室内热环境。被动式太阳能建筑设计是利用建筑构造和空间的合理组合将太阳能进行吸收、存贮和分配的过程。按照太阳能在建筑中的获取途径分为三种基本类型，即直接受益式、附加阳光间式和集热蓄热墙式（图6-138）。

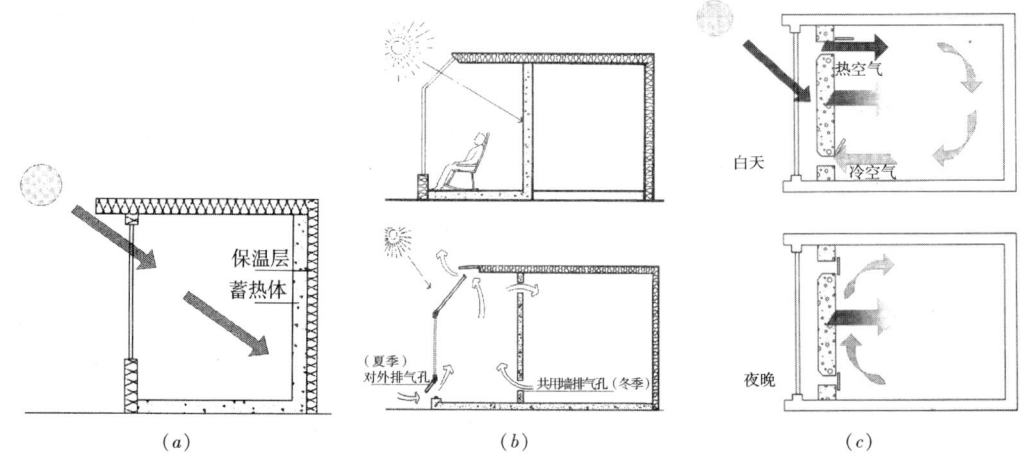

图6-138　太阳能在建筑中获取的基本类型

（a）直接受益式；（b）附加阳光间式；（c）集热蓄热墙式

① 直接受益式：该类型指阳光直接透过窗户加热房间，而房间本身就是一个能量收集、储存和分配系统。无论从设计和构造来讲，直接受益式都是最简单的被动式太阳能设计，其最大的缺点是会引起室内温度波动和眩光。适宜建造在冬季气候比较温和的地区。

直接受益式太阳房的设计关键是使阳光直接照射在尽可能多的房屋面积上，从而均匀加热。可采用的设计方法为：

- 沿东西向建造长而进深小的房屋；
- 将进深小的房屋垂直加高，以获得更多的南墙；
- 在北向房间设置南向天窗；
- 沿南向山坡建造阶梯状房屋，使每一层房间都能收到阳光直射；
- 在屋顶设置天窗，使阳光能够直接加热内墙。

参见图6-139所示。

② 附加阳光间式：该类型指将作为集热部分的阳光间附加在建筑主要房间的外面，

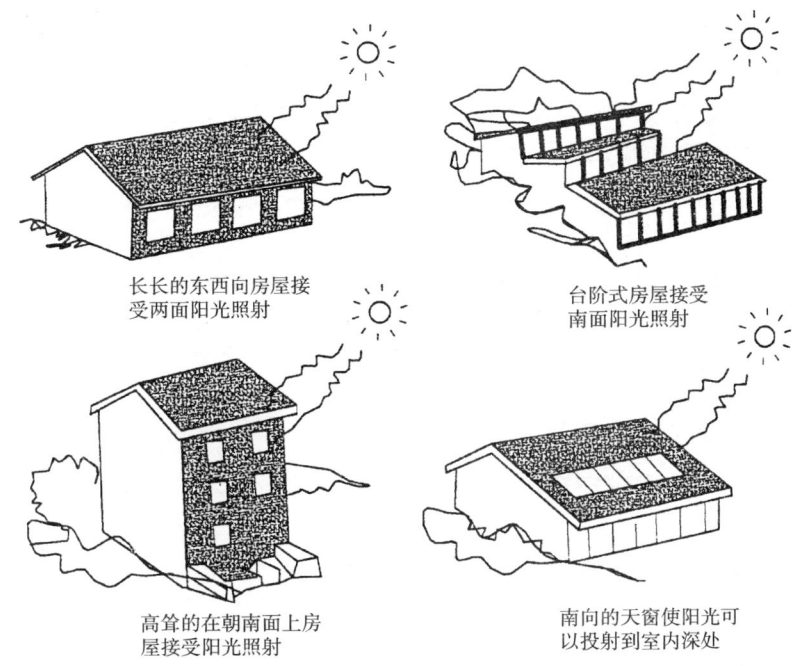

长长的东西向房屋接
受两面阳光照射

台阶式房屋接受
南面阳光照射

高耸的在朝南面上房
屋接受阳光照射

南向的天窗使阳光可
以投射到室内深处

图 6 – 139　直接受益式太阳房设计示意图

利用阳光间和房间之间的共用墙作为集热构件。阳光间与直接受益式相比，主要房间的温度波动减小了。并且作为室外和室内的缓冲空间，可减少冬季房间的热损失，同时，它本身也可以作为白天的活动空间。多用途的阳光间式太阳能设计在被动式采暖设计中，运用最多。

　　阳光间的围护结构全部或部分由玻璃等透光材料构成，与房间之间的公共墙上开有门和窗，也可把公共墙体的上下方分别做成洞口，图 6 – 140 列出了阳光间的几种形式。

　　阳光间在设计时应注意以下几个问题：

● 组织好阳光间内热空气与室内空气的通畅循环，防止在阳光间顶部产生"死角"；

对　流　式	直　射　式	混　合　式
阳光间与内窗之间的公共墙体的作用与集热蓄热墙相同，应开设上下通风口，以便组织好内外空间的热气流循环	落地窗作用同直接受益窗，设部分开启扇，以组织内外空间的热气流循环，也可设门连通内外空间	公共墙上可开窗和设槛墙，使内室既可得到阳光直射，又有槛墙蓄热之效益，窗开启扇设孔以组织热气流循环

图 6 – 140　阳光间的几种形式

- 处理好地面与墙体等位置的蓄热；
- 合理确定透光外罩玻璃的层数，并采取有效的夜间保温措施；
- 注意解决好冬季通风除湿问题，减少玻璃内表面结霜和结露；
- 采取有效的夏季遮阳、隔热降温措施。

③ 集热蓄热墙式：该类型的形式是将蓄热墙布置在玻璃面后面，利用蓄热墙的蓄热能力和延迟传热的特性获取太阳辐射热。如图 6 – 141 所示，阳光透过玻璃照射在集热蓄热墙上，使墙体温度升高，玻璃阻止热量向外散失，墙体获得热量并把热量传导进建筑空间内。图 6 – 142 为集热蓄热墙的几种形式，具体工作情况和构造形式参见第 7.2.2 节墙体蓄热措施部分。

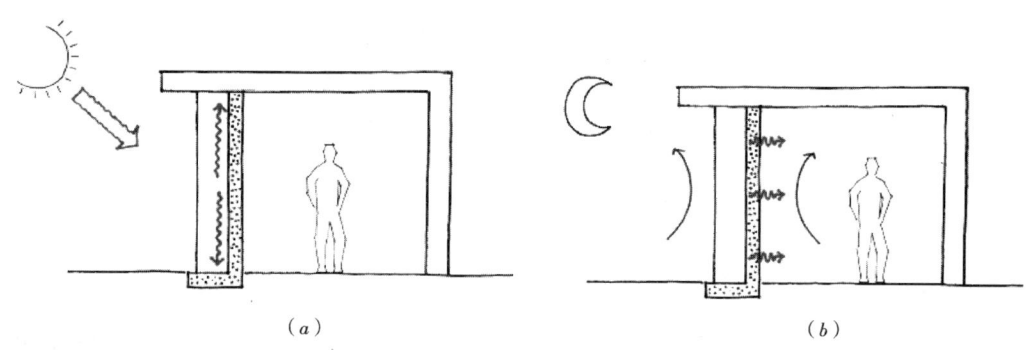

图 6 – 141　蓄热墙的工作原理
(a) 白天；(b) 夜间

蓄热墙通常为深色并涂有吸收涂层，以增强吸热能力。除了传导以外，蓄热墙获得的热量也以对流方式进入室内。为了让热空气升高并传入室内，这就需要在蓄热墙底部和顶部开设风口。室内的冷空气从下部风口进入夹层，被增温后从上部风口传进室内。风口最好有开/关功能，以防止夜晚气流倒转。

蓄热墙也可以设在百叶之后，这样就可以通过调节百叶的开与关来取得更好的蓄热效果。室内温度低时全部打开百叶，如果温度高可以将一部分百叶关上（图 6 – 143）。

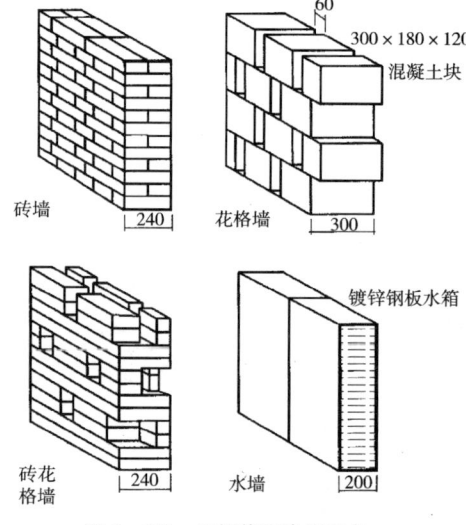

图 6 – 142　集热蓄热墙的形式

集热蓄热墙的设计要点：

- 综合建筑性质、结构特点与立面处理需要，并保证足够集热面积的前提下，确定其立面组合形式；
- 合理选定集热蓄热墙的材料与厚度，并注意选择吸收率高、耐久性强的吸热涂层；
- 结合当地气候条件、解决好透光外罩的透光材料、层数与保温装置的组合设计，

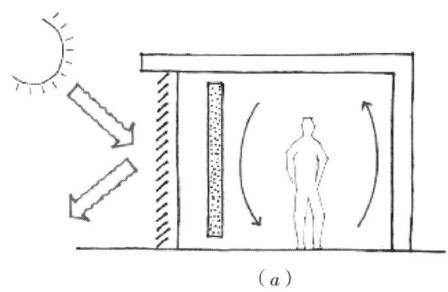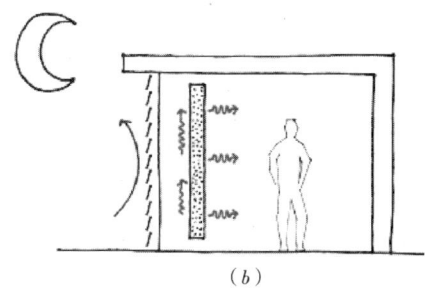

图 6 - 143　加百叶蓄热墙的工作原理

(a) 白天；(b) 夜间

即外罩边框的构造做法，边框构造应便于外罩的清洗和维修；

- 合理确定对流风口的面积、形状与位置，保证气流畅通，为便于日常使用与管理，要考虑风门逆止阀的设置；
- 选择恰当的空气间层宽度，为加快间层空气升温速度，可设置适当的附加装置；
- 注意夏季排气口的设置，防止夏季过热；
- 集热蓄热墙整体与细部的构造设计，应在保证装置严密、操纵灵活和日常管理维修方便的前提下，尽量使构造简单，施工方便，造价经济。

3）案例分析

（1）星野山庄（图 6 - 144）

图 6 - 144 (a)　日本星野山庄

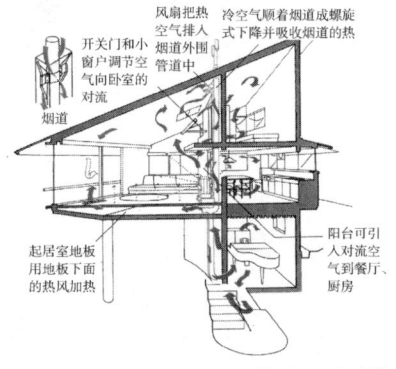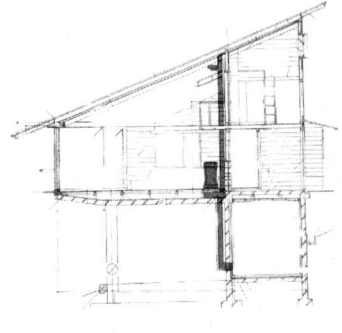

图 6 - 144 (b)　星野山庄的剖面

在严寒地区的建筑中设计中庭，会导致上下空间的采暖温度产生较大差异，一般被视为禁忌。而这个建筑，正是巧妙地利用中庭空间温度分布的特点，通过非常简单的装置，变祸为福，见图6-144（a）。

普通炉子的烟囱外再设井道，见图6-144（b），用风扇迫使汇集在井道中的空气向下方流动，井道中的空气与烟囱进行热交换后被加热，流入地板下和练琴室，成为地板式采暖和练琴室的热源。这里，装置与建筑空间自身的形态以及简单的建筑要素（内部阳台、门、窗等）有机结合，适当地诱导自然对流，使得室内温度分布均匀。

（2）拉尔夫·厄斯金的瑞典葛迪立别墅（图6-145）

将车库和储藏间作为缓冲区，抵挡当地冬季寒冷的北风，南部区域向东西方向延伸，同时增加高度，使起居室空间能够获得很好的阳光，见图6-145。

图6-145（a）　拉尔夫·厄斯金设计的住宅　　　　图6-145（b）　拉尔夫·厄斯金的瑞典葛迪立别墅

（3）柏林马尔占的某节能住宅（图6-146）

其室内布局特点在于将人的活动较多的起居、家务、休息区集中在朝阳的南面，而将卫生间、公共通道等安排在北面。建筑南立面为通长大阳台，每户住宅都带有落地窗（图6-146a），北立面墙上开有较小较少的窗户（图6-146b），南面与北面的建筑形象形成

图6-146（a）　南立面　　　　　　　　　图6-146（b）　北立面

鲜明的对比。由于南面在设计上采用通长大阳台落地窗，在冬季可最大程度地接受阳光照射，而夏季又有良好的通风效果，北面封闭的立面则阻挡了寒流的侵入，起到被动的节能作用。

　　（4）比利时图尔内小学（图6－147）

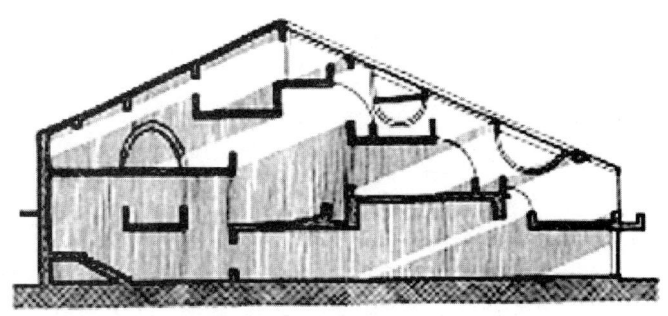

图6－147　比利时图尔内小学南北剖面

　　南向中庭上覆盖着倾斜的玻璃屋顶，室内一系列跌落的半开敞楼层可以让阳光深入照射到建筑深处，每层都与中庭通过窗户相连。

　　（5）谢尔顿太阳能舱（图6－148）

　　詹姆斯·兰贝斯设计的谢尔顿太阳能舱南向集热面几乎都是玻璃面，而且在平面和剖面上都被扩大，其他表面则被缩小，几乎没有窗户，并且采取了良好的保温措施。

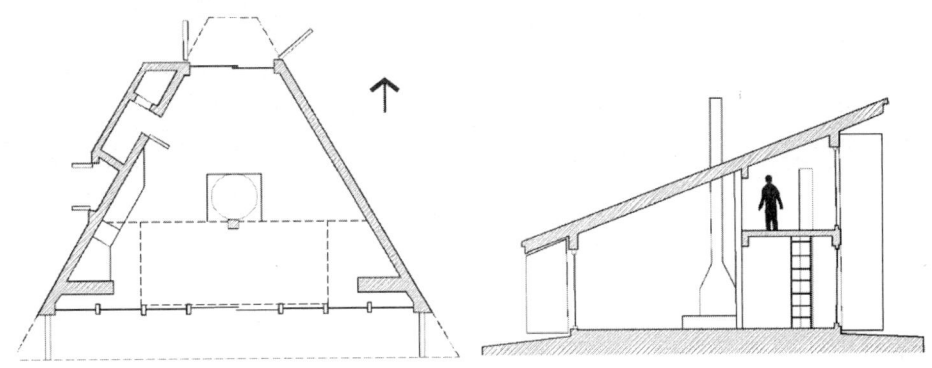

图6－148　谢尔顿太阳能舱

　　（6）巴尔科姆住宅（图6－149）

　　美国新墨西哥州的一幢二层楼的巴尔科姆住宅，由图6－149可见，该住宅南向阳光间（暖房）与二楼顶棚、北墙内侧设有空气循环通道，与底层地板上卵石热床相连，沿途使顶棚与北墙内侧被加热成低温辐射面向室内供暖，并将剩余热量输进卵石床贮存起来以备夜间供暖。分隔温室与房间的南侧墙做成集热墙，白天贮热，夜间供暖。通过热空气循环，墙体辐射热的反向阳光间被动式太阳能采暖系统，整个建筑都能充分利用冬季阳光间采集的太阳辐射热。夏天阳光间外侧设遮阳百叶，白天遮阳晚上打开，夏季白天关闭顶棚内的空气循环通道并打开顶部通气口，阳光间内被加热的空气从顶部逸出。夏季晚上则正好相反，关闭通气口并打开顶棚通风通道，开动电扇将阳光间内的冷空气循环到通道内帮助室内降温。

　　（7）美国国家可再生能源实验室参观中心（图6－150）

　　美国国家可再生能源实验室参观中心长轴沿东西向布置，起伏的特朗勃墙极富韵律，为展览厅提供了被动式采暖和自然采光，同时也塑造了极富个性的立面效果。

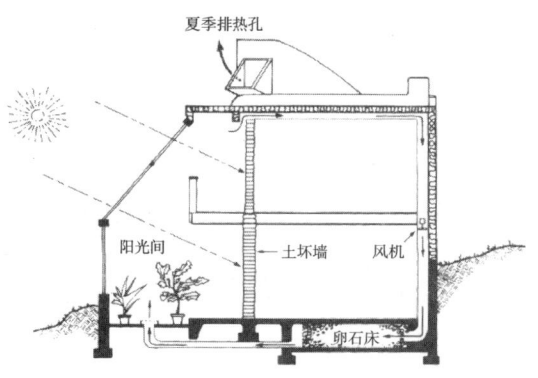

图6-149（a） 巴尔科姆住宅剖面图

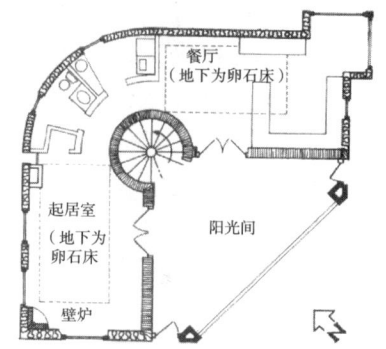

图6-149（b） 巴尔科姆住宅一层平面图

图6-150　美国国家可再生能源实验室参观中心

6.5.2　自然采光的空间处理

1）方法原理

一般来说，与人工照明相比，人们更加偏爱自然采光，因为他们喜欢自己的视觉能和外部环境的不断变化进行实时的交流和体验。光线不足会导致眼睛疲劳、心理疲惫、头疼易怒和意外事故的发生。好的采光设计既是一门艺术，又是一门科学。一个空间舒适的光照条件取决于光线的强度、分布状况和照明质量。光源可以是自然光、也可以是人工光源或者两者的组合。不管是哪种情况，朝外开启的窗（开）口是最明显的自然采光优势。

自然采光的基本设计原则主要包括以下几个方面：

（1）充足的光线

光线的充足性是对光的数量的要求，取决于跟视觉作业有关的因素，如对比、识别物的粗细和在视场中的速度。

（2）适宜的照度

从窗户照进来的光线，在穿过房间进行照明时，其照度梯度常常太大（与靠近窗户的区域相比，后墙附近处显得过于阴暗）。自然采光设计的目标之一，是营造一个更加可以接受的照度梯度，见图6-151。具体体现在对光的质量要求，包括满足色彩的表现，提供适宜的情绪和期待的氛围；具有一定的方向性，符合视觉任务下，识别三维物体的效果，

显示其外形和质地；从舒适性角度考虑，应限制物体和物体背景的对比度，通常用亮度、照度或相邻物体表面的反射比表示，并避免任何形式的眩光。

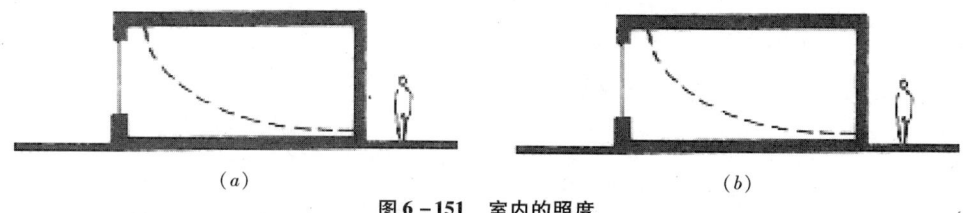

图 6 - 151　室内的照度

（a）侧光使室内照度不均匀；（b）更加可以接受的照度梯度

（3）日光的控制

同样是对太阳光的利用，自然采光与太阳能采暖不同的是，后者要利用太阳直射光，而前者着重于利用间接光。照在某些非工作区域的直射阳光是有益的，因为它为使用者提供了关于一天中时间和室外天气条件的信息。然而，如果在直射阳光下进行精细作业，光线会引起强烈的对比、眩光或光幕反射。因此直射阳光不宜用在以视觉为主要功能的建筑或房间中，例如画室、计算机房以及操作要求精度高的工厂。

同时也应将日光的控制和夏季太阳辐射的得热量的控制结合在一起，设计时需要考虑它们之间有利和不利的平衡问题。

2）设计要点

自然采光的方法可以大致分为利用直射光的方法和利用反射光的方法。直射光采光是利用建筑的侧窗、天窗、采光井和中庭的采光把阳光直接纳入室内（图 6 - 152a）；反射光采光一般是利用遮帘、反光板或地面反射等方法进行采光（图 6 - 152b），用顶棚或墙壁表面进行光的反射；另外还可以通过在屋顶上设置集光器，通过导光管将日光引入室内（6 - 152c）。有关具体采光构件的设计方法详见第 7.3 节窗（门）部分。

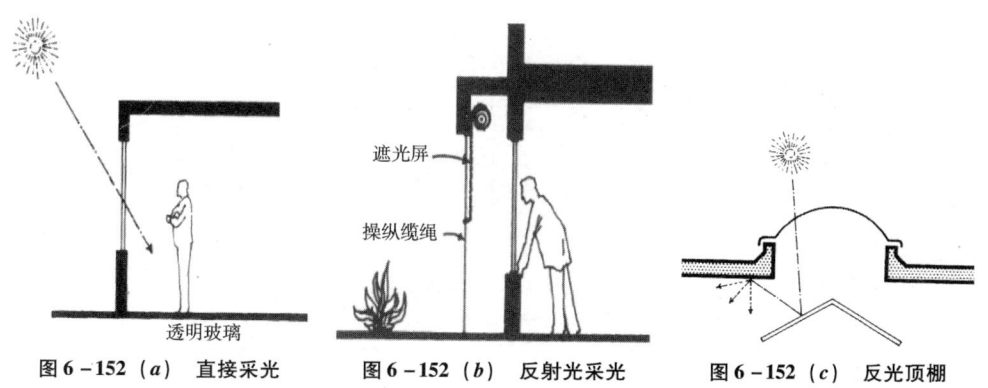

图 6 - 152（a）　直接采光　　　图 6 - 152（b）　反射光采光　　　图 6 - 152（c）　反光顶棚

3）案例分析

（1）古根海姆博物馆（图 6 - 153）

20 世纪的建筑大师，不断地使用自然采光来达到功能性和戏剧性照明的目的。在设计纽约城的古根海姆博物馆时，赖特同时采用覆盖有圆形玻璃穹顶的天井和连续的条形窗户，利用那里照射进来的间接光线进行自然采光，来照亮博物馆里的艺术作品（图 6 – 153a 和图 6 – 153b）。

图 6 – 153（a） 古根海姆博物馆的圆形玻璃穹顶

图 6 – 153（b） 古根海姆博物馆连续的条形窗户

（2）天使山图书馆自然采光设计（图 6 – 154）

阿尔瓦·阿尔托设计的俄勒冈州天使山图书馆将活动分成两种主要的类型：阅读，需要光线充足；藏书，不需要很充足的光线。阅读部分靠近外墙上的开口，位于中心天窗下，而藏书部分位于两个阅读区之间，离光源很远。

（3）芝加哥会堂大厦（图 6 – 155）

路易斯·沙里宁设计芝加哥会堂大厦（Auditorium Building）时运用了相似的手法，建筑外围布置了需要采光的办公室，需要灯光控制的观众厅则布置在建筑较黑暗的中心。

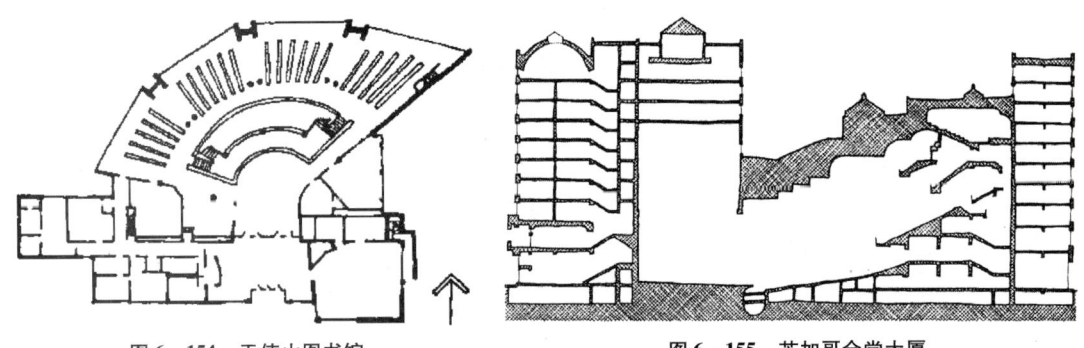

图 6 – 154 天使山图书馆 　　　　　　　　　图 6 – 155 芝加哥会堂大厦

6.5.3 自然通风的空间处理

1）方法原理

自然通风的降温原理有两种，其一是通过对流和蒸发直接地使人体降温，称为"人体

降温"；其二是通过建筑围护结构降温而间接地使人体降温，称为"建筑降温"。降温方法的选择取决于气候因素、建筑类型以及所需的室内气候条件。

人体降温：在湿热气候区，高湿度抑制着日气温波动，人体降温是很有效的。这类地区的建筑应该允许最大量的气流穿过人活动的区域，并且要注意防止日晒和雨水。湿热地区的夜间气温与白天相差无几，厚重的结构在此没有什么优势，因而其建筑物多用轻型木结构建造。

图6-156　湿热气候区"人体降温"的典型建筑布局

这一地区自然通风建筑的普遍元素是狭长开敞的平面、外部翼墙、悬挑屋檐、阳台或走廊，以及宽大的窗户（图6-156）。

建筑降温：利用建筑围护结构的蓄热特性缓和室外温度峰值的影响，在气温日差较大的地区十分有效，如干热气候区。这一地区建筑的普遍元素是紧凑的平面布局、厚重的墙体、较小的窗口（图6-157）。白天，建筑室内不进行通风，建筑结构巨大的蓄热量成为室内得热的蓄热池；夜间，一方面蓄热体通过向天空的长波辐射降温，另一方面，夜间凉风带走了结构体中蓄存的热量，使其温度降低，为第二天再次蓄热做好准备。对于结构降温，夜间空气温度必须足够低，以便带走热量（也就是说，夜间室外气温必须比室内气温低，并且在舒适范围之内或以下）。许多传统建筑利用可关闭的小窗、不同形式的风塔促进自然通风，以达到结构降温的目的，另外，水池的运用常常可以使经过的气流降温而提高通风的效果。

建筑的通风按照气候的组织机理又可分为风压通风和热压通风两种。

所谓穿堂风通常是指从房间一侧到另一侧的穿越通风，空气绕建筑流动，迎风面出现正压区，背风面出现负压区。当进风口位于正压区，出风口位于负压区时，就产生了穿堂风。当室外温度低于室温，并且有风压存在时，穿堂风是有效的降温方法；然而，在炎热

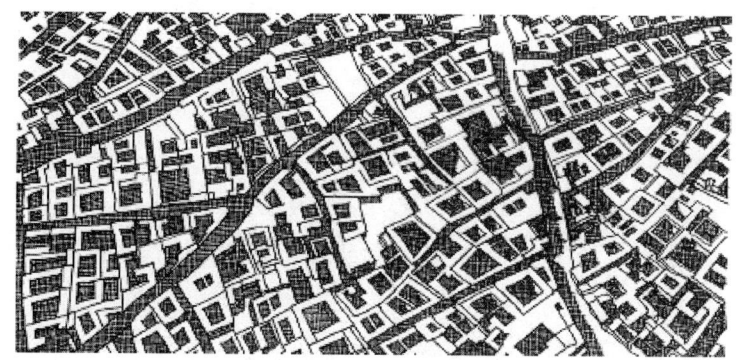

图6-157　干热气候区"建筑降温"的典型建筑布局

地区和温和地区的夜间，空气流动往往很缓慢，或处于拥挤的城市环境，或出于安全、隐私、噪声等其他原因无法利用穿堂风时，利用烟囱效应通风同样能起到降温的作用，并且不受朝向的限制。

2) 设计要点

（1）穿堂风（风压通风）

建筑开口应注意有利于组织起室内穿堂风。穿堂风在房间内的速度与进风口和出风口面积、室外风速及相对于窗口的风向有关。速度一定的气流带走的热量取决于室内外的温差。

① 单廊式、小进深（不超过14m）建筑为理想的穿堂风设计。一般情况下，建筑最好是在长度方向尽量拉长，房间里的隔墙尽量少，以最大程度地获取通风。

② 对于进深方向超过一间房间的建筑和所有内走廊式建筑，迎风面的房间会阻挡背风面房间的通风，这时可采用图6–158的方法组织房间的穿堂风。

③ 诸如厨房、浴室等产生气味、热量或湿气的空间应有单独的通风路径，或布置在下风向。在主要使用空间的顶棚附近安装风扇，以备室外风速过低时促进空气流动。

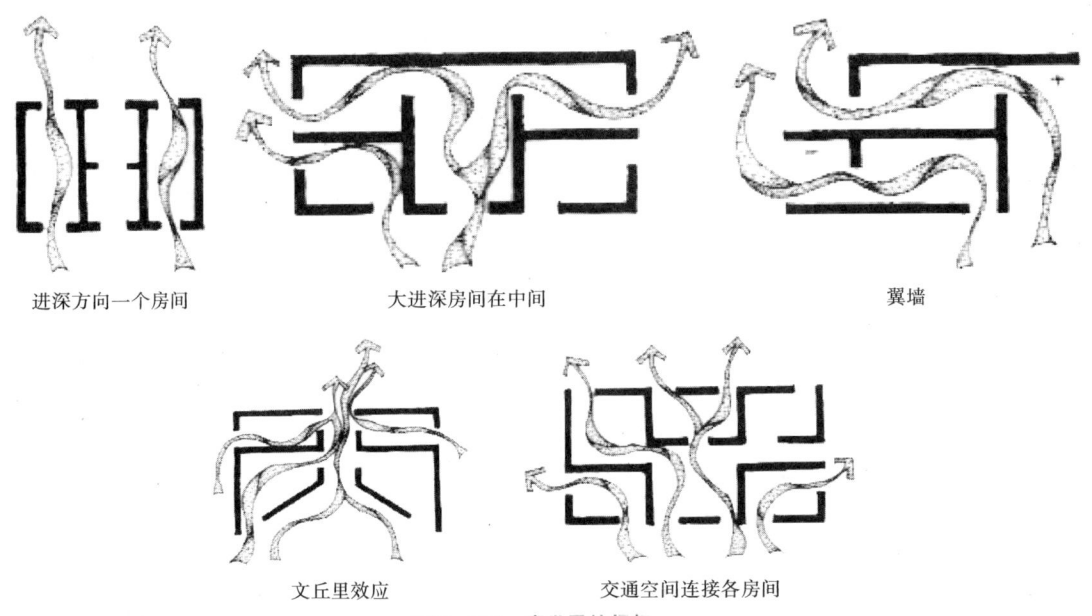

进深方向一个房间　　　　　　　　大进深房间在中间　　　　　　　　翼墙

文丘里效应　　　　　　　　交通空间连接各房间

图6–158　穿堂风的组织

（2）烟囱效应（热压通风）

① 高大空间与热压通风。

由于热压通风依赖于出风口和进风口之间的垂直距离，所以在层高较高的空间中效果最好，如高大的房间、楼梯间和烟囱。为了取得最佳效果，烟囱通风的开口应布置在靠近地板和顶棚处，出风口可以兼作利用侧光的高侧窗。图6–159表示了几种利用烟囱通风的房间布置策略。

② 大温差与热压通风。

烟囱通风的效果还依赖于进风口与出风口之间的温差，所以，进风口处需要室外的凉

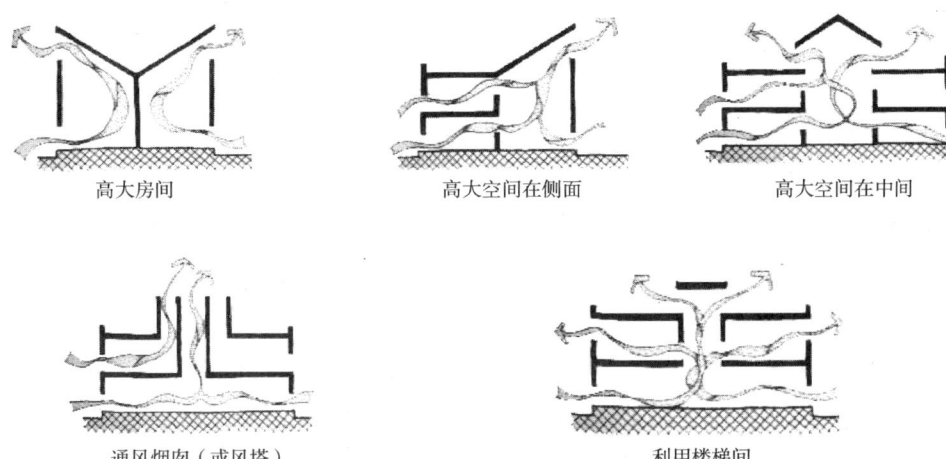

| 高大房间 | 高大空间在侧面 | 高大空间在中间 |

| 通风烟囱（或风塔） | 利用楼梯间 |

图 6 – 159　高大房间和热压通风

空气。凉空气可以来自被遮蔽的或有绿化的空间，或来自水面上；利用收集的太阳能加热烟囱中的空气，也可以增大进风口和出风口之间的空气温差，增强通风效果（图 6 – 160），这种烟囱被称为"太阳能烟囱"，其最大的特点是可以在不升高室内气温的情况下，增大进风口与出风口的温差。

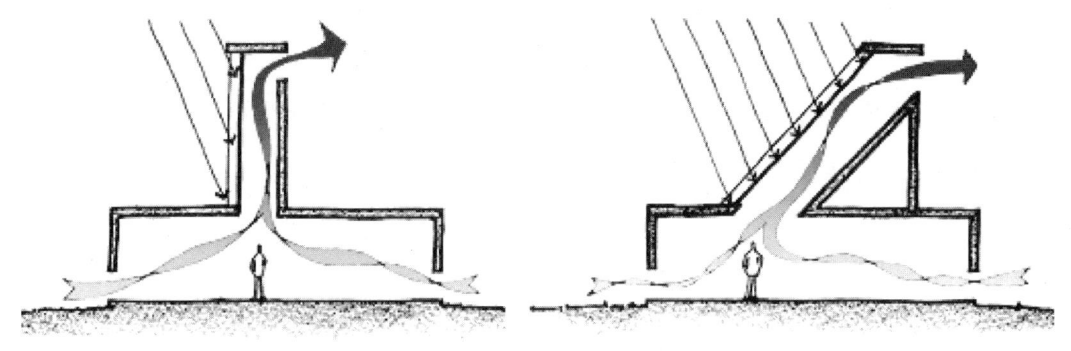

图 6 – 160　利用太阳能集热促进烟囱通风

③ 蒸发冷却与热压通风。

蒸发制冷可用于干热气候区有水的地方，如我国的新疆、甘肃、宁夏、内蒙古等地区。其原理是利用水由液体变成气体时从空气中吸收热量而起到降温作用。

蒸发制冷分为直接式和间接式。直接式指干燥空气经过增湿处理，降低温度的热过程；间接式指在蒸发冷却的空气（随后被排出室外）和建筑新风之间设置热交换器，降低空气温度，而不增加湿度。直接式和间接式相结合比任何一种单独使用的制冷效果都要好。

蒸发制冷可以是主动式的，也可以是被动式的。主动式依靠机械驱动空气流动，被动式方法的典范是"风塔"的利用。风塔是自然通风的一种形式。空气接触到风塔内部潮湿表面时吸收了湿气，温度降低，湿重空气从塔顶沉入室内，形成正压，将空气从房间周边开启的窗口"挤出去"，同时进风口处产生负压，更多室外空气被从塔顶吸进来（图 6 – 161a）。这种古老的方法几千年前在古埃及地区就已经流行，如今在中东地区仍然可见其

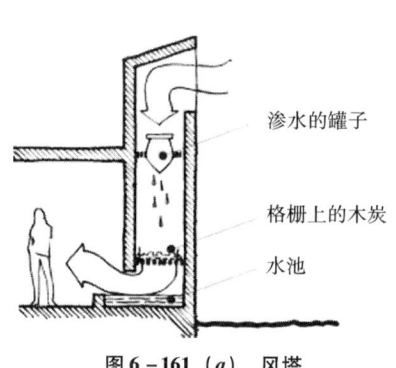

渗水的罐子

格栅上的木炭

水池

图 6 - 161 （a）　风塔

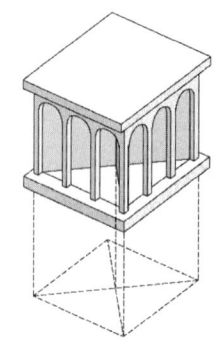

图 6 - 161 （b）　具有不同方向风道的风塔

踪影。如果在当地有明显的主导风向，风塔就会全部朝向同一方向修建；如果没有持久的主导风向，风塔就有多个开口，如波斯湾的迪拜地区，长方形的风塔被沿对角线的墙壁分隔，从而形成了四个独立的、朝向四个不同方向的风道（图 6 - 161b）。当室外气温低于室内气温时，风塔还可以逆向利用，作为通风烟囱。

（3）风压通风与热压通风相结合

在建筑的自然通风设计中，风压通风与热压通风往往互为补充、密不可分。

① 同一座建筑内不同的房间可以采取不同的通风策略，如穿堂风可以用在建筑迎风面、进深较小的部位和不受遮挡的上层房间；而烟囱通风则可以用在背风面、进深较大的部位和受遮挡的下层房间。

② 同一座建筑也可以在不同的天气条件下采取不同的通风策略，如有风的天气用穿堂风来降温，无风的天气可利用热压通风来降温。

③ 图 6 - 162 表示了在建筑中可以利用风压和热压综合通风的布局形式。

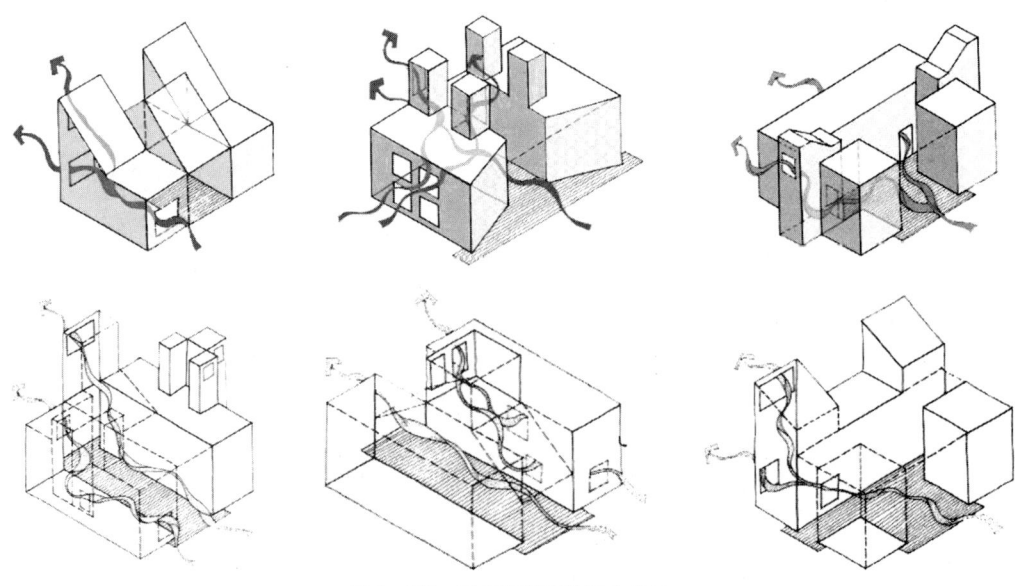

图 6 - 162　风压与热压的组合设计

（4）机械辅助式自然通风

一些大型公共建筑中，由于通风路径较长，流动阻力较大，单纯依靠自然风压与热压往往不足于实现自然通风。并且，有些城市空气污染和噪声污染较严重，直接的自然通风还会将室外污浊的空气和噪声带入室内，不利于人体健康。在这种情况下，常常采用机械辅助式的自然通风系统。该系统有一套完整的空气循环通道，辅以符合生态思想的空气处理手段（如土的预冷、预热、深井水换热等），并借助一定的机械方式加速室内通风。

自然通风不能完全替代空调的情况下，可以以混合的方式与机械系统共存。对于某些区域需要空调的建筑，最好将建筑分成独立的区域，分别进行自然通风和机械通风，在关键区域利用机械制冷，自然通风主要用作减少非关键区域的能源和机械设备的消耗。或者利用转换系统，当开启空调时就关闭窗户，打开窗户时应利用转换调节装置自动关闭空调。

3）案例分析

（1）伦佐·皮亚诺的吉巴乌文化中心（图6-163）

吉巴乌文化中心位于澳大利亚东侧的南太平洋热带岛国的新卡里多亚，气候炎热潮湿，常年多风，因此最大限度地利用自然通风来降温，成了适应当地气候、注重生态环境的核心节能技术。文化中心从当地传统棚屋中提炼出曲线形木肋条结构，将十个木桁架和木肋条组装成的曲线形构筑一字排开，形成三个村落，见图6-163（a）。其原理是采用双层结构外墙，使空气可以自由地在内部的弓形表面与外部的垂直表面之间流通。气流由百叶窗根据风速大小进行调节，见图6-163（b），当有微风吹来时，百叶窗就会开启让气流通过。当风速变得很大时，它们则按照由下而上的顺序关闭，从而实现完全被动式的自然通风，达到节约能源，减少污染的目的。

（2）架空的建筑——吊脚楼（图6-164）

在地面持续潮湿的地区或当建筑位于泛滥平原时，架空建筑也是不错的方法。但是，架空的高层建筑下的气流速度可能令人不适，甚至可能对行人造成伤害。

（3）英国国内税务中心（图6-165）

与吉巴乌文化中心不同，迈克尔·霍普金斯设计的英国国内税务中心位于诺丁汉市的传统街区。由于建筑本身呈院落式布局，加上受紧凑的

图6-163（a） 吉巴乌文化中心

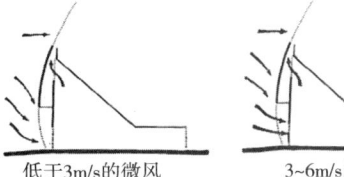

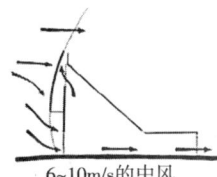

低于3m/s的微风

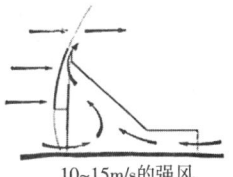

3~6m/s的轻风

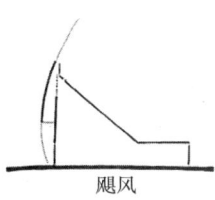

6~10m/s的中风

10~15m/s的强风

飓风

3~10m/s的逆向风

图6-163（b） 吉巴乌文化中心通风示意

城市布局的影响，建筑周边的风速较小，不能很好满足自然通风的需求，因此，霍普金斯在控制建筑进深，以利于自然采光、通风的基础上，设计了一组顶帽可以升降的圆柱形玻璃通风塔，作为建筑的入口和楼梯间。玻璃通风塔可最大限度地吸收太阳能，提高塔内的空气温度，从而进一步加强烟囱效应，带动各楼层的空气循环。冬季时顶帽下降以封闭排气口，这样通风塔便成为玻璃温室，有利于节约采暖能耗。

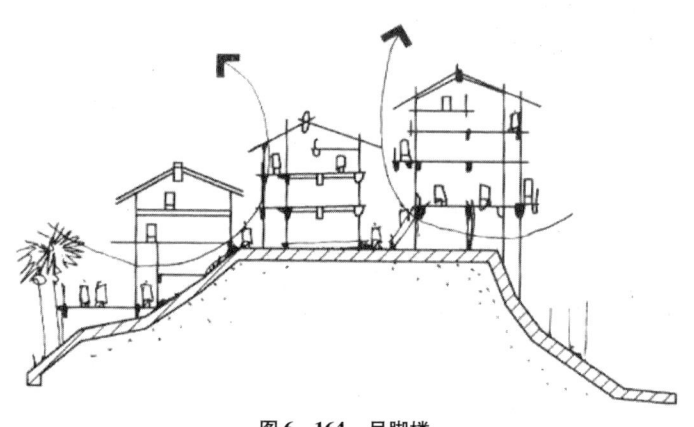

图 6 – 164　吊脚楼

图 6 – 165　英国国内税务中心

（4）沙漠地区的民居（图 6 – 166）

在中亚、北非的干热沙漠区，人类采用厚重的泥晒砖来盖房子，并在中庭建造水池以应付干燥高温的压力，甚至将素烧陶制水壶置入于通风口，利用多孔质陶面蒸发水汽的方法，来达到自然加湿冷却的效果。有名的沙漠民居建筑师哈桑·法赛，甚至设计多种素烧水壶与喷水式加湿冷却通风塔，如图 6 – 166 所示，利用多层多孔性木炭作为加湿的媒介。

（5）英国莱彻斯特的蒙特福德大学女王馆（图 6 – 167）

位于英国莱彻斯特的蒙特福德大学女王馆就是热压和风压结合通风的一个优秀实例。庞大的建筑被分成一系列小体块，既在尺度上与周围古老的街区相协调，又形成了一种有节奏的韵律感，同时使得自然通风成为可能。位于指状分支部分的实验室、办公室进深较小，可以利用风压直接通风；而位于中间部分的报告厅、大厅及其他用房则更多地依靠"烟囱效应"进行自然通风。

（6）敦煌博物馆（图 6 – 168）

西安建筑科技大学绿色建筑与人居环境研究中心为敦煌博物馆（崔恺设计）所做的生态技术分析报告中指出，敦煌地区无固定风向的时间较多，并且该建筑布局难以形成穿堂风，因此，自然通风考虑以热压为主，辅助考虑风压影响，并提出了在不同季节运行的三种通

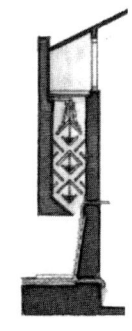

图 6 – 166　干燥沙漠民居的素烧水壶与喷水式加湿冷却通风塔设计

风降温模式，以最大限度节约
运行能耗：

①　过渡季节在热压作用下
利用自然通风；

②　随着室温升高，室内冷
负荷增大，仅靠自然通风无法
满足降温要求，而这段时间室
外气温仍较低，夜间部分时段
开启通风系统送风机，引入室
外较低温度的新鲜空气对室内
降温，通过围护结构蓄热作
用，在白天博物馆开放时间产
生降温作用；

③　在夏季高温季节，开启
地道风通风机，向房间送入较
低的地道风进行降温。

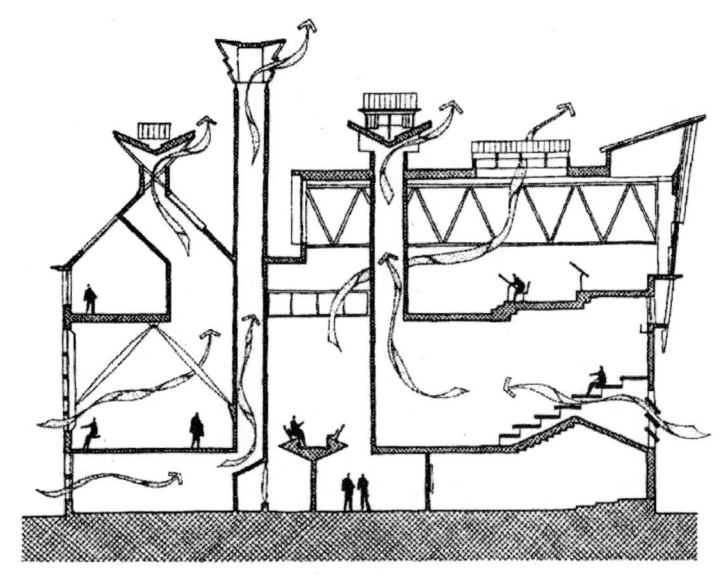

图 6 – 167　蒙特福德大学女王馆

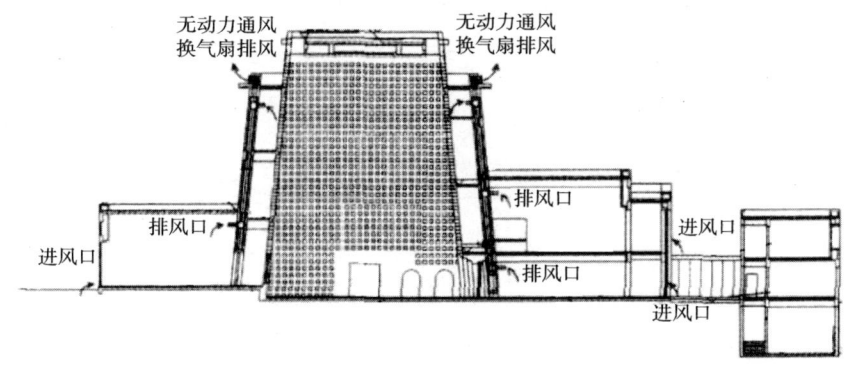

图 6 – 168　敦煌博物馆自然通风建筑剖面简图

6.6　调节室内气候的稳定性

1）方法原理

室内温度的控制在很大程度上取决于隔热材料和蓄热材料的配置，合理地设置蓄热材
料将会产生室内气温的变化规律滞后于室外的气温变化的有趣现象，常称之为"时间滞
后"。

如果能充分利用"时间滞后"现象，我们或许可以在夏季的酷暑时期创造出凉爽、舒
适的室内环境，在严寒的冬季保持温暖的室内气候。或者在一天当中，将白天的热或高温
转移到夜间，从而用被动式的自然调节方法就可以解决建筑的采暖和降温问题。因此，如

果我们能将室外的气温变化在年度上推迟半年或在一日里延迟半天，就能轻松地实现舒适的气候环境。

（1）蓄热体在建筑中的两方面用途

对于有夜间使用需要的公共建筑，利用太阳能采暖的情况下，要求房间具有一定的蓄热能力。尤其是采用直接受益窗时，对房间蓄热的要求就更加严格，因为如果室内的蓄热能力差，就会造成白天有日照时室温骤增，日落后室温迅速下降，使室温波动很大，它不仅会加大辅助供热量，还会造成人体的不舒适。

对于夜间无使用需要的公共建筑，可以利用重质材料的热惰性，将室内最高温度出现的时间和建筑的使用时间错开，并结合夜间通风对蓄热体降温，起到隔热的作用。例如办公建筑或中小学校的教学楼，主要在白天使用，在室内温度达到峰值时，已经是下班或放学时间。

（2）蓄热体材料类别

蓄热材料分为显热和潜热两大类

① 显热类蓄热材料：显热是指物质在温度上升或下降时吸收或放出热量，在此过程中物质本身不发生任何其他变化。显热类蓄热材料有水、热媒等液体及卵石、砂、土、混凝土、砖等固体。它们的蓄热量取决于材料的容积比热值（$V \cdot C_p$）。

② 潜热类蓄热材料：潜热蓄热又称相变蓄热或溶解热蓄热，是利用某些化学物质发生相变时吸收或放出大量热量的性质来实现蓄热的。相变材料具有在一定温度范围内改变其物理状态的能力。

相变材料一般有两种：

A. 固体↔液体：物质由固态溶解成液态时吸收热量；相反，物质由液态凝结成固态时放出热量。

B. 液体↔气体：物质由液态蒸发成气态时吸收热量；相反，物质由气态冷凝成液态或固态时放出热量。

（3）蓄热体的设计要点

• 墙、地面蓄热体应采用容积比热大的材料，如砖、石、密实混凝土等；也可专设水墙或盒装相变材料蓄热；

• 蓄热体应尽量使其表面直接接收阳光照射；

• 砖石材料做墙地面蓄热体时应达 100mm 厚（>200mm 时增效不大）。对水墙则体积越大越好，壳应薄、导热好；

• 蓄热地面及水墙容器应用黑、深灰、深红等深色；

• 蓄热地面上不应铺整面地毯，墙面也不应挂壁毯；对相变材料蓄热体和隔墙水墙应加设夜间保温装置；

• 蓄热墙的位置应设在容易接受太阳照射的地方，如图 6-169 所示。

2）设计要点及案例分析

（1）结构蓄热

在直接受益式太阳房中，将重质墙体、屋顶、地板等结构设计为蓄热体，不仅方便可

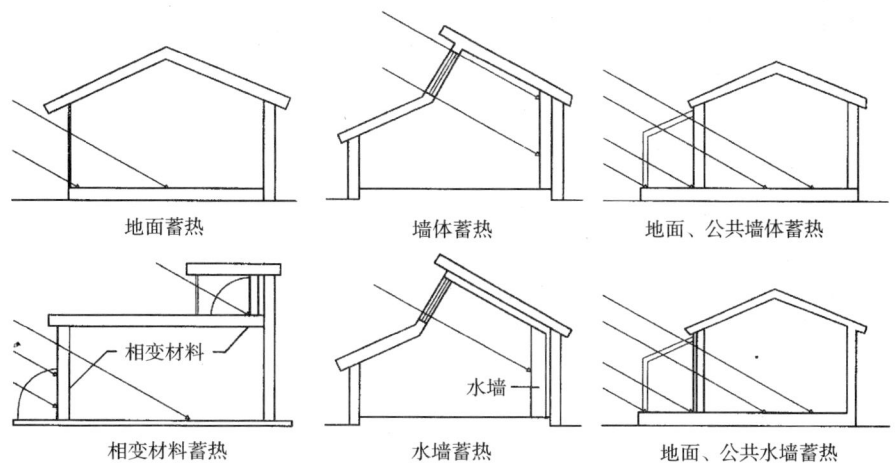

地面蓄热   墙体蓄热   地面、公共墙体蓄热

相变材料蓄热   水墙蓄热   地面、公共水墙蓄热

图 6 – 169 蓄热体位置示意图

行，更可以节省空间。

材料对太阳辐射的吸收率取决于它的颜色、表面质感和材料类型。因此，地面上日照区域不应铺地毯，并且应该是深色的。如果一个重质材料表面最先接受阳光的辐射，但它只占所有重质材料面积的一小部分，那么这个表面应该具有适度的反射比，以便把辐射扩散给其他表面吸收。如果房间内一半的墙壁是重质材料，那么它们可以是浅色的；但如果只有一面墙是重质的，那它应该设计成深色的。

当房间内重质材料表面积超过直接受益窗面积的三倍时，材料的吸收率就不是很重要了。当重质材料的表面积与直接受益窗的面积之比小于 3:1 时，用来吸收和蓄存太阳热能的材料至少应具有 50% 的吸收率。轻质材料的表面应是浅色的，且具有至少 50% 的反射率，这样它可以把太阳辐射向重质材料反射。

蓄热墙的外表面往往涂上黑色，或者设计成选择性吸收表面，如具有高吸收率和低辐射率的深色金属箔。对于两层和两层以上的玻璃来说，低辐射率外表面的影响就微不足道了。比较而言，吸收率对于蓄热墙的 SSF[①] 的影响是辐射率的 5 倍。

有关蓄热墙、蓄热屋面、蓄热地板的详细介绍可参见第七章相关章节的详细介绍。

（2）掩土

由于土的热工性质，掩土建筑的微气候较稳定。土从两方面降低建筑的得热和失热：首先，增加了墙壁、屋顶、地面的热阻；其次，减小了室内外的温差。由于设计和建造挡土墙的成本较高，掩土屋面的节能效果和其他优点需要与结构、防水和维护的成本相比较，然后慎重作出决定。

掩土有三种基本形式：下沉式，堆土式，靠山式。掩土从部分遮盖墙面到完全遮盖墙

---

① SSF——太阳房节能率：太阳房与对比房在达到同等设计基准温度的条件下相比，太阳房总节能量与对比房采暖热负荷总能量之间的百分比。对比房是在实际评价中为对比而选取的一栋与太阳房建筑面积、建筑布局相当的非太阳能采暖的常规房屋。

$$SSF = 1 - \frac{太阳房辅助热量}{对比房的热负荷} = \frac{太阳房总节能量}{对比房的热负荷} \%$$

面，甚至把墙面和屋顶全部遮盖。如何在不同形式的掩土建筑中组织采光和通风很重要，因为必须消除使用者的幽闭感，还要排除室内湿气和热量。可以利用天窗、庭院或中庭，或在一面或多个侧面安装侧窗来引入光线和进行通风。图 6－170 表示了既能采光又能通风的掩土建筑不同的组织方法。如果不能获得直接通风，可利用风塔或烟囱效应。

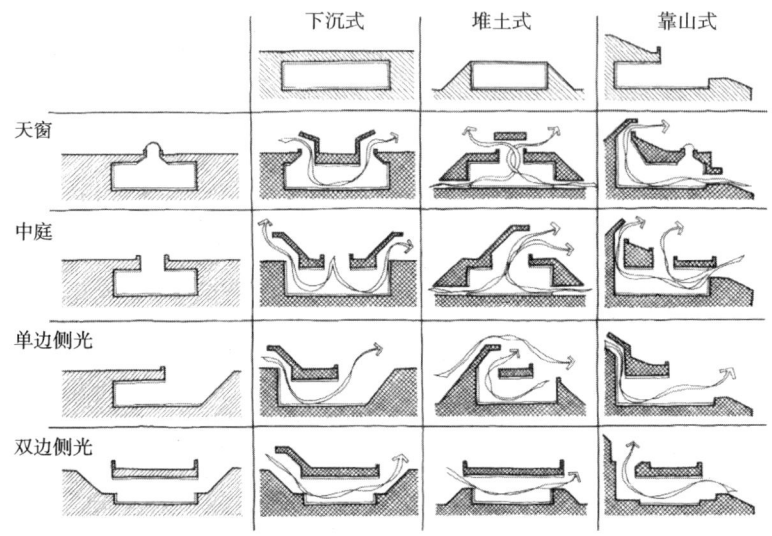

图 6－170　不同类型掩土建筑的采光和通风策略

（3）英国阿伯丁郡史前中心（图 6－171）

苏格兰阿伯丁史前中心是一座融入阿伯丁美丽古朴的自然景观，揭示其远古历史的掩土建筑（图 6－171）。设计者对地下空间的热情来自人类长久以来对原始居所——洞穴的渴望回归之情，其目的在于：①使建筑与灿烂的古代联系在一起，尽可能减少对自然景观造成的影响和破坏；②利用泥土的隔热保温、大蓄热性，保存能量。绿色的圆锥简洁典雅，厚重的土层所具有的隔热保温性能和一定的保湿功能降低了展馆内的日湿差和季湿差，营造出稳定的微气候。

图 6－171　英国阿伯丁郡史前中心

（4）嘉义市二二八纪念馆（图 6－172）

嘉义市二二八纪念馆是结合了寒带国家的"覆土建筑"与热湿气候"干阑建筑"的最新生态环境设计杰作。所谓"覆土建筑"就是如窑洞般将建筑埋于地下，有冬暖夏凉的优点；所谓"干阑建筑"就是像东南亚的高脚民居一样，将房子撑离地面，有通风冷却干燥的作用。要知道在亚热带多雨气候下，做覆土建筑最棘手的问题就是除湿及结露的困扰。

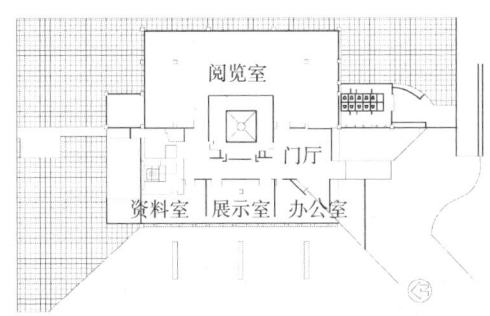

图 6 – 172（a）　嘉义市二二八纪念馆平面图

图 6 – 172（b）　嘉义市二二八纪念馆透视图

图 6 – 172（c）　嘉义市二二八纪念馆俯视图

图 6 – 172（d）　嘉义市二二八纪念馆花格砖通风口

本纪念馆以撑高的楼板来防止地面潮湿，又以通风的双层外壁、双层斜屋顶达到防止结露渗水的目的。其挑空的地板下空气与双层外墙中的空气是相通的，空气可自中庭进入双层外墙之间，并通达屋顶四周的通气缝，展览厅双层墙的通风口则巧妙地通往广场中的演讲台。室内不但无阴湿之苦，反而十分干爽宜人。本作品可说是充分利用了干阑建筑防潮优点及覆土建筑的保温特色的"干阑式覆土建筑"。是热湿台湾气候下最佳的掩土建筑设计。

本纪念馆在其他"掩土建筑"手法上也发挥了一些心思，例如在入口遮阳屋顶上采用了天窗反光设计，西面开窗采用深深的斜屋顶遮阳设计，挑空楼板采用花格砖防止猫狗进出，通风口上设置有防鸟虫筑巢的不锈钢丝网，西面屋顶的漏水设计直接开放泻入碎石井上，使雨水回渗入土地深处以增加土地保水力等手法，都显出本设计对生态环保的尽心尽力，成为今后推动"掩土建筑"发展的参考。

（5）高尔夫球场俱乐部（图 6 – 173）

位于南方某沿海城市的东方高尔夫球场俱乐部，是"掩土建筑"的实例之一，也可以说是最重视地形地貌的生态设计佳作（图 6 – 173）。它把一部分的会馆埋于地下，与高尔夫球场的地形起伏、果岭、水池形成密切共生共荣的关系。其覆土深度约有 80cm，有良好的防暑隔热效果，图 6 – 174 为该俱乐部覆土隔热示意图。其大面的覆土中，也留设部分的小天井与采光罩，使室内有充分的自然采光。因高度视觉的要求，本会馆的北面为了保有良好的视觉景观，特设置有大面的落地玻璃。北向开窗所接受的日辐射量较小，它同时采用了深深的外遮阳造型来减缓其日晒。本会馆既美丽又符合风土特色，既有开阔的穿透开口又可达到节能的要求。

(a)

(b)

(c)

图6-173 东方高尔夫球俱乐部

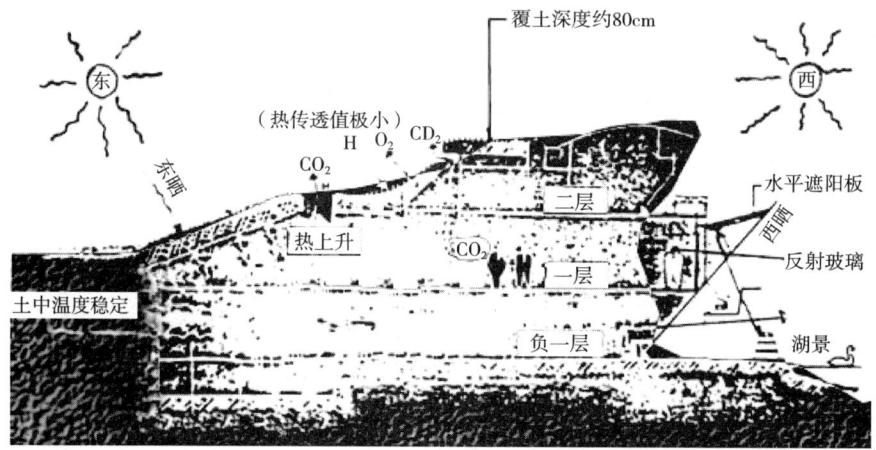

图6-174 东方高尔夫球俱乐部覆土隔热建筑示意图

BIOCLIMATIC ARCHITECTURE 建筑气候学

第7章 围护结构设计措施与气候

7.1 概述

所谓外围护结构，顾名思义，是指将建筑物围合其中的外墙或面层。在考虑气候的建筑设计中，建筑围护结构是非常重要的，它将是整个建筑系统中的一个具有动态调节机能和反应能力的系统。如戴利在一个建筑设计的评述报告中所述："建筑物并非一堆毫无生机的砖、石、钢铁，它也算得上是一具有其自己的血液循环系统及神经系统的生命体。……通过此系统，冬季可以输入热量，夏季可以引进新鲜空气，并且，在全年中，光线、冷热水、人体营养物及高级文明社会的无数附属物全都通过此系统得到处理。"由此可见，围护结构在功能上有着在建筑物内外形成一个封闭的过滤器的作用，调节着室内微气候环境，控制着建筑内部和外部之间的能量流动，通过一定的手段，对不同气候下建筑的采暖、降温、采光和通风等需求做出回应。

按是否同室外空气接触，围护结构可分为外围护结构和内围护结构。外围护结构是指同室外空气直接接触的围护结构，如外墙、屋顶、外门和外窗等；内围护结构是指不同室外空气直接接触的围护结构，如隔墙、楼板、内门和内窗等。外围护结构中除了可开启的通风口以外，其他部位如墙壁、地面和屋顶等都是固定的。它们的功能包括热工方面（例如可以利用设计围护结构的隔热性能以及遮阳设计进行室内热环境和能耗的调节）；也包括一些其他方面，如吸声和产生能量。

建筑物的玻璃构件根据内部及外部条件的短期和长期变化能够做出更为主动的反应。它们具有更加复杂的功能。如：采光、提供外界观景、与外界交流以及用其获得的太阳能采暖和用其获得的通风进行降温等方面。

7.1.1 目标

当我们把建筑物看作防御室外风雨的掩体的时候，建筑的一切基本行为就是面对各种气候因素的影响，如过强的阳光，过冷或过热的气温，降雨或强风的保护。建筑外围护结构的基本功能为满足居住者的舒适要求，实现这一要求需要具备许多基本的功能，例如：

- 获得适量的日照并避免直射和反射眩光；
- 承受风力荷载；
- 能够抵抗雨水的渗透和蒸汽的冷凝；
- 有一定的保温能力和隔热能力；
- 使框架荷载尽可能的减小；
- 有足够的耐久性。

考虑到建筑在建造和使用中会耗费大量的资源和能耗，在满足基本的使用要求的前提下，要求围护结构还应该具备以下一些功能，如：

- 节能（也就是说建筑物的面层应该对减少能量的消耗有帮助）；
- 能够提供舒适的自然通风；
- 具有合理的遮阳措施；
- 具备雨水的收集和利用的能力；
- 运行维护的要求比较低等。

根据建筑气候分析结果，我国北方大部分地区（保温隔热区）冬季气候寒冷，为了保证生理上的舒适和降低建筑的采暖耗热量，需要考虑建筑围护结构的保温设计。根据不同地区气候的寒冷程度，对围护结构的热工要求主要从两个方面加以规定：

（1）外墙、屋顶、地面及门窗必须有足够的热阻以减少由于室外温差引起的热量损失，从而使室内热环境（室内温度和围护结构内表面温度）保持在适度舒适的水平。

（2）从节能角度考虑建筑单体所容许的耗热量指标。

我国民用建筑节能设计标准规定了不同地区建筑各部分（屋顶、外墙、窗户、楼地和地面）的围护结构传热系数限值。表7-1摘录了不同气候区外墙的传热系数限值。这是对围护结构满足舒适和节能要求的基本规定。

不同气候区外墙（包括非透明幕墙）传热系数及热阻限值　　　　　　表7-1

气候分区		外墙传热系数 K [W/(m²·K)]	外墙传热阻 R (m²·K/W)
严寒地区 A 区	体形系数≤0.3	≤0.45	≥2.22
	0.3<体形系数≤0.4	≤0.40	≥2.5
严寒地区 B 区	体形系数≤0.3	≤0.50	≥2.0
	0.3<体形系数≤0.4	≤0.45	≥2.22
寒冷地区	体形系数≤0.3	≤0.60	≥1.67
	0.3<体形系数≤0.4	≤0.50	≥2.0
夏热冬冷地区		≤1.0	≥1.0
夏热冬暖地区		≤1.5	≥0.67

7.1.2　设计策略

外围护结构是建筑物内部和外部之间的过渡空间，如今的设计趋势是，这个空间试图由若干有着不同或可以有不同性能的材料或空气层组成，使得建筑外围护结构能够增强对光、能量和气流、噪声的控制，从而具有采光、通风、保温隔热与隔声等多种功能。以争取利用太阳能的建筑为例，其外围护结构应该：

- 根据朝向区分对设计的要求；
- 对透明围护结构（如集热窗和采光窗）的管理；
- 对不透明围护结构的设计处理；
- 设置通风装置；
- 设置散热系统。

调节气候的多功能围护结构要求它比一般的外围护结构更有效，使用更优化的、更新的材料，具有更多的功能和更多样化的特性。图 7 – 1 是能够提供能量回收的立面墙体构造，图 7 – 2 为 Avax 总部办公中心，其立面采用了通风、采光、遮阳的一体化设计。

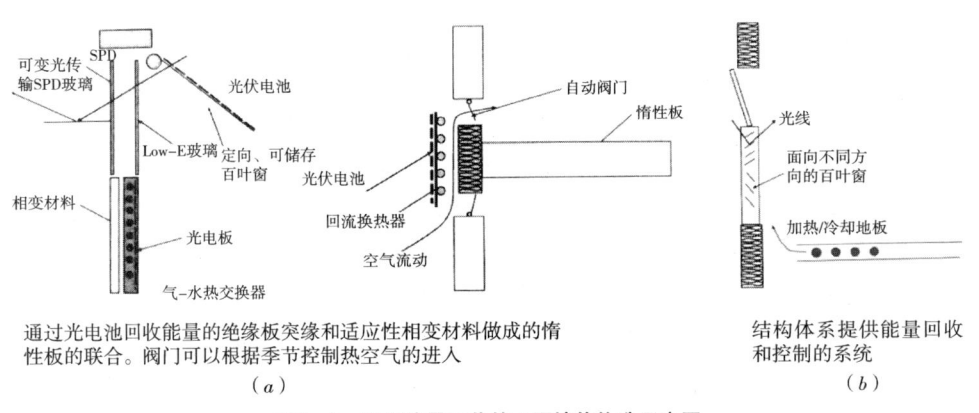

通过光电池回收能量的绝缘板突缘和适应性相变材料做成的惰性板的联合。阀门可以根据季节控制热空气的进入

（a）

结构体系提供能量回收和控制的系统

（b）

图 7 – 1 设置能量回收的立面墙体构造示意图
（a）主动板突缘；（b）立面板的构造系统

总之，多功能围护结构的设计措施应该包括以下方面：

（1）尽可能缩减建筑物的能量需求：

① 达到气候适应上的最优化；

② 大面积绝热、超绝热性，考虑热桥效应；

③ 以主动或被动的方式同时考虑绝热和热稳定性；

④ 尽可能地控制墙体内空气（甚至潮气）的转移现象。

（2）优化围护结构设计，整合新的功能：

① 建筑物的通风换气；

② 协助供暖或空调（利用墙体的散热和储存）；

③ 调节和控制。

（3）通过利用新材料使围护结构获得新的性能

图 7 – 2 Avax 总部办公中心

和特征：

有机材料、纳米材料、复合材料以及相变材料等。

7.1.3　未来围护结构的设计趋势

未来建筑对外围护结构的要求必然越来越多，这要求围护结构需要具备更多更灵活的性能，外围护结构的设计可以从一种固定不变的体系发展到附有一系列系统的多层超厚系统。外围护结构具备多样的功能，既可以满足视觉和舒适的要求，同时又能够解决能量消耗的问题。围护结构面临着重要的变革。这些变革可能集中在以下一些方面：

（1）进一步的节能，发展增强热绝缘性的日光墙

① 使用热绝缘玻璃或透明绝缘体；

② 具备热储存装置。

（2）为满足通风和冷却要求，围护结构将朝着可动的方向发展

遥控的门窗扇（可动的外围护构件）可使建筑物得以通风（机械通风、自然通风或混合通风）和冷却（被动式）。在不久的将来，这些门窗洞口将由一个能适应高质量环境目标的控制系统支配。

（3）研发可动围护构件

① 可动墙板；

② 遥控的可动卷帘门窗；

③ 智能的双层皮外立面；

④ 能供暖的地面和顶棚。

（4）发展连通外立面的构件

发展连通外立面的构件有助于节约能量、增加舒适度和防护作用。外立面要从一个独立元素的集合发展到对整个构件的全面管理。

连通外立面的构件有助于以下几个方面：

① 节约能量：通过各类型设备的智能协作，使得有效的策略能够不断发展；

② 能够舒适地承担重复性的或单调的工作（操作遮帘和卷门、清扫工作……）；

③ 财产安全：出入口的防护。

（5）发展智能外围护构件

7.2　墙体

7.2.1　墙体保温措施

1）方法原理

外墙在稳定传热下防止室内热损失的主要措施是提高墙体的热阻，即降低外墙的传热系数。

按照保温层在外墙的位置，可以分为：

① 单一材料保温结构；

② 复合材料保温结构。

单一材料保温是使用既能承重又能保温的材料直接建造（独立保温体系）。常用的保温形式有多孔空心砖、加气混凝土砌块、轻质混凝土。根据地方资源条件，不少地区用粉煤灰、煤矸石、浮石与陶粒等生产各种混凝土空心砌块，用保温砂浆砌筑。砌块的材料组成及其孔洞设计对热工性能关系甚大，有的 24cm 多排孔砌块的热阻可优于 62cm 厚砖墙。

复合材料保温结构是在建筑物的承重结构上增加保温层，它比独立保温体系更为常用。它可以在施工过程中将结构和保温这两种功能分开。根据保温层的位置，这种形式又可以分为外保温和内保温。

外保温墙体可以有效避免热桥问题和墙体内部结露问题，最适合在气候寒冷的地区使用。但施工复杂，造价比较高，必须作为一个成套的系统技术来对待。外保温墙体的保温性能与所使用的保温材料的热阻成正比，但其造价却在很大程度上取决于粘结材料和外饰面。因此，外保温墙体应用在北方地区，性价比高，而应用在热阻要求不高的长江流域等夏热冬冷地区，则性价比很低。特别是外保温墙体在沿海多台风、多雨地区要慎用。

内保温墙体施工简便，费用相对低廉。由于热桥和结露问题难以解决，在我国北方冬季寒冷地区实际工程中的应用会越来越少。但是对于夏热冬冷地区，由于节能要求不高，内保温即便存在热桥部位，也不至于产生结露现象，因此还可以考虑使用。另外，内保温墙体对间歇性的采暖和空调降温反应比较快，也适用于"部分时间，部分空间"方式的采暖和空调建筑。此外，对于既有建筑或文物建筑节能改造，由于内保温不破坏原有立面，也可以考虑采用。

此外，还有其他保温类型，如将保温材料和墙体面层整合在一起，如外墙外保温系统，或者将保温层作为承重结构的模板。对于轻型墙体，则可以搁置在构架之间。夹芯保温是由两层保温能力差的墙体夹一层绝热能力好的保温材料构成的复合保温方式，可用于外墙或屋顶。这类墙体的特点是结构外部防护能力好，保温性能主要依靠夹芯层保温材料实现，可用岩棉、矿棉、玻璃棉、聚苯乙烯泡沫板材，一般厚度为 6~9cm，整体厚度有所降低。因为结构问题，目前多用于低层建筑，设计时需仔细考虑夹芯层防结露、墙体抗风和结构承重问题。

2）技术要点

（1）外墙内保温结构

主要作承重用的单一材料墙体，往往难以同时满足较高的保温、隔热要求，因而，在节能的前提下，复合墙体越来越成为当代墙体的主流。复合墙体一般用砖或钢筋混凝土作承重墙，并与绝热材料复合；或者用钢或钢筋混凝土框架结构，用薄壁材料夹以绝热材料作墙体。建筑用绝热材料主要是岩棉、矿渣棉、玻璃棉、泡沫聚苯乙烯、泡沫聚氨酯、膨胀珍珠岩、膨胀蛭石以及加气混凝土等，而复合做法则有多种多样。

将绝热材料复合在承重墙内侧技术不复杂，施工简便易行，目前用得较为广泛。绝热材料强度往往较低，需设覆面层防护。如钢丝网架聚苯复合板外墙内保温与增强水泥聚苯复合板外墙内保温体系。

钢丝网架聚苯复合板是由钢丝方格平网与聚苯板，通过斜插腹丝，不穿透聚苯板，腹丝与钢丝方格平网焊接，使钢丝网、腹丝与聚苯板复合成一块整板；通过锚栓或预埋钢筋的办

法与外墙内表面固定，表面为水泥砂浆抹灰层（贴一层网格布）和涂料饰面层（图 7-3）。

　　增强水泥聚苯复合板是以自熄性聚苯板为芯材，四周六面复合 10mm 厚增强水泥，增强水泥层内满包耐碱玻纤网格布。板边肋宽度 10mm。保温板用胶粘剂粘贴在外墙内侧基面上，板缝处粘贴 50mm 宽无纺布，全部板面满粘贴耐碱玻纤网格布增强，再刮 3mm 厚耐水腻子，分两次刮平（图 7-4）。

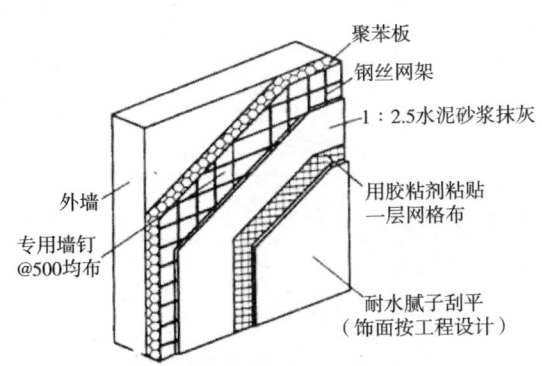

图 7-3　钢丝网架聚苯复合板外墙内保温

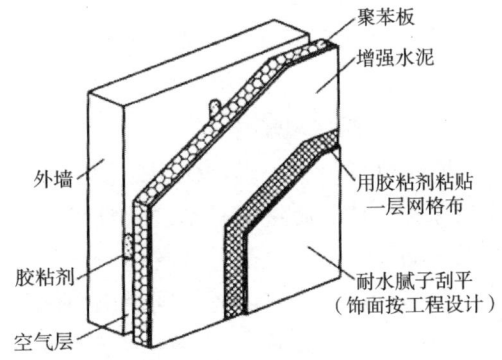

图 7-4　增强水泥聚苯复合板外墙内保温

　（2）外墙外保温结构

　　外墙外保温系统起源于 20 世纪 40 年代的瑞典和德国。经过多年的实际应用和在全球不同气候条件下长时间的考验，证明采用该类保温系统的建筑，无论是从建筑物外装饰效果还是居住的舒适程度，都是一项值得推广应用的节能新技术。

　　外保温通用的做法，是将聚苯板粘贴、钉挂在外墙外表面，覆以玻纤网布后用聚合物水泥砂浆罩面；或将岩棉板粘贴并钉挂在外墙外表面后，覆以钢丝网再做聚合物水泥砂浆罩面；也可把玻璃棉毡钉挂在墙外再覆以外挂板（图 7-5）。固定件宜采用尼龙或不锈钢钉，以避免锈蚀。

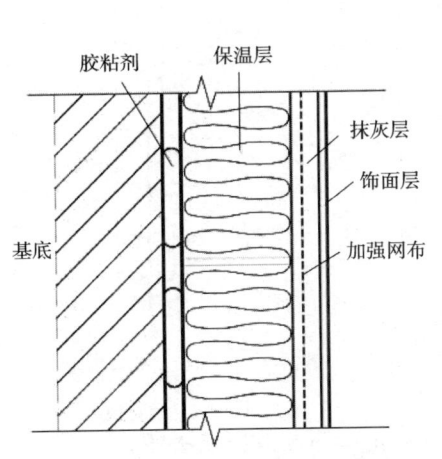

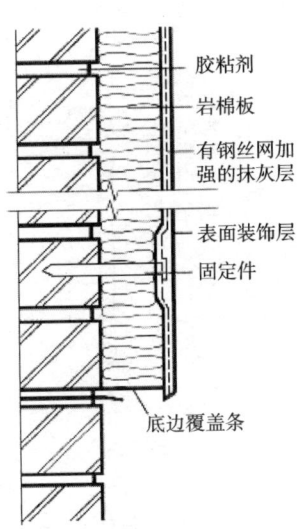

图 7-5　外墙外保温

聚苯乙烯泡沫塑料板薄抹灰外墙外保温系统采用聚苯板作保温隔热层用胶粘剂与基层墙体粘贴，辅以锚栓固定（当建筑物高度不超过 20m 时，也可采用单一的粘结固定方式）。

聚苯乙烯泡沫塑料板现浇混凝土外墙外保温系统的基层墙体为现浇钢筋混凝土墙，采用聚苯板作保温隔热材料，置于外墙外模内侧，并以锚栓为辅助固定件，与钢筋混凝土墙现浇为一体。聚苯板的抹面层为嵌埋有耐碱玻纤网格布增强的聚合物抗裂砂浆，属薄型抹灰面层，涂料饰面。本系统强度较高，有利于抵抗各种外力作用，可用于建筑首层等易受撞击的部位。

（3）夹层保温墙体

除了外墙外保温和内保温的做法外，另有一种做法是夹层保温墙体。将绝热材料设置在外墙中间，有利于较好地发挥墙体材料本身对外界环境的防护作用，从而降低造价。在砖砌体或砌块墙体中间留出空气层，在此中间层内安设岩棉板、矿棉板、聚苯板、玻璃棉板，或者填（吹）入散状（或袋装）膨胀珍珠岩、聚苯颗粒、玻璃棉等（图 7-6），可取得良好的保温效果，但要填充严密，避免内部形成空气对流，并做好内外墙体间的拉结，这一点特别在地震区更要重视。

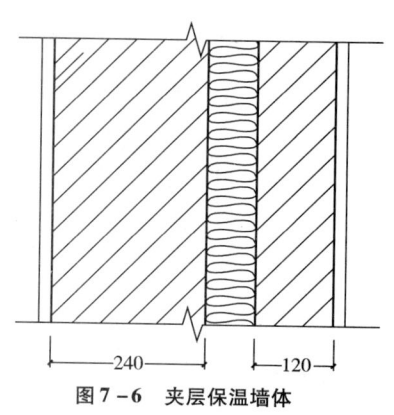

图 7-6 夹层保温墙体

7.2.2 墙体蓄热措施

（1）特朗勃墙

特朗勃墙是一种运用重质砖石材料作主要蓄热媒介的集热蓄热墙。通常外表面涂以高吸收系数的无光黑色涂料，并以密封的玻璃框覆盖而成。可以分为有风口及无风口两大类（图 7-7、图 7-8）。

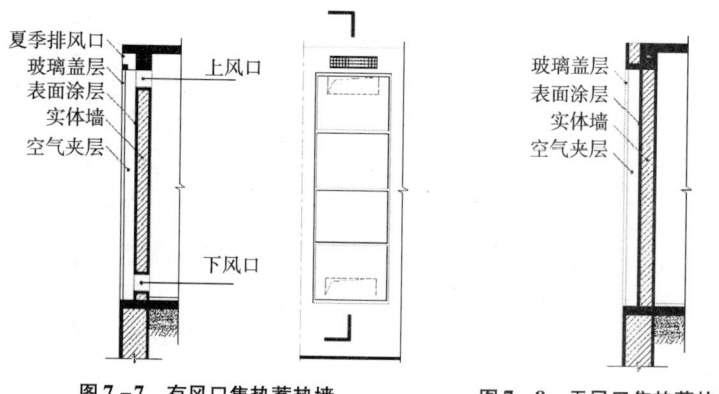

图 7-7 有风口集热蓄热墙   图 7-8 无风口集热蓄热墙

当冬天白天有日照时，照射到玻璃表面的阳光一部分被玻璃吸收，一部分透过玻璃照射到墙体表面。玻璃吸收太阳辐射后温度上升，并向室外空气及集热蓄热墙间层中空气放

热；透过玻璃的太阳辐射绝大部分被涂有高吸收系数涂料的墙表面吸收，表面温度升高，一方面向间层空气放热，一方面通过墙体向室内传导，传导过程中部分热量蓄存于墙体内，部分传向室内，室内获得的这部分热量即集热蓄热墙的传导供热。间层中空气被加热后温度上升，通过上、下风口与室内空气形成自然循环，热空气不断由上风口进入室内，并向室内传热，这部分热量即集热蓄热墙的对流供热。夜间蓄热墙放出白天蓄存的热量，室内继续得热，间层中空气温度则不断下降，当间层中空气温度低于室内温度时应及时关闭风口的风门，这是至关重要的；否则会形成空气的倒流，加大室内的热损失。最简单而有效的自控风门是在上、下风口装塑料薄膜。夏天为避免热风从上风口进入室内应关闭上风门，打开空气间层通向室外的风门，使间层中热空气排入大气，并可辅之以遮阳板遮挡阳光的直射，但必须合理地设计以避免其冬天对集热墙的遮挡。

特朗勃墙是否设置通风口，对于集热效率有很大的影响。有通风口的特朗勃墙集热效率比无通风口时高很多。从全天向室内供热的情况看，有风口时供热量的最大值出现在白天太阳辐射最大的时候（一般为正午时）；无风口时，其最大值滞后于太阳辐射最大值出现的时间，滞后的时间与墙体的厚度有关。因此是否设置通风口需结合当地的气象条件及太阳能的集热措施进行综合考虑。如果设置集热墙的主要目的是抵消白天的采暖负荷，有通风口的特朗勃墙更有利，其集热效率高，节能效果更好。对于较温暖地区或太阳辐射资源好、气温日夜差较大的地区，通过直接受益窗，白天有日照时室内已有足够的热量，采用无风口集热蓄热墙既可避免白天房间过热，又可提高夜间室温，减小室温的波动。

夜间保温措施可显著提高特朗勃墙的性能。墙和玻璃之间的空气间层为保温提供了很好的空间。托马斯·赫尔佐格在德国温德伯格（Windberg）青年教育学院旅社（图 7 - 9）的设计中运用了一种透明保温材料（TI）安装在蓄热墙的玻璃后面（图 7 - 10）。这种材

图 7 - 9　温德伯格青年教育学院旅社外观

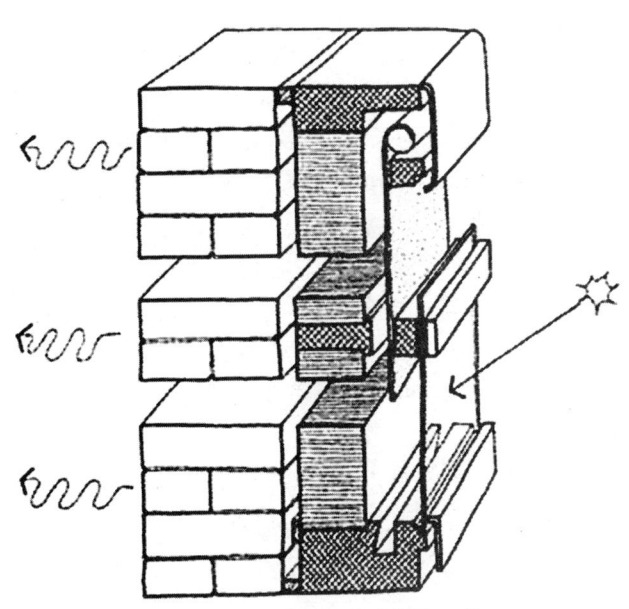

图 7 - 10　青年教育学院旅社 TI 墙

料具有高透射比、低辐射率，并且传热系数低于 $1.0W/(m^2 \cdot K)$。特朗勃墙在夏季应具有良好的遮阳和通风，以避免过度得热，如温德伯格青年教育学院旅社在玻璃和透明保温材料之间设置了卷帘百叶，而且屋顶的大挑檐提供了部分遮阳。

（2）水墙

特朗伯墙的储热材料用水代替也能达到同样的效果，因为水的比热是混凝土或砖的5倍左右，故储存同样多的热量，用水比用混凝土或砖等建材的重量要轻。因此水墙的研究得到了普遍关注。

图7-12为20世纪70年代美国史蒂夫贝尔（SteveBaer）住宅试验的水墙太阳能房。水盛于铁桶内，外表有黑色吸热层，放在向阳的玻璃窗后。玻璃窗外设有隔热盖板，通过滑轮，用手柄可操作其上下。冬季白天将盖板放平作为反射板，将太阳辐射反射到水桶，增加吸收，夜间则关闭盖板，减少热损失。夏季则相反，白天关闭盖板，减少进热，夜间放平盖板，向外辐射降温（图7-11）。

水墙容器一般用金属或玻璃钢制成，表面颜色以黑色最好，容积为它前面的窗玻璃面积乘以30cm左右。这种水墙的比热容大，从而延长了蓄热的时间。

白天　　　　　　　　　　　　　　夜间

图7-11　水墙的构造

优点：水墙的比热容能保持立面的平均温度，不管晚上或白天，因为水墙质量的温度变化时间很长，所以白天能储存阳光热量，晚上能放热。

缺点：这系统的容量比较大，所以有时候对建筑使用面积有不好的影响。

（3）呼吸式太阳能集热墙

呼吸式太阳能集热墙可以在空气进入室内前对其进行有效的预热，适合于白天需要大量通风的建筑，如商店。它由深色的穿孔金属板构成集热表面，安装在南向墙壁上，和墙壁之间留有一定的间隙。太阳照在深色集热表面上，热量传入后面的间层，间层内空气被加热上升，顶部的风扇促使其进入建筑内循环，然后室外空气从小孔进入间层补充（图7-13）。24小时需要大量通风的建筑最好采用在通风空气和排气之间进行热交换的系统。

由于每分钟需要90000立方英尺的新风量，美国科罗拉多州恩格伍德（Englewood）联邦快递中心采用了深红色的呼吸式太阳能集热墙，在降低采暖负荷的同时提供高质量的室内空气，据说每年可节约7000美元，减少排放二氧化碳254000磅。

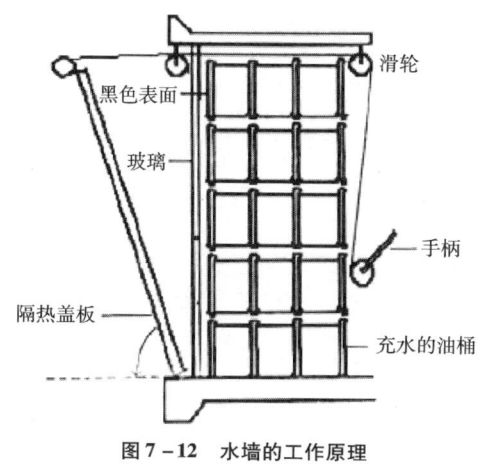

图 7 - 12　水墙的工作原理

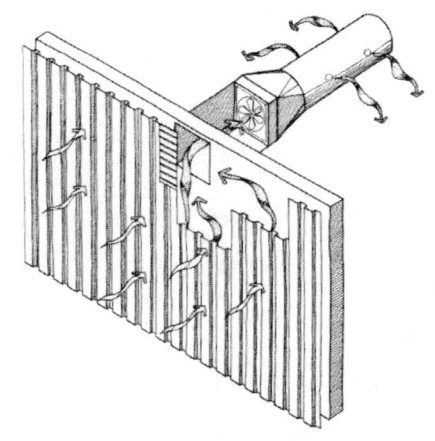

图 7 - 13　呼吸式太阳能集热墙

（4）相变储能墙板

相变储能墙板最初是美国 20 世纪 80 年代中期开始研究的一种含有相变材料的建筑围护结构材料，根据不同的建材基体可以将其分为三类：一是以石膏板为基材的相变储能石膏板，主要用作外墙的内壁材料；二是以混凝土材料为基材的相变储能混凝土，主要作外墙体材料；三是用保温隔热材料为基材，来制备高效节能型建筑保温隔热材料。

美国佛罗里达州科技大学分别用脂肪酸、短链酸和甲基脂的混合物以及短链酸的混合物作为相变材料，用灰泥板作基材，通过直接泡法制备出相变储能墙板。

1999 年，美国俄亥俄州戴顿大学研究所成功研制出用于建筑保温的固液共晶相变材料，其固液共晶温度是 23.3℃。当温度高于 23.3℃时，晶相熔化，积蓄热量，一旦气温低于这个温度时，结晶固化成晶相结构，同时释放出热量。

美国橡树岭国家实验室模拟了相变储能墙板在不同气候型地区的应用。

国内武汉理工大学和武汉奥捷新型建材有限公司研发的相变储能材料采用在保温隔热材料基体中掺入少量相变材料的方法来备用于节能建筑外围护结构的高效节能型建筑保温隔热围护材料。

7.2.3　墙体隔热措施

外墙的室外综合温度较屋顶低，因此在一般建筑中外墙隔热与屋顶比较是次要的。但对采用轻质结构的外墙或在空调建筑中，外墙隔热仍须重视。

为加速建筑工业化的发展，进一步减轻墙体重量，提高抗震性能，发展轻型墙板有着重要的意义。轻型墙板的种类从当前的趋势看，一是用一种材料制成的单一墙板，如加气混凝土或轻骨料混凝土墙板；二是由不同材料组合而成的复合墙板。单一材料墙板生产工艺较简单，但须采用轻质、高强、多孔的材料，以满足强度与隔热的要求。复合墙板（图 7 - 14、图 7 - 15）构造复杂一些，但它将材料区别使用，可采用高效的隔热材料，能充分发挥材料的特长，板体较轻，热工性能较好，适用于住宅、医院、办公楼等多层和高层建筑以及一些厂房的外墙。

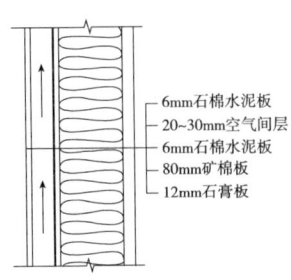
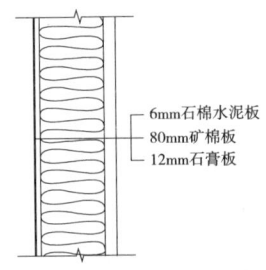

图7-14　有通风层的复合轻墙　　图7-15　无通风层的复合轻墙

7.3　窗（门）

7.3.1　窗户采光措施及设计方法

自然采光的方法可以大致分为利用直射光的方法和利用反射光的方法。直射光采光是利用建筑的侧窗、天窗、采光井和中庭的采光把阳光直接纳入室内；反射光采光一般是利用遮帘、反光板或地面反射等方法进行采光，用顶棚或墙壁表面进行光的反射；另外还可以通过在屋顶上设置集光器，通过导光管将日光引入室内。有关具体采光构件的设计方法叙述如下：

7.3.1.1　侧窗的采光

● 各个朝向的窗户均有采光的可能性。窗户的最佳朝向由用途决定。例如，如果冬天采用被动式太阳能采暖，无疑南向玻璃是有利的；北向玻璃几乎没有直射阳光，但自然采光条件优越。然而为了获得最佳效果，每个朝向应区别对待。

北向能获得高质量的均匀光线和最小的得热量，但在采暖期存在着热损失大和随之而来的热舒适性差的问题。只在清晨和黄昏前需要遮阳。

南向尽管光线变化大，仍是获得强烈光线的最佳朝向，并且很容易遮阳。

东西向遮阳困难。遮阳的效果对于这两个朝向的舒适性至关重要，尤其是西向。

● 窗户越高，采光区域越深。一般来说，采光区域实际深度是窗户上槛高度的1.5倍。如果有反光板，可以延伸到上槛高度的2.5倍。对于标准的窗户和顶棚高度，在离窗户约4.5m范围内有充足的采光。

● 条形窗采光更均匀。提供充足均匀采光最简单的方法是采用连续的条形窗。单个窗洞也可以采光，但是窗间墙会造成光影的对比，如果工作区域和窗户位置对应或采用其他防眩光的措施，这种对比也不会引起严重的问题。但是，当主要的视觉焦点是附近的物体或活动时，使用者通常更喜欢宽阔的窗口。

● 双面采光优于单面采光。只要可能，应尽量在两面墙壁上设置窗户，这样可大大改善光线分布，减少眩光。每面墙壁上的窗户都可以照亮相邻墙壁，因此减弱了窗户和周围墙壁的对比。

● 为了光线分布良好，窗户应靠近房间内表面（如梁或墙）——这些表面有助于光线的反射和重新分布。

● 窗户越大，越需要控制。对于大玻璃窗，为了控制眩光和得热，玻璃的选择和有效的遮阳更为重要。可以利用双层玻璃较少冬季热损失，提高热舒适性。使用者应远离大面积的单层玻璃，因为大窗户可能引起不舒适的热感觉。

● 采用高顶棚和高窗可获得更好的光线分布。高窗可引导光线照向顶棚以及房间深处。倾斜的顶棚可以增加窗户的高度，并且使光线更均匀（图 7 - 16）。顶棚应是光滑的浅色表面。

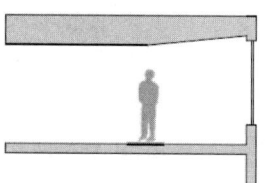

图 7 - 16　倾斜的顶棚

● 根据需要进入的光线调整侧窗玻璃的角度。向下倾斜的侧窗有利于地面反射光线的进入（图 7 - 17）。"阳光间"式的侧窗有利于天空光的进入，适合于北向立面的采光和寒冷地区南向立面的采暖需要（图 7 - 18）。

● 倾斜的窗台有利于减弱眩光，以及增加地面反射光线的进入（图 7 - 19）。

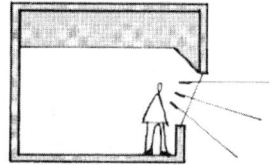

图 7 - 17　向下倾斜的侧窗

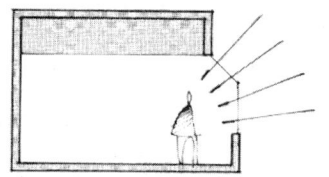

图 7 - 18　"阳光间"式的侧窗

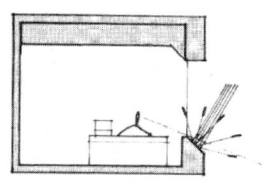

图 7 - 19　倾斜的窗台

大面积玻璃并不能保证良好的采光。有几种装置和建筑设计技巧可以获得满意的光线质量和数量，这些装置的大体功能有三：漫射或反射阳光使其重新分布；消除室内表面过多的亮光；消除眩光和直接阳光辐射。诸如反光板、百叶和深窗洞等建筑元素都可以改善光线分布，如果是浅色的，采光会更加均匀。另外，建筑的遮阳板以及室外的植物在夏季都能阻挡直射阳光、减少得热，在冬季阳光仍能进入建筑并提供热量（图 7 - 20、图 7 - 21）。

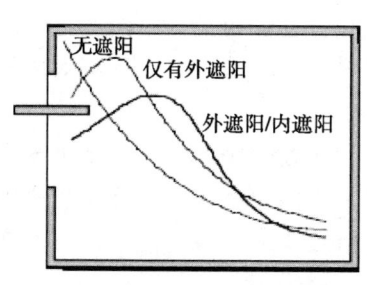

图 7 - 20　反光板对室内照度的影响

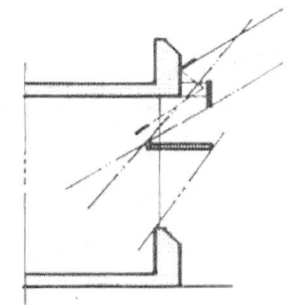

图 7 - 21　东西向反光板与挡板相结合

7.3.1.2　天窗的自然采光

1）方法原理

建筑中心采光是通过天窗实现的，一般类型包括平天窗、高侧窗、矩形天窗和锯齿形天窗（图 7 - 22）。天窗最适合大空间单层建筑的采光（如工厂、仓库），而不适合照亮特定的物体，也不适合多层建筑，除非是顶层房间或通过中庭采光。屋顶采光来自没有遮挡的天空，是最有效的自然采光方式，也能用于通风。中小学特别适合利用自然顶光，因为一般都在白天使用，而且很多是单层建筑，可以用天光来照亮内部空间，从而设计成进深相对较大的建筑。

与侧窗相比，天窗的优越性主要体现在：屋顶开口照亮的面积大，一般侧窗只局限在靠近窗口的 3 ~ 5m；光线均匀、亮度高（尤其在采用矩形天窗时）；高侧窗和矩形天窗漫射来自顶棚或反光板的光线的机会更大。

与侧窗相比，天窗的缺陷主要体现在：没有合适的遮阳措施，产生直接眩光或光幕反射的可能性增大；工作空间内的高对比度引起视觉疲劳；由于光源高于视线平面，所以没有向外的视野。

平天窗，指在平屋面或斜屋面上直接开洞安装的天窗形式，包括水平的、稍微弯曲的、倾斜的或金字塔式的天窗。平天窗的水平投影面积比同样大小的其他天窗的投影面积要大，因此采光效率高。一般平天窗只适合以无云天为主的光气候区，如重庆，夏季阳光强烈的地区应避免使用。

斜天窗：为了改善冬季和夏季的光线平衡，还可将天窗设计成斜天窗，朝向北面或南面（图 7 – 23）。这时，光线的分布更接近侧窗采光，理论上其采光效率会随着屋顶坡度降低。但是由于有些地区平天窗积尘污染严重，所以实际应用中斜天窗反而更利于采光。

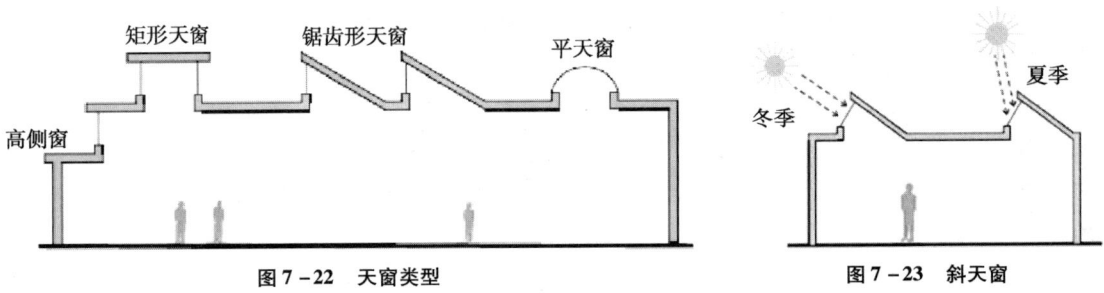

图 7 – 22　天窗类型　　　　　　　　图 7 – 23　斜天窗

南向斜天窗坡度应大于当地纬度加 23°。北向斜天窗的坡度等于纬度加 23°时，天窗接受的光线最多，而通过天窗进入建筑的直射阳光最少，不需要考虑控制太阳辐射。应避免朝向东西的斜天窗，否则必须考虑遮阳。

高侧窗是视线以上的竖直玻璃窗，可以增加房间深处的照度。因为平天窗在夏季存在过热问题，在冬季收集的光线和热量又不足，所以常常用竖直或近似竖直的高侧窗替代平天窗。高侧窗最适合室内布局开敞的建筑，不会阻挡光线进入空间深处，推荐在教室、办公室、图书馆、多功能房间、体育馆和行政管理建筑中采用。

矩形天窗是工业建筑中常见的设计手法，可以认为是高侧窗的一种特殊形式，局部屋面升高。其优点在于光线可以同时从两个或两个以上的方向进入建筑，并可以利用屋面作为反光板，将光线反射进上部的天窗。屋面延伸进天窗玻璃的内部，有时会加强这种作用，减少直射阳光的进入。此外，矩形天窗渗漏的可能性比平天窗要小。

没有遮阳的南向、东向和西向玻璃会导致很高的得热量。如果各面都装玻璃，经常会

导致比高侧窗更多的热损失和得热量，而且遮阳也比较困难。东西向窗和北向窗利用反光板可以增加引入的光线（图 7 - 24）。

朝南的开口利用室内墙面反射光线，或利用遮阳板和扩散反光板，可以使光线均匀扩散。

当采用设计得当的漫射反光板时，朝南的高侧窗可以引入明亮的光线而不会带来眩光。扩散反光板的间距应能避免直射阳光和视野内的眩光。顶棚和漫射板应采用高反射系数的不光滑材料。

锯齿形天窗属单面顶部采光，具有高侧窗的效果，加上有倾斜顶棚作为反射面增加反射光，故较高侧窗光线更均匀。北向锯齿形天窗可避免直射阳光，获得均匀的天空扩散光；南向锯齿形天窗适合于寒冷气候区利用太阳能采暖的建筑，可以降低采暖负荷，但需要采取措施控制阳光，以避免眩光、高对比度和光幕反射。遮阳板、漫射玻璃、室内或室外的反光板、百叶都是控制阳光的有效方法。

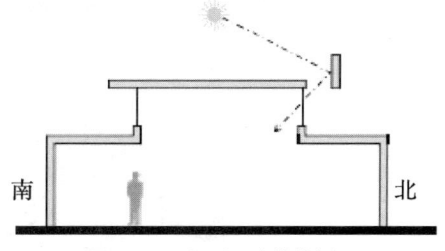

图 7 - 24　矩形天窗的挡板

设计时最好将太阳能采暖、制冷、采光统一考虑（图 7 - 25），在建筑屋顶上，把太阳能集热器或光电板设置在朝南的一面，朝北的则安装玻璃作为采光之用。

2）设计要点

平天窗最佳的窗地比在 5% ~ 10% 之间，根据玻璃的透光率、天窗的设计、所需的照度、顶棚高度等因素，及建筑内是否有空调，窗地比可以更高。我国《公共建筑节能设计标准》规定，屋顶透明部分的面积不应大于屋顶总面积的 20%。

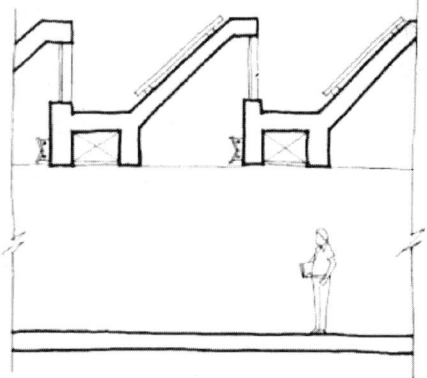

图 7 - 25　锯齿形天窗与太阳能集热器的结合

通常平天窗的间距大约等于建筑顶棚到地板的距离，还与侧窗的设置有关（图 7 - 26），如果墙上有侧窗，天窗的位置可以更靠中心。

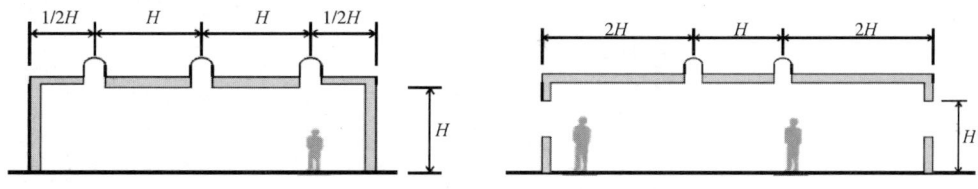

图 7 - 26　平天窗间距与建筑高度的关系

为了避免平天窗可能引起的眩光问题，可采取以下措施（图 7 - 27）：选择低可见光透射比的玻璃；利用墙壁、水池、雕塑、地板、反光百叶等漫射表面扩散光线；将采光口设计成喇叭口状；对天窗进行季节性遮阳。

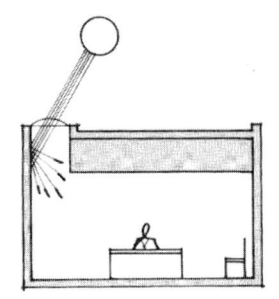

图 7 - 27（*a*） 使平天窗照亮墙壁

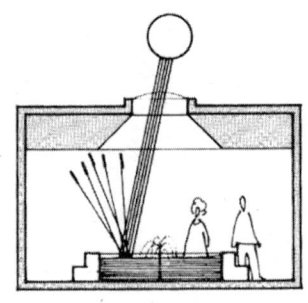

图 7 - 27（*b*） 水池扩散光线

图 7 - 27（*c*） 喇叭口天窗

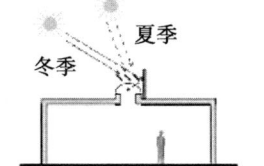

图 7 - 27（*d*） 平天窗的季节性遮阳

　　高侧窗最好朝南或朝北（图 7 - 28）。南向高侧窗在冬季可以收集更多阳光，并且水平遮阳板可以有效地为朝南的高侧窗遮蔽夏季直射阳光。北向高侧窗可以以最大的太阳高度角倾斜，即纬度加 23°，这样在避免眩光的同时增加引入的光线，并且引入的是低角度的、稳定的光线，无需遮阳。东西向的高侧窗应该避免，因为阳光角度低，很难遮蔽带来眩光和过多的太阳热能。当采用漫射玻璃或低角度阳光进入不影响空间使用时，高侧窗也可以朝向东、西。

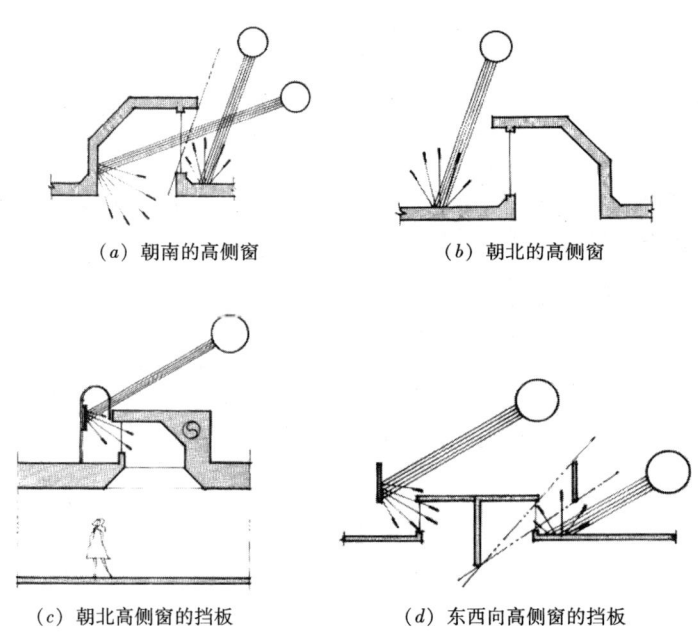

（*a*）朝南的高侧窗　　　　　　　　　　　（*b*）朝北的高侧窗

（*c*）朝北高侧窗的挡板　　　　　　　　　（*d*）东西向高侧窗的挡板

图 7 - 28 高侧窗

3）案例分析

（1）盖蒂美术馆（图7－29）

理查德·迈耶事务所设计的盖蒂美术馆采用了大面积天窗获得自然光线。为了避免眩光，天窗采用了可见光透射比低至35%的无色玻璃，其上还设计了一个太阳控制系统，通过外部百叶调节光线（图7－29）。百叶由一个定时器控制，根据季节和时间调整位置。室外的光传感器将天空和统计数据进行比较，然后将百叶转动到预设的位置，并保持1~2小时，空间内

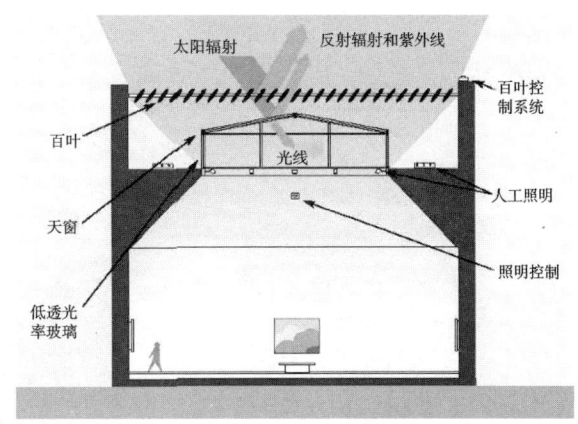

图7－29　盖蒂美术馆剖面

的光线会有些许变化，但百叶的角度绝不会让直射阳光进入展室。设计阶段利用模型进行模拟，最终到达了满意的效果，在一年中大多数时间里都可以利用自然光线作为主要的光源。

（2）梅尼尔（Menil）美术馆（图7－30）

伦佐·皮亚诺事务所设计的梅尼尔美术馆采用了室内遮阳板，不但柔化了上方平天窗投射下的光线，并且形成了轻巧起伏的顶棚表面，成为建筑室内外最具特色的构成元素（图7－30）。

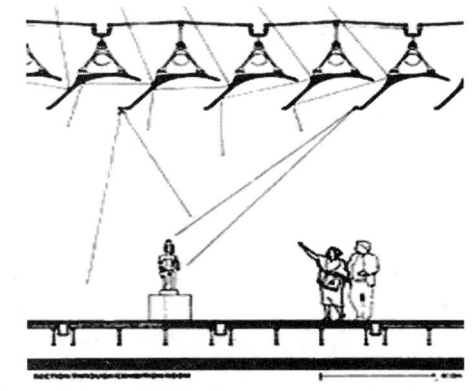

图7－30　梅尼尔美术馆

（3）美国北卡罗来纳州史密斯中学（图7－31、图7－32）

控制眩光可以设置挡板，或将室内对着高侧窗的北向墙壁做成倾斜的，使光线向下反射（图7－31）；或在采光口下设置漫射光线的反光板，如美国北卡罗来纳州史密斯中学的屋顶高侧窗下运用了半透明百叶，使教室内充满明亮均匀的光线（图7－32）。

（4）可再生能源实验室的太阳能研究设施（图7－33、图7－34）

另外，漫射玻璃也可以扩散光线，或利用屋面反射光

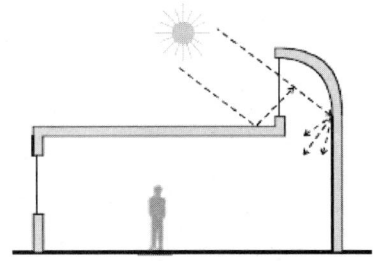

图7－31　高侧窗室内墙面散射光线

线（图7-33），如可再生能源实验室的太阳能研究设施。

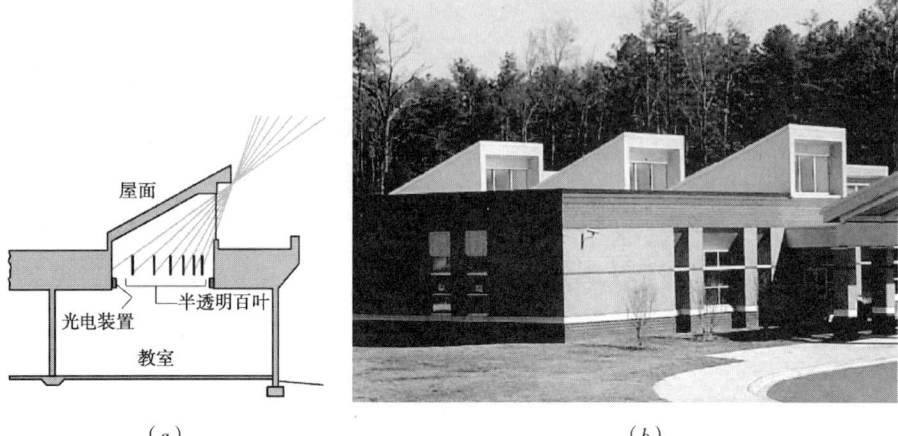

（a） （b）

图7-32 美国北卡罗来纳州史密斯中学

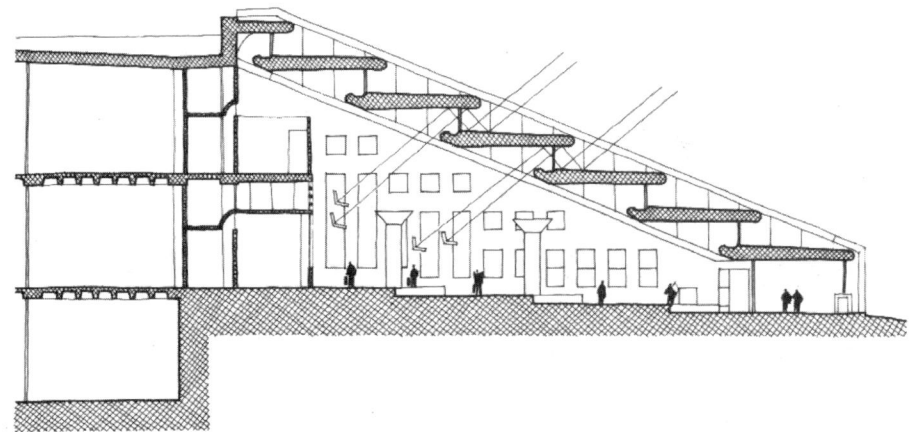

图7-33（a） 可再生能源实验室的太阳能研究设施

图7-33（b） 可再生能源实验室室内

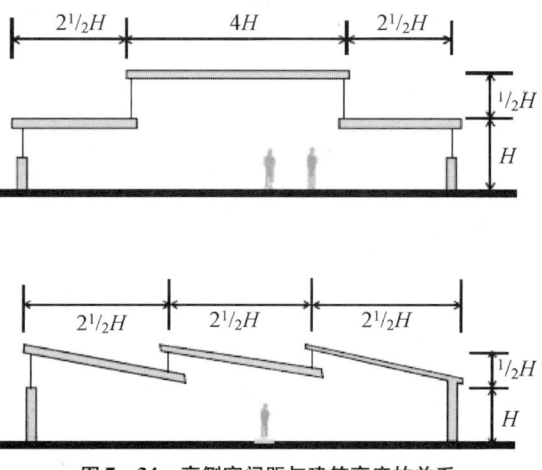

图7-34 高侧窗间距与建筑高度的关系

根据建筑高度设置高侧窗的间距。高侧窗和矩形天窗的推荐间距如图7-34所示。

7.3.1.3　反光构件采光

1）方法原理

反光板是设置在视线之上、高窗之下的水平板，将光线反射进房间深处，同时降低了窗户附近的照度，从而使整个房间的光线分布更均匀，并且能起到遮阳的作用。反光板将视线窗口和采光窗口分开，上下窗口分别单独控制，这是一个获得良好采光和减少眩光的好办法。上部采光窗口用高透射比的透明玻璃引入更多光线，下部视线窗口用低透射比的染色玻璃以减少眩光。南向的反光板对于改善光线分布、遮蔽窗边区域和减少眩光是最有效的。北立面上一般不必设置反光板。东西朝向的反光板可以与竖直挡板相结合。

反光板分为内置式和外置式。内置反光板能让更多的阳光进入室内，主要起到分配光线的作用，适合寒冷气候区（图7-35）。与内置反光板相比，外置反光板是更有效的遮阳设施，适合炎热地区（图7-36）。在温和气候区，为了全年取得更均匀的采光效果，最好同时使用内置和外置反光板（图7-37）。

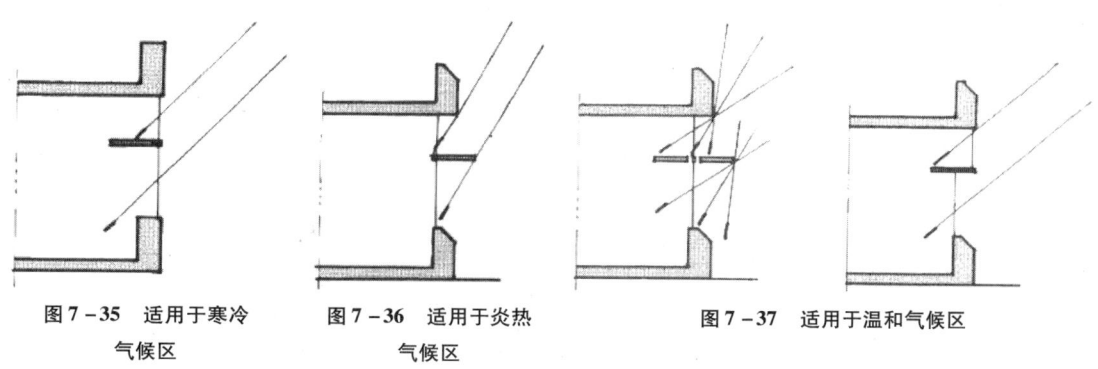

图7-35　适用于寒冷 气候区　　　　图7-36　适用于炎热 气候区　　　　图7-37　适用于温和气候区

在晴天条件下，用弯曲镜面反射光线可以将采光区域从约4.5~6m增加到9~11m，如果采用太阳追踪镜面，甚至可以达到14m。但任何反射光束的设计都应对可能增加的太阳得热和眩光做出评估。

平天窗冬季接受的太阳辐射很少，而夏季温度高峰时却接受大量的太阳辐射，带来严重的能耗问题。季节性调节的室外反光板/遮阳板可以解决这一问题，它在夏季可以遮挡直射阳光，并将屋面反射的漫射光线折射进室内，而在冬季可以增加进入室内的太阳光线，利于采暖，图7-38表示了南向平天窗上方反光板的推荐角度。

利用室内反光板将入射光线折射到顶棚表面，使顶棚成为面积较大的间接光源，或在天窗下设置格栅，这些措施都降低了光源与背景之间的对比，可以改善平天窗的采光效果，避免眩光。路易斯·康设计的金贝尔美术馆带形天窗下运用了室内反光板（图7-39），这是个很好的采光策略，但遗憾的是，由于反光板离采光口太近，并且室内没有进行白色粉刷，而是保留了清水混凝土的表面，所以采光效果并不尽如人意。

百叶也可以改善采光的效果。即使同时采用了室内的和室外的反光板，直射阳光有时也会照进室内，造成眩光。典型的情况是反光板离垂直的墙壁较近，并且宽度不足以消除

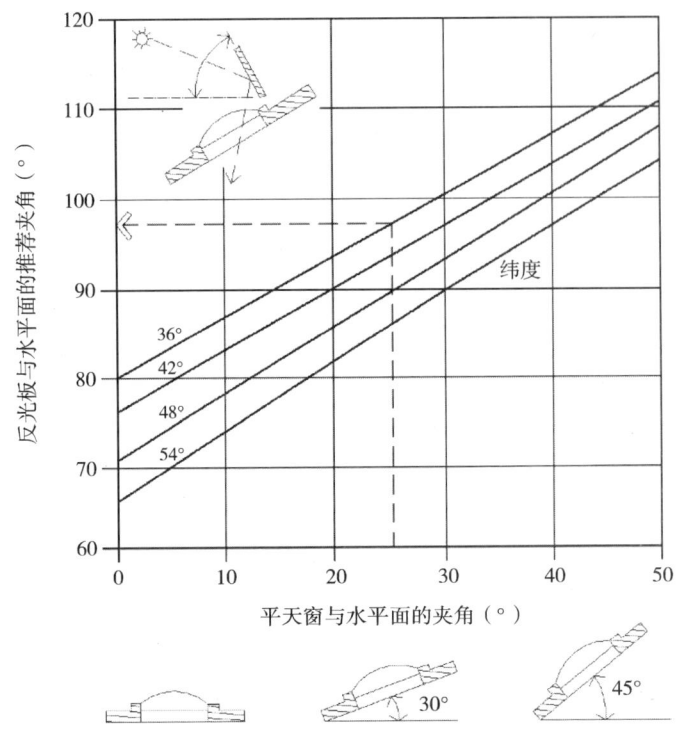

图7-38　南向平天窗室外反光板的推荐角度

眩光，这时竖直的百叶就成为极好的选择。反光板上部的窗户采用竖直百叶，光线可以被引导照向墙壁，这样就消除了眩光，促使光线向空间深处折射。如果窗户在房间的中间，离两边的垂直墙壁较远，水平百叶可以把光线反射向顶棚，并由顶棚再次将光线折向房间的深处。

深窗洞：将窗洞做斜角或圆角的处理，可以减弱窗户和墙壁的对比，形成光线的过渡，有利于减弱眩光

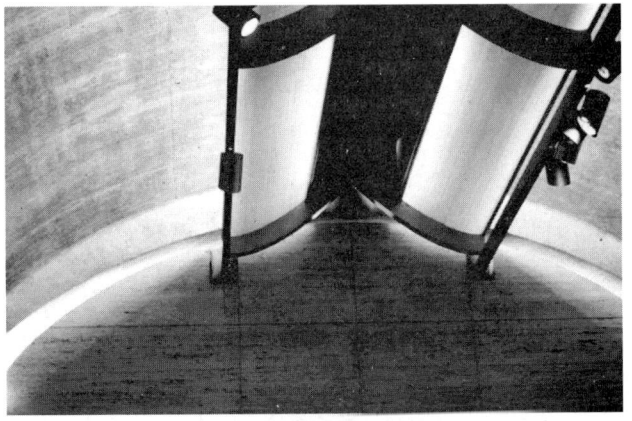

图7-39　金贝尔美术馆

（图7-40）。厚度很大的外墙将玻璃安装在靠墙的内表面一侧，就可以利用出挑和墙厚遮蔽窗户表面，还便于和反光板结合（图7-41）。

采光井是建筑中穿透一层或多层的垂直开口，目的是为相邻区域提供自然采光。平天窗和采光井结合，有利于消除眩光，其优点还在于可将光线从屋顶引入到建筑低层不易采光的区域。然而，采光井壁的多次反射会吸收光线，降低进入室内空间的光线亮度。光线折减的系数和井壁的反射比及采光井的形状有关，狭高的采光井光线衰减较严重。

图7-42表示了不同的光井指数（*WI*）和采光井效率的关系。*WI*表示了采光井的深度和形态，由以下公式得来：

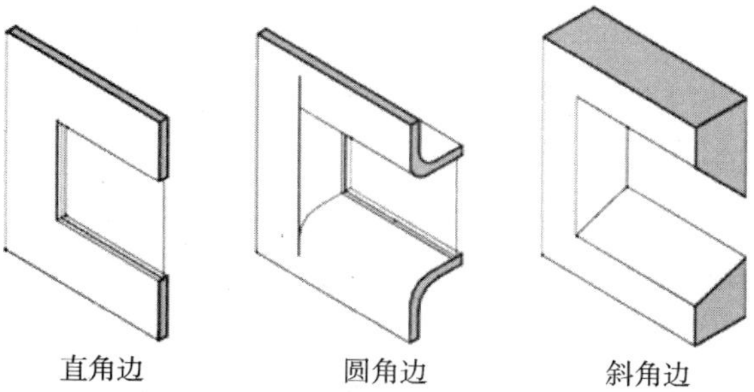

图 7-40 窗洞的斜角和圆角处理

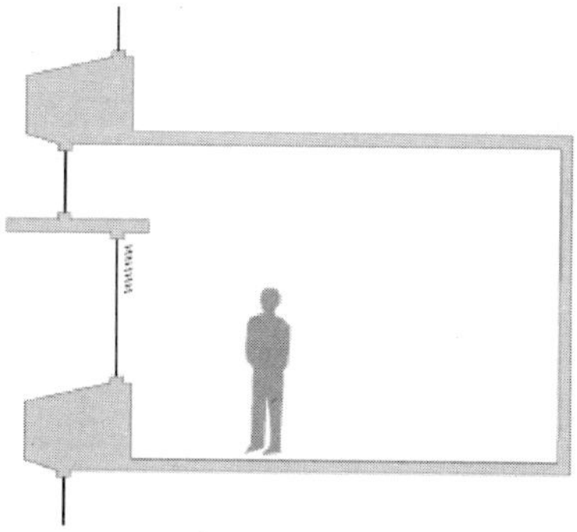

直角边　　圆角边　　斜角边

图 7-41 厚墙壁与反光板的结合

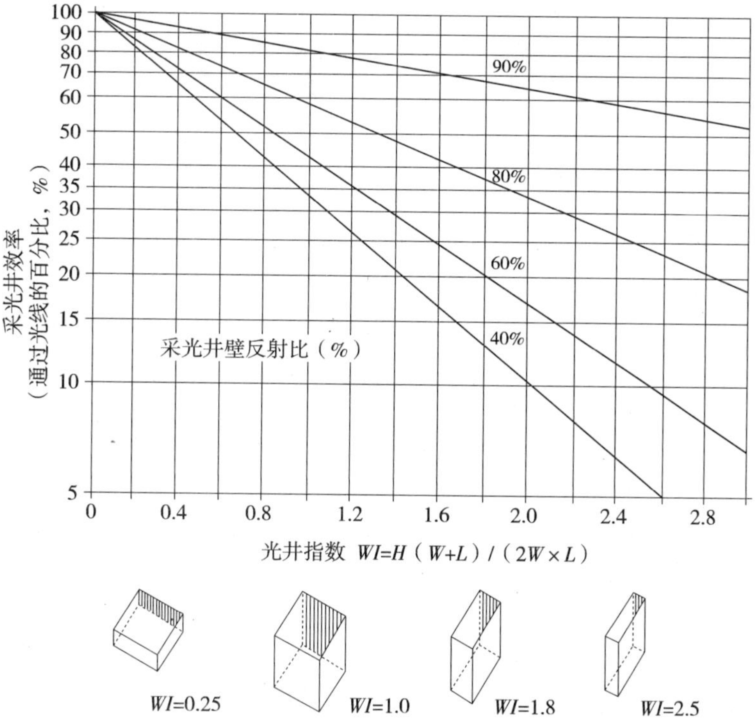

采光井效率（通过光线的百分比，%）

采光井壁反射比（%）

光井指数 WI=H（W+L）/（2W×L）

WI=0.25　　WI=1.0　　WI=1.8　　WI=2.5

图 7-42 估算井壁挡光折减系数

$$WI = \frac{H(W+L)}{(2W \times L)}$$

由横轴上读出的光井指数向上移动，在与采光系数斜线的交点处水平移动，在竖轴上读出采光井的井壁挡光折减系数。根据天窗大小确定的采光系数和所得到的分数相乘，得出的才是实际的采光系数。如果采光系数是 4%，而井壁挡光折减系数是 0.60，那么修正后的采光系数就应该是 2.4%。因此，采光井的效率越低，要提供相同的照度，需要的天窗面积越大。

2）设计要点及案例分析

反光板的位置与尺寸：在不影响视线的前提下，反光板的位置应尽可能低，这样它的顶面才能把尽可能多的光线反射进室内，但应注意防止人在上面随手放置物品。

减少夏季的太阳得热是必须考虑的重要因素，反光板应起到遮阳板的作用，伸出建筑的长度在制冷期内应能遮蔽视线窗口，在室内的长度应能遮挡明亮的天空。室外反光板的长度和建筑朝向有关。南偏东或偏西20°以内，反光板长度应是上部窗户高度的1.25 ~ 1.5倍；南偏东或偏西20°以外，长度应是上部窗户高度的1.5 ~ 2.0倍。

反光板的倾角：反光板向下倾斜，可以提供更有效的遮阳，但是却将光线拒之窗外（图7-43）。而将反光板室外部分向上倾斜，可增加向顶棚反射的光线，但遮阳效果不如前者好（图7-44）。

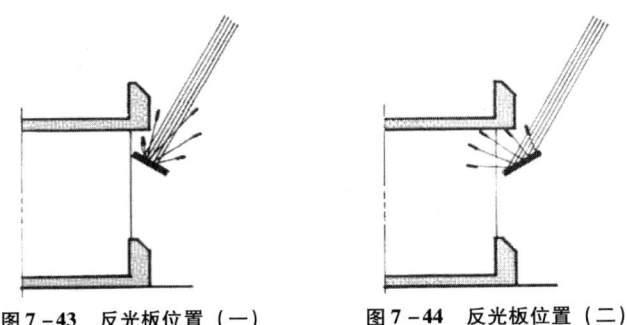

图7-43 反光板位置（一）　　　图7-44 反光板位置（二）

对于室外部分向上倾斜的反光板，白色南向反光板的倾角 = 40° - (0.5 × 纬度)；东、西、北向的反光板倾角 = 15°。

若采用的是漫射玻璃，或玻璃上有水平遮阳，需要将倾角减小一些。倾斜反光板的同时，应增加后墙的反射比。从图7-45 "晴天条件下反光板的最佳倾角" 中可以看出，进

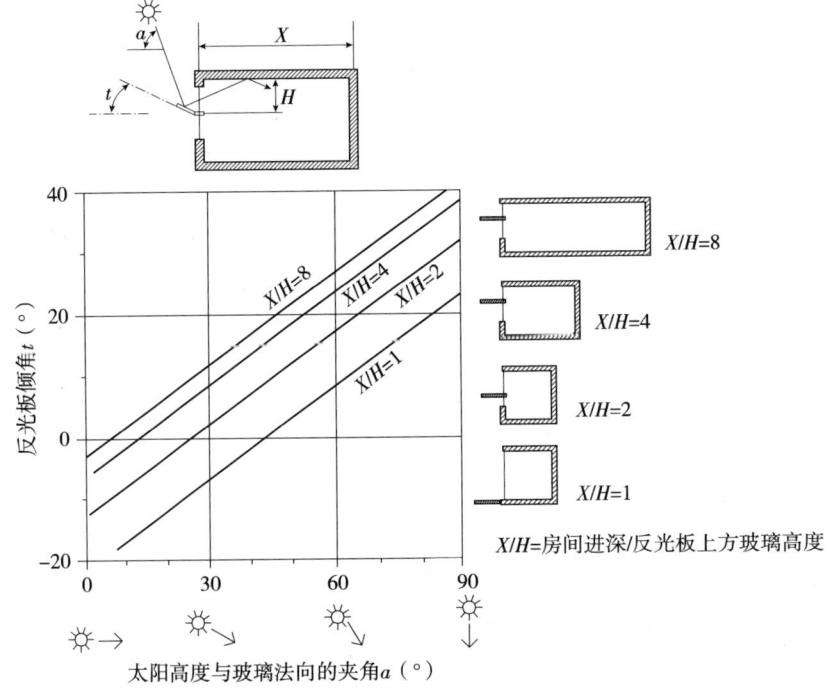

图7-45 晴天条件下反光板的最佳倾角

深小的房间所需的最佳倾角比进深大的房间要小。需要注意的是，倾斜的反光板为下部窗口遮阳的效果被减弱，所以应加长或增厚。

反光板的材料：无论室内的还是室外的反光板，都要选择耐久的材料，要设计成一个人能搬动的重量。反光板的顶面应是不光滑的白色，当不考虑过量得热时，也可以是扩散镜面。顶面不应被使用者看见，因为会引起眩光。铝制的室外反光板具有反射比好、造价低、维护少等优点，综合看来，是不错的选择。在寒冷气候区，室外反光板最好和建筑结构脱离开，以避免形成热桥。

利奥·戴利（Leo Daly）设计的劳克海德（Lockhead）大厦位于美国加州桑尼维尔，建筑南北两面安装玻璃，并且都采用了反光板，服务区布置在没有窗户的东西端。南面反光板突出立面，并且有一定的倾斜角度，可以将夏天高度角大的阳光透过透明玻璃向空间深处反射，冬天高度角小的阳光直接透光玻璃被室内反光板反射。上部的透明玻璃可以用外部的半透明卷帘遮阳，下部窗口由反光板遮阳，并且安装的是有反射膜的染色玻璃。北面不需要室外反光板遮挡阳光，下部窗口也不需要反射膜（图7-46）。

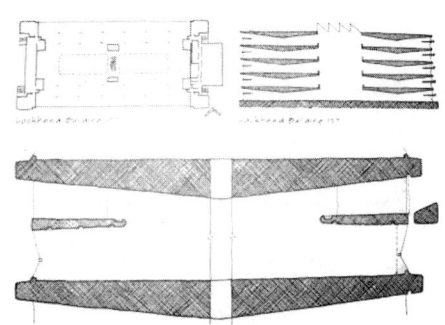

图7-46　劳克海德大厦

迈克尔·霍普金斯（Michael Hopkins）事务所在英国诺丁汉设计的税务局办公楼在下三层运用了反光板，由于顶层有中心脊状天窗提供明亮的室内照度，光线也更均匀，因此不需要反光板。经反光板反射的光线照在拱形的混凝土顶棚上，有助于光线均匀分布。玻璃反光板顶面是部分反射的，底面是烧结玻璃，可以透过20%的光线，防止了因底面过暗引起的眩光。反光板上部玻璃层之间的遮阳百叶在剖面中以45°倾角固定，而下部窗口的百叶是可调节的。由于上部的百叶遮挡了天空，所以就不需要室内反光板来减少眩光（图7-47）。

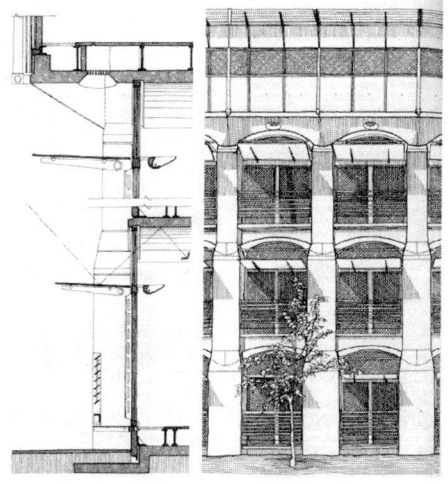

图7-47　税务局办公楼

采光井做成倾斜的，可以增加采光量，并且眩光也更少，光线更均匀。随着屋顶结构厚度（即屋面板到顶棚距离）的增加，采光井壁的角度提高采光效率的作用越明显。

摩西·萨夫迪（Moshe Safdie）设计的加拿大国家美术馆中，采光井从拱顶一直延伸下来，将天光引入到建筑底层。由于该采光井非常狭高（图7-48），光井指数高达约3.0，因此井壁采用了高反射比的镜面材料——镀银的聚酯薄膜，使该美术馆在全阴天不启用人工照明的情况下，仍能获得满意的采光效果。

7.3.2 窗户遮阳措施

1）方法原理

照射在建筑上的太阳辐射以两种不同的方式提高室内温度，从而影响人的热感觉。对于不透明围护结构部分，吸收太阳辐射热使其表面温度升高，通过结构层将热量传递到室内。

对于透明的窗户部分，绝大部分太阳辐射可透过玻璃进入室内，又由于温室效应使房间温度迅速升高，这种由于窗户得到过多的太阳辐射热是造成夏季室内温度过高的主要原因之一。现代建筑由于立面上广泛应用玻璃，加上工业化带来的轻质结构的普遍使用，加剧了室内气候的过热。这种情况甚至在寒冷地区也存在，因此对于这部分太阳辐射热的控制非常重要。

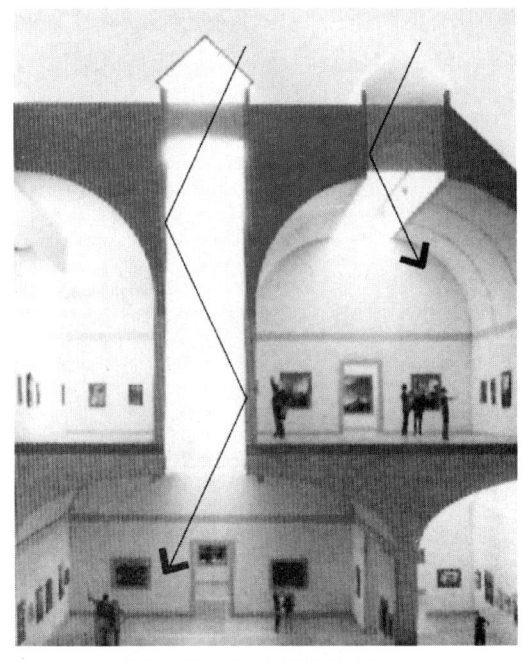

图 7-48　加拿大国家美术馆

控制透过窗户的太阳辐射得热量主要包括三个方面，分别是窗户的朝向与大小；玻璃的选择以及遮阳设计。其中，遮阳是控制太阳辐射得热的最有效的方法。研究表明，大面积玻璃幕墙外围设计 1m 深的遮阳板，可以节约大约 15% 的空调耗电量。

另外，室外遮阳构件又是立面的一个重要构成要素。遮阳设施在满足其主要的防热功能外，需要和建筑的形式相协调，做到艺术和技术的统一，充分利用遮阳这个建筑语言创造出有特色的地方建筑。

（1）遮阳形式

普林斯顿大学的奥尔基亚兄弟是最早从事日照控制简单设计研究的两位学者。他们提出在日照控制方面仅有两种基本的形式，一种是垂直遮阳构件称为垂直遮阳板，另一种是水平的遮阳构件，称为水平遮阳板。每一种遮阳板对窗户的遮阳效果用遮影图来表示（图 7-49）。遮影图是当观察者站在图的中心位置——习惯认为是窗户在玻璃面底边的中心位置，观看天空时，被任一物体所遮挡的一部分天空在水平面上的投影。

遮影图表示了控制点与垂直板的水平方向夹角和水平板之间的垂直方向夹角。垂直遮阳板或任何能造成阴影的垂直挑出物所起的遮阳作用，由从控制点引出的径向线所表示。这些线代表着太阳的方位角。水平遮阳板或任何水平挑出物的遮阳效果形成弓形弧状线，该弧线表示水平板在控制点法向平面内的垂直

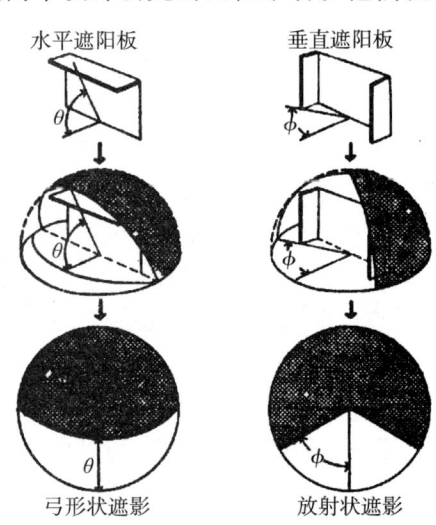

图 7-49　基本遮阳形式和遮影图

角。遮影图的形状仅决定于太阳的高度角和方位角，而与遮阳板的尺寸没有关系。因此，在方案设计初级阶段，我们可利用遮影图来选择合适的遮阳形式。这两种基本遮阳形式经过演变、组合以及和建筑材料的结合可以派生出各种遮阳形式，见图 7-50 (a)~(n)。这种位于人和自然之间的空间"几何网"为我们提供了多种多样的视觉效果和建筑语言，增加了建筑外立面在视觉上的节奏感、光与影的感觉、颜色和质感等。

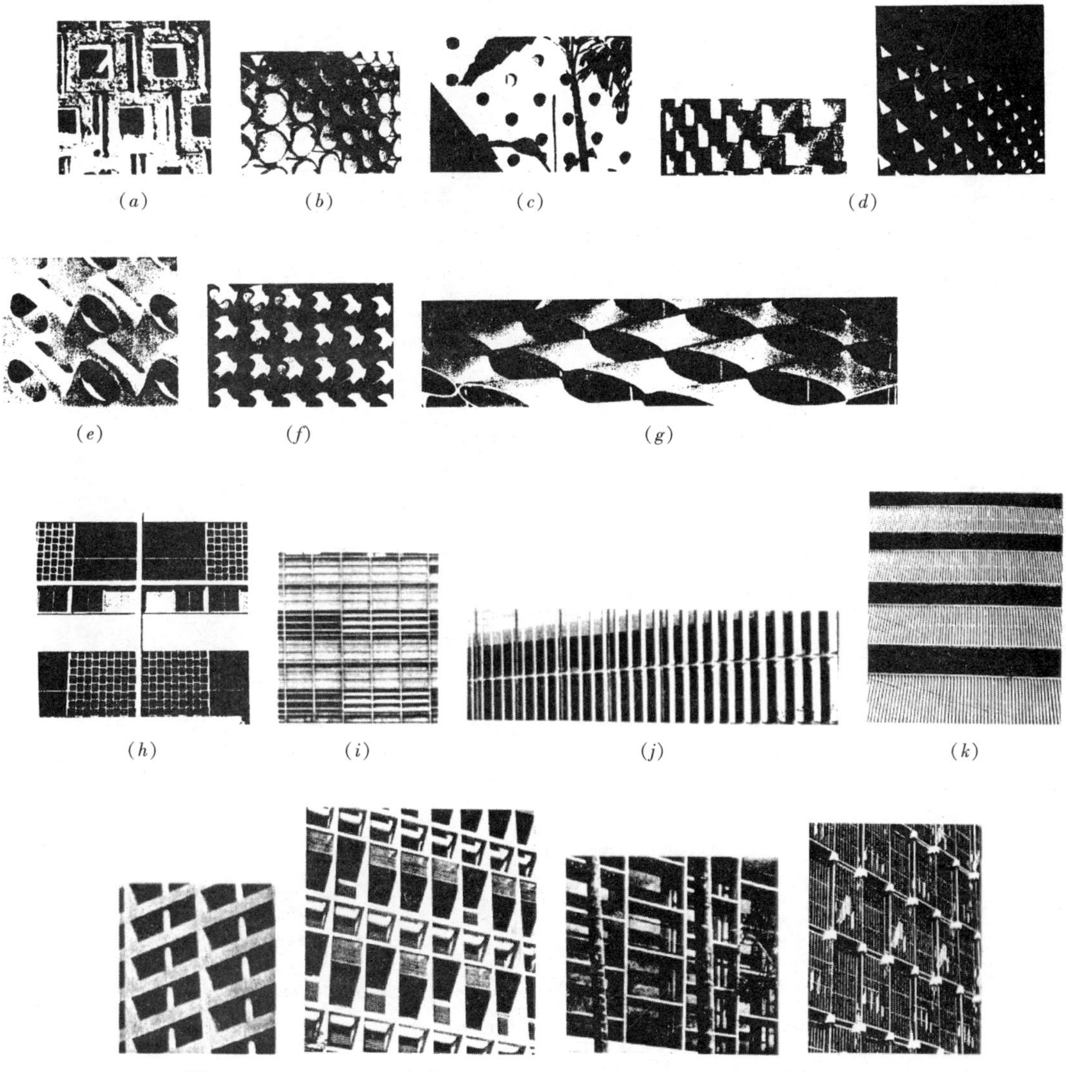

(a)　　　　　(b)　　　　　(c)　　　　　　　　(d)

(e)　　　　(f)　　　　　(g)

(h)　　　　(i)　　　　　(j)　　　　　(k)

(l)　　　　(m)　　　　(n)

图 7-50　各种遮阳形式的建筑立面效果

(a) 强调通风的遮阳形式；(b) 提供更多私人空间的遮阳；(c) 私人空间少的遮阳；(d) 遮阳与防风同时考虑；(e)、(f) 利用流线创造光影效果；(g) 直接利用建筑构件的水平遮阳；(h) 遮阳板与阳台结合；(i) 可调整角度的水平遮阳；(j) 竖向垂直遮阳板 (可调整角度)；(k) 带百叶的阳台；(l) 竖向固定垂直遮阳板；(m) 箱形综合遮阳形式；(n) 高度、深度不等的箱形遮阳形式

（2）各种遮阳形式的遮影图

方案设计阶段可根据该地区需要遮阳的时间确定遮影图，然后根据遮影图选择合适的遮阳形式。一般来说，一种遮影图可以通过不同遮阳形式获得，如图7－51、图7－52所示。选择何种遮阳形式就需要建筑师根据方案的最终形式来决定。

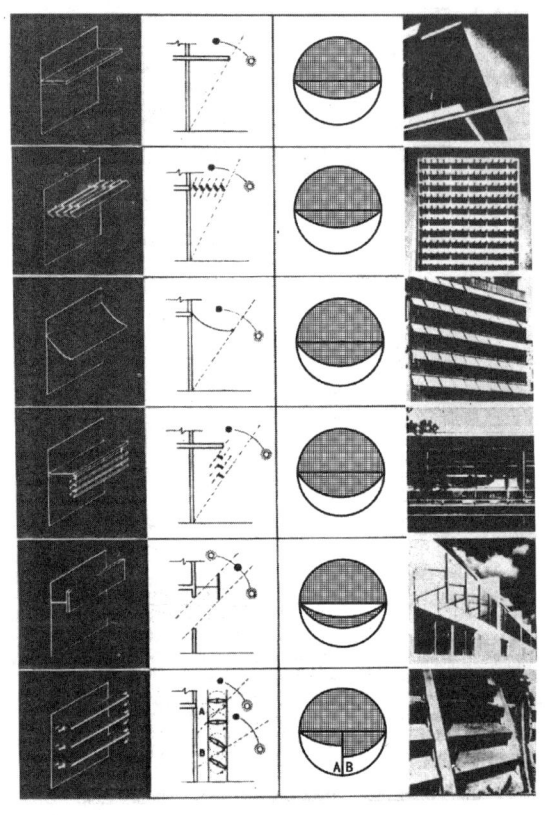

图7－51　各种水平遮阳形式的遮影图

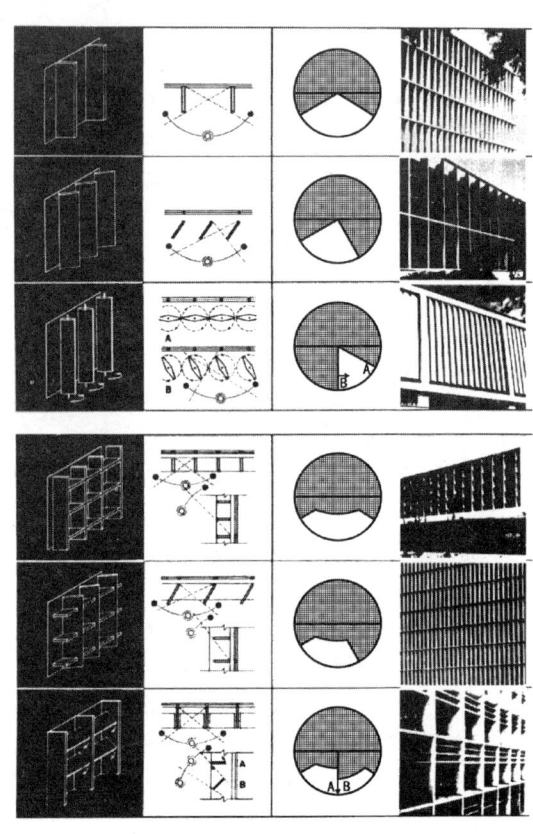

图7－52　各种垂直与综合遮阳形式的遮影图

确定遮阳设计时，首先需要确定一些设计参数，包括：

① 遮阳的时间。即一年中哪些天，一天当中的哪些时段需要遮阳；

② 根据遮阳时间遮影图，提出合适的遮阳形式。

遮阳时间的确定和室外气候条件及建筑特性有关系。比如说某些地方住宅建筑的北向房间在一年当中存在过热的时间比其他方向的房间短。又比如，对内热源较大的办公建筑其南向房间的过热期可能是住宅建筑南向房间的两到三倍。

因此，确定遮阳时间有两种方法：一种是利用建筑的平衡温度确定建筑的过热时间；一种是直接将室外气温超过舒适温度的时间称为过热时期。

① 平衡温度确定法

平衡温度指建筑开始需要采暖或空调时对应的室外温度。当室外温度超过该建筑的平衡温度时，建筑就需要设置遮阳设施。平衡温度的确定不仅决定于室外气候条件，同时和建筑的使用性质有很大关系。当建筑内热源大时，如灯光、设备、人员多，平衡温度就

低，需要的遮阳时间就长。平衡温度法主要用于对不同类型建筑进行有针对性的分析。

② 过热时间分析方法

在对建筑气候的分析过程中，提出遮阳的温度线为舒适温度上限。只要温度超过这个舒适温度时就要考虑遮阳设计。因此，利用典型日平均温度值和舒适温度的关系就可以确定一个地区的过热时间。过热时间分析考虑了室外气候对人体舒适度的影响，并不针对具体建筑形式，所以它可以直接用来分析一个地区的气候特征。为了和论文前面章节的分析数据的一致性，这里利用过热确定需要遮阳的时间。

现以西安、广州为例分析遮阳设计。西安及广州典型日隔时温度值平均气温见表 7-2 和表 7-3。将气温超过 21.7℃ 的温度值，即过热的时间段在表中表示出来，见阴影部分。由此得到西安地区从 5 月起至 9 月需要考虑设计遮阳板，遮挡 5 月至 9 月的太阳辐射，从正午12:00 至 18:00。同理，广州地区从 4 月至 11 月需要考虑遮阳，从上午 10:00 至下午 16:00 是需要遮阳的时间。

西安夏季典型日隔时温度（℃）　　　　表 7-2

时间	五月	六月	七月	八月	九月
6:00	13.8	18.8	21.6	21	15.5
8:00	14.8	20	22.5	22	16.2
10:00	20.5	26	23.8	26.8	20.8
12:00	23.8	29.6	25.5	29.5	23.2
14:00	25.8	31.6	32	31	24.7
16:00	24.5	30.5	31	30	23.8
18:00	21.8	27.5	28.5	27.8	21.8
20:00	18.5	24.2	26	24.5	21.5
22:00	17	22.5	25	24	19.5
0:00	16	21.2	23.8	23.2	17.2
2:00	15	20.2	23	22.5	16.7
4:00	14	19.2	22	21.5	16.2

广州夏季典型日隔时温度（℃）　　　　表 7-3

时间	四月	五月	六月	七月	八月	九月	十月	十一月
6:00	19.1	22.7	24.5	25.3	25.2	23.8	20.5	15.7
8:00	19.7	23.4	25.1	26.1	26	24.5	21.2	16.3
10:00	22.8	26.6	28.5	29.7	29.6	28.1	25.1	20.7
12:00	24.7	28.3	30.4	30.7	30.6	30.3	27.4	23.1
14:00	25.5	29.4	31.3	32.7	32.6	31.4	28.6	24.4
16:00	25	28.8	30.9	32	31.9	30.8	27.9	23.7

续表

时间	四月	五月	六月	七月	八月	九月	十月	十一月
18:00	23.5	27.2	29.2	30.4	30.3	29	26	21.5
20:00	21.8	25.6	27.5	28.5	28.4	27	23.9	19.3
22:00	21.1	24.8	26.8	27.8	27.7	26.1	23	18.3
0:00	20.5	24.1	26	26.9	26.8	25.4	22.1	17.5
2:00	19.9	23.7	25.5	26.3	26.2	24.8	21.5	16.8
4:00	19.4	23.1	24.9	25.8	25.7	24.1	20.8	16

将过热时间绘制在太阳轨迹图中，得到遮影范围（图 7 - 53）。图中阴影部分为需要遮挡的太阳高度角和方位角。根据不同遮阳形式的遮影图和图 7 - 54 所示的需要遮阳的遮影范围比较，得出水平或垂直遮阳板的有效遮阳角。

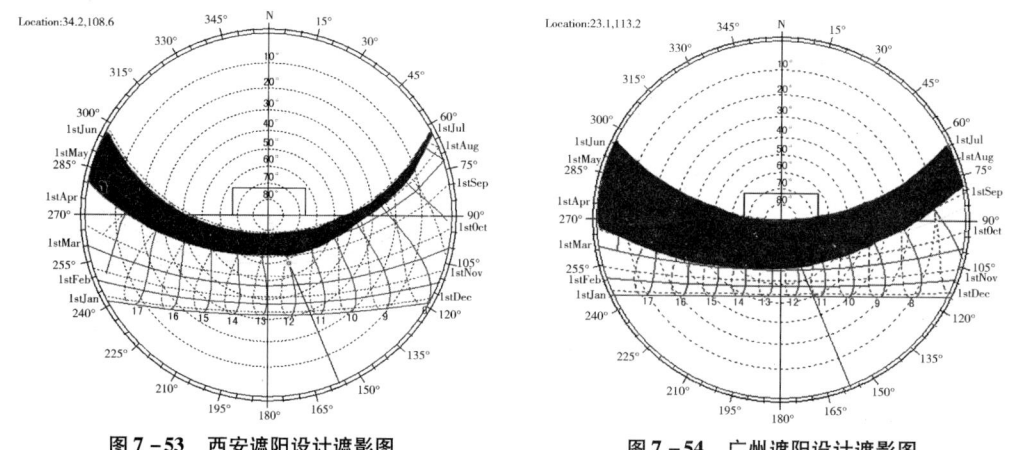

图 7 - 53　西安遮阳设计遮影图　　　　图 7 - 54　广州遮阳设计遮影图

由图 7 - 53、图 7 - 54 求得各朝向遮阳板的遮影角。

西安地区南向窗如果采用水平遮阳，垂直遮阳角度 θ 应为 73°。图 7 - 55 为几种遮影角度为 73°的不同遮阳板形式，建筑师可按照这种方法根据方案的需要选择合适的水平遮阳形式。

广州地区由于纬度低，需要遮阳的时间长，所以遮阳板的尺寸较西安大。其南向水平遮阳板的形式和图 7 - 55 相似，只是垂直遮阳角度 θ 变为 60°。

西安西向窗如果采用垂直遮阳形式，其水平遮阳角 δ 应为 - 28°（北偏西）至 50°（北偏东），遮阳形式见图 7 - 56。

2）设计要点及案例分析

（1）水平式遮阳

水平式遮阳能够有效地遮挡高度角较大的、从窗口上方投射下来的阳光，故适用于接近南向的窗口，或北回归线以南低纬度地区的北向附近的窗口。水平式遮阳必须与建筑结构相结合，因此仅限于新建的建筑。

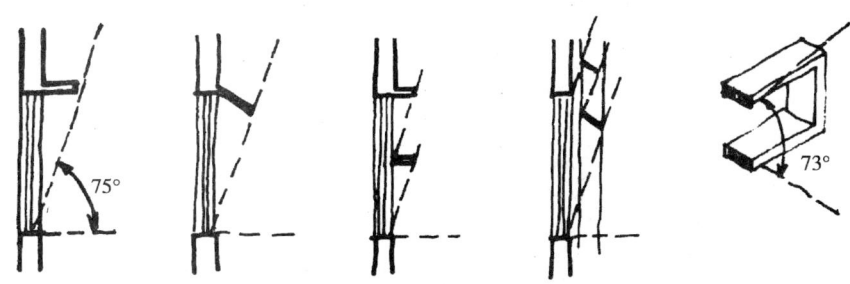

图 7-55　垂直遮阳角等于 73°的水平遮阳形式（适合西安南向窗）

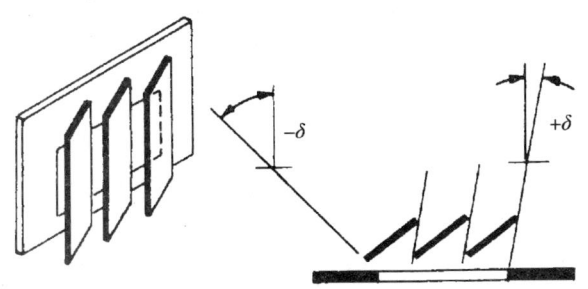

图 7-56　具有一定倾角的垂直遮阳板（适合西安东西向窗）

　　水平遮阳板的缺点是易受风荷载，在北方地区易积雪。如果窗户高度较大，为减小遮阳板出挑长度，可以使其边缘突出或向下倾斜，以减小出挑长度（图 7-57）；或沿窗户高度方向分层设置，美国新墨西哥州阿尔伯克基城的桑迪亚国家实验室南立面上的水平遮阳板起到了遮蔽中庭窗户的作用，并且构成了具有审美意义的醒目的建筑特征（图 7-58）；或在出挑方向变形成百叶（图 7-59），呈曲线排列的百叶曲率和尺寸应经过严格计算，以保证直射阳光不会照射到窗户上。水平百叶遮阳的另一好处是避免了热空气聚集在水平遮阳板下，并且还能减小雪荷载。

　　水平式遮阳板出挑长度 X 与被遮阳的窗口高度 Y 的比值 P（图 7-60）和当地纬度、遮阳时段有关。

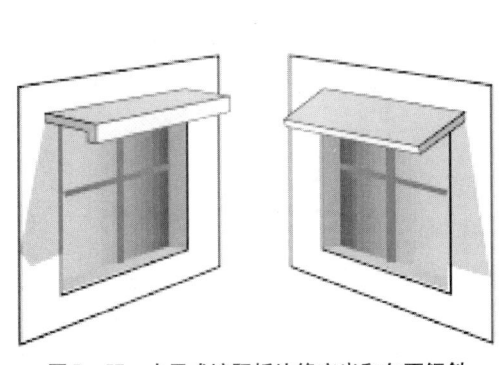

图 7-57　水平式遮阳板边缘突出和向下倾斜

图 7-58　桑迪亚国家实验室

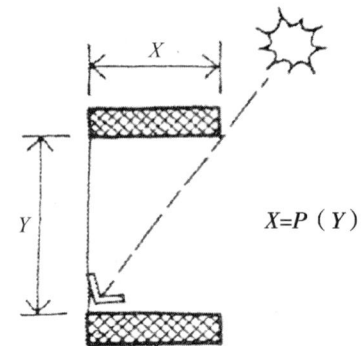

图 7-59　遮阳百叶　　　　　　　图 7-60　水平式遮阳板出挑长度计算

（2）垂直式遮阳

垂直式遮阳能够有效地遮挡高度角较大的、从窗侧斜射过来的阳光。但对于高度角较大的、从窗口上方投射下来的阳光，或接近日出、日落时平射来的阳光，不起遮挡作用。故主要适用于东北、北和西北向附近的窗口。

东西立面上的垂直式遮阳板的间距越小，长度越大，进入室内的阳光越少（图 7-61）。北立面上的垂直遮阳板可遮挡夏季早晨和黄昏从东北和西北方向斜射的阳光（图 7-62）。

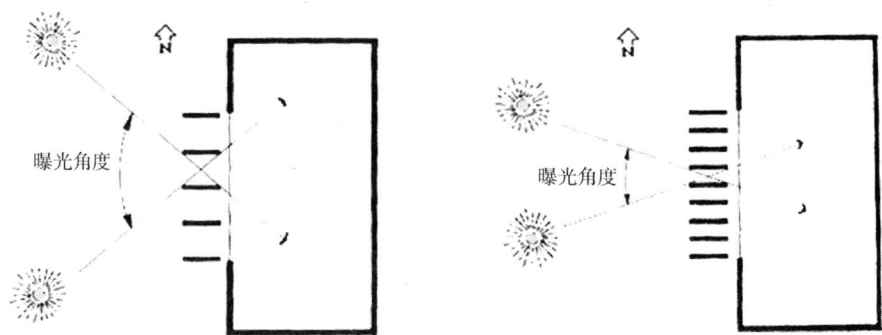

图 7-61　垂直式遮阳板间距和长度对遮阳效果影响示意图

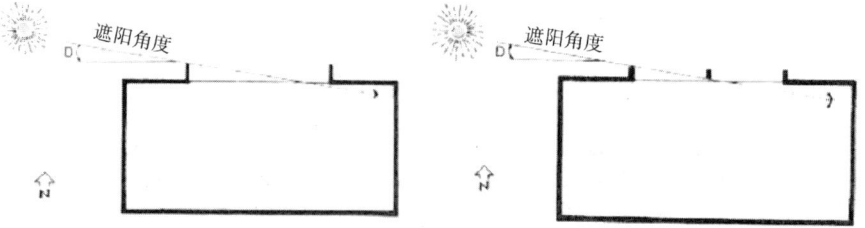

图 7-62　北立面垂直遮阳板

（3）综合式遮阳（格栅式遮阳）

综合式遮阳结合了前两者的优点，能够有效地遮挡中等高度角的、从窗前斜射下来的阳光，遮阳效果比较均匀，故主要适用于东南或西南向附近的窗口。美国科罗拉多州戈尔登市国家可再生能源实验室的热试验设施（图 7-63），高侧窗上的水平遮阳以及低窗的水平和垂直遮阳最大程度地利用自然采光，并将夏季太阳得热减到最少。

（4）挡板式遮阳

挡板式遮阳包括百叶、花格等，能够有效地遮挡高度角较小的、正射窗口的阳光。主要适用于东、西向附近的窗口。

在设计中往往根据实际情况和艺术构思综合运用，不拘于以上四种类型。勒·柯布西耶设计的印度艾哈迈达巴德的棉纺织（Millowner）协会大楼西立面上的格栅式遮阳，由水平遮阳板和成一定斜角的垂直遮阳板组合而成（图7-64），其中水平

图7-63　美国科罗拉多州戈尔登市国家可再生能源实验室

遮阳板遮挡刚到下午时的阳光，那时太阳高度角较大，而斜置的垂直遮阳板又类似于挡板式遮阳的形式，遮挡黄昏前低角度的西晒。

斜置式垂直遮阳板的方位角（图7-65）与当地纬度、遮阳时段有关。

图7-64　棉纺织协会大楼

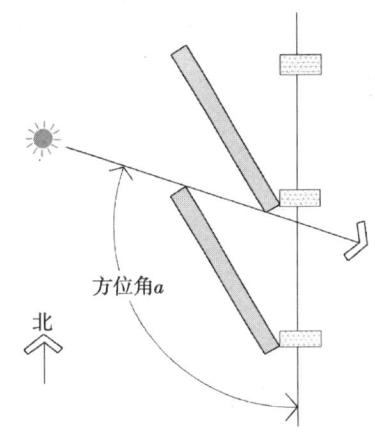

图7-65　斜置垂直遮阳板方位角

（5）活动式遮阳

有效的遮阳会对冬季太阳能采暖产生消极影响，活动式遮阳从某种程度上缓解了这种影响，能根据需要人工调节角度，几乎可以遮挡任何角度的直射阳光，太阳传感器自动控制的活动遮阳装置节能效果更佳，但其初始成本和维护成本都比固定遮阳要高很多。

活动式遮阳包括活动式水平遮阳板（图7-66），活动式垂直遮阳板（图7-67），活动式挡板遮阳板，即推拉式遮阳（图7-68），等等。

（6）绿化遮阳

除了以上遮阳形式，还可以利用绿化遮阳：植物除了在建筑室外环境中能起到调节微气候的作用，在现代建筑中也常常和建筑的立面相结合，这需要在设计方案阶段就将植物的种植和维护问题考虑在内。建筑师恩里克·布朗（Enrique Browne）和博尔雅于多布罗（Borja Huidobro）设计的智利圣地亚哥 Consorcio-Vida 办公楼利用种植架上的藤蔓植物来抵挡强烈的西晒，被称为"空中花园"。其种植架有 2~4 层高，距离外墙大约 1.5m，可阻挡大约 60% 的太阳得热（图7-69）。

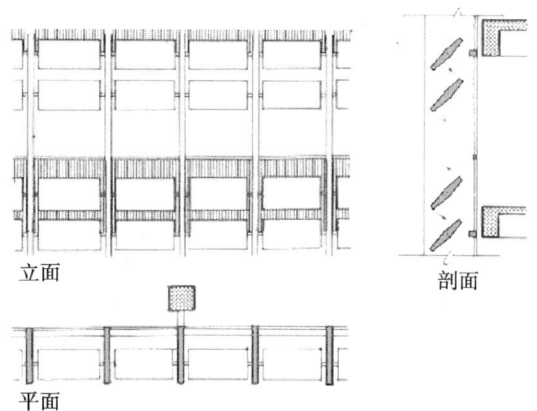

立面　　　剖面　　　平面

图 7-66　活动式水平遮阳板

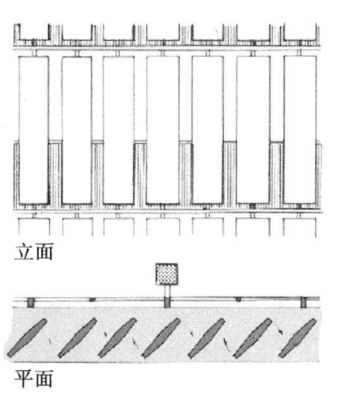

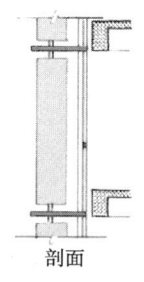

立面　　　剖面　　　平面

图 7-67　活动式垂直遮阳板

图 7-68　推拉式遮阳（活动式挡板遮阳）

图 7-69　绿化遮阳

（7）其他遮阳

① 阳台

阳台和水平遮阳板有同样的功效，并且为多层和高层建筑的使用者提供了接触室外自然环境的使用空间（图 7-70）。

② 外部卷帘

一般是铝制的。既可以遮阳，也起到安全防护作用。像室内卷帘一样，它们无方向性，室内采光效果不好。

③ 网孔材料

是用诸如玻璃纤维和塑料等材料编织成的松散织物。多数网孔材料无方向性，通过改变编织的方式也可以获得具有方向性的特征。这类材料主要的优点是造价低。

④ 凹窗

使用凹窗要求墙壁很厚，从效果上看，就是利用窗户周围的墙壁遮阳，很显然它只适合于新建建筑和较小的窗口（图 7-71）。凹窗不是控制阳光最合理的方法，通常这样设计是出于建筑风格的考虑，因为作为遮阳措施，它造价太高，并且浪费建筑的使用空间。然而，当气候条件决定了围护结构厚度很大时，凹窗也是有效可行的。

图 7-70　阳台遮阳

图 7-71　凹窗遮阳

⑤ 固定百叶

百叶的最佳朝向取决于玻璃的方向。南向百叶应是水平的；北向百叶应是竖直的；其他朝向，百叶可以是倾斜的。百叶可以如反光板般水平排列，也可以如软百叶帘般垂直排列，或者以任何角度排列，像遮阳篷一般。

⑥ 可拆卸遮阳

尽量避免使用根据季节拆卸的遮阳设施。来回拆装和存放这些物品令人烦扰，几年以后往往被丢弃。

表 7-4 中列出了一些常用的固定外遮阳板的适宜朝向和特点。

不同固定外遮阳的比较   表 7 – 4

图示	固定遮阳设施	最佳朝向	特点
	水平遮阳板	南	热空气聚集在遮阳板下；风、雪荷载大
	水平百叶，水平排列	南	空气流通自由；风雪荷载小；尺寸小
	水平百叶，竖直排列	南，东，西	减小了水平遮阳板出挑的长度；遮挡视线
	竖直挡板	南，东，西	空气流通自由；无雪荷载；遮挡视线
	垂直遮阳板	东，西，北	遮挡视线；在北立面使用时只适合炎热地区
	斜置的竖直遮阳板	东，西	向北倾斜；严重遮挡视线
	格栅式遮阳	东，西	适合非常炎热的地区；遮挡视线；热空气聚集

续表

图示	固定遮阳设施	最佳朝向	特点
	带有斜置竖直遮阳板的格栅式遮阳	东，西	向北倾斜；严重遮挡视线；适合非常炎热的地区；热空气聚集

7.4　地板

作为围护结构的一部分，地面的热工性能与人体的健康密切相关。除卧床休息以外，在室内的大部分时间人的脚部均与地面接触，人体为了保证健康，就必须维持与周围环境的热平衡关系，而使脚部大量失热。地面温度过低不但使人脚部感到寒冷不适，而且易患风湿、关节炎等各种疾病。另外，地面热工性能对室内气温有也很大的影响，良好的建筑地面，不但能提高室内热舒适度，而且有利于建筑的保温节能，应该引起足够的重视。

在围护结构的设计中，地板作为围护结构的一部分，除了应该满足基本的保温和面层舒适度的要求以外，还可以利用地板自身的特征将一些新的设计策略引入到建筑当中。例如，在地板中采用新的供暖方式地板辐射采暖就能够达到更加舒适节能的效果。通过对地板进行一些构造处理也能够达到很好的降温效果，如通风蓄热地板。这些新的构造方式为建筑节能提供了很好的途径。本节将对这些与地板相关的技术进行简要介绍。

7.4.1　地板保温措施

1）方法原理

为了减少热量的流失和不发生结露，对地板进行保温的基本要求与对屋顶和墙体的基本要求并无两样。地板下面的地面温度，在夏季时比室外气温要低而在冬季时比室外空气高。通过地板（或底层地面）的充分隔热，可以积极地利用地板下面空间的蓄热效果。

在进行地板设计时，需要考虑地板相邻空间对地板的热作用。一般来说，可以分为以下几种情况：

① 把地板相邻的空间当作外部来看，如与室外空气相邻的架空地板；

② 当作半户外空间；

③ 当作内部空间来考虑。

在进行地板设计时，应该首先确定地板所处的环境特征，在此基础上决定在哪些部位进行保温（隔热）设计，以及如何进行设计。

对于直接接触土的地板，可以有效利用其下部土的热容量，同时结合太阳辐射的利用进行地板蓄热。但是同时应该注意房间周边低温部位的保温。

对于不直接接触土的地板，按照具体的环境特征来考虑。我国国家规范中对这一情况给出了传热系数的限值以防止过多热量的散失。

2）设计要点

首选，直接接触土的地面要进行面层材料的选择和保温设计。

面层材料选择可根据我国《民用建筑热工设计规范》GB 50176—93，表 7 – 5 的规定：高级居住建筑宜采用 I 类地面；对地面热工性能有一般要求的居住建筑可采用不低于 II 类的地面。地面面层材料的热工性能是靠吸热指数来衡量的，与材料的导热系数和比热容有关。

① 我国采暖居住建筑地面的表面温度较低，特别是靠近外墙部分的地表温度常常低于露点温度。为提高采暖建筑地面的保温水平并有效地节能，严寒地区及寒冷地区地面设计应铺设保温层，如采用碎砖灌浆保温时，厚度应为 100 ~ 150mm。对于周边无采暖管沟的采暖建筑地面，沿外墙内 0.5 ~ 1.5m 的范围内应加铺保温带，热阻不得低于外墙的热阻。具体做法可参照图 7 – 72 所示地面的局部保温措施。

<table>
<tr><td colspan="2">不同气候区地面和地下室外墙热阻限值</td><td>表 7 –5</td></tr>
<tr><td>气候分区</td><td>围护结构部位</td><td>热阻 R（$m^2 \cdot K/W$）</td></tr>
<tr><td rowspan="2">严寒地区 A 区</td><td>地面：周边地面
非周边地面</td><td>≥2.0
≥1.8</td></tr>
<tr><td>采暖地下室外墙（与土接触的墙）</td><td>≥2.0</td></tr>
<tr><td rowspan="2">严寒地区 B 区</td><td>地面：周边地面
非周边地面</td><td>≥2.0
≥1.8</td></tr>
<tr><td>采暖地下室外墙（与土接触的墙）</td><td>≥1.8</td></tr>
<tr><td rowspan="2">寒冷地区</td><td>地面：周边地面
非周边地面</td><td>≥1.5</td></tr>
<tr><td>采暖、空调地下室外墙（与土接触的墙）</td><td>≥1.5</td></tr>
<tr><td rowspan="2">夏热冬冷地区</td><td>地面</td><td>≥1.2</td></tr>
<tr><td>地下室外墙（与土接触的墙）</td><td>≥1.2</td></tr>
<tr><td rowspan="2">夏热冬暖地区</td><td>地面</td><td>≥1.0</td></tr>
<tr><td>地下室外墙（与土接触的墙）</td><td>≥1.0</td></tr>
</table>

注：周边地面系指距外墙内表面 2m 以内的地面；
　　地面热阻系指建筑基础持力层以上各层材料的热阻之和；
　　地下室外墙热阻系指土壤以内各层材料的热阻之和。

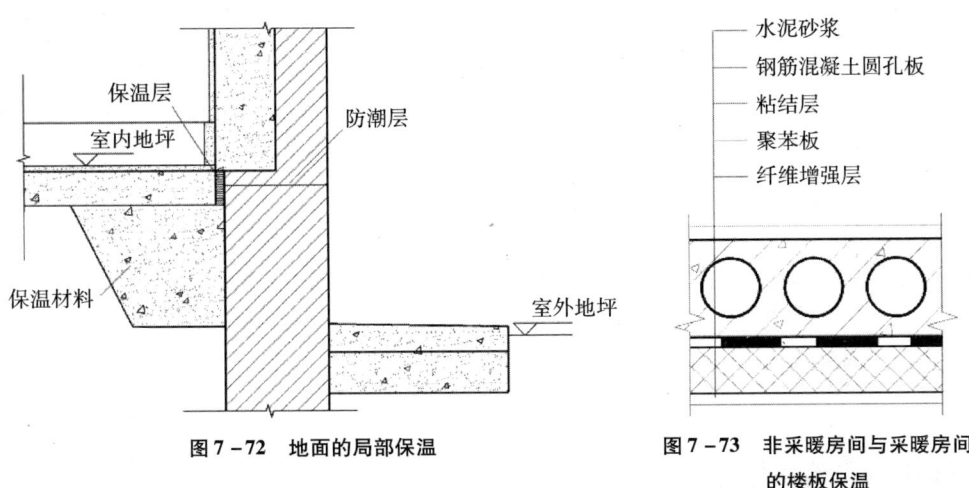

图 7 – 72　地面的局部保温　　　　　　图 7 – 73　非采暖房间与采暖房间
　　　　　　　　　　　　　　　　　　　　　　　　　的楼板保温

另外，针对建筑中的一些实际问题，下面的一些地板保温方式（图 7 – 74）也可以考虑采用。

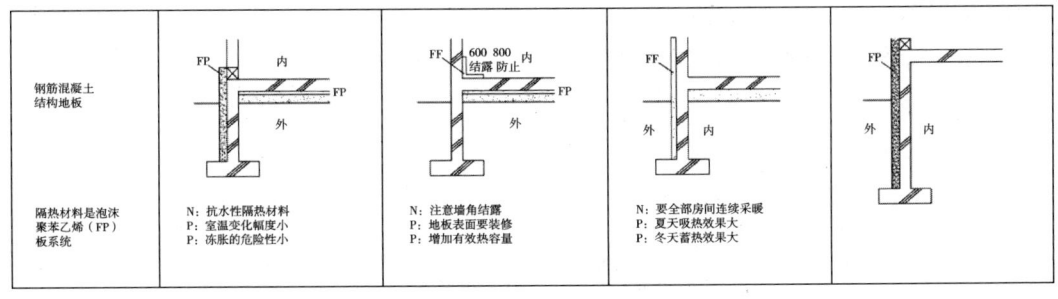

图 7 – 74　地板保温构造形式

② 对于接触室外空气的架空或外挑楼板（如骑楼、过街楼的楼板），以及非采暖房间与采暖房间的楼板（如作为车库的地下室上部的楼板），应采取保温措施，可在楼板下粘贴聚苯板（图 7 – 73）。这种楼板的传热系数应满足表 7 – 6 规定。

特殊部位的传热系数　　　　　　　　　　　　　　　表 7 – 6

气候分区		传热系数 K [W/(m²·K)]	
		底面接触室外空气的架空或外挑楼板	非采暖（空调）房间与采暖（空调）房间的楼板
严寒地区 A 区	体形系数≤0.3	≤0.45	≤0.60
	0.3<体形系数≤0.4	≤0.40	≤0.60
严寒地区 B 区	体形系数≤0.3	≤0.50	≤0.80
	0.3<体形系数≤0.4	≤0.45	≤0.80

续表

气候分区		传热系数 K [W /(m² · K)]	
		底面接触室外空气的架空或外挑楼板	非采暖（空调）房间与采暖（空调）房间的楼板
寒冷地区	体形系数≤0.3	≤0.60	≤1.5
	0.3＜体形系数≤0.4	≤0.50	≤1.5
夏热冬冷地区		≤1.0	—
夏热冬暖地区		≤1.5	—

7.4.2 地板通风蓄热措施

1）方法原理

利用建筑围护结构的蓄热性与夜间通风降温方式适合于夏季室外温差大的气候条件。白天室外温度过高，通风会给室内带来多余的热量。因此，白天需要关闭门窗，利用高蓄热性结构材料吸收室外传来的热量。到了夜间温度降下来的时候，打开门窗使建筑充分通风，将储存在结构层内的热量尽快释放出来，如图 7 - 75 所示。

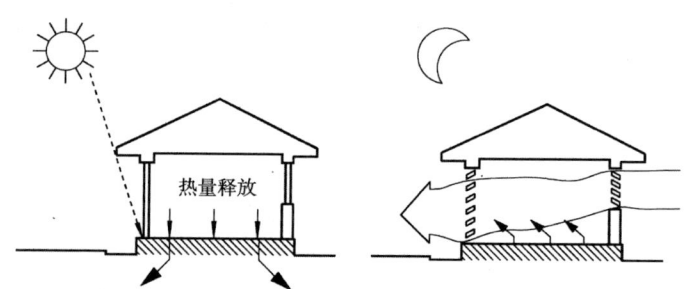

热量释放

图 7 - 75 夜间通风与蓄热结合的降温方式

2）设计要点

① 建筑需要具有足够的蓄热体降低室外温度波动，降低最高温度值；

② 蓄热体需要在室内均匀布置；

③ 夜间有足够的通风使白天储存在材料内的热量尽快散失，降低结构层内表面的温度。

建筑的地面在围护结构中占有很大的面积，并且通过布置夹层等方式可以方便地布置蓄热体，所以在夜间通风蓄热技术的应用中，经常利用地面布置蓄热体。如图 7 - 76 所示的是地面作为蓄热体时与房间的换热方式。

3）案例分析

（1）东门（Eastgate）大楼（图 7 - 77）

图 7 - 77 是位于热带高海拔的津巴布韦哈拉雷地区的一个办公建筑东门大楼是利用建

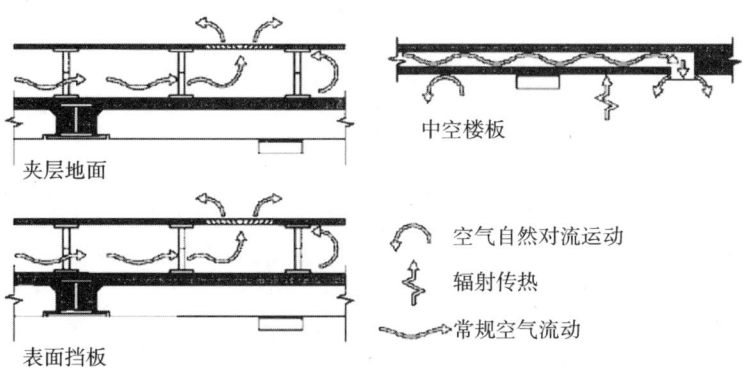

中空楼板

夹层地面

空气自然对流运动

辐射传热

常规空气流动

表面挡板

图 7 - 76　楼板和地面作为夜间通风的蓄热体

图 7 - 77　利用热质量的夜间通风办公建筑设计

筑结构的蓄热性与夜间通风的设计实例。这项著名的工程利用了很多已确定的原则，在减少能源消耗方面获得了引人注目的效果。哈拉雷的气候特别舒适、温暖和干燥，只有短暂的高温潮湿天气。全年夜晚清凉，使得建筑整晚可以通过对流和辐射降温，为第二天做准备。

　　该建筑在中庭布置了 32 个竖向的通风井。在机械换气扇的帮助下，夜晚的室外凉爽空气通过房间的双层地板，包括预制的混凝土浇筑的曲径楼板，首先降低地板表面的温度，气流通过窗台下面周边的铁格子散出，流经顶棚后通过热压通风塔排出室外。这种设计可以使夜间的通风换气次数达到 7 次/小时。

　　这种降温方法的效果与蓄热体的蓄热性大小和蓄热能力有关。由于设计时需要将蓄热材料和建筑的结构协调起来考虑，因此，蓄热体面积通常为地板面积的 1/3 至 1 倍。

（2）BRE 办公楼（图 7 - 78、图 7 - 79）

BRE 办公楼（图 7 - 78）的楼板设计成为控制建筑温度不可或缺的有机部分，它为建筑提供了蓄热、通风路径和内嵌的采暖和制冷用管道。这一楼板/顶棚复合结构由 75mm 厚预制的正弦曲线壳体形成暴露在外的顶棚，覆盖着一层现浇混凝土，采暖/制冷管道和通风路径交替布置，采暖/制冷管道上面是抹平的地面，通风路径上面是架空的地面。楼板为下层空间提供通风，为上层空间提供水暖和水冷（图 7 - 79）。暴露的楼板/顶棚结构，包括波浪形顶棚所增加的表面积，为建筑提供了大面积的蓄热体。其他节能增效的手段还包括围护结构中 100mm 的保温层和 Low-e 充氩双层玻璃。蓄热体的运用将白天温度峰值转移到了夜晚，结合夜间通风措施为楼板降温，以降低白天的制冷负荷。

图 7 - 78　BRE 办公楼

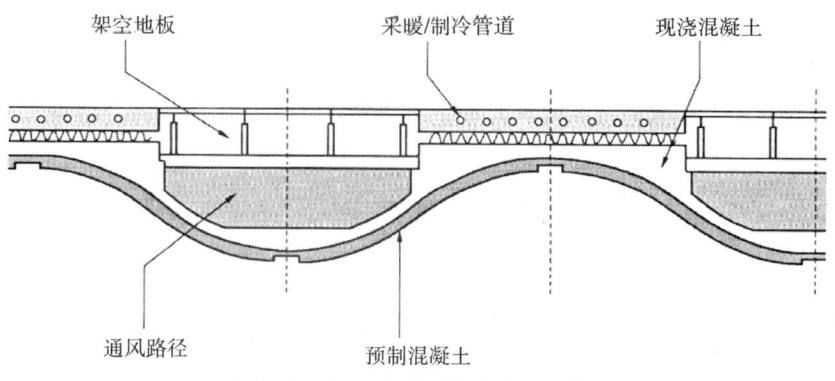

图 7 - 79　BRE 办公楼的蓄热楼板设计

（3）巴克莱卡公司总部（图 7 – 80、图 7 – 81）

1996 年建成的巴克莱卡公司总部是当代英国低能耗、混合模式写字楼的典范（见图 7 – 80），地处温带气候区，建筑成本 370 万英镑，建筑面积为 37500m²。该建筑位于英国中部北安普敦近郊的一个商业园区内，为典型的温带气候，夏季气候比较温和，但冬季则相当寒冷。建筑内容纳了 2300 人的公司员工，同时还有其他特别的要求，因此大量电脑等电子设备的广泛使用使得内部热荷载较高。

图 7 – 80　巴克莱卡公司总部

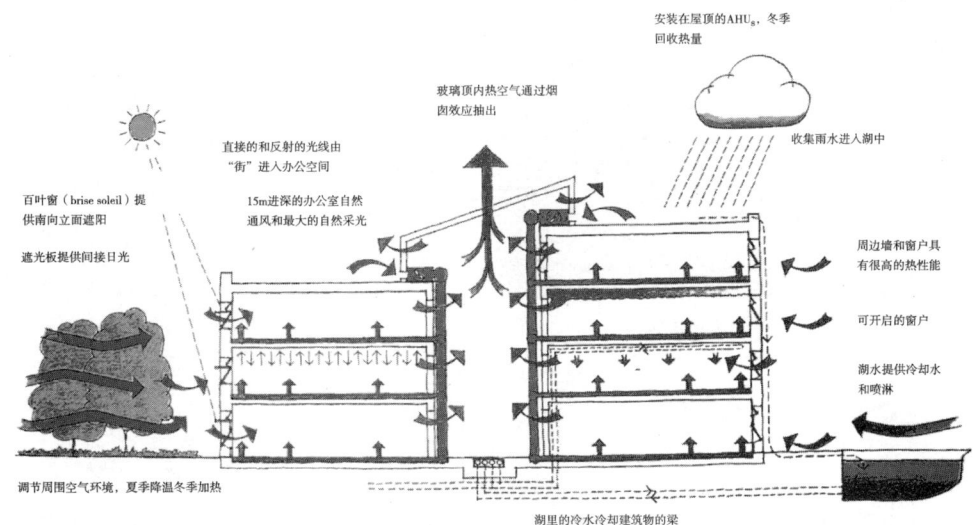

图 7 – 81　巴克莱卡公司总部蓄热通风示意图

　　该方案包括两排15m宽的可以自然采光和自然通风的开敞办公区，中间是一条9m宽的带形玻璃中庭。建筑北面建有一个人工湖作为微气候环境的调节装置（图7-81）。玻璃幕墙的主立面面向湖面，南侧墙面由现浇混凝土板和石板组成。混凝土框架结构内部中空，以容纳各种管线。另外由混凝土拱腹形成的顶棚形成巨大的拔风效应。每层的净空较高，通过建筑结构体自身的热学性能还可为建筑提供自然热平衡。

　　大楼的运行按照三种季节模式来操作。春秋两季，自然风通过打开的窗户进入室内，经过办公室到达门庭。夏季，通过地板的缝隙输送机械风，到了晚上还起到净化的作用。如果需要进一步的降温则通过天花板中的管道将热空气经湖水冷却后再循环至室内。冬季，利用天然气锅炉通过环形管道为各个建筑空间提供热量。检测结果表明，这栋绿色生态办公楼95%的面积有自然通风，100%的面积为自然采光。

　　（4）汤姆森公司总部（图7-82、图7-83）

　　这个广告代理公司的总部坐落在法兰克福东部一个伸出的绿化带的北端，平行于大楼的北边是一条繁华的公路，南面是码头区。从主楼直角处的入口穿过一个小接待区（包括一个广告区）就可进入大楼内部，如图7-82、图7-83所示。

　　为了保温，建筑采用了裸露的水泥顶棚以储存热量，控制通风设备保持热平衡。新鲜空气从抬高的地板系统输入到楼内，该系统也被用来铺设计算机和通信电缆口。当混浊空气从房间上方吸出去时，热量传递给刚输入的新鲜空气。

图7-82　汤姆森公司总部

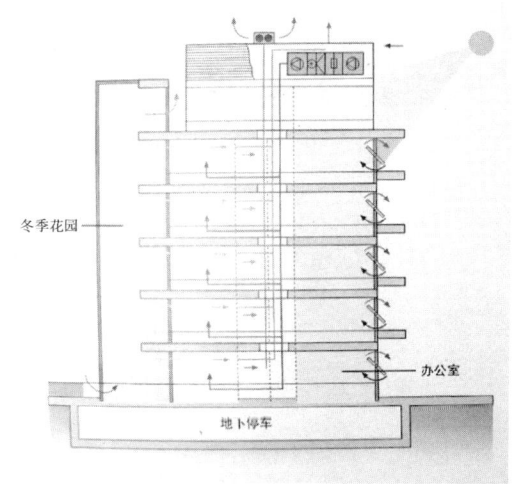

图7-83　汤姆森公司总部办公大楼剖面图

7.4.3　地板中的蓄热体措施

1）方法原理

　　被动式采暖和制冷系统中，在建筑结构之外增加蓄热能力常常是有利的。通常为增强地板的蓄热性能，会在室内地板下设置卵石床来增加室内的蓄热容量，以增强空间在冬季的采暖保温作用。卵石床设于地板下，既不占用空间面积，也不会影响建筑的使用，同时

卵石床还可以通过地板辐射供暖，因此在地板下增设卵石床是十分可取的。在卵石床采暖系统中，风扇和管道将空气从热区域引入室内，如阳光间的顶部或特朗勃墙前面。通过卵石床热量传递给卵石，然后空气再次流通到热空间，收集更多的热量。夜间需要热量时，空气从使用空间引入到卵石床，带走热量，再循环回到使用空间。几小时后需要从蓄热体中获取热量时，地板通过辐射向空间供暖。

制冷用的卵石床与供暖用的原理相似，不同之处在于冷空气通常来源于室外。在昼夜温差大的气候区，夜间将室外冷空气引入卵石床。在干热气候区，卵石床可以通过机械蒸发冷却器处理的冷空气降温。

2）设计要点

卵石床应该设置在地板底层。除了要传递热量的表面如地面层，其他表面都应该采取保温措施。卵石床的最大深度应该在 1.2m 以内，卵石粒径大约 20～38mm。

辅助卵石床吸收和放出热量的风扇常常是传统空调采暖系统的一部分。卵石床的大小与引入空气温度、需要蓄热量、卵石大小和气流速度有关。图 7-84 中分别表示了阳光间

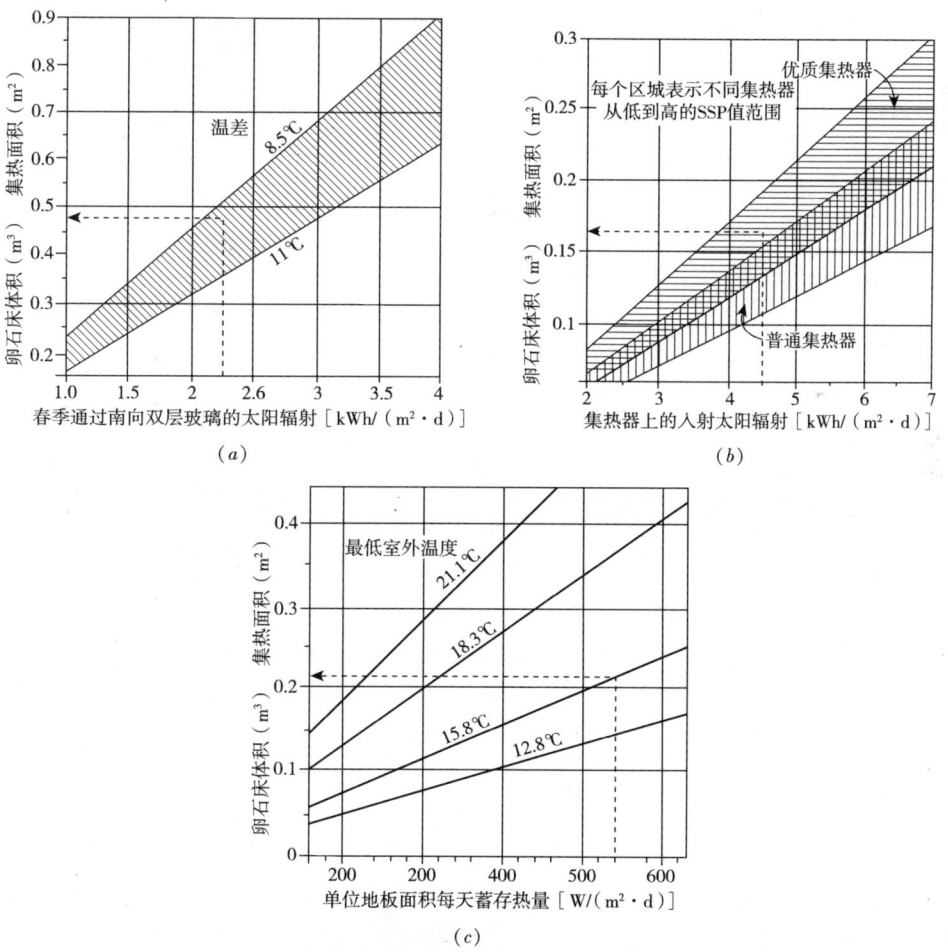

图 7-84　阳光间和蓄热墙、空气集热器以及夜间降温所需的卵石床大小的估算方法

（a）阳光间和蓄热墙所需卵石床大小；（b）空气集热器所需卵石床大小；（c）夜间降温所需卵石床大小

和蓄热墙、空气集热器以及夜间降温所需的卵石床大小的估算方法。

3）案例分析

新泽西普林斯顿专业公园（图 7 – 85）

哈里森·弗雷克（Harrison Fraker）设计的新泽西普林斯顿专业公园中，地下卵石床既可以蓄存热量，也可以蓄存冷量（图 7 – 85）。冬季白天，热空气从太阳能加热的中庭顶部引入到卵石床，空气把热量传递给卵石，然后回到中庭再次加热。夜间，热量通过两个途径从卵石床传给空间：直接通过传导加热地板，然后辐射给空间；通过主动系统加热空气。

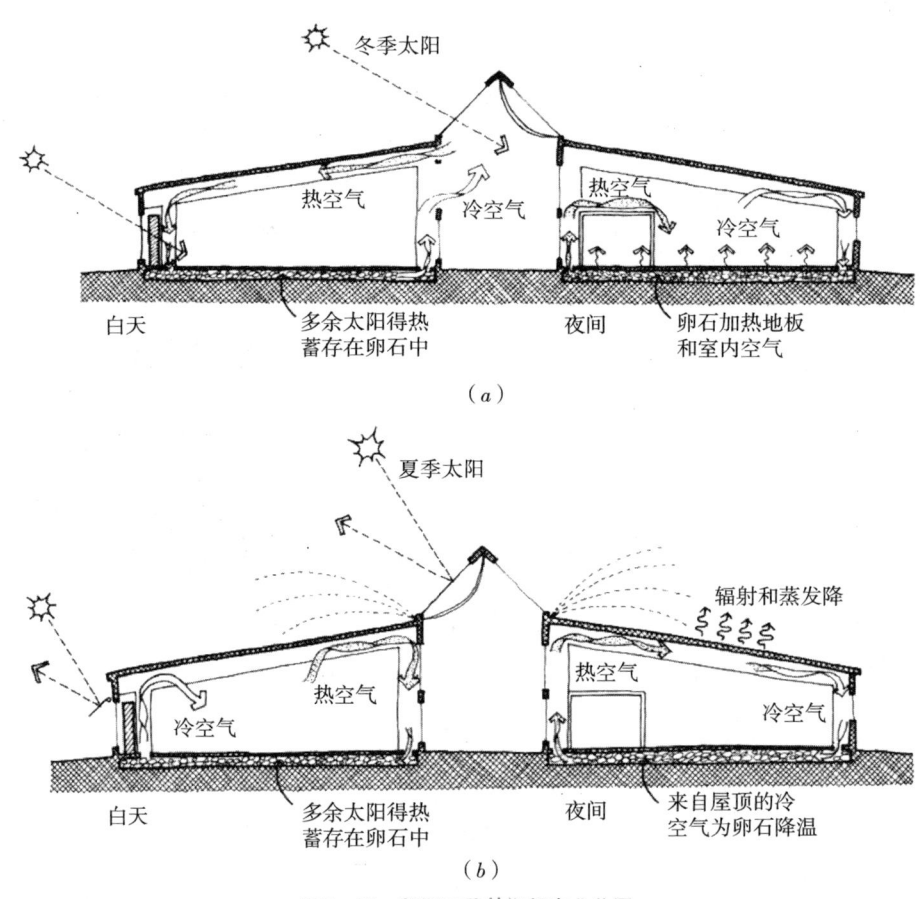

图 7 –85　新泽西普林斯顿专业公园
(a) 冬季采暖模式；(b) 夏季制冷模式

7.5　屋顶

适应气候的屋顶结构就好像给建筑戴上了一顶"帽子"，能充分利用建筑外部微气候条件来改善室内气候环境，并减弱极端气候状况对建筑产生的不利影响。屋顶受到太阳辐射和空气温度的综合作用，对室内的热舒适影响是很大的。夏季屋顶受到的太阳辐

射热量比墙面大的多，需要采取措施减弱太阳辐射对屋顶的直接加热作用；冬季，从屋顶散失的热量同样会影响室内的热舒适环境，导致建筑供暖消耗过大。因此需要建立具有热缓冲功能的屋顶，以有效地减弱和延缓室外温度变化对室内热环境的影响。在进行屋顶设计时，应尽可能地利用气候要素的自身特点，结合一定的技术手段，有针对性的设置合理的蓄热、得热体系，通风体系以及隔热体系，以满足使用者对建筑室内舒适性的要求。

7.5.1　屋顶保温措施

1）方法原理

保温屋顶按稳定传热原理考虑其热工计算。墙体在稳定传热条件下防止室内热损失的主要措施是提高墙体的热阻，这一原则同样适用于屋面的保温，提高屋顶热阻的办法就是在屋面设置保温层。不同气候区屋面传热系数及热阻应符合表 7-7 规定。

不同气候区屋面传热系数限值　　　　　　　　　　　　　　　　表 7-7

气候分区		屋面传热系数 K [W/(m²·K)]	屋面传热阻 R (m²·K/W)
严寒地区 A 区	体形系数≤0.3	≤0.35	≥2.86
	0.3<体形系数≤0.4	≤0.30	≥3.33
严寒地区 B 区	体形系数≤0.3	≤0.45	≥2.22
	0.3<体形系数≤0.4	≤0.35	≥2.86
寒冷地区	体形系数≤0.3	≤0.55	≥1.82
	0.3<体形系数≤0.4	≤0.45	≥2.22
夏热冬冷地区		≤0.70	≥1.43
夏热冬暖地区		≤0.90	≥1.11

2）技术要点

（1）平屋顶的保温构造

平屋顶的屋面坡度较缓，宜在屋面的结构层上放置保温层。保温层的位置有两种处理方式。

① 正置式保温屋面

工程中常用的保温材料如水泥膨胀珍珠岩、水泥蛭石、矿棉岩棉等都是非憎水性的，这类保温材料如果吸湿后，其导热系数将陡增，所以普通保温屋面中需要将保温层放在结构层之上，防水层之下，成为封闭的保温层。这种方式通常叫做正置式保温，也叫做内置式保温。图 7-86 为正置式油毡平屋顶保温屋面构造。与非保温屋面不同的是增加了保温层和保温层上下的找平层及隔汽层。

首先，正置式保温屋面构造复杂，从而增加了造价。其次，防水材料暴露于最上层，加速其老化，缩短了防水层的使用寿命，故应在防水层上加做保护层，这又将增加额外的投资。再次，对于封闭式保温层而言，施工中很难做到其含水率相当于自然风干状态下的含水率，会出现防水层起泡现象；如采用排汽屋面的话，则屋面上伸出大量排汽孔，不仅影响屋面使用和观瞻，而且人为地破坏了防水层的整体性。

② 倒置式保温屋面

倒置式保温屋面于 20 世纪 60 年代开始在德国和美国采用，其特点是保温层做在防水层之上，对防水层起到屏蔽和防护作用，使之不受阳光和气候变化的影响而温度变形较小，也不易受到来自外界的机械损伤。因此，倒置式屋面被认为是保温屋面构造设计的大趋势。

倒置式保温屋面的坡度不宜大于 3%。其保温材料应采用吸湿性小的憎水材料，如聚苯乙烯泡沫塑料板、聚氨酯泡沫塑料板等（图 7-87），不宜采用如加气混凝土或泡沫混凝土这类吸湿性强的保温材料。保温层上应铺设防护层，以防止保温层表面破损和延缓其老化过程。保护层应选择有一定重量、足以压住保温层的材料，使之不致在下雨时漂浮起来。可选择大粒径的石子或混凝土板作保护层，不能采用绿豆砂保护层。因此，倒置式屋面的保护层要比正置式的厚重一些。

倒置式保温屋面因其保温材料价格较高，一般适用于高标准建筑的保温屋面。

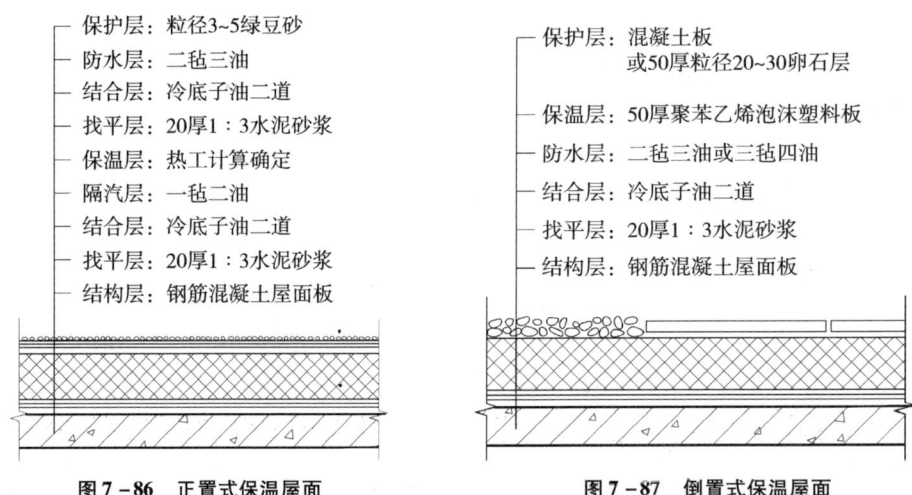

保护层：粒径3~5绿豆砂	保护层：混凝土板
防水层：二毡三油	或50厚粒径20~30卵石层
结合层：冷底子油二道	保温层：50厚聚苯乙烯泡沫塑料板
找平层：20厚1:3水泥砂浆	防水层：二毡三油或三毡四油
保温层：热工计算确定	结合层：冷底子油二道
隔汽层：一毡二油	找平层：20厚1:3水泥砂浆
结合层：冷底子油二道	结构层：钢筋混凝土屋面板
找平层：20厚1:3水泥砂浆	
结构层：钢筋混凝土屋面板	

图 7-86　正置式保温屋面　　　　　　图 7-87　倒置式保温屋面

（2）坡屋顶的保温构造

坡屋顶的保温层一般布置在瓦材下面、檩条之间或吊顶棚上面。保温材料可根据工程具体要求选用松散材料、整体材料或板状材料。例如在一般的小青瓦屋面中，可在基层上铺一层厚黏土稻草泥作为保温层，并将瓦粘结在基层上（图 7-88）。在平瓦屋面中，可将保温材料填塞在檩条之间（图 7-89）。在有吊顶的坡屋顶中，常将保温层铺设在顶棚上面，可以收到隔热、保温的双重功效（图 7-90）。

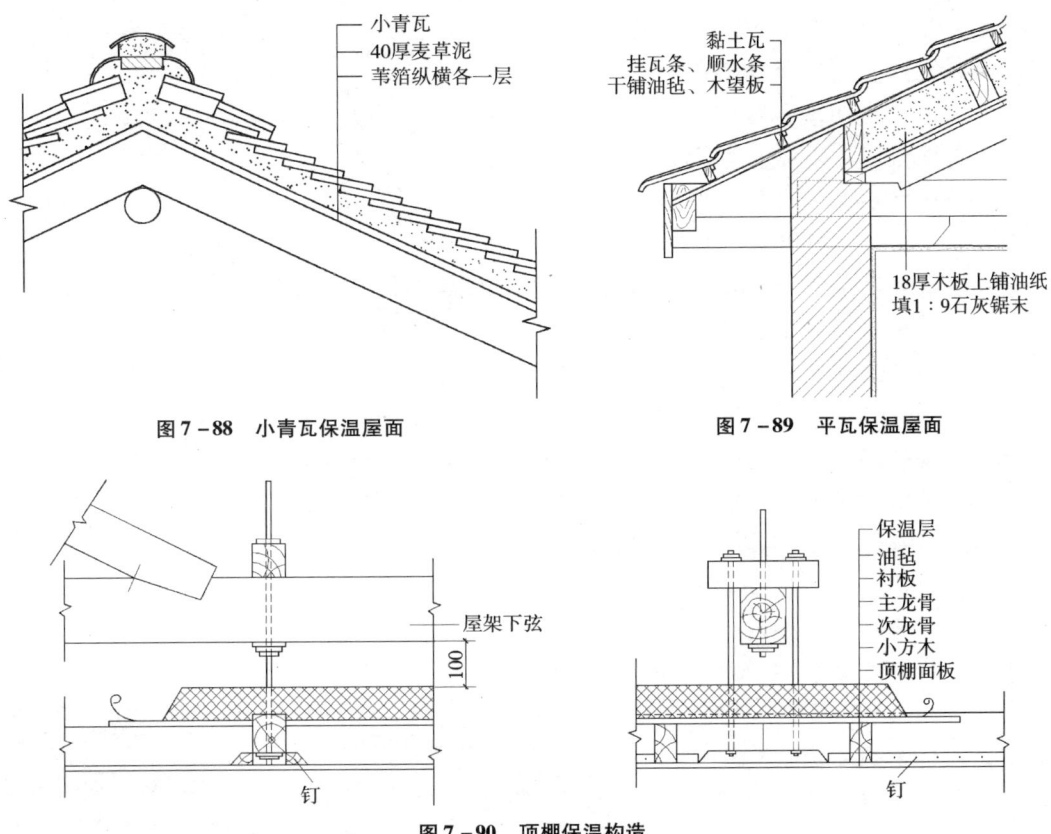

图 7-88 小青瓦保温屋面

图 7-89 平瓦保温屋面

图 7-90 顶棚保温构造

7.5.2 屋顶蓄热措施

（1）土蓄热屋顶

在一些山地地区结合地形将屋顶处理成了覆土形式，也能有效地隔绝外界环境气候要素的干扰。但在建筑屋顶处理手法上，比较常见的是将土和绿化相结合的种植屋面。在屋面上进行绿化种植可以将大量的屋顶得热吸收掉或反射出去，有效地阻止屋顶表面温度升高，从而降低屋顶下的温度。在平屋顶种植植被，利用植被蒸发水分、土蓄热的作用可在夏季给屋顶有效地降温。种植屋面具有良好的保温隔热性能，可改善室内热环境，降低能耗，改善微气候，减缓城市的热岛效应和温室效应，降低城市排水系统的负荷。公共建筑的屋顶花园还可为公众营造优美舒适的休憩环境。

在干、湿热地区绿化种植屋顶都可以起到有效的蓄热隔热作用，在寒冷地区亦可起到很好的保温作用。种植屋面应根据地域、气候、建筑环境、建筑功能等条件，选择相适应的屋面形式及植被种类。在少雨地区宜选用较耐旱的植物。夏季植物生长依赖人工浇灌，冬季草本植物枯死，所以停止灌溉。因此冬季种植土是干燥的，厚度宜为300mm，可视作保温层，所以不必另设保温层。由于降雨量少，人工浇灌的水也不太多，种植土中的多余水甚少，不会造成植物烂根，所以不必另设排水层。冬季严寒而夏季多雨的地区，排出明水不如用排水层作暗排好，所以在种植土下应设排水层。冬季种植土含水量仍旧大，冻结

之后降低保温能力，在防水层下还应加设保温层。南方气候温暖，夏季多雨，冬季不结冰，种植土中含水四季不减。特别是大雨之后，积水必须排出，以防止烂根，所以在种植土下应设排水层。因冬季不结冰，也不必另设保温层。

重庆建筑大学在"天奇花园"的设计中采用了蓄水覆土种植屋面，它由结构层、找平层、蓄水层、滤水层、种植层等构造层次组成（图7-91），具有极佳的隔热效果。

戴尔福特技术大学中心图书馆被设计成为一个具有风景意义的草坪。由于草坡材料的蓄热和保温隔热特性，其下的室内空间热环境几乎不受外界气温波动的影响，草坡屋顶使建筑具有独到的生态特性。图书馆中的各种功能空间就被掩映在草坡之下（图7-92）。

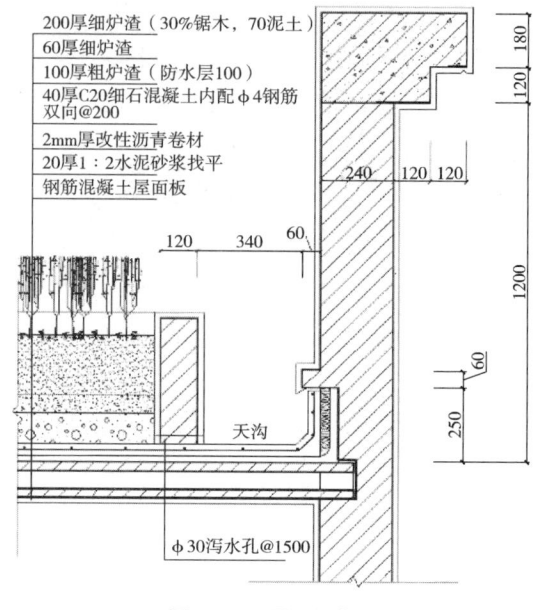

200厚细炉渣（30%锯木，70泥土）
60厚细炉渣
100厚粗炉渣（防水层100）
40厚C20细石混凝土内配φ4钢筋双向@200
2mm厚改性沥青卷材
20厚1：2水泥砂浆找平
钢筋混凝土屋面板

天沟

φ30泻水孔@1500

图7-91　屋面绿化

（2）水体蓄热屋顶

在夏季给屋顶蓄水，利用水体的蓄热容量大的特性来减少屋顶获得的太阳辐射量，大大减少了经屋顶传入室内的热量，减缓了屋面上所获得的热量向室内的传导，相应地降低了屋顶的内表面温度。一般水体蓄热降温是通过在屋顶上放置装水的黑色塑料水袋或设屋顶浅池，利用水作为蓄热介质和热导体，白天蓄热，晚上放热。

常见的蓄水屋面处理方式是将

图7-92　戴尔福特技术大学中心图书馆屋面

10~25cm深的水袋放在平坦的金属板上，其下侧形成天花表面，而顶层覆盖可移动的保温隔热层（图7-93）。冬季白天移开保温隔热层，水袋吸收太阳辐射热蓄热，夜间覆盖上保温隔热层，水和金属板向房间辐射热量，利用水体与屋顶之间发生热量传导，将水体中蓄存的热量向室内传递，以达到采暖的目的。在夏季正好相反，保温隔热层在白天关上，夜间打开。利用水的蓄热容量大的特性，可取得良好的夏季隔热效果。这种形式的蓄热屋顶在冬季采暖负荷不高而夏季又需要降温的情况下使用比较适宜，适合于冬季不太寒冷且纬度低的地区，而不宜在寒冷地区、地震地区和振动较大的建筑物上采用。

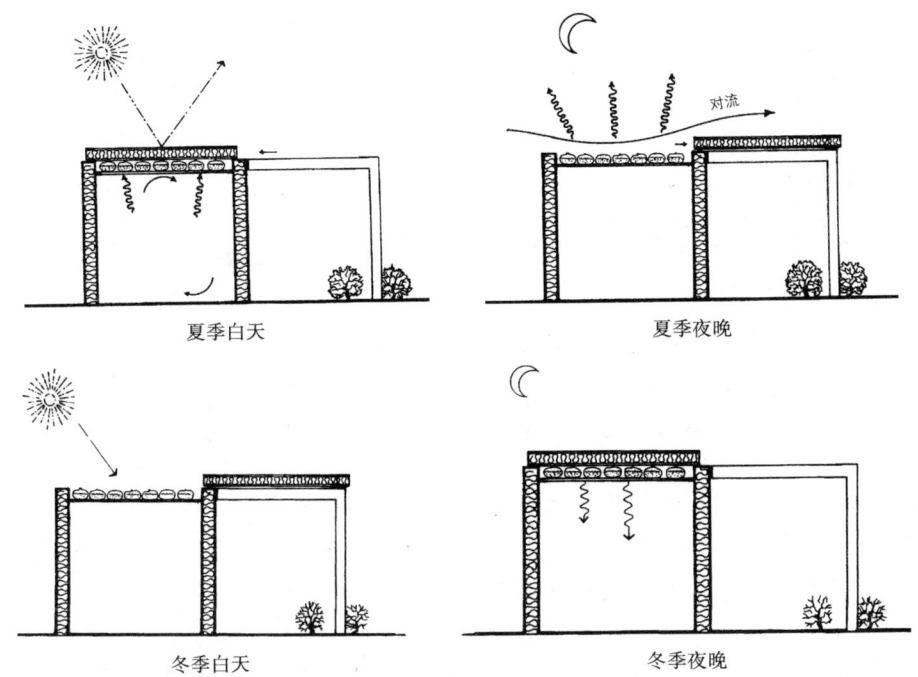

夏季白天 　　　　　　　　　　　　　夏季夜晚

冬季白天 　　　　　　　　　　　　　冬季夜晚

图 7 - 93 蓄水屋顶工作原理示意图

屋顶设置浅池时（图 7 - 94），坡度不宜大于 0.5%；应划分为若干蓄水区，每区的边长不宜大于 10m，在变形缝两侧应分成两个互不连通的蓄水区；长度超过 40m 的蓄水屋面应设分仓缝，分仓隔墙可采用混凝土或砖砌体；应设排水管、溢水口和给水管，排水管应与水落管或其他排水出口连通；蓄水深度宜为 150 ~ 200mm；泛水的防水层高度应高出溢水口 100mm；应设置人行通道。

（3）屋顶设相变蓄热材料

通常蓄热屋顶与屋顶天窗合用，屋顶覆盖保温性能良好的相变蓄热材料，蓄热介质由钢质隔栅支撑，利用导热性能好的材料如金属板充当室内顶棚，蓄热材料放置在顶棚之上，蓄存的热量在傍晚和晚上通过金属板传导至室内，也可以直接利用重质材料充当屋顶顶棚。与蓄热墙一样在顶棚上也可以开设通风口利用其内部热空气与室内冷空气的对流循环实现热传导。

如图 7 - 95 中利用窗户百页的反射作用将本来射向地板的太阳辐射反射至顶棚贮存起来，利用顶棚充当蓄热体，这样地面上的家具可以就随意布置而不会影响房间的热性能。

（4）空气集热屋面

空气集热屋面就是将建筑屋面作为集热部件，它有其特有的优势：不影响建筑立面；日照条件好，不受朝向影响，不易受到遮挡，可以充分地接受太阳辐射；系统可以紧贴屋顶结构安装，减少风力的不利影响；并且，集热器可替代隔热层遮蔽屋面。双层集热屋面的上层表面实际是太阳能集热器，收集太阳能加热间层中的空气。空气集热屋面根据其气流通路的不同，可分为两种类型：一种是封闭循环式的，间层中的空气和室内空气形成环

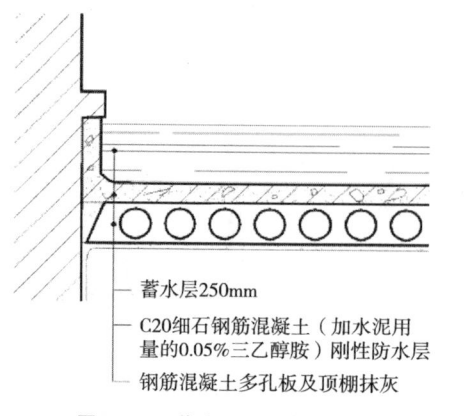

图7-94　蓄水屋面构造示意图

蓄水层250mm
C20细石钢筋混凝土（加水泥用量的0.05%三乙醇胺）刚性防水层
钢筋混凝土多孔板及顶棚抹灰

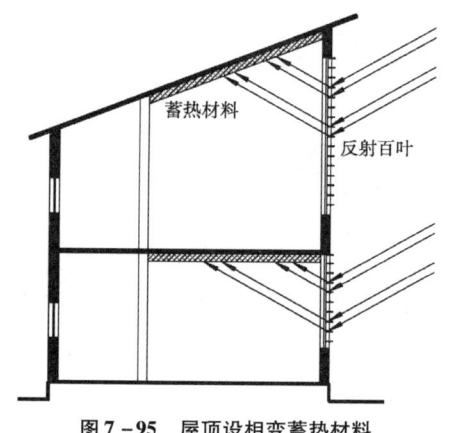

蓄热材料

反射百叶

图7-95　屋顶设相变蓄热材料

路，其原理类似于有通风口的特朗勃墙；另一种气流环路是开放式的，不断从檐下引入室外新鲜空气，在间层中预热，热空气上升，经风扇吹入室内，适合于白天需要大量新风的建筑，其原理类似于呼吸式太阳能集热墙。

日本的OM阳光体系住宅（图7-96）就利用了集热屋面及混凝土地板蓄热的系统。冬季室外空气被屋面下的通风槽引入，积蓄在屋檐下，被安装在屋顶上的玻璃集热板加热，上升至屋顶最高处，通过通气管和空气处理器进入垂直风道，转入地下室，加热室内水泥地板，同时热空气从地板通风口流入室内。夏季夜晚系统运行与冬季白天相同，但送入室内的是冷空气，起到降温作用。夏季白天积聚的热空气能够用来加热生活热水。

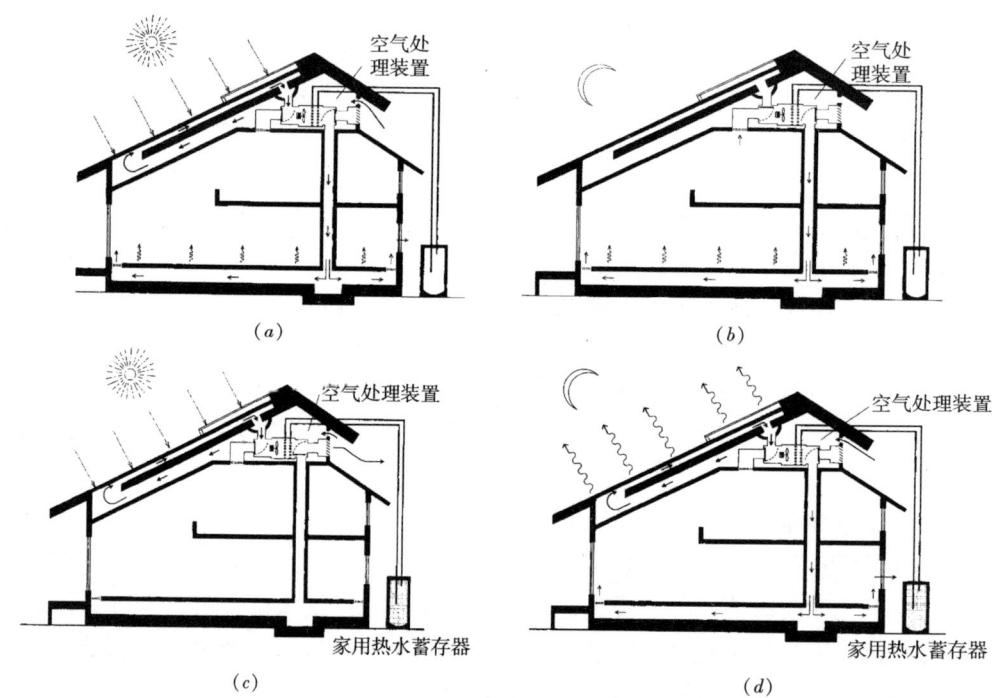

图7-96　OM阳光体系住宅集热式屋面工作模式

（a）冬季白天模式；（b）冬季夜晚模式；（c）夏季白天模式；（d）夏季夜晚模式

7.5.3　屋顶隔热措施

（1）风压通风的架空隔热屋面

架空通风隔热屋面通过在屋顶设置通风间层，上层表面遮挡阳光辐射，同时利用风压作用将间层中的热空气不断带走，降低屋顶内部表面温度，从而减弱了内部长波辐射传热，使通过屋面板传入室内的热量大为减少，从而达到隔热降温的目的。通风隔热屋面空气间层的设置通常有两种方式：一种是在屋面上做架空通风隔热间层，另一种是利用吊顶棚内的空间作通风间层。通风屋面的设计原理如图 7 - 97 所示。

通风屋面的一般构造做法是在楼板上设架空的大阶砖和水泥板，下层楼板做好保温和绝热，通常在间层下部铺设一层聚苯乙烯泡沫板、聚乙烯板等绝热材料，增加楼板的热阻，或在间层上部的大阶砖面贴敷铝箔以限制高温辐射（图 7 - 98）。此外，吊顶、顶棚通风隔热则是利用吊顶顶棚内的空间作通风间层，同样也可起到保温隔热作用，在平屋顶、坡屋顶中均可采用。如图 7 - 99 中通过山墙上开口或是屋脊、老虎窗等来达到对阁楼或顶棚通风的作用，从而有效改善室内热环境。通风屋面是一个减少降温负荷的策略，适用于炎热气候地区暴露于夏季强烈太阳辐射下的建筑，在通风较好的建筑上也可采用，其效果在夜间体现得尤其明显，但不宜在寒冷地区采用。架空隔热层的进风口宜设置在当地炎热季节最大频率风向的正压区，出风口宜设置在负压区。

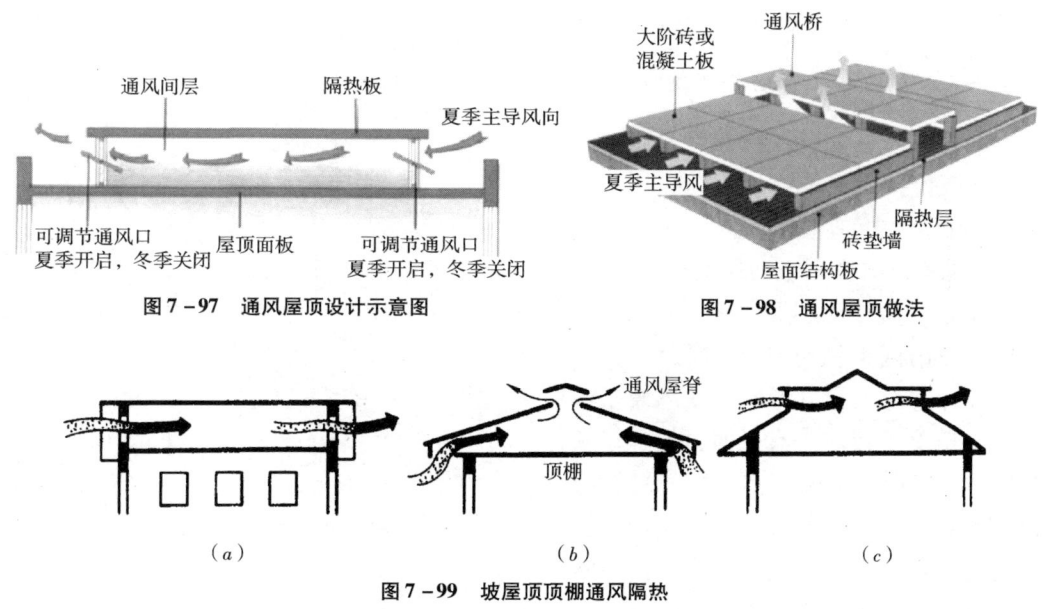

图 7 - 97　通风屋顶设计示意图

图 7 - 98　通风屋顶做法

图 7 - 99　坡屋顶顶棚通风隔热
（a）山墙通风；（b）檐下与屋脊通风；（c）老虎窗通风

美国驻伊拉克大使馆中使用了通风隔热屋面。该屋面顶部由预制的折叠式混凝土薄板构成，内侧是平整的石膏板，悬挂于折叠混凝土板底部，这样中间就形成了约 1m 的三角形空气腔，空腔的整个周边为连续的通风口，两端开口可排热（图 7 - 100）。

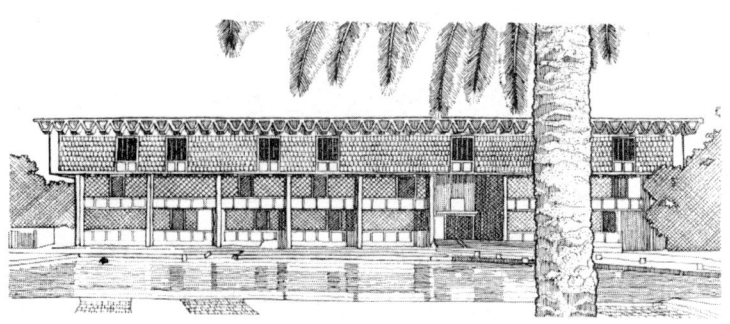

图 7 – 100　美国驻伊拉克大使馆

（2）热压通风隔热屋面

根据热压通风的原理可将屋顶设计成利于排热的形状。同时还可通过增大进出风口的空气压差来促进通风，有时使用排风帽，并在风帽顶面涂上黑色，或在屋顶设置太阳能烟囱，以增大进出风口的压差，使室内空气加速向上流动，以加强屋顶的热压通风效果（图 7 – 101）。

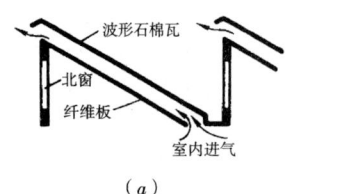
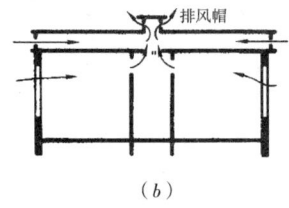
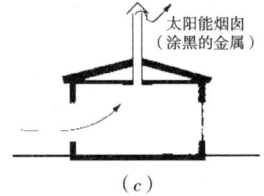

图 7 – 101　利用热压通风的屋顶

（a）利用高度差；（b）利用排风帽；（c）利用太阳能烟囱

查尔斯·柯里亚设计的"管式住宅"，运用地方廉价技术，把屋顶烟囱拔风原理应用于剖面设计中，屋顶天窗和庭院在竖向形成一个风道，结合利于通风的屋顶形式，使室内形成良好通风的效果（图 7 – 102）。

德国汉诺威世博会 26 号展厅，其屋顶在设计时进行了充分考虑，在屋脊上应用了"文丘里"效应。有风时，文丘里效应对室内空气产生抽吸作用，无风时，"烟囱"效应实现热压通风，从而保证良好的通风效果。新鲜空气在室内污染变热后上升至屋脊线连续的折板排出。这些折板能根据不同风向，以不同角度单独开启，以确保有效地自然通风。这种作用方式通过固定出口处的水平条状构件得以增强，创造出一种"文丘里"效应（图 7 – 103）。

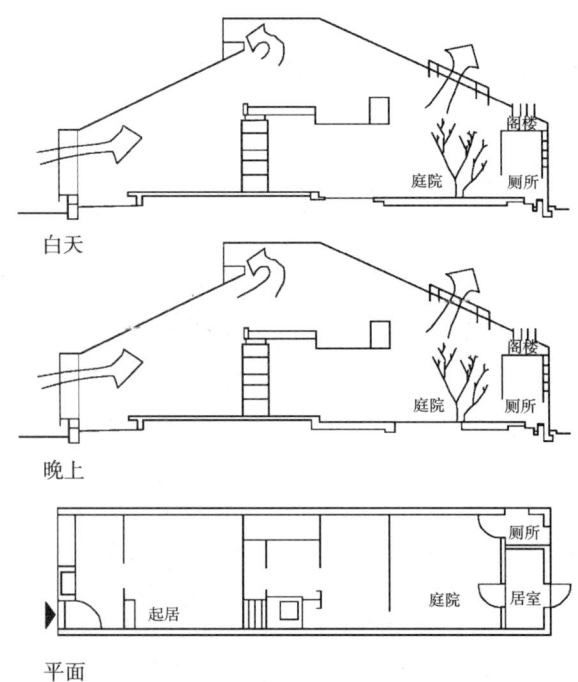

图 7 – 102　管式住宅利于通风的屋顶形状

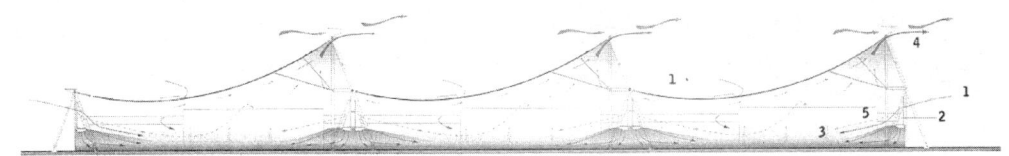

图 7 - 103　汉诺威 26 号展厅屋顶通风示意图

1—自然风从正面进入通风口；2—玻璃通风管道将冷空气散发到展厅中；3—空气吸收室内热量变热上升；
4—热空气从屋顶开口排出；5—预热的空气通过机械通风设备鼓入室内，热空气向上排出

7.5.4　屋顶遮阳措施

利用屋顶表面涂层的颜色反射太阳辐射或设置屋顶棚架等有效地遮挡太阳辐射，能对屋面起到一定的隔热降温作用。屋顶平台上巨大的遮阳棚架为屋面和墙面投下浓重的阴影，遮挡太阳辐射，同时建筑形式产生了连续的视觉效果，创造出富有表现力的整体建筑形象。

利用表面材料的颜色和光滑度对热辐射的反射作用，对平屋顶的隔热有一定的效果，适用于炎热地区。例如屋面采用淡色砾石铺面或用石灰水刷白对反射降温都有一定效果。如果在通风屋面中的基层加一层铝箔（图 7 - 104），则可利用其第二次反射作用，对屋顶的隔热效果将有进一步的改善。同时浅色的屋面材料也可以将更多的光线通过高侧窗或矩形天窗反射进室内。当白色屋面薄膜直接放置在朝南的矩形天窗前，可将更多的光线反射进天窗。

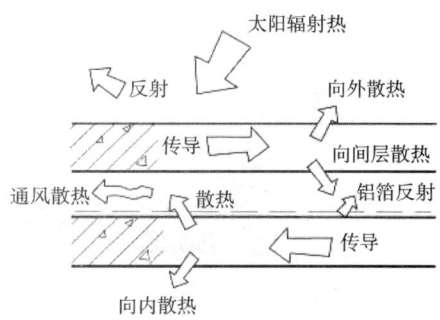

图 7 - 104　铝箔屋顶反射降温示意

夏季太阳高度角较高，屋顶面收到的太阳辐射相对来说较大，转化为向室内辐射的长波辐射热较多，故屋顶是夏热冬冷地区建筑防热非常重要的环节。如果针对这一地区建筑的屋顶进行专门的遮阳设计，在夏季减少阳光进入量，而在冬季尽量充分的利用阳光直射，其效果将会是十分显著的。通过在屋顶上设置格栅，形成架空层，同时还可提供一个屋顶活动空间。架空通风屋顶的形式多种多样，在屋顶设置的遮阳格栅，在一定情况下还可以根据太阳从东到西各季节的运转轨迹做成不同的角度，以控制不同季节和时间太阳辐射的进入量（图 7 - 105），这样，在屋顶和遮阳格片之间形成了一个缓冲区，有利于减少屋面的太阳辐射得热。

查尔斯·柯里亚针对印度强烈的日照，将 MRF 公司总部大楼（图 7 - 106）的屋顶设计成三部分。一层厚重的屋顶隔热层；一层薄薄的水膜，用来反射太阳短波辐射；一组覆盖整组建筑的遮阳屋架，在阻挡太阳辐射的同时，使原本分散的建筑产生连续完整的视觉效果。

马来西亚建筑师杨经文针对当地气候条件下夏季的过量屋顶得热，也提出了双层屋顶的设计概念。在他的自宅设计中，半遮阳的格栅式屋顶覆盖整个房屋以形成缓冲空间（如图 7 - 107），室内外空间交织组合，有半遮阳区和全遮阳区，根据太阳从东到西各季节运

行的轨迹，将格片做成不同的角度，白色的混凝土格栅角度顺着拱形变化，以控制不同季节和时间的阳光进入量。

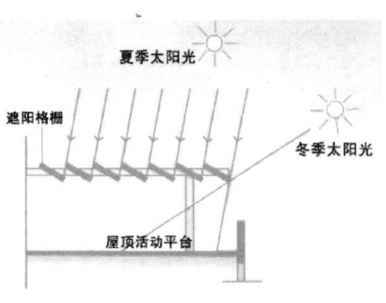

图 7 – 105   屋顶格栅设计示意图

图 7 – 106   MRF 公司总部大楼

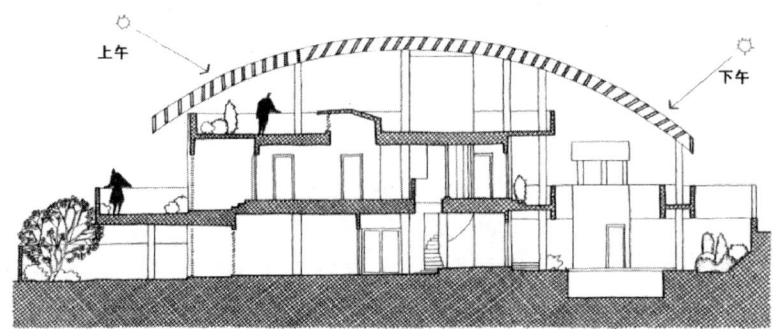

图 7 – 107   杨经文自宅

参 考 文 献

［1］ 沙润．中国传统民居建筑文化的自然地理背景．地理科学，1998.

［2］ 林波荣，王鹏，赵彬，朱颖心．传统四合院民居风环境的数值模拟研究．建筑学报，2002（5）.

［3］ 维特鲁威著．建筑十书．高履泰译．北京：知识产权出版社，2000.

［4］ Gut. P. Climate Responsive Building：Appropriate Building Construction in Tropical and Subtropical Region. First Edition. Swiss Centre for Development Cooperation in Technology and Management. St Gallen：Switzerland，1993.

［5］ Yeang・K. Bioclimatic Skyscrapers, Artemis, London. 1994.

［6］ 毛刚，段敬阳．结合气候的设计思路．世界建筑，1998（1）：15～18.

［7］ O. H. Koenigsberger, T. G. Ingersoll, Alan Mayhew, S. V. Szokelay（1974）. Manual of Tropical Housing and Building, Longman, London.

［8］ Donald Watson（1993），The Energy Design Handbook, Chapter 1, The American Institute of Architects Press, Washington, DC.

［9］ Watson, D. and Lab, K. , Climatic Design：Energy – efficient Building Principles and Practices, McGraw – Hill, New York, 1983.

［10］ Arthur Bowen, Edgardo Anderson（1982）. Testing of a universal design matrix for a natural energy implementation in low – income housing for three Mexican regions, the first international PLEA conference, Pergamon Press. 28 – 31.

［11］ 中国可持续发展住宅设计研讨会文集．北京：清华大学，2001.

［12］ 宋皓晔．关注地域特点，利用适宜技术进行生态农宅设计．中国绿色建筑/可持续发展建筑国际研讨会论文集．北京：中国建筑工业出版社，2001.

［13］ 孟庆林．建筑表面被动蒸发冷却．广州：华南理工大学出版社，2001.

［14］ Givoni, B.（1992）：Comfort, Climate analysis and Building Design Guidelines. Energy and Buildings, 18（1992），11 – 23.

［15］ 张家诚主编．中国气候总论．北京：气象出版社，1991.

［16］ 徐祥得，汤绪．城市化环境气象学因论．北京：气象出版社，2002.

［17］ 刘加平．建筑物理．北京：中国建筑工业出版社，2000.

［18］ 刘加平．城市物理环境．西安：西安交通大学出版社，1993.

［19］ Ali Sayigh, A. Hamid Marafia：Chapter 1 – Thermal comfort and the development of bioclimatic concept in building design, RENEAWABLE AND SUSTAINABLE ENERGY REVIEWS, Vol. 2, 3 – 24, 1998.

［20］ ASHRAE/IES Standard 90. 1 – 1989. *User's Manual*. American Society of Heating, Refrigerating and Air Conditioning Engineers.

［21］ （英）D·A·麦金太尔. 室内气候. 上海：上海科学技术出版社，1989.

［22］ ASHRAE HANDOOK FUNDAMENTALS, 1997, American Society of Heating, Refrigerating and Air – Conditioning Engineers, Inc.

［23］ Baruch Givoni：Effectiveness of mass and night ventilation in lowering the indoor daytime temperatures. PartⅠ：1993 experimental periods. Energy and Buildings. 1998. 28：25 – 32.

［24］ Baruch Givoni （1999）：Minimum Climatic Information Needed of Predict Performance of Passive Buildings in Hot Climates, Steven V Szokolay （editor）. Sustaining the future—energy, ecology, architecture, PLEA'99. Vol. 1, The University of Queenland, Brisb.

［25］ E. Arens, L. Zeren, R. Gonzalez, L. Berglund, P. E. Mcnall：A new bioclimatic chart for environmental design. Building Energy Management, Conventional and Solar Aprroaches, Proceedings of the international congress, Potugal, May, 1980.

［26］ Victor Olgyay, Deisgn With a Bioclimatic Approach to Architectural Regionalism, Van Nostrand Reinhold, New York. 1992.

［27］ A. Papparelli, A. Kurban and M. Cunsulo （1998）. Time Savings of Energy Consumption Using Bioclimatic Architecture. Architecture Science Review, Vol. 41, 165 – 171.

［28］ John Martin Evans （2002）：Evaluating comfort with varying temperatures：a graphic design tool, Energy and Buildings 1463 （2002）, 1 – 7.

［29］ Federico M. Butera：Chapter 3 – Princeple of thermal comfort, RENEWABLE AND SUSTAINABLE ENERGY REVIEWS, Vol. 2, 39 – 66, 1998.

［30］ 中国国家气象中心气象资料室. 气象数据库. 2002.

［31］ S. V. Szokolay, Environmental Science Handbook：For Architecture and Buildings, Lancaster：Construction Press, 1980.

［32］ 涂逢祥. 中国的气候与建筑节能（暖通空调）. 暖通空调，1996（4）：11～15.

［33］ 王鹏. 建筑适应气候 - 兼论乡土建筑及其气候策略. 清华大学博士学位论文，2001.

［34］ 吕爱民. 应变建筑观的建构. 东南大学工学博士学位论文，2001. 11.

［35］ T. B. Brealay：The Presentation of Temperature data for Building Designs. Building Science. Vol. 7, 101 – 104, 1972.

［36］ Joseph C. Lam, S. M. Hui, A review of building energy standards and implications for Hong Kong, Building Research And Information, Volume 24, No. 3, 1996.

［37］ Joseph C. Lam, Climatic influence on the energy performance of air – conditioned buildings, Energy Conversion And Management, Vol. 40 （1999） 39 – 49.

［38］ Lam, J. C. and Hui, S. C. M. Outdoor design conditions for HVAC system design and energy estimation for buildings in Hong Kong, Energy and Buildings, 22 （1995）：25 – 43.

［39］ 田原，布鲁诺·凯乐. 怎样在中国建设高舒适度低能耗的住宅建筑（建筑节能）. 北京：中国建筑工业出版社，2001.

［40］ （美）凯文林奇，加里海可著. 总体设计. 黄富相，朱琪，吴小亚译. 北京：中国建筑工业出版社，1999.

［41］ 绿建筑解说与评估手册，台湾"内政部"建筑研究所，台北：内政部建筑研究所出版社，2006.

［42］ 郎四维，林海燕，付祥钊，涂逢祥. 夏热冬冷地区居住建筑节能设计标准简介. 暖通空调，2001 –

31 - 04：12～15.

[43] 韦延年. 地区气候特征与气候适应性对节能住宅建筑热工设计的影响. 四川：四川建筑科学研究, 2001.

[44] G·Z·布朗, 马克·德凯著. 太阳辐射·风·自然光（建筑设计策略）. 常志刚, 刘毅军, 朱宏涛译, 冉茂宇校. 第二版. 北京：中国建筑工业出版社, 2008.

[45] 王育林. 地域性建筑. 宋昆主编. 现代建筑思潮研究丛书. 第二辑. 天津：天津大学出版社, 2008.

[46] 周淑贞, 束炯编著. 城市气候学. 北京：气象出版社, 1994.

[47] 高建岭, 王晓纯, 李海英, 白玉星等编著. 生态建筑节能技术及案例分析. 北京：中国电力出版社, 2007.

[48] 彭一刚著. 建筑空间组合论. 第二版. 北京：中国建筑工业出版社, 1998.

[49] 宋德萱编著. 节能建筑设计与技术. 上海：同济大学出版社, 2003.

[50] T·A·马克斯, E·N·莫里斯著. 建筑物·气候·能量. 陈士驎译. 北京：中国建筑工业出版社, 1990.

[51] 刘加平, 谭良斌, 何泉等著. 建筑创作中的节能设计. 北京：中国建筑工业出版社, 2009.

[52] 林宪德著. 建筑风土与节能设计亚热带气候的建筑外壳节能计划. 台北：詹氏书局, 1977.

[53] （法）SERGE SALAT主编. 可持续发展设计指南（高环境质量的建筑）. 北京：清华大学出版社, 2006.

[54] 毛刚著. 生态视野 西南高海拔山区聚落与建筑. 地域·建筑·文化丛书. 南京：东南大学出版社, 2003.

[55] 汪芳编著. 查尔斯·柯里亚. 国外著名建筑师丛书（第二辑）. 北京：中国建筑工业出版社, 2003.

[56] （日）彰国社编. 国外建筑设计详图图集13. 被动式太阳能建筑设计. 任子明, 庞玮, 马俊译. 北京：中国建筑工业出版社, 2004.

[57] （美）阿尔温德·克里尚, 尼克·贝克, 西莫斯·扬纳斯, S·V·索科洛伊等编. 建筑节能设计手册——气候与建筑. 刘加平, 张继良, 谭良斌译. 杨柳, 闫增峰校. 北京：中国建筑工业出版社, 2005.

[58] （日）彰国社编. 国外建筑设计详图图集14. 光·热·声·水·空气的设计——人居环境与建筑细部. 李强, 张影轩译. 北京：中国建筑工业出版社, 2005.

[59] 刘念雄, 秦佑国编著. 建筑热环境. 北京：清华大学出版社, 2005.

[60] （美）诺伯特·莱希纳著. 建筑师技术设计指南——采暖·降温·照明（原著第二版）. 张利, 周玉鹏, 汤羽扬, 李德英, 余知衡译. 北京：中国建筑工业出版社, 2004.

[61] 刘加平, 杨柳编著. 室内热环境设计. 北京：机械工业出版社, 2005.

[62] （英）大卫·劳埃德·琼斯编著. 建筑与环境——生态气候学建筑设计. 王茹, 贾红博, 贾国果译. 北京：中国建筑工业出版社, 中国轻工业出版社, 2005.

[63] B·吉沃尼著. 人·气候·建筑. 陈士驎译. 王建瑚校. 北京：中国建筑工业出版社, 1982.

[64] 王崇杰, 薛一冰等编著. 太阳能建筑设计. 北京：中国建筑工业出版社, 2007.

[65] 林其标, 林燕, 赵维稚编著. 住宅人居环境设计. 广州：华南理工大学出版社, 2000.

[66] 陆文鼎主编. 中国民居建筑（上、中、下）. 广州：华南理工大学出版社, 2004.

[67] 荆其敏, 张丽安编著. 中国传统民居（新版）. 北京：中国电力出版社, 2007.

[68] 刘致平, 王其明著. 中国居住建筑简史（城市住宅园林）. 北京：中国建筑工业出版社, 2000.

[69] 江亿, 林波荣, 曾剑龙, 朱颖心编著. 建筑节能. 北京：中国建筑工业出版社, 2006.

[70] 四川省勘察设计协会编著. 四川民居. 成都：四川人民出版社, 2004.

[71] 荆其敏, 张丽安编著. 中外传统民居. 天津：百花文艺出版社, 2004.

尊敬的读者：

感谢您选购我社图书！建工版图书按图书销售分类在卖场上架，共设22个一级分类及43个二级分类，根据图书销售分类选购建筑类图书会节省您的大量时间。现将建工版图书销售分类及与我社联系方式介绍给您，欢迎随时与我们联系。

★建工版图书销售分类表（见下表）。

★欢迎登陆中国建筑工业出版社网站www.cabp.com.cn，本网站为您提供建工版图书信息查询，网上留言、购书服务，并邀请您加入网上读者俱乐部。

★中国建筑工业出版社总编室　　电　话：010—58337016　　传　真：010—68321361

★中国建筑工业出版社发行部　　电　话：010—58337346　　传　真：010—68325420
　　　　　　　　　　　　　　　　E-mail：hbw@cabp.com.cn

建工版图书销售分类表

一级分类名称（代码）	二级分类名称（代码）	一级分类名称（代码）	二级分类名称（代码）
建筑学（A）	建筑历史与理论（A10）	园林景观（G）	园林史与园林景观理论（G10）
	建筑设计（A20）		园林景观规划与设计（G20）
	建筑技术（A30）		环境艺术设计（G30）
	建筑表现·建筑制图（A40）		园林景观施工（G40）
	建筑艺术（A50）		园林植物与应用（G50）
建筑设备·建筑材料（F）	暖通空调（F10）	城乡建设·市政工程·环境工程（B）	城镇与乡（村）建设（B10）
	建筑给水排水（F20）		道路桥梁工程（B20）
	建筑电气与建筑智能化技术（F30）		市政给水排水工程（B30）
	建筑节能·建筑防火（F40）		市政供热、供燃气工程（B40）
	建筑材料（F50）		环境工程（B50）
城市规划·城市设计（P）	城市史与城市规划理论（P10）	建筑结构与岩土工程（S）	建筑结构（S10）
	城市规划与城市设计（P20）		岩土工程（S20）
室内设计·装饰装修（D）	室内设计与表现（D10）	建筑施工·设备安装技术（C）	施工技术（C10）
	家具与装饰（D20）		设备安装技术（C20）
	装修材料与施工（D30）		工程质量与安全（C30）
建筑工程经济与管理（M）	施工管理（M10）	房地产开发管理（E）	房地产开发与经营（E10）
	工程管理（M20）		物业管理（E20）
	工程监理（M30）	辞典·连续出版物（Z）	辞典（Z10）
	工程经济与造价（M40）		连续出版物（Z20）
艺术·设计（K）	艺术（K10）	旅游·其他（Q）	旅游（Q10）
	工业设计（K20）		其他（Q20）
	平面设计（K30）	土木建筑计算机应用系列（J）	
执业资格考试用书（R）		法律法规与标准规范单行本（T）	
高校教材（V）		法律法规与标准规范汇编/大全（U）	
高职高专教材（X）		培训教材（Y）	
中职中专教材（W）		电子出版物（H）	

注：建工版图书销售分类已标注于图书封底。